natürlich oekom!

Mit diesem Buch halten Sie ein echtes Stück Nachhaltigkeit in den Händen. Durch Ihren Kauf unterstützen Sie eine Produktion mit hohen ökologischen Ansprüchen:

- 100 % Recyclingpapier
- mineralölfreie Druckfarben
- Verzicht auf Plastikfolie
- Kompensation aller CO_2-Emissionen
- kurze Transportwege – in Deutschland gedruckt

Weitere Informationen unter www.natürlich-oekom.de und #natürlichoekom

Bibliografische Information der Deutschen Nationalbibliothek:
Die Deutsche Nationalbibliothek verzeichnet diese Publikation in der Deutschen Nationalbibliografie; detaillierte bibliografische Daten sind im Internet über www.dnb.de abrufbar.

2. Auflage 2025

oekom – Gesellschaft für ökologische Kommunikation mbH
Goethestraße 28, 80336 München
+49 89 544184-200
info@oekom.de

Layout und Satz: oekom verlag
Korrektur: Elena Bruns und Stefanie Weiß
Umschlaggestaltung: Laura Denke, oekom verlag
Umschlagabbildungen: © Adobe Stock / Erica Guilane-Nachez
Druck: Elanders Waiblingen GmbH, Waiblingen

ISBN 978-3-98726-071-1
https://doi.org/10.14512/9783987263019

PETER MOSER

Mina Hofstetter

Eine ökofeministische Pionierin des biologischen Landbaus. Texte und Korrespondenz

forschen
veröffentlichen
transformieren

oekom
science

Inhalt

Anhang

Vorwort

Frauen sind für das Funktionieren bäuerlicher Betriebe unentbehrlich.[1] Insbesondere Bäuerinnen waren, anders als die staatlich-verbandlichen Agrarstatistiken suggerieren, bis in die Mitte des 20. Jahrhunderts Dreh- und Angelpunkte der Arbeit auf den Höfen. Das wird nicht zuletzt anhand der schriftlichen, fotografischen und audiovisuellen Dokumente ersichtlich, die das Archiv für Agrargeschichte (AfA) in den letzten zwei Jahrzehnten eruiert, erschlossen und der Öffentlichkeit zugänglich gemacht hat. Um das Potential dieser Quellen für die Geschichtsschreibung und die Geschlechterforschung bekannter zu machen, publizieren wir eine Auswahl von Texten, die Bäuerinnen aus drei unterschiedlichen Sprachräumen von den 1920er bis in die 1960er Jahre verfasst haben, in schriftlicher und elektronischer Form. Der erste Band[2] enthält Texte von Augusta Gillabert-Randin (1869–1940), die als Gründerin der *Association des Productrices de Moudon* und als Vorkämpferin für das Stimm- und Wahlrecht der Frauen in der Schweiz in der Zwischenkriegszeit weit über die Romandie hinaus bekannt wurde. Die vorliegende Edition umfasst Texte von Mina Hofstetter-Lehner (1883–1967). Vervollständigt wird die Trilogie mit der geplanten Publikation der Texte und Korrespondenz von Elizabeth Bobbet (1897–1971), einer Bäuerin, die von den 1920er bis in die 1960er Jahre in der irischen Grafschaft Wicklow einen Hof bewirtschaftete und als Generalsekretärin der *Irish Farmers' Federation* während drei Jahrzehnten auch in der Öffentlichkeit wirkte. Zudem veröffentlichen wir in unseren Online-Portalen (www.agrararchiv.ch) laufend neu erschlossene filmische und fotografische Quellen zu den Aktivitäten von Bäuerinnen.

Mina Hofstetter-Lehner war eine Pionierin des biologischen Landbaus, die in den frühen 1920er Jahren ihre Ernährung auf Rohkost ausrichtete und danach ihren Betrieb auf eine viehlose Bewirtschaftung umstellte. In den 1930er Jahren machte sie aus ihrem Hof am Greifensee eine „Lehrstätte für biologischen Landbau", die Menschen aus allen Kontinenten besuchten.

Zudem spielte die Bäuerin in der international tätigen *Women's Organisation for World Order* (WOWO) eine wichtige Rolle.[3] Von Mina Hofstetter gibt es zwar keinen eigentlichen Nachlass, aber Quellen, die ihr Wirken dokumentieren und ihre Überlegungen nachvollziehbar machen, finden sich in Archivbeständen von Institutionen und Personen, die in Archiven und Bibliotheken in Kanada, England, Schweden, Österreich und der Schweiz aufbewahrt werden.

Die Eruierung, Erschliessung und Publikation von Quellen, die in so unterschiedlichen Institutionen an so vielen Orten aufbewahrt werden wie diejenigen von Mina Hofstetter, ist nicht nur eine langwierige, sondern auch eine kollektive Angelegenheit. Am Zustandekommen der vorliegenden Edition waren denn auch viele beteiligt, deren Interesse und Hilfe zu verdanken sind. An der Suche, Identifikation oder Transkription von Mina Hofstetters Texten und Manuskripten beteiligt waren Rachel Agnetti, Juri Auderset, Olivier Felber, Roselyne Marbacher, Clara Müller, Annette Schär, Otto Schmid, Claudia Schreiber, Ira Spieker, Ursi Trüb und Andreas Wigger. Hilfreich waren auch die Nachkommen von Mina Hofstetter, Elisabeth Schär-Hofstetter, Werner Hofstetter, Rosmarie Kappenthuler, Ursi Piantone und Evi Notz. Ein grosser Dank gebührt zudem den Archiven und Bibliotheken, die Unterlagen von Mina Hofstetter aufbewahren und die Einwilligung zu deren Publikation in dieser Edition erteilt haben: Die Women's Library der London School of Economics, das ETH-Archiv, das Schweizerische Sozialarchiv, das Staatsarchiv Zürich, das Gosteli-Archiv, das Schweizerische Bundesarchiv, das Schweizerische Literaturarchiv, die österreichische Nationalbibliothek und das Vancouver Holocaust Memorial Centre. Besonders hilfreich war Sanna Hellgren von der KvinnSam, Gothenburg University Library, wo der Nachlass der ökofeministischen Schriftstellerin Elin Wägner – und damit auch ein Teil der Korrespondenz von Mina Hofstetter – aufbewahrt wird. Judith Aebli, Max Baumann, Jennifer Roosma und Ernst Grabovski haben freundlicherweise Abbildungen zur Verfügung gestellt.

Einleitung

Seit dem 19. Jahrhundert wird das bäuerliche Leben sowohl von lokalen Eigenheiten als auch von Einflüssen geprägt, die von außerhalb der Betriebe kommen. Die Arbeit und das Leben auf den Höfen hängen seither ebenso von den je ganz spezifischen Formen des Bodens, des Klimas, der Topographie wie auch von wissenschaftlichen Erkenntnissen, transnationalen Handelsbeziehungen und wachstumsorientierten Interventionen von Staaten ab. Das gilt auch für das Leben von Mina Hofstetter, der Autorin der in dieser Edition erstmals publizierten Texte. Aber sie versuchte auch selbst, das bäuerliche Leben zu beeinflussen. Und zwar sowohl auf ihrem Betrieb am Greifensee als auch durch die Publikation von Texten und das Halten von Vorträgen im In- und Ausland. Mina Hofstetter war deshalb nicht nur ein Kind ihrer Zeit und der Verhältnisse auf ihrem Hof Stuhlen, sondern prägte und veränderte diese auch immer wieder. Das macht sie nicht nur zu einer interessanten Bäuerin, sondern auch einer für die Geschichtsschreibung relevanten Akteurin.

Rekonstruktion und Kontextualisierung eines »virtuellen« Nachlasses

Bäuerinnen schreiben keine Texte und hinterlassen deshalb kaum schriftliche Quellen. Das ist eine auch unter Historiker:innen weit verbreitete Vorstellung. Damit wird auch erklärt, weshalb sich die Geschichtsschreibung in der Regel schwertut mit der Thematisierung von Akteurinnen, die sich weder als Haus- noch als Geschäftsfrauen verstanden, aber beides zugleich waren.

Bäuerinnen hinterließen in der Tat kaum je schriftliche Nachlässe wie das bei Angehörigen des Bildungsbürgertums oder des Adels zuweilen der Fall war. Das heißt aber nicht, dass Bäuerinnen und andere in der Landwirtschaft tätige Frauen keine Quellen produzierten, die erhalten blieben. Ein Beispiel dafür ist die Bäuerin Mina Hofstetter, die ihre Ernährung in den frühen 1920er-Jahren auf Rohkost umstellte und deshalb ihren Betrieb am Greifensee viehlos zu bewirtschaften begann. Zwar hinterließ auch Mina Hofstetter keinen eigentlichen Nachlass. Trotzdem wissen wir aufgrund von schriftlichen Quellen, die sie produzierte, einiges über ihre Wahrnehmung der Welt und ihre vielfältigen Aktivitäten. Diese Quellen werden aber nicht, wie die Nachlässe von Personen aus dem Adel und dem Bürgertum, in spezialisierten staatlichen Institutionen als in sich geschlossener Archivbestand oder in einem privaten Familienarchiv aufbewahrt. Als wir uns Mitte der 1990er-Jahre erstmals für das Wirken von Mina Hofstetter zu interessieren begannen, waren im Haushalt ihres Sohnes Werner, der den Betrieb von seiner Mutter übernommen hatte, lediglich noch ein paar Postkarten und Fotografien, eine kurze Filmsequenz sowie das Manuskript eines unveröffentlichten Textes vorhanden.[4] Und Bioterra, die Organisation, die 1947 auf Hofstetters Hof gegründet worden war, bewahrte außer einigen Fotos überhaupt keine Unterlagen auf, die Mina Hofstetters Engagement dokumentierten.

Aber im Fall von Mina Hofstetter zeigte sich, wie in so vielen anderen auch, dass sehr wohl noch schriftliche Unterlagen vorhanden sind. Doch diese befinden sich räumlich-institutionell weit zerstreut in Archivbeständen und Publikationen von Personen und Institutionen, mit denen sie in Kontakt stand. Die seit den späten 1990er-Jahren dauernde Suche nach Quellen von und über Mina Hofstetter hat denn auch eine Vielfalt an Unterlagen zutage gefördert. Der historischen Forschung zugänglich sind diese Quellen mittlerweile in so unterschiedlichen, öffentlich zugänglichen Institutionen wie beispielsweise der Universitätsbibliothek in Göteborg, dem ETH-Archiv in Zürich, dem Gosteli-Archiv in Worblaufen, dem Schweizerischen Bundesarchiv in Bern, der österreichischen Nationalbibliothek in Wien, dem Vancouver Holocaust Memorial Centre in Vancouver oder dem Archiv für Agrargeschichte in Bern. Die in der vorliegenden Edition erstmals veröffentlichten Briefe und Manuskripte sowie die reproduzierten Artikel und Broschüren, die Mina Hofstetter veröffentlicht hatte, bilden einen wichtigen Bestandteil ihres geografisch weit verzweigt existierenden *virtuellen* Nachlasses, dessen Vielfalt und Umfang im Moment noch gar nicht verlässlich abgeschätzt werden kann. Dass Unterlagen von und zu Mina Hofstetter nicht nur in der Schweiz, sondern auch in vielen europäischen Ländern und in Nordamerika in Bibliotheken, Archivinstitutionen und bei Privaten aufbewahrt werden, ist eine Folge ihrer umfangreichen, transnational ausgerich-

Abbildung 1 Mina Hofstetter mit Weizen, den sie dünn gesät, von Hand versetzt und gehäufelt hatte.

teten Aktivitäten und Kontakte, die vielfältige, zuweilen aber schwierig zu findende und oft schwer zugängliche Spuren hinterlassen haben.

Das Ziel der Publikation der uns im Moment bekannten und zugänglichen Artikel, Manuskripte und Briefe von Mina Hofstetter ist ein doppeltes: Erstens wollen wir mit ihrer Veröffentlichung eine Grundlage für eine reflektierte(re) Auseinandersetzung mit dieser eigensinnigen, gut vernetzten Bäuerin und den ihr wichtigen Themen schaffen. Und zweitens hoffen wir, mit der Publikation dieser Quellen das Wirken von Mina Hofstetter bekannter zu machen, sodass weitere Quellen von ihr und über sie zu Tage gefördert werden. Denn wie fast immer bei der Archivierung von Quellen und der historischen Forschung handelt es sich auch beim vorliegenden Projekt lediglich um ein vorläufiges Resultat, das einen Prozess in Gang setzen und ausweiten, nicht abschließen soll.

Die in dieser Edition versammelten Texte schrieb Mina Hofstetter innerhalb von drei Jahrzehnten. Der erste stammt aus dem Jahr 1923, als die damals 40-Jährige ihr siebtes und letztes Kind zur Welt brachte, der letzte entstand 1952, zwei Jahre nachdem sie den Hof ihrem Sohn und dessen Familie übergeben hatte. Die Texte sind in vier Gruppen eingeteilt und dort jeweils chronologisch strukturiert: 1. unveröffentlichte Briefe, 2. Manuskripte, 3. Artikel, 4. Broschüren. Über die konkreten Bedingungen, unter denen diese Briefe, Artikel und Broschüren entstanden sind, ist wenig bekannt. Was wir jedoch wissen ist, dass Mina Hofstetters Tage – wie diejenigen der meisten Bäuerinnen in der ersten Hälfte des 20. Jahrhunderts[5] – lang und arbeitsreich waren. Zudem gehörte das Schreiben auch für sie nicht zu denjenigen Aktivitäten, die einen unmittelbaren Beitrag zur Bestreitung ihres oft prekären Lebensunterhalts beitrugen. Den bestritt Mina Hofstetter mit der Bewirtschaftung des Hofes Stuhlen, auf dem sie nicht nur sieben Kinder großzog, sondern während drei Jahrzehnten auch Kurse zu Ernährungsfragen, der Freiwirtschaftslehre und dem viehlosen biologischen Landbau leitete. Ab Mitte der 1930er-Jahre beherbergte sie zusammen mit ihrer jüngsten Tochter Elisabeth im »Erholungsheim Seeblick« zudem Gäste, die bei ihren Kuraufenthalten auf Stuhlen nicht nur Licht- und Luftbäder genossen, sondern sich auch mit Rohkost ernährten.

Aus den Einträgen im Gästebuch, das auf Stuhlen geführt wurde, wird deutlich, dass die Neugierigen, Wissensdurstigen und Erholungssuchenden aus Zürich, der übrigen Schweiz und ganz Europa sowie aus Afrika, Nordamerika und Asien stammten.[6] Auf dem Hof lebten auch ihr Mann Ernst, die sieben Kinder, zwei Schwiegertöchter, zeitweilig auch ein Schwiegersohn sowie Schüler:innen, Praktikant:innen und Angestellte, die alle in den drei Hofstetter'schen Haushalten verpflegt wurden. Ernst Hofstetter, mit dem zusammen Mina 1915 den Hof in Ebmatingen erworben hatte, zog sich in der zweiten Hälfte der 1920er-Jahre aus dem Landwirtschaftsbetrieb zurück. Gemeinsam mit dem ältesten Sohn Karl, der mit seiner Familie auch auf dem Hof wohnte, wirkte er fortan als Schreiner wieder in dem Beruf, den er ursprünglich erlernt und bis zum Ausbruch des Ersten Weltkriegs ausgeübt hatte. Die Schreinerwerkstatt richteten Vater und Sohn im ehemaligen Stall des Hofes ein, der mit dem Übergang zu einer viehlosen Bewirtschaftung für die landwirtschaftlichen Tätigkeiten obsolet geworden war. Mitte der 1920er-Jahre errichteten Hofstetters auf Stuhlen zudem ein einfaches, »Lichtwärts« genanntes Holzhaus, um den Kursteilnehmer:innen Möglichkeiten zum Luft-, Licht- und Sonnenbaden zu schaffen. Und zehn Jahre später bauten Ernst und Karl Hofstetter oberhalb des Bauernhauses das »Erholungsheim Seeblick«, das von 1936 bis in die frühen 1950er-Jahre als Unterkunft für die Teilnehmenden an den Kursen und die Feriengäste diente und danach von Mina und Ernst Hofstetter bis zu ihrem Tod 1967 bewohnt wurde.

Geschrieben hat Mina Hofstetter ihre Texte nach eigenen Angaben bei Regenwetter, im Winter, wenn der Boden brach lag, spät am Abend oder früh am Morgen, wenn die Kinder noch schliefen. »Am Tag räumen wir unsern Herbstsegen ein und am Abend mache [ich] Correspondenz und anderes und am Morgen von 3 Uhr an schreibe ich noch Schöpferisches«, teilte sie 1938 der schwedischen Schriftstellerin Elin Wägner mit.[7] Hin und wieder konnte sie bei ihren Schreibarbeiten auf Unterstützung durch ihren Schwiegersohn, den ausgebildeten Primarlehrer Ernst Hadorn oder durch Praktikantinnen wie Jeanne Wuhrmann oder Julie Metzl zählen. Diese erledigten zeitweise einen Teil ihrer umfangreichen, heute aber weitgehend unbekannten Korrespondenz. Schriftlich formuliert habe sie ihre Überlegungen nicht um »Geld oder Gunst« zu erwerben, sondern um »mit Herzblut Errungenes, durch 30-jährigen Existenzkampf, in unaussprechlichen körperlichen und seelischen Leiden erworbenes Wissen und Können« anderen mitzuteilen.[8]

Ökonomisch relevant war ihre Textproduktion für den Hofstetter'schen Betrieb insofern, als sie in Artikeln, die in Publikationsorganen der Lebensreform- und der Freiwirtschaftsbewegung erschienen, auch darauf hinweisen konnte, dass auf ihrem Hof Lebensmittel zu kaufen waren, Kurse stattfanden und später auch Urlaub gemacht werden konnte.[9] Die von ihr verfassten Publikationen machten sie und ihren Hof in den Milieus, in denen ihre Texte Verbreitung fanden, bekannt und hatten zur Folge, dass sie eingeladen wurde, an Kongressen, Tagungen und Ausstellungen teilzunehmen, Referate zu halten und Kurse zu leiten. Die Überlegungen, die Mina Hofstetter bei solchen Gelegenheiten vortrug, verschriftlichte sie teilweise und publizierte sie in Periodika der Lebensreformbewegung oder eigenständigen Publikationen. Die 1928, 1942 und 1946/48 als Broschüren veröffentlichten längeren Texte enthalten deshalb auch viele Überlegungen und Argumente, die sie in Artikeln schon vorher teilweise wortwörtlich publiziert hatte. Auch Artikel, die sie in den 1920/30er-Jahren in unterschiedlichen Periodika veröffentlichte, enthielten zuweilen Wiederholungen oder gar identische Textpassagen.

Integral in diese Edition aufgenommen haben wir alle Texte, die uns zugänglich waren, d. h. also, dass hier auch diejenigen Passagen unverändert und unkommentiert veröffentlicht werden, die Mina Hofstetter selbst, ohne Änderungen kenntlich zu machen, mehrfach publiziert hatte. Kommentarlos reproduziert haben wir diese Texte, weil sie nicht nur die Kontinuität und Entwicklung ihres Denkens und Argumentierens deutlich machen, sondern auch Hinweise darauf geben, was ihr besonders wichtig war. Die Wiederholungen in ihren Texten erinnern zudem an ihr Ringen um Anerkennung und ihre zeitweiligen Hoffnungen, auch außerhalb der Milieus der Lebensreformbewegung ernst genommen zu werden. Zudem ging Mina Hofstetter selbst davon aus, dass Texte *keine* endgültigen Gewissheiten darstellen, sondern bestenfalls den jeweiligen, sich immer wieder ändernden Wissensstand abbilden. So hat sie beispielsweise 1933, als die deutsche Auflage ihrer erstmals 1928 veröffentlichten Broschüre »Brot« vergriffen war, die Anregung abgelehnt, eine Neuauflage drucken zu lassen, weil sie in der Zwischenzeit in wichtigen Punkten »weitergekommen« sei.[10] Gleichzeitig insistierte Hofstetter aber auch darauf, dass es Einsichten gebe, die ihren Wert nicht verlieren und es deshalb verdienen würden, in unterschiedlichen Kontexten immer wieder gedruckt zu werden. Aus diesem Grund drängte sie 1942 bei der Publikation der Broschüre »Neues Bauerntum« die Herausgeber, zwei Kapitel zu reproduzieren, die dem Verlag »etwas veraltet« erschienen. So wie der Verlag schließlich dem »eisernen Bauernschädel«[11] nachgab, so respektieren auch wir Mina Hofstetters Textproduktion, indem wir sie integral reproduzieren.[12]

Mit der Veröffentlichung von Artikeln angefangen hat Mina Hofstetter 1923, nachdem sie sich in den drei Jahren zuvor aufgrund gesundheitlicher Probleme intensiv mit Ernährungsfragen auseinanderzusetzen begonnen hatte. Dabei lernte sie Werner Zimmermann kennen, der sie zur Publikation von Artikeln in der von ihm herausgegebenen Monatszeitschrift TAO ermunterte, in der in den 1920er-Jahren vorübergehend eine eigenständige, »neue ortografi« praktiziert wurde. Bis 1948 veröffentlichte Mina Hofstetter 32 Artikel in Periodika wie der »Vegetarischen Presse«, dem »Wendepunkt« oder der »Volksgesundheit« sowie drei umfangreiche Broschüren als eigenständige Publikationen.

Dass alle drei Broschüren in Verlagen erschienen, die im Dienst der Lebensreform- und der Freiwirtschaftsbewegung standen, war folgerichtig. Denn hier erreichte sie das Publikum, bei dem sie bekannt war. Das zeigt sich auch daran, dass die Erstauflagen von allen ihren Broschüren restlos verkauft wurden. Weniger bekannt und kaum besprochen wurden ihre Schriften außerhalb der Lebensreform- und Freiwirtschaftskreise.[13] Ob sie überhaupt versuchte, Artikel in der bäuerlichen Presse, Zeitungen der Arbeiterschaft oder des Bürgertums zu veröffentlichen oder Kontakte zu Verlagshäusern suchte, die außerhalb der Lebensreformbewegung standen, ist bislang nicht bekannt. Mina Hofstetter sei nichts daran gelegen, ein Buch zu schreiben, meinte Georgette Klein 1942, als sie im Schweizer Frauenblatt »Neues Bauerntum, altes Bauernwissen« rezensierte. Die Bäuerin habe diese Form nur gewählt, »um ihre Erfahrungen auch denjenigen zur Verfügung zu stellen, die sie mündlich nicht erreichen« könne. Darum habe Hofstetter in ihrer Darstellung die Inkohärenz der Spontaneität belassen, sodass in der Broschüre Praktisches, Theoretisches und chinesische Philosophie unverbunden nebeneinanderstehe.[14]

In der Tat, viele der von Mina Hofstetter verfassten Texte zeichnen sich durch eine eigenwillige »Inkohärenz der Spontaneität« aus. Sie verfasste aber auch in sich ausgesprochen konsistente, logisch aufgebaute, differenziert argumentierende und sprachlich präzise Textstellen. So beispielsweise auch in den 1942 und 1946 erschienenen Broschüren »Neues Bauerntum, altes Bauernwissen« und »Naturgesetzlicher Landbau«, in denen sie beispielweise schrieb: »Der Boden, die Grundlage der menschlichen Existenz, ist auch der Standort der Pflanze, ihre Nahrungsquelle. Es ist deshalb von Bedeutung, zu wissen, wie ein Boden beschaffen ist und sein soll. Wichtig ist das Wissen um das Leben im Boden, denn dieses gibt uns die Richtlinien und Anhaltspunkte für die Bodenbearbeitung. Der Boden ist nicht etwas Totes, zufällig Daliegendes, ist nicht Dreck. Jeder Kulturboden ist im Gegenteil voller Leben und dieses Leben ist von ganz bestimmten Gesetzen abhängig, denen wir gerecht werden müssen. Der Boden ist im Laufe der Zeiten entstanden durch die Arbeit der Natur: Verwitterung, Eiszeiten, Abtragung und Anschwemmung, Frost, Hitze, Wasser, Steinschläge, Moränenablagerung, Tätigkeit der Urpflanzen. Die geschilderten Vorgänge geben noch kein fertiges Bild von der Entstehung des Bodens. Eine Ackererde besteht aus einem Gemenge von mineralischen und organischen Bestandteilen sowie Wasser, Luft, Bakterien und mikroskopischen Pflanzen. Der Boden ist ein feiner, lebendiger Organismus. Im Boden ist grandioses, mannigfaltiges Leben.«[15]

An ein wesentlich heterogeneres Publikum als ihre Artikel und Broschüren richtete Mina Hofstetter ihre Korrespondenz. Der Kreis der uns im Moment bekannten Adressat:innen reicht von Direktoren staatlicher Forschungsanstalten und landwirtschaftlicher Schulen über Exponent:innen der Lebensreform- und der Freiwirtschaftsbewegung bis hin zu kantonalen Regierungsstellen, Direktoren von landwirtschaftlichen Verbänden und Ökofeministinnen in Europa und Nordamerika.

Die in dieser Edition publizierten Briefe, Manuskripte und Texte sind damit in etwa vergleichbar mit den Quellen von zwei anderen Bäuerinnen, die ungefähr im gleichen Zeitraum selbständig einen Hof führten: Augusta Gillabert-Randin (1869–1940) in der Westschweiz und Elizabeth Bobbett (1897–1971) in der irischen Grafschaft Wicklow.[16] Wie für Augusta Gillabert-Randin, die Initiatorin der 1918 gegründeten »Association des Productrices de Moudon« (APM), bildete die Ausstellung für Frauenarbeit (SAFFA) im Sommer 1928 in Bern auch für Mina Hofstetter eine wichtige Plattform. Beide nutzten die Ausstellung, um für ihre Anliegen zu werben. Die auch in der Abstinenzbewegung aktive Augusta Gillabert-Randin präsentierte an der SAFFA den Film »La paysanne au travail«, den sie zusammen mit der Weinbäuerin Françoise Fonjallaz und der Pfarrfrau Priscille Couvreu de Budé im Hinblick auf die Ausstellung beim Filmemacher Arthur Porchet in Auftrag gegeben hatte.[17] Und Mina Hofstetter stellte in Bern nicht nur Getreidepflanzen aus, die sie in einem eigenständigen Verfahren angebaut hatte, sondern präsentierte und verkaufte dort auch ihre im gleichen Jahr unter dem Pseudonym Gertrud Stauffacher veröffentlichte

Schrift »Brot«.[18] Für viele Bäuerinnen, die den Anspruch hatten, das Bild, das von ihnen in der Öffentlichkeit gezeichnet wurde, selbst zu beeinflussen, war die SAFFA von großer Bedeutung. Es ist kein Zufall, dass in den Jahren nach der Ausstellung zahlreiche Bäuerinnen- und Landfrauenorganisationen gegründet wurden, die sich zuerst auf der kantonalen, 1932 auch auf der nationalen Ebene zusammenschlossen.[19]

Wie Augusta Gillabert-Randin und Elizabeth Bobbett hat Mina Hofstetter nicht nur mit Schreiben versucht, sich Gehör zu verschaffen, sondern auch mit Reden. Sie unterrichtete und diskutierte mit den Besucher:innen und Kursteilnehmer:innen auf ihrem Hof, die den rund zwei Stunden dauernden Weg von Zürich nach Stuhlen oft zu Fuß zurücklegten. Außerdem hielt sie unzählige Vorträge bei Veranstaltungen und Einführungskursen in den biologischen Landbau, die nicht auf ihrem Hof durchgeführt wurden. So referierte sie u. a. in Österreich, der Tschechoslowakei, Deutschland, Frankreich, Holland, Dänemark, Schweden und Norwegen. Zudem war sie immer wieder mit einem Stand bei Ausstellungen präsent, an dem sie nicht nur ihre Schriften verkaufte, sondern auch über die Praktiken und Resultate ihrer Anbauversuche orientierte. Neben der SAFFA 1928 in Bern war sie im gleichen Jahr auch an der kantonalen landwirtschaftlichen Ausstellung in Siders sowie 1931 an der Hyspa, der ersten Schweizerischen Ausstellung für Gesundheitspflege und Sport in Bern präsent. Hier stellte sie »biologisch gezüchtetes Gemüse« aus, wie die Schweizer Hotel-Revue schrieb – und zugleich verwundert festhielt: »Die REFORMER begnügen sich, wie man sieht, nicht einfach mit ›Gemüse‹, sondern es muss biologisch gezüchtet sein und angepflanzt werden, mit Ausschaffung aller tierischen und künstlichen Dünger (Mist, Jauche, Kali usw.).«[20]

Noch wichtiger als das Reden und Schreiben über die Ernährungsreform und den viehlosen Biolandbau waren Mina Hofstetter die praktischen Anleitungen dazu, die sie während mehr als einem Vierteljahrhundert durchführte. Für sie als Bäuerin seien nicht »leere Worte«, sondern »Taten wesentlich«, schrieb sie 1938.[21] Nicht Lesen und Hören führten zur Menschwerdung, sondern die praktischen Tätigkeiten des Siedelns und der Kultivierung von Pflanzen. »Denn Siedler werden, Bauer werden heisst: ein ganzer Mensch werden«.[22] Ihre Versuche, durch praktische Tätigkeiten ein ganzer Mensch zu werden, sind auch durch Fotografien und den kurzen Film »Der lange

Acker« dokumentiert.[23] Der Film und die Fotos bilden eine wichtige Quellengrundlage des Videoessays »Das muss ein Leben werden«, den wir als Ergänzung zur vorliegenden Edition produziert haben.[24]

Wenn sich in der ersten Hälfte des 20. Jahrhunderts Bäuerinnen in der Öffentlichkeit engagierten, dann taten sie dies oft im Namen von bäuerlichen Organisationen, in denen sie aktiv waren. Bei Mina Hofstetter war das anders. Sie hatte zwar Kontakt zu Vertreterinnen von Bäuerinnenorganisationen wie Emma Tappolet-Brühlmann, der Geschäftsführerin des Schaffhauser Landfrauenverbandes. Aber selbst war sie in der Landfrauenbewegung nicht aktiv, obwohl sie, wie Emma Tappolet, in der Öffentlichkeit immer wieder in der Tracht auftrat, einem Merkmal vieler organisierter Bäuerinnen.[25]

Zu lesen begonnen hat Mina Hofstetter, die in einem Haushalt aufwuchs, in dem es kaum Bücher gab, als Jugendliche, als sie Zugriff auf die Gemeindebibliothek erhielt.[26] Eine geradezu kathartische Wirkung hatte ihre Begegnung mit den Büchern »Moderne Rosenkreuzer«, »Weltvagant« und »Lichtwärts«.[27] Die Lektüre dieser Schriften von Surya und Werner Zimmermann veranlasste sie nicht nur zu einer radikalen Umstellung ihrer Ernährung, sondern machte sie zugleich zu einer dezidierten Anhängerin der Freiwirtschaftsbewegung. Von vergleichbarer Bedeutung war für sie 1925 die Lektüre des Textes »Fiehloser Ackerbau – natürliche Bodenbearbeitung«, den Ewald Könemann im TAO veröffentlicht hatte.[28] Dass sie Maximilian Bircher-Benners Schriften »viel zu verdanken« habe, wie sie immer wieder betonte, ist nachvollziehbar. Sie empfahl »jeder Schweizerfrau«, sich diese anzuschaffen.[29] Das 1927 von Berta Brupbacher-Bircher veröffentlichte Kochbuch »Rohkost« hielt sie gar für »unübertroffen«.[30] In den 1930/40er-Jahren orientierte Mina Hofstetter ihre Leser:innen wiederholt über Bücher, die sie im Zusammenhang mit Fragen der Ernährungsreform und des Biolandbaus gelesen hatte. »Da ich schon seit 1923 auf meinem 20 Jucharten grossen Bauerngut versuche, eine einwandfreie biologische Düngung durchzuführen, sei es mir gestattet, ein paar Worte zur bis heute erschienenen Literatur zu sagen«, schrieb Mina Hofstetter 1932. Und fügte an: »Ich kenne zum grössten Teil alle jene Bücher und auch teilweise die Menschen, die sie geschrieben, persönlich, oder doch kenne ich teilweise ihre Erfolge.«[31] In den 1950er-Jahren las sie dann in erster Linie Belletristik, die ihre Enkelin Rosmarie Kappenthuler in der Zentralbibliothek, dem Jelmoli-Buchclub und in der Buchhandlung Oprecht in Zürich für sie besorgte respektive nach der Lektüre wieder zurückbrachte.[32] Den Verleger und Buchhändler Emil Oprecht, der ab 1934 auch mit der jüdischen Emigrantin Anna Helene Askanasy-Mahler engen Kontakt pflegte, kannte sie spätestens seit den 1930er-Jahren.[33]

Viel von dem, was wir heute über Mina Hofstetters Tätigkeiten, Wahrnehmungen und Deutungen wissen, basiert auf ihren Texten. Aber auch diese informieren uns nicht einfach darüber, was sie wann, weshalb und wie machte. Wie alle Quellen sind auch diese vom Kontext ihrer Entstehung und den Intentionen ihrer Verfasserin geprägt. In ihren ersten Texten geht es fast immer um die Benennung eines als eindeutig, problematisch und zuweilen auch dramatisch wahrgenommenen Sachverhalts (bspw. ihre Kindheit, ihre Ernährung, die Tierhaltung oder die Art, wie sie den Boden kultivierte und Getreide säte) und die Erläuterung und Propagierung eindeutiger, klarer Lösungen: Rohkost, Licht- und Luftbäder, die Freiwirtschaftslehre und der viehlose Ackerbau. Verstärkt wird das zuweilen schablonenhafte Argumentieren in den 1920er-Jahren noch durch die Sprache: Die in der sogenannten »neuen ortografi« verfassten Artikel in der Zeitschrift TAO vermitteln schon optisch den Eindruck einer Rigidität der Argumentation, die von den Leser:innen fast nur zustimmend oder ablehnend zur Kenntnis genommen werden kann. Das beginnt sich Ende der 1920er-Jahre ansatzweise zu ändern. Jetzt werden in den Texten Probleme nicht mehr nur stipuliert, sondern auch erläutert und kontextualisiert. Zugleich entwickelt und propagiert Mina Hofstetter jetzt auch eigenständige, pragmatische Lösungen. Sie argumentiert in ihren Texten differenzierter, spricht neue Themen an und lässt sich auf Menschen ein, die sie bisher kaum zur Kenntnis genommen hatte. Das alles passiert aber immer noch innerhalb der Gewissheiten, die sie im Jahrzehnt zuvor entwickelt hatte. Die »alten« Gewissheiten wurden nicht verdrängt, aber zunehmend von neuen Erfahrungen und Einsichten überlagert. Damit schuf sich die Bäuerin eine Sicherheit, die es ihr ermöglichte, auch bisherige Autoritäten radikal zu hinterfragen und damit einen eigenständigen Beitrag zur Entwicklung des viehlosen Biolandbaus zu leisten. »Ewald Könemann kenne ich persönlich«, schrieb sie beispielsweise 1932, er sei »ein grosser Theoretiker«, habe aber »bis heute in keiner Weise praktisch bewiesen«, dass seine Theorie stimme. »Seine Zeitschrift ist für uns fast wertlos geworden, weil sie in jeder Hinsicht zu viel Kompromisse macht.«[34]

In den 1930/40er-Jahren bestand das Leben auf Stuhlen ganz offensichtlich aus mehr als Problemen und fixen Lösungen, die die Zeit von Mina Hofstetters Kindheit bis zum Verkauf des Viehs in ihren Rückblicken bestimmten. Ihre Texte handeln ab den späten 1920er-Jahren zunehmend von konkreten Fragen und Lösungen, die sie im Alltag auf Stuhlen mit ihrer Familie, den Praktikant:innen, den Kursteilnehmer:innen, den Erholungssuchenden und ihrem enormen Netzwerk an Geschäftspartner:innen und Anhänger:innen der Rohkost, des Vegetarismus sowie der Freiwirtschaftslehre umzusetzen versuchte. Aus einer »Übersetzerin« von fixen Weltdeutungen wurde eine Aktivistin, deren Interpretationen sowohl auf ihren praktischen Alltagserfahrungen als auch auf der Lektüre von Texten und persönlichen Kontakten beruhte. Das machte Mina Hofstetter unabhängiger – nicht nur wirtschaftlich, sondern auch in ihren Bestrebungen, die Welt zu verändern. Ohne diese in der ersten Hälfte der 1930er-Jahre sich konsolidierende Haltung wäre es ihr wohl kaum gelungen, sich auf ökofeministische Friedensaktivistinnen wie Elin Wägner, Flory Gate und Anna Helene Askanasy-Mahler einzulassen, mit ihnen zusammen die Women's Organisation for World Order (WOWO) zu etablieren und gleichzeitig den Bauernbetrieb und die Lehrstätte für biologischen Landbau auf Stuhlen nicht zu vernachlässigen.[35] Hofstetters Texte machen nun deutlich, wie eng verwoben in ihrem Leben Praktisches und Theoretisches war – und wie kontingent dieses verlief.

Teil 1

»Das muss ein Leben werden!«:[36] Eine biografische Skizze

Kindheit, Familiengründung und Erwerb des Hofes Stuhlen

Geboren wurde Mina Lehner am 22. März 1883 in Stilli, einer Nachbargemeinde von Brugg im Kanton Aargau. Ihr Vater war als Fischer, Flößer und Küfer tätig.[37] Wie viele Einwohner des an der Aare gelegenen Dorfes betrieben auch Lehners eine Nebenerwerbslandwirtschaft. Die Familie verfügte über »ungefähr so viel Feld«, dass sie »ihre Kartoffeln und das Gemüse und teilweise das Brot« selbst anbauen konnten.[38] »Grossmutter und Mutter haben immer selbst gebacken«, erinnerte sich Mina Hofstetter-Lehner 1942. Aber: »So sehr ich sie darum beneidete, nie durfte ich mithelfen. Doch erlaubten sie mir zuzusehen und etwa dies und das herbeizutragen. Mit regstem Interesse folgte ich allen ihren Zubereitungen und Handgriffen.«[39]

Immerhin führte die Großmutter sie in die landwirtschaftlichen Arbeiten ein, die sie schon als Kind liebte. »Meine schönsten Stunden«, schrieb Mina Hofstetter rückblickend, in denen »ich mich am wohlsten fühlte, waren auf dem Feld. Von Grossmutter lernte ich alle Feldarbeiten«.[40] Von ihren Eltern hingegen zeichnete die als Älteste geborene ein eher distanziertes Bild. »Als Kind hätte ich immer so gerne gesät, aber Mutter sagte immer: Das kannst du nicht«, schrieb Hofstetter 1931, und fügte an, dass sie sich mit drei Jahren geweigert habe, Fleischsuppe zu essen, weil ihr der Geschmack Übelkeit verursacht habe. Dafür habe sie Prügel erhalten und die Suppe erst noch essen müssen. [41]

Überhaupt hingen Mina Hofstetters Erinnerungen an die Kindheit oft »irgendwie mit Leiden und Krankheit zusammen«. Bis »zum 13. Jahr hatte ich Lungenentzündung, Masern, Diphterie, Scharlach, Typhus, dazu beständig bei der kleinsten Aufregung oder Anstrengung starkes Nasenbluten«.[42] Als Zwölfjährige verlor sie ihre zwei liebsten Schulfreundinnen, die beide an Diphterie starben. »Ich selbst hatte damals viele Wochen an den Folgen dieser Krankheit zu leiden«, erinnerte sie sich fast drei Jahrzehnte später. »In schlaflosen Nächten schrie ich zu Gott: Warum Krankheit, warum? Noch viele andere Fragen tauchten auf, niemand gab mir Antwort. Als ich mit 15 Jahren konfirmiert wurde, stellte ich dem Schicksal drei Fragen und flehte es an, mir in meinem Leben Antwort darauf zu geben: 1. Warum sind wir krank? 2. Warum müssen die meisten Menschen ihr ganzes Leben lang arbeiten und bleiben arm? 3. Warum ist zwischen Mann und Weib ein Unaussprechliches, das in den Schmutz gezogen wird?«[43]

Abbildung 2 Die Großeltern von Mina Hofstetter-Lehner: Anna Lehner-Hirt und Kaspar Lehner.

Dass Mina Lehner nach der obligatorischen Schulzeit in die Romandie zog, um als Dienstmädchen zu arbeiten und das Führen eines Haushaltes zu lernen, war für junge Frauen aus ihrem Milieu nicht ungewöhnlich. In Genf hatte sie es gut bei der Familie, bei der sie diente. Bei »der Frau, die ich am meisten verehrte«, durfte sie auch »säen, und ich glaube, dass ich deswegen so viel Liebe zu ihr hatte, weil sie mir so grosses Zutrauen schenkte«.[44] Über ihre Erlebnisse in Genf und insbesondere Berlin, wohin sie nach dem Jahr in der Rhonestadt ging, berichtete sie später kaum. Auch über die Zeit nach ihrer Rückkehr aus Deutschland bis zum Erwerb des Hofes 1915 in Ebmatingen ist nur wenig bekannt. In ihrem zweiten, 1924 in der Zeitschrift TAO veröffentlichten Text schreibt sie bloß, dass sie »nach einer kindheit, deren stunden und tage und jahre sich vollgesogen hatten mit ekel vor den eltern und ihrer art, ihrer anshauung, die trotz – oder wegen?! – ihres ›christentums‹ voll niedrigkeit war«, dank der Lektüre von Werner Zimmermanns »Lichtwärts« in »die Jugendbewegung« kam – da war sie aber schon 38-jährig, vierzehn Jahre mit Ernst Hofstetter verheiratet und sechsfache Mutter.[45]

Kennengelernt haben sich Mina Lehner und Ernst Hofstetter kurz nach der Jahrhundertwende in Stilli, wo der vier Jahre ältere Schreiner aus Oberburg bei Burgdorf während seinen Wanderjahren in der Nachbarschaft von Lehners bei einem Meister tätig war.[46] Von 1903 an arbeitete er im aargauischen Kölliken. In den ersten sieben Jahren der 1907 geschlossenen Ehe kamen fünf Kinder zur Welt.[47] Bis 1914 lebte die junge Familie, die immer Land pachtete, um ihren Bedarf an Gemüse selbst decken zu können, in Kölliken. Weil Ernst, der nun als Vorarbeiter in einer Schreinerei des Dorfes arbeitete, keine Lohnerhöhung erhielt, wechselte er 1914 die Stelle und die Familie zog nach Niedergösgen im benachbarten Kanton Solothurn. Im Jahr darauf erwarben Hofstetters den Hof Stuhlen in Ebmatingen am Greifensee, in der Gemeinde Maur im Kanton Zürich.[48]

Zwei Gründe haben Mina und Ernst Hofstetter zu diesem für alle Familienmitglieder folgenreichen Schritt bewogen: Auf der einen Seite ging es beim Erwerb des Hofes um eine Art Vorsorgepolitik, bedeutete der Aktivdienst in der Armee für lohnabhängige Wehrmänner doch einen kaum zu kompensierenden Lohnausfall und nicht selten auch den Verlust des Arbeitsplatzes. Das konnte kinderreiche Familien schnell in Armut stürzen. Gleichzeitig wollte Mina Hofstetter stärker landwirtschaftlich tätig werden, wie sie 1931 rückblickend schrieb.[49] Der Umzug nach Ebmatingen erfolgte im Oktober 1915. Beim Hof Stuhlen, den sie käuflich erwerben konnten, handelte es sich um einen typischen Milchwirtschaftsbetrieb. Für den Umzug erhielt Ernst Hofstetter, der Aktivdienst leistete, zwei Tage Urlaub. So musste er unmittelbar nach dem Abladen des Hausrats gleich wieder einrücken. »Da stand ich nun mit fünf kleinen Kindern, wovon das älteste noch nicht 8, das jüngste 1½ Jahre alt war; alle hatten den Keuchhusten. Im Stall brüllten 10 Stück Vieh. Es war Ende Oktober, auf dem Feld waren noch die Runkeln zu ernten, 20 Fuder Mist zu zetteln und noch viel anderes zu tun.«[50]

Offenbar übernahmen Hofstetters beim Kauf des Betriebs sowohl das lebende als auch das tote Inventar ihrer Vorgänger. Für Mina am schwierigsten waren die Arbeiten im Stall. »Ich hatte eine Höllenangst vor den Kühen, und bis ich mich getraute, eine Kuh zu melken, zu striegeln und zu füttern, habe ich fast Blut geschwitzt.« Das Melken, Misten und Füttern lernte sie mit Hilfe ihrer Nachbarn. Allein der »Selbsterhaltungstrieb und die Sorge um die Kinder« hätten verhindert, dass sie davongelaufen sei, schrieb sie später.[51] Weil Ernst Hofstetter auch in den folgenden drei Jahren immer wieder Aktivdienst leisten musste, änderte sich an dieser Überforderung bis zum Ende des Ersten Weltkrieges wenig.

Abbildung 3 Familie Lehner in Stilli (um 1900, vlnr): Hans Heinrich Lehner (Vater), Mina Lehner, Barbara Lehner-Wey (Mutter), Jakob Lehner (Cousin), Luise Bircher (Cousine), Sophie Lehner (Schwester), Hans Jakob Lehner (Onkel), Erminio Lehner (Cousin), Fritz Lehner (Bruder).

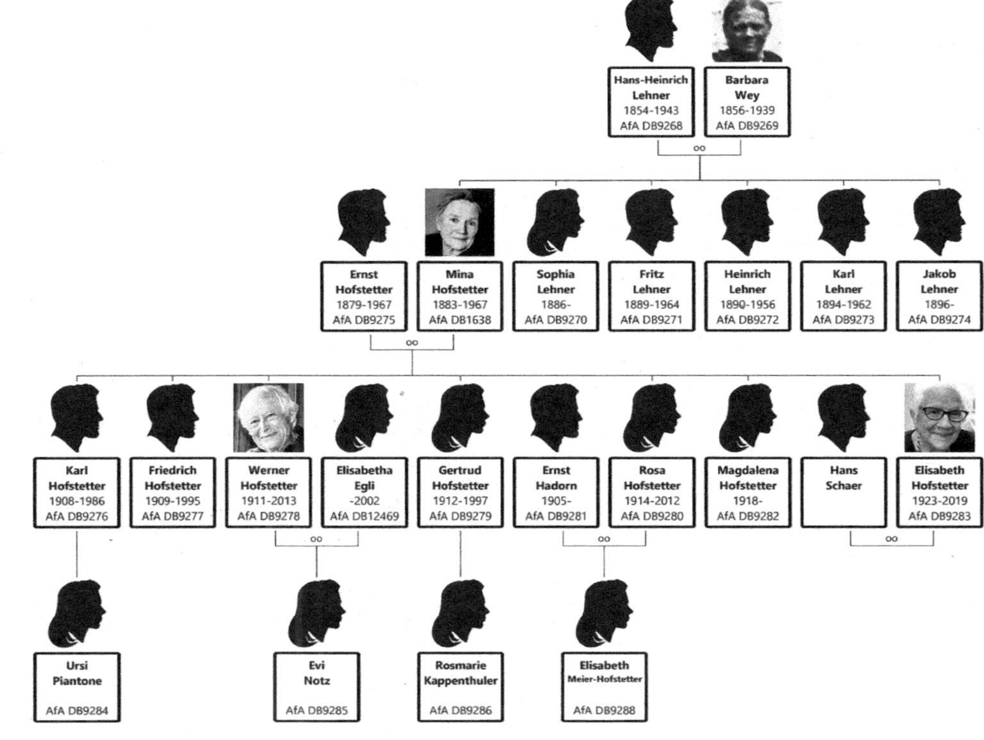

Abbildung 4 Familie Hofstetter-Lehner.

Betriebsleiterin auf dem Hof Stuhlen 1915–1950

»Am stillen Greifensee, umhegt von Hochwald, mit freiem Blick auf die Berge, liegt mit seinen Äckern und Matten und Obstbäumen ein Weiler: Stuhlen bei Ebmatingen.«[52] Hier, in der Gemeinde Maur, lebte Mina Hofstetter von 1915 bis 1967, also mehr als ein halbes Jahrhundert lang, auf dem Hof, der gut sieben Hektaren Land umfasste. Der Kaufpreis im Herbst 1915 betrug 37.000 Franken, für den sich Hofstetters hypothekarisch verschuldeten. Der Bruder der Frau, bei der Mina Hofstetter als Dienstmädchen in Genf gearbeitet hatte, gewährte ihnen eine Bürgschaft für den Kredit, den sie bei der Bank zusätzlich zur Hypothek aufnehmen mussten.[53] Waren die Kriegsjahre vor allem wegen der Arbeitsbelastung eine schwierige Zeit für Mina Hofstetter und die Kinder, so wurden die 1920er-Jahre wirtschaftlich prekär. Denn die Krise, von der die Landwirtschaft insgesamt erfasst wurde, wirkte sich auf Stuhlen aufgrund der radikalen Umstellung auf eine viehlose Bewirtschaftung noch schlimmer aus. Nicht nur fielen die Einnahmen aus dem Verkauf der Kuhmilch weg, auch die Erträge aus dem Pflanzenbau verringerten sich stark, weil in den ersten Jahren noch kaum Kompost als Ersatz für den Hofdünger vorhanden war. Hinzu kamen neue Ausgaben für die Verrichtung von Zugarbeiten, die bisher durch betriebseigene Kühe quasi unentgeltlich geleistet worden waren. Insbesondere der Wegfall des vorher monatlich anfallenden Milchgeldes führte dazu, dass der Haushalt auf Stuhlen oft »ohne eigenes Bargeld« war. »Das Fehljahr 1930 und die Weltkrise dazu haben uns fast umgebracht«,[54] teilte Mina Hofstetter ihren Leser:innen 1931 mit, als es ihr wirtschaftlich erstmals etwas besser ging. Zwei Jahre zuvor hatte sie der Zürcher Volkswirtschaftsdirektion geschrieben, dass sie im Leben »viel Kummer und Not erlebt« habe, »besonders in den letzten 13 Jahren als Schuldenbäuerin«.[55] Die durch die Betriebsumstellung verschärften materiellen Sorgen führten auch zu »argen Familienunstimmigkeiten«, wie sie Mitte der 1930er-Jahre Anna Helene Askanasy-Mahler anvertraute.[56]

In den 1930er-Jahren verbesserte sich die finanzielle Lage auf Stuhlen etwas, weil die nach wie vor prekären Einnahmen aus der landwirtschaftlichen Tätigkeit jetzt mit Erträgen aus den Schreinerarbeiten von Ernst Hofstetter sowie dem Ausbau des Kurswesens ergänzt werden konnten. Wichtig war auch, dass Mina Hofstetter den Betrieb nun mit Hilfe ihres Sohnes Werner und ihrer Töchter Gertrud und zunehmend auch Elisabeth ganz nach ihren Vorstellungen bewirtschaften konnte. Die Klagen aus den 1920er-Jahren wurden von einer zuversichtlicheren Grundstimmung überlagert, die Ende der 1930er-Jahre zuweilen sogar in euphorische Begeisterung für Projekte kippte, die sie mit neuen Bekannten zu realisieren hoffte. Schon in den 1920er-Jahren war sie Teil eines weit verzweigten Netzwerkes von Ernährungsreformer:innen, die untereinander auch geschäftlich verkehrten. Ihr Gemüse lieferten Hofstetters in das Sanatorium von Maximilian Bircher-Benner nach Zürich oder auf Bestellung per Postversand an Private. Und auf dem Wochenmarkt in Zürich unterhielten sie auf dem Bürkliplatz zweimal pro Woche einen Verkaufsstand.[57] Das »sonnendurchglühte Korn« für das von Mina Hofstetter (fast) ohne Hefe und Salz gebackene Brot ließen sie in Basel bei der Mühle Sackmann mahlen und die »Teigwarenfabrik der Geschwister Meyer in Lenzburg« machte aus diesem Mehl »nährwerthaltige Teigwaren«, die das Essen für die Gäste und Kursteilnehmer:innen auf Stuhlen reichhaltiger gestalteten. Das Vollkornbrot bezog man in der Grahambäckerei Zürrer in Zürich und das »wasserfreie und monatelang haltbare schwedische Knäckebrot« bei Albert Bauer in Bern. Den Hafer wiederum ließen Hofstetters in der Hafermühle Lützelflüh schälen und die Nüsse bei Johann und Alwine Kläsi in Rapperswil (SG) zu Nussa verarbeiten.[58] Alwine Kläsi hatte, wie Mina Hofstetter, die Schweizerische Ausstellung für Frauenarbeit (SAFFA) 1928 zur Propagierung ihrer Broschüre mit 120 Rohkost- und Halbrohkost-Speisen genutzt, zu der Maximilian Bircher-Benner ein Vorwort beigesteuert hatte.[59]

Ab Ende der 1930er-Jahre bestand der Hof Stuhlen aus zwei Haushalten, einem Landwirtschaftsbetrieb, einer Schreinerei und einer Lehrstätte für biologischen Landbau. Hinzu kamen viele Gäste und Erholungssuchende. Da war es nicht erstaunlich, dass es, wie schon in der zweiten Hälfte der 1920er-Jahre zwischen Ernst und Mina wegen ihrer Bestrebungen zur Umstellung auf eine viehlose Landwirtschaft, immer wieder zu Spannungen kam. 1938, bei ihrem Besuch auf Stuhlen, nahm Elin Wägner die Stimmung in der Familie Hofstetter folgendermaßen wahr: »Die Familie um den Tisch im gemütlichen alten Wohnzimmer sass beklemmend still vor ihren Riesenportionen. Die beiden Schreiner, Vater und Sohn, kamen aus der Werkstatt und hüllten sich in ein gekränktes Schweigen, es schwieg der Sohn, der die Erde bearbeitete. Und das jüngste Mädchen, das Glückskind, versuchte durch Schweigen, von zu Hause wegzukommen, um Näherin zu werden. (...) Das Schlimmste war ein Landhaus in Schweizer Bauweise, das höher am Hang lag, wo es den Horizont zerstörte (...) Es hiess Seeblick, (...), sie nannte es Sorgenhaus und das zu Recht, denn es war eine Fehlspekulation. (...) Darüber hinaus war sie einem schlechten Architekten zum Opfer gefallen und mutmasslich auch einem Vertreter für teure elektrische Apparate, die ihr angeblich die Arbeit erleichtern sollten. Das Schlimmste war aber, dass Gertrud Schulden gemacht und sich in das vorherrschende wirtschaftliche System verstrickt hatte. Die Drohung, sie müsse den Hof verkaufen, lag ständig über ihr wie ein Alptraum.«[60]

Im Herbst 1938 spitzte sich der Konflikt zwischen Mina und ihrem Sohn Werner, der als Mitarbeiter auf dem Hof tätig war, zu. Das Zerwürfnis war offenbar so gravierend, dass Mina Hofstetter Ende November Anna Helene Askanasy-Mahler mitteilte, sie müsse den Hof verlassen.[61] Im Dezember entschieden sich Hofstetters dann aber anders. Jedenfalls teilte Mina Ende des Jahres Flory Gate mit, dass nun ihr Sohn Werner, nicht sie selbst, Stuhlen verlassen werde: »*Ich bleibe auf meinem Gut!* Mein Sohn geht fort.«[62] Gemäß den Angaben von Werner verließ er 1939 den Betrieb dann tatsächlich vorübergehend.[63] In den 1940er-Jahren war er wieder auf Stuhlen tätig und gründete eine eigene Familie, mit der zusammen er 1950 den Hof von Mina übernahm.[64]

Im turbulenten Spätherbst 1938, als Mina Hofstetter in Wien referierte, den Aufbau einer von Julie Metzl zu leitenden Siedlung in Südfrankreich plante und zugleich eine (temporäre) Emigration nach Kanada in Erwägung zog,[65] bereitete sie auch noch eine Vortragsreise nach Skandinavien vor, wie aus dem »Reiseplan« ersichtlich wird, den sie im November 1938 Flory Gate und Elin Wägner zustellte. Die für 1939 vorgesehenen Vorträge in Schweden und Norwegen sollten »möglichst gediegen werden«, schrieb Hofstetter darin, weil sie »alles was ich will und kann« repräsentieren sollen. Sie werde deshalb auch einen Schüler mitnehmen, »der in über 130 Bildern als Lichtbilder zeigen« könne, »was hier werden wird und schon ist«. So könne man es wagen, wenn man Werbung in Zeitungen mache, »grosse Säle zu mieten und damit die Spesen herausschlagen«.[66] Die Reise nach Skandinavien kam dann allerdings erst zehn Jahre später zustande. Und die Gründung der Siedlung in Südfrankreich scheiterte, weil Julie Metzl und ihr Mann nach

Kanada emigrierten, wo sie zur Gruppe von Anna Helene Askanasy-Mahler stießen. Mina Hofstetter blieb auf Stuhlen, wo die Kurstätigkeit während des Zweiten Weltkrieges zwar etwas eingeschränkt wurde, aber grundsätzlich weitergeführt werden konnte. Sie nutzte die nachlassende Hektik auf dem Betrieb zur Verfassung des Textes, den sie 1942 unter dem Titel »Neues Bauerntum. Altes Bauernwissen« veröffentlichte.[67]

Abbildung 5 Magdalena, Ernst, Gertrud, Mina und Rosa Hofstetter, 1960er-Jahre.

Mit ihren Freundinnen in Schweden blieb Mina Hofstetter auch während des Krieges in brieflichem Kontakt. Im Herbst 1944 orientierte sie Elin Wägner über ihre Nachkriegspläne: »Weisst Du, meine Gedanken sind so viel bei Dir und allen jenen mit denen wir damals versuchten, den Krieg zu verhüten. 1,5 Jahre lang war ich der Verzweiflung nahe, dass wir so wenig fertig gebracht haben, aber dann kam wieder neuer Mut in mich und nun fühle ich viel aufgespeicherte Kraft wieder neu zu beginnen.« Konkret hatte sie vor, auf Stuhlen »einen Mittelpunkt« zu gründen, »wo alle jene sich Kraft und Gedanken holen können für die wahre Verbrüderung und den Völkerfrieden. Das soll die eigentliche Aufgabe des Hauses Seeblick sein und der Gartenbau nur quasi der ›Grund‹ der Ernährung und gesundheitliche Notwendigkeit.«[68]

Als Mina Hofstetter im Herbst 1949 zu ihrer gut zehn Jahre zuvor geplanten Vortragsreise nach Skandinavien aufbrach, lebte Elin Wägner nicht mehr. Nach ihrer Rückkehr übergab die mittlerweile 67-Jährige den Hof ihrem Sohn Werner und dessen Familie. Sie selbst lebte die nächsten 17 Jahre mit Ernst, der sich aus dem Schreinereibetrieb von Karl zurückzog, als Rentnerin im Seeblick. Die pessimistische Stimmung, die sie schon 1949 in Norwegen erfasst hatte, war auch charakteristisch für die Zeit der frühen 1950er-Jahre.[69] Seit »vielen Nächten« liege sie schlaflos im Bett, teilte sie Ende 1952 dem Geologen Arnold Heim mit, den sie schon lange aus der Lebensreformbewegung kannte. »Unser ganzes Lebenswerk« droht unterzugehen, weil Werner wegen starken Rückenschmerzen, die er sich vor Jahren beim Sturz von einem Baum zugezogen habe, »nicht mehr im Stande« sei, den Hof weiterzuführen. Sie selbst sei machtlos: Wir »haben gar keine Ersparnisse, weil alles, was wir sparten, immer in den Betrieb ging, mein Mann und ich können nichts mehr für den Betrieb tun, und haben selbst, weil zu alt, nicht mal eine Rente«. Das ärgste sei, dass durch die drohende Aufgabe des Betriebs »unsere seit Jahrzehnten treue Kundschaft enttäuscht« werde.[70] Soweit kam es dann aber nicht. Werner Hofstetter und seine Frau Elisabetha Egli führten den Hof mehr als drei Jahrzehnten weiter; auch den Stand auf dem Markt in Zürich betrieben sie bis in die 1970er-Jahre. In den 1980er-Jahren verpachteten sie das Land und 1988 den ganzen Betrieb an Judith Aebli und Daniel Liechti, die Gemüse anbauten und Schafe hielten. 2002 konnten die Pächterin und der Pächter den Hof Stuhlen käuflich erwerben.

Mina Hofstetter lebte nach der Übergabe des Betriebs gemäß den Erinnerungen ihrer Nachkommen »wie ein Murmeltier«, d. h. sie verbrachte die Tage oft lesend und strickend im Bett.[71] Sie starb am 21. Dezember 1967, zehn Monate nach Ernst Hofstetter, mit dem sie 60 Jahre verheiratet gewesen war.

Abbildung 6 Mina und Ernst Hofstetter, 1960er-Jahre.

Ernährungsreform und viehloser Biolandbau

Als Mina Hofstetter 1918 zum sechsten Mal schwanger war, verschlechterte sich ihr Gesundheitszustand. Nach schweren Grippeanfällen erlitt sie einen Nervenzusammenbruch und musste sich in der Folge zwei Operationen unterziehen, die schwere Eiterungen nach sich zogen. Gut zehn Jahre danach erinnerte sie sich: »Kein Arzt konnte mir helfen. Von Schmerzen gepeinigt rannte ich oft des Nachts wie ein wildes Tier im Käfig die Stube auf und ab. Und ich glaube, dass es in einer solchen Nacht war, dass mir die Erleuchtung kam. Ich wollte ›etwas Gutes‹ tun, vielleicht dass dann Gott mir half.«[72] Konkret begann sie, Ferienkinder aus Deutschland aufzunehmen, die nach dem Krieg von der Winterthurerin Julie Bikle zur Erholung an Familien in der Schweiz vermittelt wurden.[73]

»Eines Novembertages« habe sie in Zürich drei Ferienkinder von der Bahn geholt, schrieb Mina Hofstetter 1931. »Am Abend, als wir beim Essen sassen, klopfte es, und draussen stand ein feines Fräulein in Samt und Seide, aber elend und Krankheit in den Augen. Ich fragte sie, was sie wolle. Sie sagte, auf dem deutschen Hilfsverein in Zürich hätte man ihr gesagt, eine reiche Bauernfrau vom Greifensee hätte heute drei Kinder geholt, und wo die Platz fänden, wäre wohl auch noch für einen Vierten Platz.« Die junge Frau blieb dann sechs Wochen auf dem Hof und ließ beim Abschied das Buch »Moderne Rosenkreuzer« zurück, das Mina Hofstetter zu lesen begann. Die Lektüre der Schrift von Demeter Georgievitz-Weitzer, besser bekannt unter dem Pseudonym Surya (Sanskrit für Sonne), hatte zur Folge, dass sie aufhörte, Schweinefleisch zu essen. Danach kamen ihr die Broschüren »Weltvagant« und »Lichtwärts« von Werner Zimmermann in die Hände, die sie veranlassten, »sofort von Rohkost zu leben«. Die radikale Umstellung der Ernährung habe zur Folge gehabt, dass sie in drei Monaten »von einem geschlagenen armen, leidenden Krüppel zu einem gesunden Menschen« geworden sei. Gleichzeitig sei sie von einem »Lebensmut beseelt« worden, wie noch nie in ihrem Leben zuvor.[74]

So berauschend Mina Hofstetter die Auswirkungen der Umstellung ihrer Ernährung im Nachhinein empfand, so schwierig wurde für sie die Arbeit mit den Tieren auf dem Hof. Wie konnte sie sich von Rohkost ernähren, gleichzeitig aber Milch und Fleisch produzieren und die Kühe im Ackerbau zur Arbeit einsetzen, fragte sie sich selbst – und wurde immer wieder auch von anderen gefragt. Auf der Suche nach einem Ausweg aus diesem Dilemma wurde sie 1925 fündig, als in der Zeitschrift TAO der Artikel »Fiehloser Ackerbau – natürliche Bodenbearbeitung« von Ewald Könemann erschien.[75] Der Text wurde für Mina Hofstetter zu einer zweiten Offenbarung, zeigte ihr Könemann doch einen gangbaren Weg auf, wie sie ihre tiefgreifenden Umstellungen in der Ernährung mit ihrer wirtschaftlichen Tätigkeit als Bäuerin in Einklang bringen konnte.

Die Umsetzung der Idee einer veganen Ernährung im Haushalt und einer viehlosen Landwirtschaft auf dem Betrieb war allerdings alles andere als »blendend einfach«, wie sie im Rückblick euphemistisch schrieb.[76] Aber die Aussicht, dass eine Verbindung der beiden für sie mittlerweile so zentralen Bereiche machbar war, setzte in ihr Kräfte frei, die es ihr ermöglichten, die großen Schwierigkeiten zu überwinden und gleichzeitig kreative Lösungen zu entwickeln, die den Hof Stuhlen zu einem auch international viel beachteten Kosmos machten.

Den Entscheid, viehlos zu wirtschaften, fällte Mina Hofstetter 1926, nach einem Gespräch mit einem Siedler aus der Lüneburger Heide, der sie definitiv davon überzeugte, dass die Idee in der Praxis umsetzbar war. Daraufhin habe sie ihrem Mann gesagt, dass sie nun wüsste, wie sie es »machen wolle«, schrieb sie 1933.[77] Doch Ernst Hofstetter glaubte nicht daran, dass eine viehlose Landwirtschaft funktionieren würde; zudem hing er, wie die meisten Bauern und Bäuerinnen, an den Tieren, die sie nicht nur ernährten, sondern mit denen zusammen sie im Alltag auch einen wesentlichen Teil der Arbeiten erledigten.[78] So musste sie »mit ein paar Gartenbeeten anfangen«; gleichzeitig habe sie begonnen, ihrem »Mann Acker um Acker abzuhandeln und nach meiner Methode zu bearbeiten«.[79] Drei bis vier Jahre habe sie um jede Furche gekämpft, »bis das Schicksal und die Verhältnisse es so fügten, dass ich 20 Jucharten allein übernehmen und damit machen konnte, was ich wollte«.[80] Drei Jahre nach der Lektüre von Könemanns Artikel über den viehlosen Landbau begegnete sie diesem persönlich anlässlich eines »Ferienlagers der Freunde des natürlichen Landbaus«, das von Werner Zimmermann am Brienzersee durchgeführt wurde. Nach dem Ende des Kurses im Berner Oberland fuhr Könemann zu ihr nach Ebmatingen, um dort »das Ergebnis ihrer praktischen Arbeit« kennenzulernen. Zufrieden stellte er fest, dass sich nur noch zwei Kühe auf dem Hof befanden.[81]

So radikal sich Mina Hofstetters Vorstellungen einer gesunden Ernährung und bäuerlichen Betriebsführung von der gängigen Praxis unterschieden, so umsichtig-pragmatisch machte sie sich an deren Umsetzung. Bei der Ernährung begonnen hat sie praktischerweise mit ihrer jüngsten, 1923 geborenen Tochter Elisabeth, die später den Metzger Hans Schaer heiratete. »Gib dem Kind«, riet Mina Hofstetter 1924 den Leser:innen im TAO, »sobald es verlangen zeigt nach fester nahrung, früchte zum lutshen und kauen, immer mehr und immer öfter. Dann gibt es kein eigentliches entwöhnen mehr; die milch wird eines tages aufhören zu fliessen und das kind lebt von rohkost! Nur keine breie oder sonst gekochtes, sonst haben wir wieder den alten vielfrass, nein, natürliche früchte, die es recht langsam kauen muss.«[82]

Schwieriger umzusetzen war das neue Ernährungsregime bei den älteren Familienmitgliedern. Ihr Mann und die Kinder ernährten sich denn auch nie ausschließlich vegan. Im Haushalt von Karl, wo in den 1930/40er-Jahren in der Regel auch Ernst Hofstetter das Mittagessen einnahm, wurde sowohl das Gemüse gekocht als auch Fleisch und Eier gegessen.[83] Zudem gibt es einige Hinweise darauf, dass auch Mina Hofstetter selbst zuweilen tierische Produkte zu sich genommen hat. Zumindest empfahl sie anderen, dem Brotteig auch Eier – die sie andernorts zu den krankmachenden Nahrungsmitteln zählte[84] – beizufügen. Auch sie selbst brauchte offenbar Eier und zuweilen auch Milch zum Backen von Eierkuchen.[85]

Wie situativ Mina Hofstetter mit dem (Selbst-)Anspruch umging, sich vegan zu ernähren, zeigt sich auch an den Plänen, die sie 1938 für die Siedlung in Kanada entwarf, in der Frauen das Sagen haben sollten. In ihrer ersten, euphorischen Reaktion auf den Plan von Anna Helene Askanasy-Mahler schlug Hofstetter, die nach Ansicht der Initiatorin des Projekts den Landwirtschaftsbetrieb leiten sollte,[86] vor, am Anfang einen »tüchtigen Viehzüchter« einzustellen und ihm Land und Gebäude zur Verfügung zu stellen.[87]

Wichtiger als die Befolgung der reinen Lehre des Veganismus war Mina Hofstetter die Respektierung der Nutzungslogiken lebender Ressourcen, die es möglich machten, die zum Leben benötigten Pflanzen im Produktionsprozess zu reproduzieren. Das zeigte sich auch in Hofstetters Umgang mit den menschlichen Exkrementen, der in vegetarischen Kreisen höchst umstritten war. »Aus Verkennung der Tatsachen« würden viele städtische

Reformer:innen »dungloses Gemüse« propagieren, schrieb sie 1931. Insbesondere schienen ihr »jene Vegetarier auf dem Holzweg zu sein, die menschlichen Dünger« vollständig ablehnten, »dafür aber unbedenklich Tier- und Kunstdünger« brauchten. »Menschliche Abfälle« seien, sofern die Menschen richtig lebten, »vollständig gesund«, war Hofstetter überzeugt. Auf jeden Fall sei es »viel besser«, die menschlichen Fäkalien würden »auf diese Art und Weise dem grossen Kreislauf eingeordnet, als in die Flüsse abgeführt«.[88]

Die Vielfalt der Lebens- und Haushaltsformen auf Stuhlen ermöglichte es den Familienmitgliedern, die Ernährungsfrage grundsätzlich und pragmatisch zugleich anzugehen. Ernst, der Fleisch aß, nahm das Mittagessen bei der Familie seines Sohnes ein. Die Praktikant:innen, Gäste und Teilnehmer:innen der Kurse hingegen wurden im Haushalt von Mina vegan verpflegt. Für die große Mehrheit entsprach das ohne Wenn und Aber ihren Wünschen, wie aus Einträgen im Gästebuch ersichtlich wird.[89] Einzelne Mitarbeiter:innen hingegen taten sich schwer mit dieser Form der Ernährung. So erklärte etwa Walter Giannini, ein in Mainz in der Freiwirtschaftsbewegung engagierter Schweizerbürger, der 1934 aus Deutschland emigrieren musste und während drei Monaten auf dem Hof von Mina Hofstetter lebte und arbeitete, er habe Stuhlen Mitte der 1930er-Jahre vor allem deshalb so rasch wieder verlassen, weil er dort »schier verhungert« sei.[90]

Wie andere Exponent:innen der Lebensreformbewegung begann in den 1920er-Jahren auch Mina Hofstetter, den Einsatz von Kunstdünger zu hinterfragen. Weil der Kulturboden »mit schädlichen Stoffen durchsetzt« sei, seien auch die Körper der Menschen verseucht, schrieb sie 1929. Gleichzeitig war sie optimistisch, dass die »Reform auf dem Gebiete des Landbaues« schon sehr viel gelernt habe und dass viele »Kleingärtner und Landwirte« den neuen Landbau bereits praktizierten.[91] Wer in den 1920er-Jahren vom »neuen Landbau« sprach, meinte in der Regel den »natürlichen Landbau«.[92] Der Begriff »biologischer Landbau« setzte sich auch deshalb nur langsam durch, weil jeder Landbau auf biologischen Prozessen beruht, eine Abgrenzung durch das Adverb »bio« also wenig Klarheit schuf. Der Begriff »biologische Landwirtschaft« etablierte sich erst in den 1930er-Jahren, als er zunehmend zum Synonym für eine Landwirtschaft wurde, die auf den Einsatz von Kunstdünger verzichtete.[93]

Ab den frühen 1930er-Jahren sprach auch Mina Hofstetter von der biologischen Landwirtschaft, wenn sie von der Landbewirtschaftung sprach, wie sie sie selbst praktizierte. »Die biologische Landwirtschaft« wolle sich »durch ihre Anbauweise in Einklang stellen mit den Naturgesetzen«, schrieb sie 1931. Sie wolle »den Boden in den der Pflanze angenehmsten Zustand bringen und nachher der Pflanze die ihr entsprechendsten Lebensbedingungen schaffen«. Erst durch »diese Anbauweise« könne die für »den Menschen wirklich gesunde Nahrung hervorgebracht werden«.[94] An diesem Verständnis von Biolandbau hat sich bei Mina Hofstetter zeitlebens nicht mehr viel verändert. Im letzten von ihr veröffentlichten Text 1948 heißt es, der biologische Landbau sei »eine aussichtsreiche Art der Bearbeitung und Bebauung des Bodens, eine Abkehr von gewissenloser Ausbeutung der Natur zum eigenen Schaden«. Er diene »der Neuordnung unserer Beziehungen zur Mutter Erde« und fördere »die Erkenntnis einer gottgewollten, ja religiösen Einstellung und Verantwortung gegenüber Erde und Tier, auf dass sie, die Mutter Erde, uns segnen könne mit gesunden und gesunderhaltenden, gesundmachenden Früchten, anstatt uns zu strafen mit Hunger, Seuchen und Krieg«.[95]

Distanz hielt Mina Hofstetter zu den Praktiken der ebenfalls in den 1920er-Jahren entstandenen bio-dynamischen Landwirtschaft. »Biologisch-dynamisch« nenne »sich die Landwirtschaft, die nach den Lehren Rudolf Steiners« gehe, schrieb sie 1933. »Die Grunderkenntnisse sind dieselben, die ich auch bejahe. Hingegen kann ich zwei Dinge nicht bejahen. Es sind diese: die Voraussetzung der Viehzucht und die geheimnisvollen Präparate.« Wenn man wisse, »dass Vegetarismus allein zur Gesundheit« führe, sei es »lebensgesetzlich widersinnig, Tiere in Ställe zu sperren und zu Sklaven zu machen und die Menschen wieder zu Sklaven dieser Tiere«. Die Theoretiker dieser Lehre, fuhr sie fort, seien »jedenfalls zum allerwenigsten Stallknechte und Tierbetreuer gewesen, sonst müsste ihnen ihr Feingefühl von selbst sagen, in welcher Weise sie in die Unnatur und Widersinnigkeit hineingeraten sind. Auch würden sie die unaussprechlichen Leiden der Tiere nicht zehn Jahre aushalten, ohne dass ihr Gewissen belastet würde.«[96]

Gleichzeitig mache sie sich Gedanken darüber, ob es nicht Zeit zu einem organisatorischen Zusammenschluss aller Biobauern und -bäuerinnen wäre, »um jene Untersuchungen vornehmen zu können, die dem Einzelnen nicht möglich sind, die verschiedenen Anbaubetriebe zu beobachten und alle jene, die sich der Kontrolle unterwerfen in den Reformzeitschriften bekannt zu geben«.[97] Obwohl sie zum Schluss kam, dass ein »solcher Zusammenschluss [...] allen zum Segen« würde, unternahm sie in der Folge nichts, um das Anliegen zu verwirklichen. Vermutlich wurde sie in dieser Frage auch deshalb nicht aktiv, weil sie wusste, dass es in der Frage der Tierhaltung keinen Kompromiss zwischen der bio-dynamischen und der biologisch-natürlichen Richtung des Biolandbaus gab. Auch in der Genossenschaft Biologischer Landbau (heute: Bioterra), die 1947 auf ihrem Hof Stuhlen gegründet wurde, war sie nie aktiv.

Dass Mina Hofstetter sich im Organisationswesen nie wirklich engagierte, hat dazu beigetragen, dass ihre Arbeit von den 1950er- bis in die 1990er-Jahre weder von Bioterra noch in den Kreisen der bio-dynamischen Landwirtschaft ein Thema war. Das gleiche gilt für die jungen Wissenschaftler:innen aus dem Umfeld des Forschungsinstituts für biologischen Landbau (FiBL), die sich in den 1970er-Jahren für den Biolandbau zu engagieren begannen: Auch diese bezogen sich in ihren Arbeiten nicht auf die Bäuerin aus Ebmatingen.[98] Und die Exponenten des organisch-biologischen Landbaus, die, wie Fritz Bohnenblust oder Edmund Ernst die Arbeit von Mina Hofstetter aus der Praxis kannten, weil sie in den 1930er-Jahren Kurse auf Stuhlen besucht hatten,[99] erwähnten Hofstetter in ihren Texten genauso wenig wie Hans Müller und Hans Peter Rusch, die beiden »Theoretiker« des organisch-biologischen Landbaus. Auch Maria Müller-Bigler, die Leiterin der Bäuerinnenschule auf dem Möschberg, die den dortigen Kochunterricht ganz in den Dienst der »neuzeitlichen Ernährungslehre« stellte, bezog sich in ihrem Plädoyer für mehr Rohkost (und weniger Fleisch) in den bäuerlichen Haushalten explizit auf Vertreter wie Maximilian Bircher-Benner, nicht aber auf Mina Hofstetter, die sie vermutlich 1928 an der SAFFA in Bern auch persönlich kennengelernt hatte.[100] Zur Marginalisierung von Mina Hofstetter in der Nachkriegszeit – in der sich der Pro-Kopf-Konsum von Fleisch mehr als verdoppelte[101] – sicher beigetragen hat auch, dass sie nicht nur Vegetarierin war, sondern eine vegane Ernährung und viehlose Landwirtschaft propagierte. Von der Bio-Szene (wieder-)entdeckt wurde Mina Hofstetter in den frühen 1990er-Jahren, als sich Otto Schmid vom FiBL und Anita Dörler, die Redakteurin des Publikationsorgans von

Bioterra, im Hinblick auf das 50-jährige Bestehen auf die Suche nach den Wurzeln der Organisation machten.[102]

Lehrstätte

für Biologischen Landbau

Ebmatingen a/Greifensee

a) **jeden Samstagnachmittag:** Kurzreferate mit prakt. Vorführungen entsprechend der augenblicklichen Vegetationsperiode.
b) **jeden Sonntag:** ebenso mit grösserem Vortrag und Diskussion.
c) **KURSE:** 2 Wochen = Fr. 100.— inkl. Pension mit einf. Unterkunft
3 Monate = Fr. 250.— inkl. Pension do.
6 Monate = Fr. 450.– inkl. Pension do.

Besonderer Wert wird darauf gelegt, alle in unserem Klima gedeihenden Kulturpflanzen anzubauen, um die **Eigenversorgung** unseres Landes zu demonstrieren, um die Reichhaltigkeit und Qualität unseres Speisezettels fürs ganze Jahr zu sichern zwecks Erhaltung und Sicherung eines **gesunden** Volkes.

Näheres durch **Mina Hofstetter** Tel. 972-143

Biologische Diät - Pension

und Erholungsheim „SEEBLICK"

Ebmatingen bei Zürich

empfiehlt sich für Feriengäste, für Schüler der Lehrstätte und für Erholungsuchende · Herrliche staubfreie Lage über dem Greifensee mitten in waldreicher Gegend · Aussicht in die Berge · Rein vegetarische Küche, biologische Gemüse · Auf Wunsch physikalische Anwendungen · Bäder · Holzofenheizung in fast allen Zimmern · Geeignet für Fastenkuren, Schlenzkuren, Diätkuren, Schlaftherapie

Mässige Preise

Abbildung 7 Mit Inseraten in Periodika und Broschüren der Lebensreformbewegung machte Mina Hofstetter auf die Kurse und Erholungsmöglichkeiten auf Stuhlen aufmerksam.

Abbildung 8 Die in den frühen 1930er-Jahren errichtete Hinweistafel auf die Lehrstätte für biologischen Landbau auf dem Hof Stuhlen.

Lehrstätte für biologischen Landbau

Allein aus den vielfältigen wirtschaftlichen Beziehungen, die Hofstetters in den 1920er-Jahren pflegten, wird klar, wie solide der Betrieb in den sich oft überschneidenden Milieus der Lebensreform und der Freiwirtschaft verankert war.[103] Die zuweilen auch Lehrgänge genannten, erstmals 1922 durchgeführten Kurse auf Stuhlen waren in den 1920er-Jahren wirtschaftlich eher eine Belastung für den Betrieb. Das Sonnenbad stehe auch »diesen Sommer allen Gesinnungsgenossen« offen, schrieb Mina Hofstetter im Mai 1926, aber der »Selbsterhaltungstrieb« zwinge sie, bei den Kursen wenigstens für das Essen einen Franken zu verrechnen und für den Aufenthalt im neu erbauten »Lichtwärts« eine freiwillige Spende anzunehmen.[104] Später schrieb sie: Wir haben »eine grosse Bitte an alle Rohköstler: Unterstützt uns bei der Gründung einer Schulungsstätte zur Förderung der neuzeitlichen biologischen Bodenkunde, des Gartenbaues und der Landwirtschaft. Menschen sind da, die die Erkenntnisse, den guten Willen und die Kraft haben. Aber die Mittel zur Durchführung fehlen«. Außer Geldspenden seien auch »Gebrauchsgegenstände wie landwirtschaftliche Maschinen, hauswirtschaftliche Geräte und Wäsche besonders willkommen«.[105]

Das nach Werner Zimmermanns Buch »Lichtwärts« benannte einfache Holzhaus hatten Hofstetters zu erstellen begonnen, um den Kursteilnehmer:innen Möglichkeiten zum Luft-, Licht- und Sonnenbaden zu schaffen. Das Sonnenbad bauten Hofstetters auch, weil die insbesondere von Zimmermann propagierte, im und am Greifensee praktizierte Freikörperkultur bei den Behörden Anstoß erregt hatte. So zeigte der Dorfpolizist von Maur im August 1922 Teilnehmerinnen des ersten Kurses an, der unter der Leitung von Zimmermann und Fritz Schwarz durchgeführt wurde, weil sie im Greifensee nackt badeten. Die vier Lehrerinnen wurden vom Bezirksgericht zwar freigesprochen, aber weil die Staatsanwaltschaft den Fall vor das Zürcher Obergericht weiterzog – wo ebenfalls ein Freispruch resultierte –, erregte die Angelegenheit in der Presse viel Aufmerksamkeit.[106]

Anlässlich des ersten Kurses schrieb sich Mina Hofstetter im Gästebuch als eine der insgesamt 39 Teilnehmenden ein, die allesamt der Freiwirtschaftsbewegung angehörten oder dieser zumindest nahestanden. Knapp die Hälfte der Anwesenden waren Frauen, darunter bemerkenswert viele junge Primarlehrerinnen.[107] Als Hofstetters 1925 mit dem Bau des Sonnenbads begannen, machte Mina Hofstetter die Leser:innen der Zeitschrift TAO immer wieder darauf aufmerksam, dass auf Stuhlen nun auch Feriengäste willkommen seien.[108] Und es kamen so viele, dass Ernst und Karl Hofstetter zehn Jahre später mit dem »Seeblick« oberhalb des Hofes ein stattliches Kurs- und Aufenthaltsgebäude erstellen konnten, in dem in den nächsten 15 Jahren hunderte von Kursteilnehmer:innen und Erholungssuchenden untergebracht wurden. Auch Mina und Ernst Hofstetter wohnten bis zu ihrem Tod 1967 im »Seeblick«. Im Bauernhaus, in dem sich auch die Schreinerei befand, wohnten zuerst Karl und seine Familie, später zusätzlich die Familie von Werner Hofstetter.

Mina Hofstetters Rolle im Kurswesen auf Stuhlen änderte sich rasch von derjenigen einer Teilnehmerin über diejenige der Gastgeberin hin zu derjenigen einer Leiterin. In den von ihr organisierten Lehrgängen wurden lebensreformerische Anliegen wie die vegetarische Ernährung, der »viehlose, lebensgesetzliche Landbau« sowie das Sonnen-, Licht- und Luftbaden propagiert und praktiziert. Geprägt wurden die Lehrgänge aber nicht nur von den Inhalten, sondern auch von den teilweise prominenten Referent:innen wie Maximilian Bircher-Benner, Werner Zimmermann, Hedwig Eichbauer, Walter Rudolph oder Ewald Könemann, insbesondere aber von Mina Hofstetter selbst. Sie machte auf viele Besucher:innen einen derart starken Eindruck, dass diese wiederholt auf den Hof zurückkehrten.[109]

Waren es in den 1920er-Jahren noch vorwiegend »Gesinnungsgenossen« aus der Freiwirtschaftsbewegung gewesen, die nach Stuhlen pilgerten, so versuchte Mina Hofstetter in den 1930er-Jahren zunehmend ein in erster Linie an einer »gesunden« Ernährung und dem Biolandbau interessiertes Publikum aus den Städten zu erreichen.[110] Das hing auch damit zusammen, dass sie Ende der 1920er-, anfangs der 1930er-Jahre an Ausstellungen ihre Anbauversuche vorstellen konnte und dabei auch mit einem vielfältigeren Publikum in Kontakt kam. In den 1930er-Jahren ließ sie ein Flugblatt mit dem Titel drucken: »Warum biologisches Gemüse?«. In solchen Prospekten und Inseraten wies sie nicht nur auf ihre »Lehrstätte für biologischen Landbau« hin, sondern auch auf die Vorzüge des Konsums von Gemüse vom Hof Stuhlen: »Sie erhalten durch meine Erzeugnisse eine gesunde Nahrung. Eine Nahrung, welche wirklich die Bildekräfte des Regens und des herrlichen Sonnenscheines in harmonischer Synthese zu den Lebensenergien unserer Mutter Erde in sich birgt. Gesunden und Kranken, Erwachsenen, wie den kleinsten Kindlein geben Sie durch biologisch gezogene Gemüse- und Obsterzeugnisse eine scharfe Waffe gegen Krankheit und einen Quell aufbauender Gesundheit und Lebensfreude.«[111]

Durchgeführt wurden auf Stuhlen neben den schon in den 1920er-Jahren mehrere Tage dauernden Kursen immer wieder auch einmalige Anlässe. Am 13. Juni 1926 beispielsweise hielt Maximilian Bircher-Benner vor mehr als 100 Personen einen Vortrag zum Thema »Sonnenlichtnahrung«. Die anschließende Diskussion kam etwas »zu kurz«, weil es zu regnen anfing.[112] Ein halbes Jahr später, im Januar 1927, referierte der aus Deutschland stammende Bildhauer August Kottonau über »Grafologie«.[113] Im April und Mai 1928 konnte man sich auf Stuhlen in die Praxis der »wesentlichsten Grundzüge« der »viehlosen Bodenbearbeitung« von Mina Hofstetter einweihen lassen.[114] An diesem Thema interessiert war auch Kottonau, der in einer von ihm dominierten »Gemeinschaft« in Lippoldswilen im Kanton Thurgau lebte, die ab 1922 ein »alkoholfreies Erholungsheim« führte. Die Mitglieder seiner Gemeinschaft, die das Reich Gottes schon in Lippoldswilen zu verwirklichen versuchten, wollten vermeiden, »kommerziell produzierte« Nahrungsmittel zu sich zu nehmen, da sie davon ausgingen, dass »die Art und Weise der Produktion auch den Geist und die Seele« derjenigen beeinflussen würden, die sie aßen.[115] Dass es in der Folge trotzdem nicht zu einer Kooperation zwischen Hofstetter und Kottonau kam, ist auf dessen strikte Opposition gegen das auch auf Stuhlen praktizierte Sonnen-, Luft- und Lichtbaden zurückzuführen. Zudem entschied man sich in Lippoldswilen für die biologisch-dynamische Richtung des Biolandbaus.[116]

Um »die Erkenntnisse des natürlichen Landbaues« weiteren Kreisen zugänglich zu machen, wurden ab 1928 auf Stuhlen »Feld- und Gartenbaukurse auf den Grundlagen des natürlichen Landbaues« durchgeführt. Thematisch ging es um die Gebiete »Bodenbearbeitung (und Bodenkunde), Düngung (ohne Tierdünger), und Bodenbedeckung in ihrer Anwendung auf Gemüse- und Feldbau«. Ferner wurden auch »Beeren- und Obstbaumpflege durch fachkundige Leute« unterrichtet.[117] Die Kurse hätten den Vorteil, schrieb Hofstetter in den Ankündigungen, »dass die Interessenten mitten in die Praxis hineinsehen und in wünschbarer Kürze einen Überblick über das Gebiet des Gartenbaues« erhalten würden. »Sowohl der Neuling, wie der schon tätige Gärtner« könnten »wertvolle Kenntnisse mit nach Hause nehmen«.[118]

Thematisch wurden die Kurse laufend ausgebaut. Zur »theoretischen Einführung in die neuzeitlichen Erkenntnisse der Bodenbiologie« und »praktischen Tätigkeit in Feld und Garten« kamen »volkswirtschaftliche Fragen« und »Selbsthilfebestrebungen« der Landwirtschaft. Weiter ging es um die Kritik an der Viehwirtschaft und »falsche Bodenbearbeitung« in der heutigen Landwirtschaft; Mensch, Pflanze, Kosmos; den Umgang mit dem Boden; Säen und Kultivieren der Pflanzen; Grundlagen der Getreide-, Obst-, Gemüse- und Hackfruchtkulturen; Wirtschaftseinrichtungen sowie viehlose Landwirtschaft. Alle Fragen wurden »praktisch und theoretisch behandelt und mit Lichtbildern unterstützt«.[119] Um den Teilnehmenden

»ein möglichst allumfassendes Bild des gesamten Weltgeschehens zu geben« standen nach Wunsch auch »Referenten zur Verfügung, die über Astrologie, Chiromantie, Psycho-Physiognomik, Physiokratie« und auch über »Friedensarbeit« Vorträge hielten. Die »Freistunden« wurden im »ideal gelegenen Sonnenbade mit Singen, Turnen, Spielen, Volkstänzen und Vorlesen ausgefüllt«.[120]

Die Kurse dauerten in der Regel 14 Tage, wobei auch eine nur punktuelle Teilnahme möglich war. Die Verpflegung bestand aus einer »einfachen, vegetarischen Küche« die vorwiegend, aber nicht ausschließlich aus Rohkost bestand und in der »Lehrküche für neue sittliche, gesundheitlich gerichtete Ernährung« zubereitet wurde. Übernachten konnten Männer und Frauen, zuweilen auch Kinder, in einem »Matratzenlager mit Wolldecken«. Mitbringen mussten sie ein paar feste Schuhe und einen Schlafsack. Die Kosten betrugen 8 Franken pro Tag respektive 100 Franken für zwei Wochen.[121] Als Kursleiterin amtierte Mina Hofstetter, als »Mitarbeiter« oder Co-Kursleiter wurden, in wechselnder Zusammensetzung, Maximilian Bircher-Benner, Hedwig Eichbauer, Karl Erpf sowie Ewald Könemann und Walter Rudolph aus Deutschland aufgeführt. In den 1940er-Jahren organisierte der »Schweizerische Verein für Volksgesundheit« (SVG) auf Stuhlen 14-tägige Ferien- und Bildungskurse, in denen neben Mina Hofstetter auch Vertreter des SVG wie Carl Fauser als Kursleiter wirkten.[122]

Wer nahm an diesen Kursen auf dem Hof Stuhlen – der in Anzeigen und Flugblättern nun zunehmend als »Erste Schweizerische Lehrstätte für biologischen Landbau« bezeichnet wurde – teil? Nach der Einschätzung von Mina Hofstetter waren es »nicht Gärtner und nicht Landwirte«, sondern »solche Menschen, die in der Stadt krank geworden und die an der Stadt und der Not unserer Zeit leiden; solche, die der Hunger zum Siedeln führt, da sie arbeitslos wurden und die sich nun durch ihrer eigenen Hände Arbeit eine neue Zukunft aufbauen wollen, da sie nicht auf die Almosen und bisher nur in der Theorie bestehenden Pläne ihrer ehemaligen Führer warten wollen«.[123] Jugendliche, die einen Kurs besucht hatten, konnten zudem nach Vereinbarung bis zu einem halben Jahr auf Stuhlen als Praktikant:innen bleiben. Die Kosten für die Ausbildung, Übernachtung und Verpflegung in diesen sechs Monaten betrugen 450 Franken.[124]

Abbildung 9 Das während rund drei Jahrzehnten geführte Gästebuch enthält Einträge von mehr als 1700 Personen. Allerdings trugen sich lange nicht alle, die auf Stuhlen verkehrten, ins Gästebuch ein.

Ferien-Bildungskurs

auf Stuhlen (Ebmattingen) am Greifensee

veranstaltet vom Schweiz. Verein zur Hebung der Volksgesundheit.

Nachfolgend unserer ersten Publikation in Nr. 5 der «Volksgesundheit» machen wir Sie bekannt mit dem Programm unseres Frühlingskurses. Der Besuch dieses erhebenden Ferientreffens ist nicht nur für solche Freunde, die sich jetzt schon in unseren Vereinen irgendwie praktisch betätigen, sondern auch für die, welche sich in unserem System vertiefen und gründlich weiterbilden wollen. Die Kursteilnehmer ziehen aus dem Gebotenen einen grossen Nutzen, den sie jederzeit für sich oder für andere dienstbar machen können.

Dauer: 1. Kurs 4.—17. Mai; 2. Kurs 18.—31. Mai ✦ **Kosten:** Fr. 5.50 pro Tag für Bett und Fr. 5.— für Strohmatratze ✦ **Unterkunft:** In Betten und auf Strohmatratze ✦ **Anmeldetermin:** Schluss 20. April 1940.

Carl Fauser spricht über:

Grundzüge der Naturheilmethode:
Das Wesen der Naturheilmethode ✦ Die Mittel der Naturheilmethode ✦ Planvolle, sinngemässe Anwendung der Mittel usw.

Kurmethoden und ihre Anwendungsgebiete (tägl. prakt. Uebungen mit den Kursteilnehmern):
Die Methode des V. Priessnitz ✦ Die Kuhnekur ✦ Die Kneippkur ✦ Die Schrot'sche Kur ✦ Die Schlenzkur ✦ Fastenkuren.

Ernährungsfragen:
Die Grundlagen der Ernährung ✦ Verteilung der wichtigsten Stoffe in der Nahrung ✦ Schutz- und Heilwerte der Nahrung, Säure- und Basenverhältnis ✦ Probleme der Vorratshaltung und der Kriegsernährung ✦ Natürliche, veredelte und verfälschte Nahrung.

Heilkräuterkunde (mit Exkursionen in der näheren Umgebung):
Erkennen der Kräuter (bot. Name, Art) ✦ Sammeln (Sammelzeit und Sammelgut) und verarbeiten ✦ Abkochung, Aufguss, Rohkost-Tee, Kompressen und Bäder ✦ Inhaltsstoffe, Wirkstoffe, Ballaststoffe usw. ✦ Sympathische und antipath. Kuren und ihre Grundlagen.

Werner Zimmermann spricht über:

Erziehung:
Selbsterziehung als Grundlage jeder Erziehung ✦ Innere Befreiung durch Wahrhaftigkeit, Tiefenpsychologie ✦ Freiheit und Gemeinschaft in der Erziehung ✦ Verwöhnung, falsche Strenge und Strafe ✦ Fragen des Leibes und Geschlechtes in der Erziehung ✦ Die Frage nach Gott in der Erziehung.

Gesunde Lebensführung:
Nützliche Lebensgewohnheiten ✦ Ueberlegte Gestaltung des Tages usw.

Pflege der Bewegung:
Gymnastik, Volkstänze und Volksspiele.

Pflege der Atmung:
Pflege des Liedes und der Stimme.

Gesundes Volk:
Mutter Erde, Gesundung des Bodens ✦ Zur Natur durch Siedlung, Erfahrungen, Möglichkeiten ✦ Gesunde Volkswirtschaft und sozialer Frieden ✦ Grundlagen des Völkerfriedens.

Frau Hofstetter spricht über:

Biologischer Land- und Gartenbau (täglich gruppenweise kleinere praktische Uebungen):
Einführungsvortrag, theoretische Grundlagen ✦ Unsere Dünger ✦ Treibbeet ohne Tierdünger ✦ Bodenbearbeitung und Bodenverbesserung ✦ Säen, setzen usw.

Brotbacken (praktische Backübungen usw.):
Das Korn in seiner Zusammensetzung ✦ Bereitung des Teiges.

Im weiteren sind vorgesehen je nach Witterung:
Turn- und Spieltage ✦ Gemütliche Wanderungen mit Kräuterexkursionen ✦ Badehalbetage (Luft, Sonne, Wasser) ✦ Evt. Besichtigung wichtiger Betriebe und Anstalten wie Bircher-Volkssanatorium Zürich, Nuxo-Werk Rapperswil, V. O. L G. Winterthur, Obstverwertungsbetrieb Meilen, Siedlung Schatzacker usw.

Die Kursteilnehmer helfen in der Lagerführung mit ohne angespannt zu sein. Jeweils an den Abenden wird gemeinsam das Programm für den nächsten Tag besprochen und die Einteilung getroffen.

Wichtig! Von jedem Teilnehmer ist mitzubringen: 1 Wolldecke, 2 Leintücher, Regenmantel, Handtücher, Seife, Schuhputzzeug, Badeanzug, Marsch- u. Hausschuhe, etliche Paar Strümpfe oder Socken, leichte Musikinstrumente, Liederbüchlein.

Anmeldungen für den Kurs nur durch das Sekretariat. Bitte spezielle Anmeldungsformulare verlangen. **Die Lagerleitung: Carl Fauser.**

Abbildung 10 Viele Ferien-Bildungskurse auf Stuhlen wurden vom Verein für Volksgesundheit in Zusammenarbeit mit Mina Hofstetter durchgeführt.

Mitte der 1930er-Jahre mussten die Preise für Teilnehmende aus Deutschland wegen der Wirtschaftskrise gesenkt werden.[125] Gleichzeitig integrierte Mina Hofstetter das Fach Kochen in die Kurse. Ab Januar 1935 wurde ein »praktischer Kurs neuzeitlicher Ernährung« unter Mitwirkung von »Diätschwester Mercedes« durchgeführt, in dem auf der Grundlage von Bircher-Benners »Ernährungstheorie« auch die Zubereitung »einfacher, billiger und doch gehaltreicher Mahlzeiten« auf dem Programm stand.[126] Nach dem Zweiten Weltkrieg wurde der Aspekt des Kochens in den Kursen noch stärker betont. So wurde beispielsweise in Inseraten in der Tageszeitung TAT explizit darauf hingewiesen, dass die Kurse für »Garten- und Landbau« auf Stuhlen mit »Kochkursen auf der Grundlage der neuesten, vollwertigen Ernährungstherapie« durchgeführt würden.[127] Aber der Höhepunkt des Kurswesen auf Stuhlen war vorbei. Daran konnten auch die »Umschulungskurse in Land- und Gartenbau nach naturgesetzlicher Grundlage« nichts mehr ändern, für die die »Lehrstätte für biologischen Landbau« nun sogar in der Neuen Zürcher Zeitung Werbung machte.[128]

Mina Hofstetter wirkte nicht nur auf Stuhlen als Kursleiterin, sondern auch auswärts. So beispielsweise im Mai 1933 im Verein für Ferien- und Freizeit in Lugano[129] und 1935 in der Villa Berta in Locarno. Hier übernachteten die Teilnehmenden allerdings nicht im Schlafsack in einer Holzhütte, sondern in einem »behaglich eingerichteten Haus« mit einem »wundervollen Park«.[130] Auch außerhalb der Schweiz war Hofstetter eine gefragte Referentin und Kursleiterin. 1931 unterrichtete sie in Straßburg arbeitslose »Gesinnungsfreunde« in Siedlungsfragen.[131] Relativ gut dokumentiert sind ihre Aktivitäten im Ausland ab 1937, als sie zunehmend im Rahmen ihres Engagements in der Women's Organisation for World Order (WOWO) in Österreich, der Tschechoslowakei und in Skandinavien unterwegs war. Der dritte WOWO-Kongress, der im Mai 1937 in Bratislava stattfand, stand ganz »im Zeichen der Boden- und Ackerbaureform«. Diejenigen Frauen, die sich mit diesen »grundlegenden Themen« eingehend beschäftigten, hätten erkannt, »dass der alleinherrschende Mann mit der *Erde* den gleichen Missbrauch« treibe wie »mit der *Liebe* und mit der *Arbeit*«, heißt es im Tagungsbericht. Deshalb sei es »dringend notwendig gewesen«, dass auf dem Kongress »endlich Expertinnen auf dem Gebiet der Landwirtschaft ihre Stimmen erhoben« hätten.[132] Mina Hofstetter als Hauptreferentin übte in Bratislava »nicht nur

Kritik an der bisherigen Bearbeitung des Bodens«, sondern machte zugleich in der Praxis erprobte »Verbesserungsvorschläge«. Man habe »die Reformvorschläge« von Hofstetter »zu einer neuen, gesunden und den natürlichen Kräften der Erde angepassten Bodenbearbeitung« vor allem auch deshalb in die Protokolle und das Programm der WOWO aufgenommen, weil »ihre Methoden mit den uralten matriarchalen Methoden der Erdbearbeitung« übereinstimmten, »welche wir aus den Schriften der antiken Schriftsteller kennen«, heißt es im Tagungsbericht weiter.[133]

Auf der Rückreise von Bratislava in die Schweiz machte Hofstetter in Wien einen ersten Zwischenhalt, um im Rahmen der vom Wiener Call Club organisierten Veranstaltungsreihe zum Thema »Neue Frauenziele im Ausland« einen Vortrag zu halten. Das Referat der »Schweizer Bäuerin«, die »ihr Gut nach eigenartigen altüberlieferten Grundsätzen« bewirtschafte, stieß auch in der Wiener Presse auf Beachtung.[134] Anschließend reiste sie weiter nach Bad Ischl, wo sie vom 7. bis 19. Juni im vegetarischen Ferienheim von Sophie Sobotik, die im Herbst 1936 bei Mina Hofstetter in Stuhlen weilte, einen Landbaukurs leitete und in Workshops die Prinzipien des ökologischen Landbaus erklärte. Gab es bei der Unterkunft zwei Preisklassen, so waren die Kosten für »die Verpflegung nach Dr. Bircher Benner« für alle gleich.[135]

Mina Hofstetter fühlte sich im Kreise der WOWO-Aktivistinnen wohl. Viele von ihnen besuchten sie im Vorfeld der vierten WOWO-Konferenz, die im Juli 1938 in Luzern stattfand, auf Stuhlen. Im Herbst desselben Jahres fuhr sie erneut nach Österreich, um Vorträge zu halten. Allerdings war die Stimmung nach dem »Anschluss« Österreichs an das Deutsche Reich nun ganz anders als im Jahr zuvor. Ihre »Entdeckerin«, Anna Helene Askanasy-Mahler, die schon Mitte März 1938 aus Wien hatte fliehen müssen,[136] schrieb Anfang Dezember an Elin Wägner, die »Hofstetterin« habe in Wien ob der Behandlung durch die Nazis »einen Todesschreck« bekommen.[137] Vermutlich haben die Erlebnisse im November 1938 in Wien, über die wir bis jetzt lediglich indirekt durch Anna Helene Askanasy-Mahler informiert sind, Mina Hofstetter veranlasst, ihre Pläne neu auszurichten. Jedenfalls verfasste sie Ende November den »Reiseplan« für eine längere Reise nach Skandinavien, wo sie 1939 hinfahren und Landbaukurse leiten wollte.[138] Dass sie die Reise 1939 nicht durchführen konnte, hing sowohl mit der sich zuspitzenden Lage in Europa als auch den persönlichen Verhältnissen von Flory Gate zusammen, auf deren Hof sie einen von Gates Vater zu finanzierenden Landbaukurs durchführen wollte.

War es schon 1939 schwierig geworden, Kurse und Vorträge im Ausland durchzuführen, so versiegten diese Reisen während des Zweiten Weltkrieges vollständig. Im Herbst 1944, als Mina Hofstetter den Eindruck hatte, dass der Krieg dem Ende zugehen könnte, schrieb sie Elin Wägner, dass sie auf Stuhlen einen Mittelpunkt für die »Verbrüderung und den Völkerfrieden« gründen möchte. Das sollte in Zukunft die »eigentliche Aufgabe des Hauses Seeblick sein«. Konkret hatte sie »folgende Dinge im Kopf: 1. Es könnten eventuell internationale Tagungen stattfinden. 2. Es könnte eine beschränkte Zahl Menschen, 1–2 Dutzend, zu wochenlangem geistigem Gedankenaustausch kommen. 3. Es könnten eventuell Kriegsinvalide, die als Zellen in ihrer Heimat wirken, hier Erholung suchen. 4. Es könnten jugendliche Menschen für mehr oder weniger Monate kommen, denen Gartenbau wichtig ist, aber noch wichtiger unser geistiges Ziel, eventuell die Erlernung von Sprachen.«[139] Wie Wägner auf diesen Vorschlag reagierte, wissen wir nicht; ihre Briefe an Mina Hofstetter sind bislang nicht gefunden worden. Aber Hofstetter teilte Wägner im Januar 1945 mit, dass sie auf Stuhlen einen »Kulturfilm« drehe, den sie auch in Schweden zeigen wolle.[140] Die Reise nach Skandinavien kam erst im Herbst 1949 zustande, ein halbes Jahr nachdem Elin Wägner gestorben war.

WIENER CALL-CLUB

WIEN, I. TUCHLAUBEN 11 // TELEPHON U-22-0-69

Einladung

zur

ordentlichen Generalversammlung

welche am Dienstag, den 1. Juni 1937, um 18 Uhr, I. Tuchlauben 11, stattfindet.

PROGRAMM:

1. Tätigkeitsbericht,
2. Kassabericht,
3. Wahl des Vorstandes.

Wenn bis 18·30 Uhr nicht alle Mitglieder versammelt sind, wird mit den Anwesenden die Generalversammlung abgehalten.

* * *

Anschließend ab 19 Uhr folgende

Vorträge

unter der Devise:

„NEUE FRAUENZIELE IM AUSLAND"

M. SYPKENS - VAN ANDEL (Niederlande):
„Das Zusammenwirken des weiblichen und männlichen Prinzips in Natur, Gesellschaft und Staat".

MINA HOFSTETTER (Schweiz):
„Biologischer Landbau".

Ferner sprechen Ellen Hœrup (Genève), Dr. Ada Nilsson, (Schweden), Iris Young Bennet (USA), Magdalena Freuchen (Dänemark) u. a.

Die Vorträge sind allgemein zugänglich.
Mitglieder freier Eintritt, Gäste S 1.—, Studenten 30 Groschen.

Abbildung 11 Auf dem Weg zum 3. Kongress der Womens' Organisation for World Order (WOWO) in Bratislava, wo Mina Hofstetter den Hauptvortrag hielt, referierte sie 1937 auch im Wiener Call-Club von Anna Helene Askanasy-Mahler.

Abbildung 12 Die Mechanisierung der landwirtschaftlichen Tätigkeiten basierte bis zur Motorisierung in der Nachkriegszeit auf der Muskelkraft von Menschen und Tieren.

Stuhlen als Versuchsbetrieb

Die Kehrseite von Mina Hofstetters Abneigung gegen jegliche Tierhaltung war ihr genuines Interesse an Pflanzen, insbesondere am Acker- und Obstbau. Schon als Kind wollte sie nach eigener Aussage lernen, wie man Getreide sät. Und als junge Mutter urbarisierte sie Land, baute Gemüse an und pflanzte Sträucher und Obstbäume zur Selbstversorgung der rasch wachsenden Familie.[141] Nach der Umstellung ihrer Ernährung auf Rohkost suchte sie nicht nur nach Möglichkeiten zur Aufgabe der Tierhaltung, sondern widmete ihre ganze Aufmerksamkeit dem Acker- und Obstbau. Sie begann, Getreide als »Ackerbeet-Kultur« anzupflanzen. Konkret ging es darum, den Weizen nicht (mehr) breit, sondern in Reihen, wie Gemüse in Gartenbeeten, zu säen.[142] »In dem Büchlein ›Ackerbeetkultur‹ von Demtschinsky las ich über die Art, Getreide wie irgendeine andere Pflanze zu versetzen.«[143] Pflanzte man Getreide um, stieg der Körnerertrag – und der Arbeitsaufwand, was der Hauptgrund dafür war, dass sich diese Praxis in der Landwirtschaft im Gegensatz zur Reihensaat, die sich rasch etablierte, nicht durchsetzen konnte. Mina Hofstetter jedoch war zuversichtlich, dass sich das Problem des steigenden Arbeitsaufwandes mithilfe modernster Techniken reduzieren ließ. Es sei »schon ein Weg gefunden, diese Sache rationell zu betreiben«, rief sie Skeptiker:innen 1928 zu, es seien »bereits *Setzmaschinen* auf dem Markt«.[144]

Den Leser:innen ihrer 1928 veröffentlichten Broschüre »Brot« teilte sie mit, dass die Ergebnisse ihrer Getreideanbauversuche im Spätsommer an der Schweizerischen Ausstellung für Frauenarbeit (SAFFA) in Bern ausgestellt würden, sodass sich »jeder, der Interesse daran« habe, sich »mit eigenen Augen« vom Resultat überzeugen könne. In ein bis zwei Jahren wollte sie zudem »den Beweis zu erbringen suchen, dass wir im Stande sind unser Getreide zu pflanzen und genug Brot für unser Land hervorzubringen«.[145] Mina Hofstetter strebte also einen (noch) viel radikaleren Umbau der bis zum Ersten Weltkrieg exportorientierten, stark auf die Nachfrage nach Milch- und Fleischprodukten auf dem Weltmarkt ausgerichteten Schweizer Landwirtschaft an, als Behörden, Parteien und Agrarverbände, die seit der zweiten Hälfte des Ersten Weltkriegs eine ähnliche Zielsetzung verfolgten.[146] Auch diese wollten die Nahrungsmittelproduktion nun primär auf die Sicherstellung der Ernährung der inländischen Bevölkerung ausrichten, waren aber zugleich bestrebt, sie nicht aus ihren internationalen Verflechtungen herauszulösen, galt es doch für sicheres *und* billiges Brot zu sorgen.[147]

Abbildung 13 Viehlos wirtschaften hieß in den 1920er-Jahren auch, dass schwere Zugarbeiten von Menschen verrichtet werden mussten. Im Bild: Mina Hofstetter und Walter Giannini, 1934.

Zur Erbringung des Nachweises, dass die von ihr praktizierte Methode des Getreideanbaus auch ökonomisch konkurrenzfähig sei, begann Mina Hofstetter ihr Vorgehen zu systematisieren und schriftlich und fotografisch zu dokumentieren. Das verursachte jedoch einen Mehraufwand, der ihre Möglichkeiten schon bald überstieg. Deshalb wandte sie sich an Ernst Laur, den Direktor des Schweizerischen Bauernverbandes (SBV) und Vorsteher des Bauernsekretariates, der wissenschaftlichen Abteilung des SBV, unter dessen Anleitung sie auf Stuhlen schon seit 1921/22 Buchhaltung führte.[148] Laur als langjähriger, allerdings erfolgloser Kämpfer für ein Getreidemonopol hatte zwar keine Freude an ihrer aktiven Bekämpfung der 1928 zur Volksabstimmung gelangenden Vorlage für ein Getreidemonopol, für das sich neben dem SBV auch die Sozialdemokratie engagierte, weil beide im Getreide- und Alkoholbereich eine Monopolordnung als sinnvoll erachteten.[149] Aber Laur war zugleich tief beeindruckt von Hofstetters Eigensinn und Neugier. Sie habe »ihren Betrieb in den Dienst des landwirtschaftlichen Versuchswesens gestellt«, teilte er im Oktober 1928 den Leser:innen der Bauernzeitung mit. »Ihren Wunsch, es möchte ihre Versuchstätigkeit auch von den Behörden unterstützt werden, können wir nur befürworten.« Denn, fügte Laur bei, es sei »bewundernswert«, wie diese »einfache Bauernfrau ihre Aufgabe« anpacke.[150]

Allerdings seien seine Bestrebungen bei den Repräsentanten der staatlichen Forschungsanstalten »nicht gut angekommen«, berichtete Ernst Laur Konrad von Meyenburg.[151] Laur riet Mina Hofstetter deshalb ebenso wie der Schaffhauser Regierungsrat Traugott Waldvogel, den sie auch um Unterstützung gebeten hatte, sich an die Volkswirtschaftsdirektion des Kantons Zürich zu wenden.

Ihrem im Herbst 1928 beim zuständigen Regierungsrat Rudolf Streuli eingereichten Begehren legte Mina Hofstetter die Broschüre »Brot« bei. Sie habe in ihrem »Leben so viel Kummer und Not erlebt«, dass es ihr »grösster Wunsch« sei, »dem geplagten Schuldenbauernstand mit meinem zukünftigen Leben dienen« zu können, teilte sie Streuli mit. Sie verlange nicht Hilfe für sich, ihre Pläne gingen viel weiter, fuhr Mina Hofstetter fort. »Ich möchte nicht allein etwas haben, sondern ich möchte mein zukünftiges Leben an ein Werk setzen das *allen* Menschen, vorab aber den Schuldenbauern helfen soll und zwar gründlich und für immer.«[152] Dazu brauche sie aber eine »jährliche Unterstützung« vom Kanton, um eine Person anstellen zu können, die ihr »die Buchhaltung« besorge.[153]

»Es scheint uns«, schrieb Regierungsrat Streuli vierzehn Tage später an Gustav Angst, den Leiter der Landwirtschaftlichen Winterschule Wetzikon, der zugleich Präsident der Pflanzenbaukommission des Landwirtschaftlichen Kantonalvereins war, »dass eine nähere Prüfung der Verhältnisse« des Begehrens angebracht sei. Streuli beauftragte Angst, mit der Gesuchstellerin Kontakt aufzunehmen und in einem Bericht festzuhalten, was er »als Fachmann von der Sache halte«. Ihm sei daran gelegen, schrieb Streuli, dass das Begehren »eingehend geprüft« werde »und dass nicht durch Nebenumstände, die vielleicht weniger in den Rahmen der Getreideproduktion gehören, eine Ablenkung von der Hauptsache« erfolge. Eine Kopie des Schreibens an Angst schickte die Volkswirtschaftsdirektion auch an die Gesuchstellerin.[154]

Die von Gustav Angst umgehend in die Wege geleitete Besichtigung auf Stuhlen fand am 23. Oktober 1928 statt. Tags darauf teilte Angst der Volkswirtschaftsdirektion in einem ersten Zwischenbericht mit, dass neben ihm noch Andreas Grisch, der Leiter der Samenkontrollstelle in der Versuchsanstalt Zürich-Oerlikon, der ebenfalls Mitglied der Pflanzenbaukommission des Landwirtschaftlichen Kantonalvereins war, sowie ein »Fabrikant aus Basel« teilgenommen hätten. Anwesend gewesen seien zudem Mina Hofstetter und Ernst Hadorn, ein junger Lehrer aus Bern. Aus der Besprechung sei hervorgegangen, rapportierte Angst, »dass Frau Hofstetter ihre Getreide-Anbauversuche fortsetzen und wissenschaftlich auswerten« wolle. Dazu wolle sie Hadorn zuziehen, für dessen Kosten sie öffentliche Mittel beanspruche.[155]

Beim »Fabrikanten« aus Basel, der an der Besichtigung teilnahm, handelte es sich um Konrad von Meyenburg, den international renommierten Ingenieur und Erfinder landwirtschaftlicher Maschinen zur Bodenbearbeitung, der sich auch in lebensreformerischen Zirkeln bewegte. Meyenburg, der schon vorher in Kontakt mit Mina Hofstetter gestanden hatte, hatte ihr zwei Tage vor der Besichtigung eine Bodenfräse zur Verfügung gestellt.[156] Der versierte Kritiker »der klassischen, sogenannt exakten vergleichenden Versuchsmethode der landwirtschaftlichen Institute«, war gewissermaßen Hofstetters Vertrauensmann bei der Besichtigung.[157] Meyenburg ging davon aus, dass Bauern und Bäuerinnen aufgrund ihres praktischen Erfahrungswissens als »Wärter, Pfleger und Töter von Bodenmikroben, Pflanzen und Tieren« Einblicke in die ihnen ansonsten oft unverständlichen »thermochemischen«, »photochemischen« und »biochemischen Lebensprozesse« erhielten und ihre Erfahrungen und ihr Wissen deshalb für die Agronomie unentbehrlich seien.[158]

Zwei Wochen nach der Besichtigung nahm von Meyenburg in einem am 8. November an Mina Hofstetter adressierten, vierseitigen Bericht Stellung zu diesem »nicht ganz einfachen Fall und seiner weiteren Behandlung«, wie er am Tag darauf Gustav Angst schrieb, als er ihm eine Kopie seines Berichts an Mina Hofstetter zustellte.[159] Im Bericht vom 8. November 1928 ging Meyenburg zuerst auf Hofstetters Zahlenangaben ein, die, weil von drei Personen erhoben (d. h. von einem Praktikanten, dem Posthalter von Ebmatingen als dem örtlichen Vertrauensmann des Schweizerischen Bauernsekretariates in Brugg und von Mina Hofstetter selbst), zu Fragen und Missverständnissen Anlass gaben. Er stoße sich nicht an dem »Messfehler des Vertrauensmanns von Brugg« und zweifle auch nicht, dass Hofstetter ihre »Angaben in guten Treuen gemacht« habe, »ohne recht zu wissen, was für tolle Zahlen« sie dabei »publizierte«, hielt Meyenburg fest. Gleichzeitig wies er Mina Hofstetter darauf hin, dass andere Versuchsleiter ähnliche Erträge erzielen würden. Diese »Laienberichte«, die seit Demtschinskys[160] Auftreten immer wieder gemacht würden, kritisierte Meyenburg in diesem Bericht ebenso grundsätzlich wie die Arbeit der Versuchsanstalten. Denn, schrieb er, »relevant sei nicht der absolute Ertrag, sondern allein: »Ob das eine heikle Methode« sei, »die nur an seltenen Stellen, seltenen Menschen, bei seltenem Wetter« gelinge, »oder ob sie relativ leicht auf grosse Massen regelmässiger Böden, Lagen und Menschen übertragen werden« könne »durch Lehre und Anweisung«. Entscheidend sei zudem, ob es gelinge, »diese Methode so auszubilden und dafür solche Werkzeuge zu schaffen, dass diese Arbeit auch lohnender« sei »als andere einfachere, sicherere Kulturen«. Hofstetters Arbeit würde so stark »von den Gewohnheiten« abweichen, hielt von Meyenburg in seinem Bericht fest, dass eine »genaueste Schilderung nötig« wäre.[161] Gleichzeitig ließ er ihr die Einführung in die Getreide-Umpflanz-Technik von Hans-Egon Döblin zukommen, die 1928 in zweiter Auflage erschienen war.[162]

Nach der Verfassung des Zwischenberichts an die Volkswirtschaftsdirektion besuchte Gustav Angst den Betrieb Hofstetter noch einmal allein und schickte dann am 20. Dezember 1928 sein endgültiges Fazit an Regierungsrat Streuli. In diesem Schlussbericht ging er zuerst ausführlich auf die Art und Weise ein, wie Mina Hofstetter auf Stuhlen Getreide anpflanzte. »Nachdem das Feld *flach* gepflügt und geeggt ist, werden Furchen gezogen im Abstand von 25 cm. In diese Furchen hinein wird dünn gesät und hernach mittels Rechen zugedeckt.« Die Saatmenge werde nicht festgestellt. Zwischen den Reihen werde »gehackt, wenn möglich vor Winter 1-mal, im Frühling 1- bis 2-mal. Schliesslich erfolgt eine Behäufelung sobald die Pflanzen 20–30 cm hoch gewachsen sind. Als Zwischenkultur sät Frau Hofstetter nach der Behäufelung Rübli.« Es seien in »Ebmatingen ferner Versuche gemacht worden mit der sogenannten Ackerbeetkultur nach Demtschinsky, wobei die jungen Getreidepflänzchen wie Gemüse umgepflanzt« worden seien. Es mute sonderbar an, schrieb Angst, dass keine Ertragsangaben aus der Vergangenheit vorhanden seien, obwohl diese »Hofstetterischen Anbau-Versuche« offenbar schon während einigen Jahren praktiziert worden seien. Die 1928 erzielten Erträge seien in etwa vergleichbar mit denjenigen, die auf dem Gutsbetrieb der Schule Strickhof im Jahr zuvor gemacht worden seien. Die Pflanzenbaukommission des landwirtschaftlichen Kantonalvereins habe an ihrer Sitzung vom 17. Dezember 1928 die Angelegenheit eingehend besprochen und sei danach »einhellig zum Schluss« gekommen, »dass die bisherigen Ergebnisse der Hofstetterschen Versuche«, die eher »den Namen Pröbeleien« verdienten, »nicht im geringsten dazu angetan« seien, »dass man sie mit Staatsmitteln« unterstütze.

Wenn auch die bisherigen Erfahrungen nicht gerade ermutigend wirkten, fuhr Angst in seinem fünfseitigen Schlussbericht fort, so müsse man sich dennoch fragen, ob vielleicht nicht doch anderwärts bessere Resultate zu erzielen wären. In engster Anlehnung an Meyenburgs Forderung schrieb Angst, gefragt sei eine Methode, die »nicht so heikel sei, dass sie etwa nur seltenen Menschen, an seltenen Orten und bei seltenem Wetter« gelinge. Hofstetters Orientierung an der mehr als 6000 Jahre alten chinesischen Tradition lehnte die primär aus Agronomen zusammengesetzte Kommission als wenig ergiebig ab, weil die »Ackerbeetkultur, so wie sie die Chinesen in ihren Verhältnissen wohl mit Recht und mit Erfolg durchführten«, bei uns kaum je zur allgemeinen Einführung kommen würden. Denn »Neuerungen, welche wohl höheren Aufwand an Arbeit und Geld verlangen, aber meist keine entsprechend höhere Rendite abwerfen«, müsse die Landwirtschaft aus Rentabilitätsgründen von vornherein ablehnen«. Reihensaat und das Hacken von Getreide würden zudem von berufenerer Seite bereits praktiziert. Man sei, heißt es im Schlussbericht von Gustav Angst weiter, in der »Schweiz bereits im Begriff, gewisse Neuerungen in die Praxis einzuführen, welche Frau Hofstetter in ihren Anbauversuchen« auch anstrebe. Die Praktiken von Frau Hofstetter seien durch die Tätigkeiten der landwirtschaftlichen Schulen und ihren Gutsbetrieben also teilweise bereits überholt.[163] Regierungsrat Rudolf Streuli brauchte dann offenbar ein ganzes Jahr, um definitiv Stellung zum Anliegen Mina Hofstetters zu nehmen. Jedenfalls hielt er am 14. Dezember

1929 in einer internen Notiz fest, dass die Volkswirtschaftsdirektion »nach den wiederholten Nachfragen da & dort & den erhaltenen Eindrücken« auf »diese Sache nicht mehr weiter« eingehen könne; sie sei »als gegenstandslos abzuschreiben.«[164]

Vom negativen Entscheid, den ihr die Volkswirtschaftsdirektion nicht einmal mitteilte – »Kein Bericht an Frau Hofstetter!«, schrieb Regierungsrat Streuli auf die Notiz vom 14. Dezember 1929 – ließ sich Mina Hofstetter nicht abbringen, weiterhin Kontakt zu staatlichen Forschungseinrichtungen zu suchen. Als sie Anfang April 1943 in der NZZ las, dass Ernst Truninger in der Schweizerischen Zeitschrift für Biochemie einen Aufsatz zum Spurenelement Bor publiziert hatte, schrieb sie dem Vorstand der Agrikulturchemischen Versuchsanstalt Liebefeld, sie würde ihm die Resultate ihrer praktischen Erfahrungen und Arbeiten, »die alle auf der Grundlage der Wirklichkeit« basierten, gerne persönlich zeigen. Denn sie war überzeugt, mit ihren Arbeiten der Wissenschaft einen Baustein zur Verfügung stellen zu können, den diese »dann auf ihre Art« ausbauen könne.[165] Truninger reagierte umgehend und verdankte die »freundliche Einladung«. Gleichzeitig kündigte er an, dass er, wenn er »gelegentlich nach Zürich komme, der Lehrstätte für biologischen Landbau« gerne einen Besuch abstatten werde.[166] Hofstetter scheint ob der raschen Antwort etwas irritiert worden zu sein, teilte sie Truninger via ihrer Praktikantin Jeanne Wuhrmann doch mit, auf Stuhlen seien Reagenzgläser, Präzisionswaagen, Spektroskope und andere Laborgeräte völlig unbekannt, die hier produzierten biologischen Produkte könnten nur von den Konsument:innen bewertet werden. Gleichzeitig bat sie Truninger, für einen Tag Gast auf Stuhlen zu sein oder, wenn das nicht möglich sei, dort wenigstens eine oder zwei Mahlzeiten einzunehmen.[167]

IM VEGETARISCHEN

FERIENHEIM SOBOTIK

(PENSION JAINZENBERG)

BAD ISCHL, SALZKAMMERGUT, ÖSTERREICH

HÄLT

MINA HOFSTETTER

(EBMATINGEN, SCHWEIZ)

EINEN

BIOLOGISCHEN LANDBAU-KURS VOM 7. BIS 19. JUNI 1937

„Die Biologie (Naturwissenschaft) vermittelt uns durch ihre Forschungsergebnisse, von einem natürlichen Pflanzenwachstum könne nur da die Rede sein, wenn — wie es in der Natur selbsttätig geschieht — ein durch Bodenbakterien bereiteter Humus die Dünggrundlage bildet. Nicht aber, wenn der Boden mit unvergorenem Mist, Jauche oder gar von ätzenden Düngersalzen durchsetzt ist, was für die Pflanzen — besonders für die zur menschlichen Ernährung bestimmten Pflanzen — von großem Schaden ist. Pflanzen, welchen durch Mist, Jauche oder Kunstdünger Nahrung zugeführt wird, nehmen deren Krankheitskeime, Gärgifte und von den Kunstdüngern die giftigen Teile unverarbeitet auf, so daß solche Gemüse bei ihrem Genuß äußerst schädliche Wirkungen im menschlichen Organismus hinterlassen."

(Mina Hofstetter.)

DER LEHRGANG UMFASST VORTRÄGE, VORFÜHRUNGEN, PRAKTISCHE ÜBUNGEN, BERATUNG

KURSBEITRAG: FÜR BEIDE WOCHEN S 15.—, FÜR EINE WOCHE S 10.—

PENSIONSPREIS:

ZIMMER: S 6.— BIS S 7.50 (TRINKGELD INBEGRIFFEN)

HERBERGE: S 4.80 (LEINTUCH UND DECKE MITBRINGEN)

DIE VERPFLEGUNG NACH DR. BIRCHER-BENNER

IST BEI ALLEN PREISSTUFEN DIE GLEICHE

Für junge Fachleute vereinfachte Kost zu billigerem Preis auf Ansuchen möglich

EINE STUNDE TÄGLICHER GYMNASTIK UNTER FACHLICHER LEITUNG GEHÖRT ZUM TAGESPROGRAMM UNSERER GÄSTE

AUSKUNFT UND ANMELDUNG

SOBOTIK, WIEN III, UNGARGASSE 40, TEL. B 58-6-72

(S 20.— ANGABE)

Abbildung 14 Mina Hofstetter leitete auch im Ausland immer wieder Landbaukurse; so beispielsweise im Juni 1937 auf der Rückreise von Bratislava und Wien im vegetarischen Ferienheim von Sophie Sobotik in Bad Ischl.

Ökofeministin avant la lettre – Hofstetters Engagement in der Öffentlichkeit

Mina Hofstetter unterhielt während rund 35 Jahren vielfältige Kontakte zu Menschen und Institutionen im In- und Ausland. In einem Verein oder gar im Vorstand eines Verbandes aktiv war sie aber kaum. Auch auf Tagungen fühlte sie sich eher unwohl. Als Grund dafür, dass sie trotzdem immer wieder in der Öffentlichkeit auftrat und Referate hielt, gab sie an, dass bei diesen Gelegenheiten sonst nur »Radioleute, Journalistinnen, Fürsorgerinnen, Erzieherinnen, Ärztinnen, Professorinnen« auftreten würden, aber »niemand von der Landwirtschaft«.[168] Mina Hofstetters bevorzugte Bühne war der Hof Stuhlen. Hier fühlte sie sich während einem halben Jahrhundert zu Hause. Nach der Teilnahme an einer Konferenz in Paris schrieb sie 1947: »Ich kehrte krank an Körper, Seele und Geist heim! Von der Hölle in den Himmel auf Erden!«[169]

Für Mina Hofstetters Entwicklung und ihr Wirken spielten Organisationen trotzdem eine zentrale Rolle: In den 1920er-Jahren war insbesondere der Freigeld-Freiland-Bund wichtig, ab Mitte der 1930er-Jahre die Women's Organisation for World Order (WOWO). Der Schweizerische Verein für Volksgesundheit (SVG) und die Vegetarische Gesellschaft ernannten sie zum Ehrenmitglied, ohne dass sie dort besonders aktiv gewesen wäre.[170]

Freiwirtschaftsbewegung

Den Freigeld-Freiland-Bund und viele seiner Anhänger:innen lernte Mina Hofstetter 1921 durch Werner Zimmermann kennen, der ab 1922 regelmäßig auf Stuhlen weilte, wo er bei der Verrichtung landwirtschaftlicher Arbeiten mithalf, Kurse leitete und das Licht-, Luft- und Nacktbaden im Greifensee propagierte und praktizierte. Die Ortsgruppe Zürich des Freigeld-Freiland-Bundes und die »Physiokratische Jugend«, die sich stärker am klassenkämpferisch als lebensreformerisch ausgerichteten »Physiokratischen Kampfbund« orientierte, nutzten den Hof Stuhlen immer wieder als Versammlungsort.[171] Auch Fritz Schwarz, der eigentliche Kopf der Freiwirtschaftsbewegung in der Schweiz, weilte oft auf Stuhlen. Mina Hofstetter ging in der Ideenwelt der Freiwirtschaftsbewegung praktisch vorbehaltlos auf. Sie übernahm die Positionen des 1915 gegründeten Schweizer Freiland-

Freigeld-Bundes, der 1924 in Schweizer Freiwirtschaftsbund umgetauft wurde, und vertrat dessen Anliegen gegen außen mit ähnlicher Verve wie die Positionen der Ernährungsreform, die sie im Alltag auch praktizierte. »Manchen abend lang«, schrieb Hofstetter 1924, »haben wir über diesen fragen – freiland, frauenrechte, ehe – verbracht, und immer heller wurde es in mir. Was in den jahren vorher heisses verlangen aus dem gefühl heraus – ich möchte sagen instinktiv – war, das war hier klar in worte gefasst, eine selbstverständlichkeit«.[172]

Auch die Argumentation in der Broschüre »Brot« basierte weitestgehend auf den Ideen der Freiwirtschaftslehre. Auf die seit dem Ende des 19. Jahrhunderts heftig geführten Auseinandersetzungen darüber, ob die Brotfrage ähnlich wie die Alkoholfrage mit einem Bundesmonopol gelöst werden sollte oder nicht, ging sie gar nicht ein. In für lebensreformerische Darstellungen typischen Krisenbildern und Untergangsszenarien zeichnete sie in der Broschüre vielmehr eine Gegenwart, die der Heilung bedurfte und auf eine Kombination unglücklicher gesellschaftlicher Umstände und individuellen Fehlverhaltens zurückging.

»Der Mensch« sei »denkfaul«, er habe »keine rechte Freude mehr an seiner Arbeit«, weil er sich »so unrichtig wie möglich« ernähre – aber auch, weil »unsere Wirtschaftsordnung in einem solchen Sumpfloch« stecke, so »dass die Arbeit kaum die Hälfte dessen« einbringe, was sie wert sei, heißt es in »Brot«. Dadurch würden »die Menschen immer mehr auf die schlechte Seite getrieben, irgendetwas Müheloses zu tun, auch wenn es böse sein sollte, nur um so schnell wie möglich so weit zu kommen, nicht mehr arbeiten zu müssen und auf der ›faulen Haut‹ liegen zu können. Warum auch arbeiten, wenn der Arbeitsertrag nur zur Hälfte den Arbeitenden, zur andern Hälfte dem Zinsbezüger zugutekommt? Das ist der Fluch des heutigen Zeitalters.« Sie selbst sei »auch drauf und dran« gewesen, »ihm zu verfallen. Aber eine innere Stimme hat mich noch rechtzeitig gewarnt und durch fleissige Arbeit das Richtige finden lassen.« Menschen, »die aus arbeitslosem Einkommen leben (Zins, Wucher)«, seien »körperlich und geistig dem Ruin verfallen«.[173] Die anderen, darunter auch die Bauern, hätten unter den herrschenden Verhältnissen, obwohl sie unablässig arbeiteten, keine Aussicht, auf einen grünen Zweig zu kommen. Nach ihrer Analyse gab es jedoch nicht nur eine Art von Bauern, sondern deren vier: »Grossgrundbesitzer ohne«

und »Grossgrundbesitzer mit Schulden« sowie Mittelbauern und Schuldenbauern. Die großen Unterschiede innerhalb der Landwirtschaft, schrieb sie weiter, seien der Grund, weshalb die nichtlandwirtschaftliche Bevölkerung an der Notlage der Bauern zweifle. »Sogar die Rentabilitätserhebungsstelle des Bauernverbandes in Brugg, die es sich zur Pflicht macht, wahrheitsgetreue Buchhaltungen als Belege aufzuführen«, beklagte Hofstetter, werde »noch oft bezichtigt, nicht der Wahrheit und den Tatsachen entsprechend zu berichten«.[174]

Zur Lösung der »Zinsknechtschaft« propagierte Hofstetter die Rezepte der Freiwirtschaft: »Bei Freiland gibt es keine Hypotheken-Schulden mehr, sondern nur den Pachtzins, der sich ergibt auf Grund des Ertragswertes. Dieses Gebiet ist ja heute schon zur Genüge vorbereitet durch das in dieser Sache sehr verdienstvolle Zentralsekretariat des Schweizerischen Bauernverbandes, in einer Weise, dass dieses beinahe vom letzten ›Heimetli‹ in der Schweiz den Ertragswert kennt, und die Pacht, bei der sich gut leben lässt auf ihm.«[175] Auf der Grundlage dieser Daten könnte man »innert 15–20 Jahren« mit der »Grundrente alle Schulden, die der Bund machen muss, wenn er das gesamte Land aufkauft, amortisieren.« Mina Hofstetter fügte, was nicht alle Mitglieder der Freiwirtschaftsbewegung so überzeugt taten wie sie, bei: »Ist dies geschehen, so müsste dann die Grundrente als Mütterrente ausbezahlt werden.«[176]

Hofstetters Ablehnung des 1928 zur Debatte stehenden Getreidemonopols basierte ausschließlich auf der Argumentation der politisch marginalen Freiwirtschaftslehre. Diese ging davon aus, dass mit der Abschaffung der »Zinswirtschaft« und der Einführung eines Erbpachtsystems die wirtschaftlichen Probleme grundsätzlich gelöst würden, sodass dann weder eine Zollpolitik noch Monopole nötig wären, um eine Ernährungspolitik für die inländische Bevölkerung zu betreiben. Mina Hofstetter schrieb: »Die monopolfreie Lösung der Getreidefrage ist nach meiner Ansicht durch folgende Änderungen zu erreichen: 1. Der Getreidebau wird in besserer Weise als bisher betrieben; als viehloser Ackerbau; 2. Das Geld wird durch die Nationalbank in stets genügender Menge in Verkehr gebracht, so dass der Bauer für seine Arbeitserzeugnisse eine allgemeine Preisgarantie erhält; 3. Das heutige Geld wird am Streiken verhindert durch den Umlaufzwang des Freigelds, wodurch die Krisen restlos beseitigt, alle Arbeitslosigkeit verhindert und schliesslich das Kapitalangebot so vergrössert werden kann, dass der Zins bis auf Null fällt.«[177]

Das waren keine Argumente, die 1928 in den Auseinandersetzungen um das Getreidemonopol eine Rolle spielten. Weder die Befürworter (die Sozialdemokratie und der Bauernverband) noch die Gegner (die Freisinnigen und die Katholisch-Konservativen sowie Industrie- und Handelskreise) gingen im Abstimmungskampf auf diese Argumente ein. Der Einfluss des Freigeld-Freiland-Bundes auf die Politik blieb auch in den 1930er-Jahren äußerst marginal. Aber als Mina Hofstetter sich in der zweiten Hälfte der 1930er-Jahre in der Women's Organisation for World Order zu engagieren begann, gelangs es ihr, einzelne Anliegen der Freiwirtschaftsbewegung ins Programm der WOWO zu integrieren.

Women's Organisation for World Order (WOWO)

Die Women's Organisation for World Order (WOWO) wurde im September 1935 in Genf gegründet. Die Initiatorinnen stammten aus Schweden, Norwegen, Österreich, England, Dänemark, Ungarn, der Tschechoslowakei und der Schweiz und verstanden sich als Mitglieder der »zweiten Frauenbewegung«.[178] Zu ihnen gehörten u. a. Elin Wägner, Anna-Helene Askanasy-Mahler, Ellen Hoerup, Elisabeth Thommen und Gertrud Woker. Das erste Programm, das am Kongress in Genf beraten wurde, enthielt die Forderung nach einer gleichen Entlöhnung für gleiche Arbeit und gleiche staatsbürgerliche Rechte für Männer und Frauen. »Sämtliche Berufe und Stellungen müssen Frauen im gleichen Masse erreichbar sein wie Männern, einschliesslich der Stellung eines Staatsoberhauptes, damit die andersgearteten Fähigkeiten und Begabungen der Frauen auf allen Gebieten zum Ausdruck kommen können.« Auch eine Begrenzung der Souveränität der Nationalstaaten durch den Völkerbund, eine Abrüstung und eine stärkere Mitwirkung der Frauen in den Justizsystemen strebten die Initiatorinnen an; im Zugang zu einer Geburtenregelung sahen sie zudem eine Grundvoraussetzung für eine »freie Mutterschaft«.[179]

Askanasy besuchte mit Elisabeth Thommen, die als Journalistin zum Kongress in Genf angereist war und ihn als WOWO-Aktivistin verließ, während der Tagung Hedwig Anneler, eine Kämpferin für das Frauenstimmrecht, die mit ihrer Schwester in Coppet am Genfersee wohnte und sich

»brennend fürs Matriarchat« interessierte. Anneler empfahl Askanasy, mit »einer Landreformerin, einer Bäuerin aus Ebmatingen bei Zürich« Kontakt aufzunehmen, »die Bücher über Land- und Bodenreform« geschrieben habe.[180] Mehr über Mina Hofstetter erfuhr Askanasy von Elisabeth Thommen, die sowohl Kontakte zu Hofstetter wie auch zum Call Club von Askanasy in Wien pflegte, wo sie im November 1935 über die »Krise der Schweizer Demokratie und die Frauen« referierte.[181]

Abbildung 15 Anna Helene Askanasy-Mahler, 1950er Jahre.

Schon ein halbes Jahr später, im März 1936, besuchte Askanasy-Mahler Mina Hofstetter, als sie mit ihren zwei Töchtern zu ihrem Bruder Fritz Mahler, der in Zürich lebte, reiste. Auf Stuhlen habe sie »ein vegetarisches Mahl« erwartet, schreibt Askanasy in ihren 20 Jahre später in Kanada verfassten

Erinnerungen. Es »gab eine Menge Leute, die sich am Tisch niederliessen, denn nicht nur ihre Familie, sondern auch die Schüler nahmen daran teil. Das Essen schmeckte herrlich, vor allem das Brot«.[182] Ein Jahr später, im Februar 1937, teilte Askanasy der schwedischen Schriftstellerin und Ökofeministin Elin Wägner mit, sie habe in der Schweiz eine »Reformbäuerin« entdeckt: »Da habe ich eine Frau in der Schweiz ausgegraben, die eine einfache Bäuerin mit 7 Kindern ist und aber gar nicht so einfach ist, denn sie hat ohne irgend etwas je von Matriarchat gehört zu haben, aus innerster Initiative angefangen, den Boden nach uralt matriarchalen Riten zu bearbeiten. Sie richtet Anbau und Ernte nach dem Mond, düngt nicht mehr mit Viehdünger, hat die Viehwirtschaft überhaupt abgeschafft, macht nur Gründüngung, pflügt nicht mehr, bringt überhaupt kein Eisen mit der Erde in Berührung, deckt den Boden durchaus, um ihn vor der 'bösen' Sonne zu schützen, kratzt und hackt die Erde nur und erzielt fabelhafte Resultate. Korn auf ihrem Feld steht nach Hagelschlag wieder auf, während die umliegenden Felder vernichtet sind, Gemüse auf ihrem 'biologisch gedüngten' Feld gezogen ist wirklich gesund und heilkräftig. Diese Frau habe ich zu unserem Kongress eingeladen, denn Bodenreform muss sich auch mit der Reform der Bodenbearbeitung befassen. Die Frau ist überglücklich, dass sie uns gefunden hat, weil es endlich Frauen sind, die für ihre Arbeit Verständnis zeigen.«[183]

Am zweiten Kongress der WOWO, der im Juli 1936 in Salzburg stattfand, hielt Elisabeth Tamm ein Referat zum Thema »Bodenreform«, in dem sie die schon in Genf in Programm aufgenommene Forderung nach einer »Grund- und Bodenreform« präzisierte, »welche die Spekulation« ausschloss, »aber die Kultivierung des Bodens« ermöglichte.[184] Am dritten WOWO-Kongress, der vom 27. bis 31. Mai 1937 in Bratislava stattfand, hielt Mina Hofstetter das Hauptreferat. Sie erklärte, heute herrsche »in den Teilen der Erde, die sich kultiviert nennen, der Machtwille des Mannes, der Machtwille des Mammons«. Menschen, insbesondere »Frauen mit sehenden Augen und fühlendem Herzen« könnten deshalb nicht länger untätig bleiben, sie müssten »versuchen zu handeln, diesen Zuständen, die uns alle ins Verderben führen, ein Ende zu setzen«. Es gelte, eine Grundlage zu schaffen, »wo jeder den ihm von Gott bestimmten Raum an Wohnung, Boden und Sonne naturgemäss« bekomme. Konkret seien es drei Dinge, die grundsätzlich anzustreben seien: Erstens die »Gesundung der Menschen«, zweitens die »Gesundung der wirtschaftlichen Verhältnisse« und drittens die »Gesundung der Grundlage unseres irdischen Seins, die Gesundung der Erde und der Pflanze wovon sich Mensch und Tier ernähren müssen«. Um diese Ziele zu erreichen, müsse man »ganz gründlich zu Werke gehen und die Grundursachen des heutigen Verfalls zu erkennen suchen. Denn nur indem wir diese beseitigen, werden wir ans Ziel kommen. Da das Bestreben der heutigen Führer uns immer tiefer in Not, Elend und Tod führt, müssen wir Frauen mit allen uns zu Gebote stehenden Mitteln den andern Weg suchen und gehen. Den Weg der Erneuerung und des Aufstiegs.« Voraussetzung zur Gesundung des Menschen sei »eine richtige Ernährung unter Vermeidung aller Reizmittel, auf vegetarischer Grundlage.« Zur Gesundung der wirtschaftlichen Verhältnisse gelte es zuerst die Ausbeutung der menschlichen Arbeitskraft durch das Geld- und das Bodenmonopol aufzuheben. Danach müsse »die Grundrente an die Mütter des Landes, die durch ihre Fruchtbarkeit die Grundrente erhöhen, verteilt werden nach der Kinderzahl (Mütterrente)«. Dadurch werde die »wirtschaftliche Unabhängigkeit der Frau sichergestellt« und die »Auswahl des Mannes« würde »nicht mehr nach Geldprinzipien, sondern nach ethischen Grundsätzen« geschehen. Zur Gesundung der Landwirtschaft respektive des Ackerbaues schlug Hofstetter vor, die »Anwendung von scharfen chemischen Düngemitteln, sowie von unvergorenem Mist, Jauche usw.« strikte zu vermeiden, »ebenso die sogenannte Bekämpfung der Schädlinge durch Gift«. Mit »2–3-jähriger Composterde, Gründüngung, Steinmehl und Bodenbedeckung« könne ein Produkt erzeugt werden, das alle Eigenschaften besitze, »um den menschlichen Körper gesund aufzubauen«.[185]

Der Kongress in Bratislava war für Hofstetter in doppelter Hinsicht von großer Bedeutung. Erstens wurde ein wesentlicher Teil ihrer Anliegen ins Programm der WOWO aufgenommen. Und zweitens lernte sie hier Elin Wägner und Flory Gate persönlich kennen, die für sie in der Folge zu wichtigen Bezugspersonen, ja Freundinnen wurden. Gate und Wägner besuchten im Vorfeld der vierten WOWO-Tagung, die im Juli 1938 in Luzern stattfand, Mina Hofstetter auf Stuhlen, um mit eigenen Augen zu sehen, wie die Praxis einer veganen, viehlosen und von Frauen bestimmten Landwirtschaft aussehen konnte.[186]

Abbildung 16 Elin Wägner (links) und Elisabeth Tamm, 1940er Jahre.

Ursprünglich war Den Haag als Austragungsort des WOWO-Kongresses 1938 vorgesehen gewesen. Davon kam man aber wegen der zunehmenden Gefährdung der jüdischen Teilnehmerinnen wieder ab. Ende März 1938 diskutierte Anna Helene Askanasy-Mahler, die am 12. März mit ihren zwei Töchtern aus Wien in die Schweiz geflüchtet war, mit Elisabeth Thommen und Mina Hofstetter, ob der Kongress auf Stuhlen getarnt als »landwirtschaftlicher Kurs« durchgeführt werden könnte. Weil sie in der Schweiz (noch) keine Aufenthaltsbewilligung erhalten hatte,[187] fuhr Askanasy Mitte April 1938 weiter nach London, wo sie sich entschied, nach Möglichkeit nach Kanada auszuwandern.[188] Mitte Mai beschloss man innerhalb der WOWO, den Kongress vom 10. Juli an durchzuführen – ob auf Stuhlen oder in der Stadt Zürich, wurde Elisabeth Thommen überlassen zu entscheiden. Weil auch Frauen aus Wien teilnehmen wollten, müsse »die ganze Sache nur als harmlose Zusammenkunft von Frauen« dargestellt werden, »die in landwirtschaftlichen Dingen interessiert sind«, schrieb Askanasy, die eigentlich für Stuhlen als Austragungsort plädierte, nun aber Bedenken anmeldete, weil man ihr in Zürich gesagt hatte, »dass ein Sohn« von Mina Hofstetter »Nazi« sei. Zudem sei Hofstetter »mit Werner Zimmermann sehr befreundet, der ebenfalls ein flammender Naziagitator geworden ist. Hofstetter selbst ist natürlich ganz dagegen, aber sie ist so harmlos, dass sie solche Gefahren nicht sieht.«[189]

Anna Helene Askanasy-Mahler hatte Werner Zimmermann im Frühling 1936 durch Mina Hofstetter kennengelernt und in der Folge in Wien empfangen. »Die Hofstetterin schwärmte von ihm, so lud ich ihn ein«, schreibt Askanasy in ihren Erinnerungen. Aber er »gefiel uns gar nicht. Er gehörte zu jenen, die man in Amerika 'crack-pots' nennt, was wir in Wien 'etwas angetitscht' bezeichnen. Er ging mit nackten Beinen, die in Sandalen steckten, trug kurze Hosen, offenes Hemd, war bebartet, kurz, diese Art von Reform sagte uns gar nicht zu.« Vieles, was er vorbrachte, »leuchtete uns ein«. Aber »mit seiner Geldreform, die auf Silvio Gesells Schwundgeld basierte, waren wir weniger als nicht einverstanden. Wir hatten an diesem Schwundgeld genug während der Inflation zu leiden gehabt. Er aber und Gesell meinten, durch eine kontrollierte Inflation könnte man die Räder der Wirtschaft dauernd in Schwung halten, aber das glaubten wir nicht.«[190]

Anfang Juni 1938 entschieden Thommen und Askanasy, den vierten WOWO-Kongress in Luzern durchzuführen und wie vorgesehen als »harmlose Zusammenkunft von an landwirtschaftlichen Fragen interessierten Frauen« zu deklarieren, um keine Beobachtung durch die Polizei auszulösen. Für die Organisation der Mitte Juli im *Waldstätterhof*, einem Hotel des Schweizerischen Gemeinnützigen Frauenvereins stattfindenden Tagung zuständig war Elisabeth Thommen. Die Zusammenkunft in Luzern, an der Mina Hofstetter auch teilnahm, wurde dann zum »Gegenpol« der »reinen Männerkonferenz« von Evian, die ein paar Tage zuvor, am 6. Juli begonnen hatte. Unter dem Eindruck, dass die Versammlung von Evian nicht die Flüchtlinge, sondern die Regierungen vor den Flüchtlingen schützen wollte, nannte sich die WOWO in Luzern vorübergehend in International Women's Emergency Committee um. Zudem reisten zwei WOWO-Delegierte an den Lac Léman, um aus erster Hand über die Beratungen der »exklusiven Männerrunde« zu berichten. Sie meldeten nach Luzern, Evian sei »eine Beratung der Regierungen vieler Länder, die sich vor den Flüchtlingen schützen, aber nicht den Flüchtlingen Hilfe bringen«

wollten. Daraufhin verabschiedeten die in Luzern versammelten WOWO-Frauen eine Botschaft an die Konferenzteilnehmer von Evian, in der sie u. a. »die Öffnung der Grenzen aller Länder der Erde« forderten, die für sich »den Anspruch auf Kultur und Moral« erhoben. Denn, so die WOWO-Stellungnahme weiter, es gebe »keine illegalen Flüchtlinge«, es gebe »nur illegale Verfolger«. Diese Botschaft wurde von einer WOWO-Vertreterin persönlich nach Evian gebracht. Mit der Begründung, dass sie im Namen der Frauen und Kinder spreche, die zwei Drittel der Flüchtlinge ausmachten, verschaffte sie sich, obwohl nicht eingeladen, Zutritt und verlas das Schreiben in drei Sprachen.[191]

Nach dem WOWO-Kongress in Luzern fuhr Askanasy via London nach Kanada, um die widersprüchlichen Angaben zur Immigration, die sie seit April über das Land erhalten hatte, selbst zu überprüfen.[192] Mitte Oktober 1938 schrieb sie aus Montreal an Elin Wägner, dass sie »mit Europa abgeschlossen« habe und zusammen mit anderen Frauen aus dem Umkreis der WOWO in Kanada ein »geistiges Zentrum« schaffen wolle. »Die Hofstetterin« wolle auch »mitkommen und soll das Haupt des Clans sein«, berichtete Askanasy weiter. »*Endlich* werden wir Frauen den Arbeitsprozess bestimmen und werden wir die Wirtschaft führen.« Sie wollte eine Farm suchen und dann im Januar 1939 nach Stuhlen fahren um abzuklären, was alles angeschafft werden müsse, damit im Frühling 1939 die Aussaat erfolgen könne.[193]

Gleichzeitig verfasste Askanasy einen sechsseitigen Bericht über ihre Eindrücke in Kanada, den sie Bekannten in Europa zustellte. Darin heißt es, sie habe den Einwanderungsbehörden ein Memorandum zu ihren Siedlungsplänen vorgelegt. »Die Hauptsache aber habe« sie »wohlweislich verschwiegen, nämlich, dass es eine Siedlung sein wird, welche von Frauen geführt und wo der Arbeitsprozess von uns Frauen geleitet werden wird«. Trotzdem waren die Behörden erstaunt, denn neben 20 Frauen wollten nur 6 Männer mitgehen und die geldgebenden Personen waren ausschließlich Frauen. »Damit unsere Idee nicht den Beigeschmack des Feminismus« bekomme, habe sie keinen Kontakt zu Frauenorganisationen aufgenommen, schreibt Askanasy, die virtuos auf der Klaviatur der Erwartungen der Einwanderungsbehörden spielte. So nahm sie zu den Verhandlungen beispielsweise jeweils auch ihre Töchter mit und sagte den Beamten »lachend«, das alles, was sie von Kanada wollten, die »Beistellung von Land und von Husbands« sei. Da schluckten diese sogar, »dass wir Juden sind«. Das Wichtigste, »den ökonomischen Aufbau unserer Kommune«, behalte sie »natürlich geheim«. Denn dass »wir nach dem Muster von Wörgl unsere Oekonomie aufbauen werden, brauchen diese guten Leute hier absolut nicht zu wissen. Was geht sie unser Freigeld an?«[194]

Im Bericht erwähnt Askanasy auch, dass die Siedlung wegen der Saisonalität der agrarischen Produktion eine Kombination von Landwirtschaft und Handwerk sein müsse. »Die Farmseite soll unter der Leitung unserer Hofstetterin stehen«, die ihr gesagt habe, dass sie »mit uns gehen« wolle. Hofstetters beide »Büchlein« hätten bei »massgebenden Leuten«, denen sie diese »in die Hand gedrückt« habe, »Eindruck« gemacht. Die Arbeiten in der Siedlung sollten von allen gemeinsam erledigt werden. Intern sah Askanasy den Einsatz von Freigeld vor und gegen außen sollte mit Dollars bezahlt werden. Ein allfälliger Überschuss sollte primär zur Amortisation des von Askanasy investierten Kapitals eingesetzt, aber nicht verzinst werden. Sie selbst wollte ihr Geld, das sie momentan in »kranken Unternehmungen« investiert hatte und das keine Zinsen trage, in die Siedlung stecken und damit »in gute Erde, in Häuser und Werkzeuge« umwandeln.[195]

Diesen Bericht las Mina Hofstetter Ende Oktober 1938, als sie von ihrer zweiten Vortragstour in Österreich zurückkehrte.[196] Sie war hell begeistert von den Plänen und antwortete Askanasy umgehend in mehreren Schreiben. Dem Brief vom 31. Oktober, vermutlich dem einzigen, der erhalten blieb, legte sie auch den »Entwurf eines grundlegenden Planes« bei.[197] Unter dem »mächtigen Eindruck«, den der Bericht bei ihr ausgelöst hatte, orientierte sie Askanasy im Brief in einer Art »Telegrammstil« zuerst über den »grossen Aufschwung«, der sich im Moment auf Stuhlen abzeichne: »Schweizerische Landesausstellung voraussichtlich beschickt! Kann Geschäfte machen mit Buch, muss den Betrieb auf voll stellen, Gärtner einstellen! Will auch in Südfrankreich eine kleine Lehrstätte eröffnen, das Buch kommt in Frankreich wahrscheinlich schon im Frühjahr heraus. Ein Spanier will mit seinem Sohn hier lernen, das Buch spanisch herausbringen und dann in dem verwüsteten Land und auf der Insel Mallorca eine Musterlehrsiedlung nach meinen Lehrplänen durchführen. Und nun der Gipfel: Canada!«

Ja, sie komme für drei bis vier Monate, fuhr Hofstetter fort. Wenn sie aber auf Stuhlen so lange fehle, müsse sie dort eine Vertretung haben. Dazu geeignet wären ihre Tochter Rosa und deren Ehemann Ernst Hadorn sowie ihre begabte Schülerin Renée Arditti. »Bedingung« für ihr Kommen sei deshalb, dass sie ihrem Schwiegersohn, der eine Anstellung als Lehrer habe, 6000 Franken »für das Jahr hinlegen« könne. Zudem brauche sie 4000 Franken »Leihgeld für persönliche Dinge«. Gleichzeitig versicherte Hofstetter Askanasy, dass sie dieses Geld »im Sommer schon wieder hereinbringen« werde, »wenn Sie mein Buch drüben schnellstens erscheinen lassen«. Das Buch solle vor allem auch als Propaganda für die Kurse dienen, die sie »zusammen mit René Jeannet und allenfalls Werner Zimmermann« in der Siedlung durchführen werde. Weil Zimmermanns Bücher in Amerika »sehr verbreitet« seien, würden sich sicher auch laufend genügend Kursteilnehmer melden, meinte Hofstetter weiter. »Wir würden fortlaufend jedes Jahr Kurse geben, dort, hier, in France, Spanien!« Sie selbst würde die Leitung für die Landwirtschaft, René Jeannet die Leitung für die Siedlung und Werner Zimmermann die Leitung für das Wirtschaftliche auf freiwirtschaftlicher Grundlage mit Freigeld übernehmen. Jeannet, der schon seit zehn Jahren fertige Pläne für eine solche Siedlung habe, käme für vier Monate mit, wenn er das gleiche Gehalt wie bei seiner Anstellung als Apparatezeichner in der Schweiz erhielte. Auch ihre jüngste Tochter Elisabeth würde sie, wie von Askanasy angeregt, mitnehmen. Ebenso ihren ältesten Sohn Karl, den Schreiner. »Also bitte, lassen Sie das Geld springen, es wird tausendfach Früchte bringen und Segen für Millionen Menschen!« Zudem empfahl sie Askanasy, gar nicht mehr nach Europa zurückzukommen, sondern in Kanada unverzüglich mit den Vorbereitungen zur Gründung der Siedlung zu beginnen. »Das muss ein Leben werden! Vorbildlich für die ganzen Welt! Liebe Frau Askanasy, wenn Sie das fertigbringen, dann sind Sie die *Neuschöpferin einer neuen Weltordnung!*«[198]

An Elin Wägner schrieb Hofstetter gleichzeitig: »Das wäre ja ein Leben und eine überzeugende Beweisführung unserer WOWO-Ideen. Wir müssen eben alle den Mut aufbringen, unsere Überzeugung zu leben! Nur dann haben wir die volle Verantwortung gegen Gott gelöst, der uns diese Aufgaben aufgetragen zum Wohle jener Brüder, die jetzt krank, arm und heimatlos herumirren. Werner Zimmermann, René Jeannet und ich können 3–4 Monate von Brot und Wasser leben, um diese Siedlung zu gründen, wenn es sein muss, um den andern eine Heimat zu schaffen, nicht nur auf einem eigenen Boden, sondern inwendig in ihren eigenen Herzen.«[199]

Gemäß dem »Entwurf eines grundlegenden Planes«,[200] den Hofstetter ihrem Brief an Askanasy beilegte, sollten in der Siedlung neben landwirtschaftlichen und handwerklichen Praktiken auch kulturelle Aktivitäten einen wichtigen Platz einnehmen. Konkret schlug sie eine »Schriftstellerei für alle Programmthesen des WOWO-Programms« sowie das »Drehen eines Kulturfilms« vor, der »unsere Ideen praktisch und drastisch« veranschaulichen sollte. Der Plan sei in ihrem »Kopf schon fast aufs Kleinste fertig« und es bestünden »bereits wunderbare Filmaufnahmen, die wir reproduzieren können«. Für den Landwirtschaftsbereich sah Hofstetter die Einsetzung eines »tüchtigen Viehzüchters« als »Erbpächter« vor und der Ackerbau solle »vorläufig so betrieben« werden, »dass nur die Fachleute die verantwortungsvolle Arbeit« leisteten. »Jeder Siedler bekommt soviel Garten, wie er wünscht oder wenn er keinen wünscht, ist es seine Sache. Diejenigen, die Gärten haben, werden von mir in Kursen angelernt. Nachher muss jeder seinen Garten auf eigenes Risiko bebauen. Alles was rentieren muss im Landbau, soll vorerst nur von technisch gut geschulten Leuten geschehen, um das Ansehen nach aussen sofort ins beste Licht zu setzen. Es muss vor allem bei einer solchen Sache sehr dahin tendiert werden, dass jeder das Metier ausüben kann, wofür er Talent hat. Alles andere ist Stümperei und Dilettantismus und führt unweigerlich zum Niedergang. Wir aber wollen vorwärts und hinauf! Hinauf zur Freiheit, Eigengesetzlichkeit und Erfüllung unserer besten schöpferischen Kräfte. Dann werden wir ein Salz und ein Vorbild!«[201]

Auf die in diesem Siedlungsplan gemachten Vorschläge ging Anna Helene Askanasy-Mahler in ihrer fünf Wochen später formulierten Antwort an Mina Hofstetter aber gar nicht ein. Zuerst schrieb sie Elin Wägner, Hofstetters Vorstellungen einer temporären Migration seien unrealistisch.[202] Und dann teilte sie auch Mina Hofstetter direkt mit, dass sie ihre Pläne und Forderungen wegen den Kosten und den Distanzen zwischen Kanada und Europa für unrealistisch halte. Sie müsse die Kosten derer tragen, die wirklich auswandern wollen und nichts haben, schrieb Askanasy. Selbstverständlich würde sie, Mina Hofstetter, »als leitender Kopf mehr bekommen als die anderen«, aber Löhne könnten in der Siedlung keine bezahlt werden, das zu tun »wäre heller Wahnsinn« für das Gelingen des Projekts. »Ich muss doch das Geld, welches ich investiere für die Neuanschaffungen verwenden und nicht dafür, um einen Hof in Europa zu sanieren. Wer auswandert muss doch seinen Hof verkaufen, um dieses Geld im neuen Lande zu investieren.« Zudem schloss sie kategorisch aus, dass Werner Zimmermann mitkomme. Das komme nicht »in Frage«, weil er – und das stehe absolut fest – »ganz gefährliche Nazientgleisungen gemacht« habe. »Wenn er inzwischen davon abgekommen ist, so nützt das gar nichts. Ein Mensch von seinem Standard darf nicht einmal eine Sekunde lang eine solche Entgleisung machen.« Bedenken hatte Askanasy auch wegen den geplanten Kursen, da Hofstetter nicht Englisch spreche. Die Sprache zu lernen brauche zwei Jahre – und »dazu müssen Sie im Lande sein«.

Am Schluss des Briefes schrieb Askanasy: »Nun ein persönliches Wort. Liebste Frau Hofstetter, sie waren damals, als wir in Bratislava zusammen waren, schon heimwehkrank und das ist ja nur zu verständlich, wenn man mit der Erde so verbunden ist wie Sie. Wir Juden, die wir aus der Geschichte schon wissen, dass wir nirgends wirklich Wurzeln schlagen dürfen – und wie viele von uns haben aus der Geschichte *nicht* gelernt und sterben einfach an Heimweh, wenn sie nicht anders umgebracht werden –, wir fragen uns nicht und man fragt uns nicht, wie es mit dem Heimweh bestellt ist. Und ich bin so klug, um dem Heimweh vorzubeugen, ein paar sehr geliebte Menschen von Europa mitzunehmen und in grösserer Gruppe zu siedeln. Ich dachte, dass es für Sie deshalb gut wäre, die Trudi mitzunehmen, damit Sie ein Stück Heimat bei sich haben. Sie hatten mir auch gesagt, dass Sie wegen Ihres Sohnes nicht länger auf dem Hof bleiben können und deshalb weg müssen. Wäre das nicht gewesen, es wäre mir nie im Traum eingefallen, an Sie das Ansinnen zu stellen, auszuwandern. Das tut man doch nur, wenn man die Verhältnisse aus irgend welchen Gründen einfach nicht mehr ertragen kann. Denn wenn der Reiz der Neuheit im neuen Lande vorbei ist, und manchmal die grauen Stunden kommen, Misserfolge, die man übertauchen muss, so ist ein Gefühl, man hätte doch nicht weg müssen wie Gift im Leib. Weiss man, dass man keine andere Wahl gehabt hatte, dann erträgt man auch die Rückschläge, weil man weiss, dass man sie ertragen muss. Nun frage ich Sie, was bedeutet Ihr letzter Brief, dass Sie verfolgt werden und verschwinden müssen? Nun noch sind die Nazis nicht in der Schweiz und es wird sich alles bis in den Januar halten. Ich muss persönlich in die Schweiz kommen, um mit Ihnen alles durch zu besprechen. Es eilt auch wegen Ihnen und überhaupt wegen den Schweizern nicht. Die werden so wie die Schweden überall gerne aufgenommen. Nur wenn die Schweiz in Not kommen sollte, von Hitler besetzt und die Schweizer plötzlich wirklich Hilfe brauchen, dann werden sich automatisch auch für sie die Grenzen schliessen. Das muss so sein, denn was das Mannsbild anpackt ist doch verkehrt. [...] Nun überlegen Sie noch einmal ganz genau, ob sie weg wollen, müssen oder ob Sie nur an eine vorübergehende Sache denken. Letztere kommt überhaupt nicht in Frage. Da würde ich Ihnen viel eher raten, die gute Chance zu ergreifen und nach Südfrankreich zu gehen. Dort sind Sie auch vor den Nazis sicher, können französisch vortragen und sind nicht so arg weit von Ihrer Heimat entfernt. Ich bin für Sie sehr froh, dass endlich so viele Möglichkeiten offen sind und dass das Buch herauskommt, macht mich wirklich glücklich. Natürlich nehme ich es mit und werde es in Canada heraus bringen. Es hat dort bestimmt grossen Absatz. Ich bin ja auch überzeugt, dass die Regierung Ihr Buch in den vielen Versuchsstationen, welche sie unterhält, miteinbeziehen wird. Auch auf Vancouver Island sind solche Versuchsinstitute und wenn Sie auswandern würden, so würden wir mit denen sofort in Verbindung treten und bestimmt wertvolle Hilfe bekommen. Nun noch zu Ihrer Orientierung: Experten kann sich unsere Siedlung nicht leisten. Bekomme ich Sie nicht als Leiterin der Farm, dann verschiebe ich den Start der Farm auf mindestens ein Jahr und wir starten erst mit dem kleinen Hotel und dem Kunstgewerbe, so dass wir Zeit haben aus eigener Anschauung den Boden, die Ernte, das Klima das Jahr herum zu beobachten. [...] Kommen Sie aber ganz zu uns, dann haben Sie doch Ihre Familie genügend versorgt, wenn Sie ihnen den Hof so wie er ist überlassen. Oder wenn alle ohnehin in Stellung sind, dann verkaufen Sie den Hof, verteilen wie Sie glauben und behalten sich soviel, damit Sie auch bei uns dieses Geld investieren, das selbstverständlich amortisiert wird. Und wie gesagt, bekommen Sie als Leiterin einen extra höheren Prozentsatz vom Überschuss.«[203]

Anna Helene Askanasy-Mahler wies Hofstetters euphorische Vorstellungen zwar dezidiert zurück, hoffte aber gleichzeitig, dass sie allenfalls doch noch eine Lösung finden und Hofstetter nach Kanada emigrieren würde. »Der Hauptschlag ist natürlich die Hofstetterin, die nicht mitauswandern will«, hatte Askanasy an Elin Wägner geschrieben, die Anfang November 1938 in Erwägung zog, ihr Haus in Schweden zu verkaufen und sich in Kanada, wo gemäß Askanasy »das Matriarchat noch lebendig, wenn auch schwer verseucht« sei,[204] auch finanziell an der Errichtung eines »Frauenstaates« zu beteiligen.[205] Doch geriet die Planung des Siedlungsprojekts, das im Frühling 1939 hätte starten sollen, wegen der Unsicherheit über Mina Hofstetters Rolle ins Stocken. Gleichzeitig nahm die Dringlichkeit zur Realisierung des Emigrationsprojekts wegen der prekären Lage der mittellosen jüdischen Mitglieder der Gruppe in Europa zu. Elin Wägner und Flory Gate drängten auf eine Klärung. Ende November 1938 hielten sie fest, dass von Anfang an »klar gemacht werden« müsse, »ob die grundlegende Idee« sei, dass man »wieder einmal Frauenautorität« und eine »matriarchale Gesellschafts- und Arbeitsordnung prüfen« wolle oder ob es »eine Zuflucht der Heimatlosen und Bedrängten sein« solle. Bedenken hatten sie auch wegen der Zusammensetzung der Gruppe, die aus 14 Frauen und sechs Ehepaaren bestand. »Die Männer, die mitkommen, sollen von dem Wunsch erfüllt sein, die patriarchalen Zustände los zu werden und ein Matronenkollegium anzuerkennen«, schrieben Wägner und Gate. »Sie müssen ihr Prestige als Menschen erwerben und nicht als Männer mitführen.« Wägner und Gate waren zudem überzeugt, dass die Erfahrung von Mina Hofstetter von außerordentlicher Bedeutung für das Gelingen des Projekts wäre.[206]

»Primär war natürlich der Gedanke der Zufluchtsstätte«, schreibt Askanasy als Antwort an Wägner und Gate in ihrem fünften Reisebericht Anfang Dezember 1938. »Gleich darauf aber kam natürlich auch der andere Gedanke zur Blüte. Denn da die Geldgeber nur Frauen sind, so kommen hier endlich Frauen in Eigentumsrecht des Bodens. Und da Frauen die Initiatoren der Siedlung sind, so *müssen* auch ihre Arbeitsmethoden automatisch sich durchsetzen.« Askanasy hatte keine Zweifel, dass sich die Sache innerhalb der Siedlung in die richtige Richtung entwickeln werde, ging sie doch davon aus, dass »alle Frauen, welche bei der Siedlung sind« wüssten, »was die inneren Ideen« seien. Und die »jungen Leute« sollten »gesprächsweise, manchmal auch durch Vorträge in unsere Gedankengänge eingeweiht« werden. Man wolle nach der Methode leben und arbeiten, dass alles erlaubt sei, »was andere nicht kränkt«. Hässliche und unangenehme Arbeiten würden »turnusweise von jedem einmal gemacht«. Die sich am WOWO-Programm orientierenden Programmgrundsätze würden »von selbst« ins Leben treten. Bei den Männern ging Askanasy davon aus, dass diese sich »nicht gekränkt« fühlten, wenn »sie einfach majorisiert« würden, es werde ihnen »bei uns so gut gehen, dass sie mit allem zufrieden sein werden«.[207]

Zwar gab Askanasy Anfang Dezember 1938 ihre Hoffnung, dass Hofstetter vielleicht doch noch nach Kanada auswandern würde, noch nicht ganz auf. Sie hoffte, im Januar 1939 noch einmal in die Schweiz fahren zu können, um die Sache mit Hofstetter persönlich zu besprechen. Doch realistischerweise begann sie gleichzeitig an Alternativen zu denken. Im fünften Reisebericht schreibt Askanasy, dass sie den Behörden bisher immer gesagt habe, die Siedlung solle nach der »Idee der Hofstetterin und der Landreform« funktionieren. Diese Vorstellungen hätten die Immigrationsbehörden bisher zwar immer etwas irritiert, seien aber insgesamt doch wohlwollend zur Kenntnis genommen worden, weil Kanada Einwanderer suche, die Landwirtschaft betreiben, nicht solche, die sich in Städten niederlassen wollten, in denen Arbeitslosigkeit herrsche. Wenn sie »nun gerade diese leitende Idee hinausschieben« müsse, schrieb Askanasy Anfang Dezember 1938, so sei es wichtig, den Immigrationsbehörden eine alternative, möglichst keine Einwände provozierende und rasch zu verwirklichende Idee vorzulegen. Dies, um das Geld, rund 15.000 Dollar für die mittlerweile 30 Personen umfassende Gruppe, sicherzustellen und die Einreisebewilligungen möglichst umgehend zu erhalten. Sie wies deshalb die Mitglieder der Gruppe an, »doch weiss Gott keinen Ton von unserer matriarchalen Weltanschauung zu erzählen«, weil das das Verfahren verzögern könnte.[208]

Als Anna Helene Askanasy-Maher von ihrer Mutter und ihren Brüdern erfuhr, dass sie auch nach Kanada kommen wollten, entschied sie sich, gar nicht mehr nach Europa zurückzukehren. So fiel auch das geplante Treffen auf Stuhlen im Februar 1939 – und damit ein Rückkommen auf Mina Hofstetters Entscheid, in der Schweiz zu bleiben – ins Wasser. »Vielleicht aber ist das alles notwendig und gut«, schrieb Askanasy-Mahler an Elin Wägner. »Wenn ich sie überrede, auszuwandern und sie kriegt es dann mit dem Heimweh, was mache ich dann?! So wird sie, wenn die Schweiz von Görings Staubsauger geschluckt wird selbst drauf kommen, dass man in einer so verpesteten Atmosphäre nicht atmen kann. Und wenn sie dann zu uns kommt, wird sie froh sein, wieder unter Menschen und in reiner Luft zu sein.«[209]

Abbildung 17 Flory Gate (vorne) und Elin Wägner, 1930er Jahre.

Um die ersten neun Mitglieder der Gruppe, die umgehend nach Kanada kommen wollten, unterzubringen, entschloss sich Askanasy, das Hotel Sooke Harbour House auf Vancouver Island zu mieten. Zum Gebäudekomplex gehörte auch etwas Land, aber diese »Farm« war, weil nur wenig Land dazu gehörte und weil sie nur zu mieten war, nicht der definitive Ort der geplanten Siedlung. Askanasy wollte im folgenden Sommer all jene Orte inspizieren, die ihr besonders gut gefielen. Insbesondere wollte sie abklären, »wie alles dort gedeiht, welche Fehler so ein Ort« habe, »Wind, Wasser, Moskitos, Schatten usw. ausprobieren und erst dann kaufen«.[210]

Wann, wo und ob mit oder ohne die »Hofstetterin« die Emigrant:innen aus Europa den »Frauenstaat« in Kanada errichten konnten, war im Dezember 1938 also noch unklar. Mina Hofstetter hingegen hatte sich unmittelbar nach der Ablehnung ihrer Vorschläge für eine temporäre Migration durch

Askanasy entschieden, auf Stuhlen zu bleiben. Als Elin Wägner ihr mitteilte, dass sie und Flory Gate sich überlegten, Askanasys Vorschlag für eine permanente Emigration in einer Rekognoszierungsreise zu prüfen, schrieb Hofstetter ihr umgehend zurück: »Du, Flory Gate und ich dürfen unter keinen Umständen unsere Heimat aufgeben, um nach Übersee zu gehen. Wir und damit auch die drüben würden nicht glücklich sein und unser Tun würde keinen Segen haben.« Ihre Pflicht »in dieser zerrissenen Zeit« sei es, »Heimatlosen wieder zu Heimat verhelfen«. Anna Helene Askanasy-Mahler »möchte es bewusst und unbewusst nun so 'machen', uns alle hinüberziehen, und wir sollen dann zusammen die Arbeit tun, die eigentlich die ihre wäre, ja die ihr von Gott bestimmt zukommt. Sie hat eine grosse Aufgabe, aber sie muss sie ganz allein selber lösen, wir dürfen ihr nur helfen, die Sache in Schwung bringen und ab und zu mal für Monate bei ihr sein, um dem Rad wieder zum Schwung zu helfen. Denn auch Anna Helene Askanasy-Mahler und die andern Heimatlosen müssen endlich folgendes einsehen: Menschlein, wie klein bist Du, aber sieh Du kannst nicht gross werden, eh bevor Du Deine eigene Schwäche und Deine eigenen Fehler einsiehst und bekennst, dann ziehe ich Dich zu mir aus lauter Güte!«[211]

Die Emigration von Anna Helene Askanasy-Mahler nach Kanada, der Ausbruch des Zweiten Weltkrieges und die Verfolgung der jüdischen Mitglieder in vielen europäischen Staaten verunmöglichten es der WOWO, ihre Arbeiten weiterzuführen. Einzelne Exponentinnen wie Anna Helene Askanasy-Mahler, Elin Wägner, Flory Gate und Mina Hofstetter korrespondierten zwar während des Krieges miteinander, aber physische Treffen kamen keine zustande. Mina Hofstetter war im Herbst 1944 zuversichtlich, dass die WOWO ihre Tätigkeiten nach dem absehbaren Ende des Krieges wiederaufnehmen könnte. »Hofstetter is full of plans and wants us to meet in Ebmatingen" teilte Elin Wägner im Oktober 1944 Anna Helene Askanasy-Mahler mit.[212] Anfang 1945 fragte Mina Hofstetter Elin Wägner zudem, ob sie ihr »Richtlinien angeben« könnte, »um unsere WOWO-Ideen« in einem Kulturfilm unterzubringen, den sie produzieren wollte.[213] Auch Anna Helene Askanasy-Mahler war entschlossen, die durch den Zweiten Weltkrieg und die Emigration wichtiger Exponentinnen der WOWO nach Nordamerika unterbrochenen Aktivitäten weiterzuführen. Als sie Mina Hofstetter Anfang September 1947 noch einmal auf Stuhlen besuchte, schrieb sie ins

Gästebuch: »Verzweifeln ist leicht, aber seinen Optimismus behalten, das ist entweder Starrheit oder Heldentum.«[214]

Zu einem informellen WOWO Treffen kam es im Oktober 1947 am Rand des von der „Entente Mondiale pour la Paix" organisierten Frauen-Weltkongress für den Frieden im UNESCO-Gebäude in Paris, wo neben Anna Helene Askanasy-Mahler auch Mina Hofstetter, Ilse Langner, Irene Kurz, Grete Husak und Alice Hemming teilnahmen. Nach der Rückkehr aus Paris beklagte sich Hofstetter in einem Artikel im Schweizer Frauenblatt, die Kongressleitung habe sie bei der Beschlussfassung nicht mehr reden lassen, sie sei mit einem »einzigen Satz kaltgestellt« worden: »On ne pense pas donner la parole à la suissesse, comme elle n'est pas une déléguée d'une société!«.[215] Das erlebte Anna Helene Askanasy jedoch anders, schrieb sie doch Elin Wägner: »Die Hofstaetterin hat zwei wütende Berichte über die Pariser Konferenz in zwei Schweizer Zeitungen geschrieben. Aber sie hat nicht mit allem Recht. Auch dass man sie nicht voten liess, ist ihre eigene Schuld. Ich erfuhr erst aus diesen zwei Artikeln, dass man sie vom voten ausschloss. Aber man fragte sie ausdrücklich, ob sie von einer Frauen Organisation gekommen sei oder als Einzel-Individuum. Sie sagte, als Einzelgeher und da schloss man sie aus, was aber ausdrücklich am Beginn der Konferenz gesagt und beschlossen worden war. Man wollte damit (anständigerweise) den riesig vielen Pariserinnen, die auch zu der Konferenz gekommen waren, nicht durch ihre Zahl allein ein Übergewicht geben. Wir alle aber, Ilse Langner, Irene Kurz, ich, Grete Husak, Alice Hemming kamen als Vertreterinnen der WOWO und das wurde anstandslos anerkannt. Warum die Hofstaetterin, die genauso wie ich als Mitglied der WOWO anerkannt worden wäre, sich nicht als solche ausgab, verstehe ich nicht. Hätte sie mich gefragt, so hätte ich es ihr auch gesagt. Ich bezahlte ihre Eintrittskarte mit 500 Franc und gab sie bei der Gelegenheit als Mitglied der WOWO an. Das hätte sie bestätigen müssen. Nun, das macht ja nichts.«[216]

Nach der Rückkehr nach Kanada verschickte Askanasy als »Secretary« der Canada-Branch ihre Mitteilungen – so beispielsweise am 30. April 1950 einen Text von Annie Francé-Harrar zu Frage der Ernährung der Weltbevölkerung, den sie zuvor ins Englische übersetzt hatte – an alle WOWO Mitglieder in Europa.[217] Aber hier war niemand mehr da, der die WOWO wirklich reaktivieren konnte. So ist es nicht erstaunlich, dass in der zweiten Hälfte der 1940er Jahre auch die Exponentinnen des »Frauenaufbruchs« der WOWO keine Bedeutung mehr zuschrieben.[218] Als im Januar 1949 Elin Wägner starb, bedeutete das faktisch das Ende der 1935 in Genf gegründeten Organisation, obwohl Anna Helene Askanasy-Mahler das von ihr während des Zweiten Weltkriegs zusammen mit neuen WOWO-Mitgliedern in Vancouver überarbeite Programm aus dem Jahr 1937 den Exponentinnen in Europa Anfang 1918 zur Vernehmlassung zugestellt hatte.[219]

Zum Potential von Mina Hofstetter für die Geschichtsschreibung und Geschlechterforschung

Bis in die 1950er-Jahre wurden Mina Hofstetter und ihre Aktivitäten auch außerhalb der Lebensreformbewegung wahrgenommen. So erschienen in den 1930/40er-Jahren immer wieder Berichte in der Presse über ihren Hof oder ihre Publikationen, die zuweilen auch von bekannten Persönlichkeiten wie Georgette Klein oder Carl Seelig verfasst wurden.[220] Doch ab Mitte der 1950er-Jahren wurde es in der Öffentlichkeit still um diese »aussergewöhnliche Bauernfrau«, wie Arnold Heim, der Lebensreformer, Geologe und ETH-Professor Mina Hofstetter 1952 charakterisiert hatte.[221] 1963 druckte die »Volksgesundheit« noch einen kleinen, von Werner Zimmermann und den »Gesinnungsgenossen von der Volksgesundheit« verfassten Artikel, in dem aus Anlass ihres 80. Geburtstages ihr jahrzehntelanges Wirken in Erinnerung gerufen wurde. Als sie drei Jahre später starb, erschien jedoch nicht einmal mehr in der »Volksgesundheit« ein Nachruf.[222] Aber nicht nur Mina Hofstetter geriet in Vergessenheit. Auch die anderen in der WOWO aktiven Frauen verschwanden aus der Öffentlichkeit. Doch anders als die Ökofeministinnen der Zwischenkriegszeit, die in der (feministischen) Wissenschaft bis heute weitgehend ignoriert werden,[223] wird Mina Hofstetter mittlerweile sowohl in der Öffentlichkeit als auch in der Agrargeschichte zumindest wieder zur Kenntnis genommen.[224]

Neu entdeckt wurde Mina Hofstetter Anfang der 1990er-Jahre, als der Agronom Otto Schmid vom Forschungsinstitut für Biologischen Landbau (FiBL) bei der Biokontrolle des Betriebes Stuhlen die neuen Bewirtschafter des Hofes auf die einst berühmte Mutter ihres Verpächters hinwiesen.[225] Judith Aebli und Daniel Liechti, die vorher noch nie etwas von Mina Hofstetter gehört hatten, machten sich in der Folge auf die Suche nach Spuren von ihr und organisierten im November 1993 zusammen mit Otto Schmid und Werner Hofstetter eine Pressekonferenz auf dem Hof Stuhlen. Dabei machten sie die Presseleute auf das in der Zwischenkriegszeit beginnende Engagement von Mina Hofstetter für den Biolandbau aufmerksam – und auf die realen (und vermeintlichen) Steine, die ihr in den Weg gelegt worden waren. Von den Medien besonders hervorgehoben wurde in der Folge die von Werner Hofstetter stammende Aussage, dass Ernst Laur, der Direktor des Bauernverbandes, seiner Mutter an der SAFFA 1928 »verboten habe«, ihre Broschüre »Brot« zu verkaufen.[226] Seither erscheint kaum ein Pressebericht über Mina Hofstetter, in dem diese Behauptung nicht prominent wiederholt wird, obwohl spätestens seit einem Vierteljahrhundert allen Interessierten bekannt sein könnte, dass sich Laur in den 1920er-Jahren dezidiert für Mina Hofstetter und ihre »Versuchstätigkeit« eingesetzt hatte, obwohl er weder ihre Begeisterung für die viehlose Landwirtschaft noch die Freiwirtschaftslehre teilte.[227]

Sollte die Publikation der Texte von Mina Hofstetter einen Beitrag dazu leisten, dass sich auch diejenigen, die sich primär aus aktuellen Gründen für das Wirken der Pionierin des viehlosen Biolandbaus interessieren, künftig vermehrt an das »Vetorecht der Quellen« erinnern, hätte sie bereits einen Zweck erfüllt.[228] Das »Vetorecht der Quellen« gilt selbstverständlich auch für die Geschichtsforschung. Allerdings geht es hier noch um viel mehr, als um die Unterscheidung zwischen Mythen und Fakten. In der Historiografie geht es auch um den Versuch, »Geschehnisse zueinander in eine Beziehung« zu setzen, »die ein Geschehen als einen Zusammenhang von Geschehnissen erkennen« lassen. Dazu sind die Texte von Mina Hofstetter besonders wertvoll.[229] Denn sie ermöglichen es, sich sowohl mit der Geschichte des Biolandbaus als auch derjenigen der Bäuerinnen und der Landwirtschaft in Industriegesellschaften auseinanderzusetzen und dabei neue Erkenntnisse zu gewinnen. Die Bedeutung von Hofstetters Texten liegt denn auch nicht darin, dass sie dokumentieren, dass die Bäuerin vom Greifensee angeblich ihrer Zeit voraus gewesen sei, sondern vielmehr darin, dass sie uns anhand eines konkreten Beispiels vor Augen führen, wie die Produktion von Nahrung durch den Konsum beeinflusst wird und in welche »Erfahrungsräume«

und »Erwartungshorizonte« die bäuerliche Bevölkerung, die diese Nahrung produzierte, im 20. Jahrhundert eingebettet war.[230]

Nr. 10. XXVIII. Jahrgang. Brugg, Oktober 1928.

Schweizerische Bauernzeitung.

Offizielles Organ des schweizerischen Bauernverbandes.

Erscheint monatlich 1 mal. Deutsche Auflage: 120,000. | Redaktion: Dr. Richard König, Brugg | Französische Auflage: 40 000 Italienische Auflage: 4,000

Die Arbeit der Bäuerinnen an der Saffa:

Als eine eigenartige Leistung verdient die Ausstellung von Frau Hofstetter-Lehner, der Leiterin eines kleineren Bauernbetriebes in Ebmatingen (Kanton Zürich) besondere Erwähnung. Diese hat in ihrem Betrieb Versuche mit Reihenkultur gemacht und darüber auch ein Büchlein veröffentlicht. Auch sonst hat sie ihren Betrieb in den Dienst des landwirtschaftlichen Versuchswesens gestellt, sowie unter der Leitung des schweizerischen Bauernsekretariates Buch geführt. Ihren Wunsch, es möchte ihre Versuchstätigkeit auch von den Behörden unterstützt werden, können wir nur befürworten. Es ist bewundernswert, wie tapfer diese einfache Bauernfrau ihre Aufgabe anpackt. — Besonderes Lob verdienen

Abbildung 18 Ernst Laur, der Direktor des Schweizerischen Bauernverbandes und Professor an der ETH Zürich war fasziniert von Mina Hofstetters Neugier und Innovationsgeist. Wiederholt setzte er sich bei den Behörden dafür ein, dass sie für ihre Forschungsarbeiten Unterstützung erhielt. Auszug aus der Schweizerischen Bauernzeitung vom Oktober 1928.

Herr Prof.Laur schreibt mir, er habe versucht, die Aufmerksamkeit der Leitungen und der Versuchsstationen auf Ihre Arbeit zu lenken, sei aber damit nicht gut angekommen, und er legte mir die Antwort des dafür zuständigen Beamten der Versuchsanstalt in Liebenfeld-Bern, Herrn Dr.Schmidt, bei, der sich natürlich,neben Ihrer ganz abnormalen Methode, wie zu erwarten, noch stark stösst an dem anderweitigen Inhalt Ihrer Schrift. Ich werde Ihnen gelegentlich dieses sehr absprechende Urteil zeigen.

Abbildung 19 Auszug aus einem Brief von Konrad von Meyenburg an Mina Hofstetter vom 8.11.1928.

Mina Hofstetters Fokussierung auf die Ernährung bei der Thematisierung des agrarischen Alltags ermöglicht es auch Menschen einen Zugang zu agrarhistorisch relevanten Themen zu finden, denen die agrarischen Welten weitestgehend unverständlich geworden sind, weil sie über keine adäquate Begrifflichkeit mehr verfügen, mit der die agrarischen Welten sachlich korrekt erfasst werden könnten. Dadurch, dass Hofstetter die agrarischen

Tätigkeiten konsequent vom Konsum her thematisierte, schuf sie Voraussetzungen, die es möglich machen, sich (wieder) mit Agrarfragen auseinanderzusetzen, ohne dass die bäuerlichen Realitäten vorgängig in eine für die Sozialwissenschaften in den Industriegesellschaften verständliche Sprache übersetzt werden müssen. Mit anderen Worten: Weil diese agrarhistorisch relevanten Quellen direkt, ohne vorgängige Übersetzung in eine auch für die Sozialwissenschaften verständliche Sprache gelesen werden können, erweisen sie sich als großes Potential für die Geschichtsschreibung. Mina Hofstetters Texte machen es möglich, nicht nur die Tätigkeiten, sondern auch die Einschränkungen, Zweifel und Aspirationen einer Bäuerin im 20. Jahrhundert zu benennen, zu verstehen und zu historisieren. Sollte die vorliegende Edition Historiker:innen zudem dazu anregen, sich künftig auch mit den in der Geschichtsschreibung bislang ignorierten Ökofeministinnen der Zwischenkriegszeit zu beschäftigen, dann wäre das eine Konkretisierung des von der erneuerten Agrargeschichte seit zwei Jahrzehnten erhobenen Anspruchs, eine Integrationswissenschaft für die Gesellschaft zu sein.[231]

Teil 2

Korrespondenz, Manuskripte und publizierte Texte von Mina Hofstetter 1923–1952

Unveröffentlichte Texte

Korrespondenz

1928_Brief an Regierungsrat Rudolf Streuli I[232]

Ebmatingen, den 20. September 1928
An Herrn Regierungsrat Streuli, Zürich
Sehr geehrter Herr!
Herr Professor Ernst Laur in Brugg gibt mir den Rat, ich sollte mich mit Ihnen in Verbindung setzen und sehen, ob Sie mich persönlich empfangen würden betreffend einer ausführlichen Rücksprache oder eventuell ob Sie einmal Zeit hätten, mich persönlich hier aufzusuchen.
Sie haben vielleicht durch die Zeitungen oder durch die SAFFA von mir etwas gehört?! Anbei lege ich Ihnen etwas von den schriftlichen Arbeiten bei, die von mir sind und die ich mit Gertrud Stauffacher unterzeichne. Dadurch erfahren Sie etwas von dem, was mir als Lebensziel vorschwebt. Ich habe in meinem Leben so viel Kummer und Not erlebt, besonders in den letzten 13 Jahren als Schuldenbäuerin, dass mein grösster Wunsch wäre, wenn ich dem geplagten Schuldenbauernstand mit meinem zukünftigen Leben dienen könnte. Nun schrieb mir Herr Doktor Traugott Waldvogel von Schaffhausen, dass der Kanton Zürich reichlich mit Subventionsmitteln versehen sei und auch mir jedenfalls helfen würde. Meine Pläne gehen aber viel weiter, ich möchte nicht allein etwas haben, sondern ich möchte mein zukünftiges Leben an ein Werk setzen, das *allen* Menschen, vorab aber den Schuldenbauern helfen soll, und zwar gründlich und für immer. Wenn Sie, sehr geehrter Herr Regierungsrat Zeit für mich hätten, um mich anzuhören, wäre es mir sehr erwünscht, je eher je lieber. Vom 25. bis 30. bin ich abwesend, da an der SAFFA noch Wichtiges für mich zu tun ist. Ich hatte auch einen Stand in Sierre an der kantonalen Ausstellung und habe dort bei allen Fachleuten *sehr* viel Anerkennung gefunden. Auch in Bern ist kein irgendwie Interessierter am Getreidebau an meinem Stand vorbeigegangen.

Ich hoffe auf Ihr geschätztes Wohlwollen, sehr geehrter Herr, und grüsse mit Hochachtung
Mina Hofstetter

1928_Brief an das Volkswirtschaftsdepartement des Kantons Zürich[233]

2. Oktober 1928

Eingabe an das Titulierte Volkswirtschaftsdepartement des Kantons Zürich

Weil mich grosse Not dazu gezwungen hat neue Einnahmequellen zu finden, damit wir den Zins für unser Heimwesen bezahlen konnten, fing ich an Getreide zu pflanzen.

Anbei übersende [ich] Ihnen die Schrift, die entstanden ist aus grosser Not und in schlaflosen Nächten.

In Bern an der SAFFA haben mich einflussreiche Fachleute darauf aufmerksam gemacht, dass ich dem Vaterland einen grossen Dienst erweisen könnte, wenn ich ganz genaue Feststellungen machen könnte und durch genaue Buchführung beweisen könnte, dass meine Ergebnisse stimmen.

Nun erlaube ich mir Sie anzufragen, ob es in ihrer Macht liegt mir eine jährliche Unterstützung zu gewähren, damit ich die Sache etwas rationeller betreiben kann und auch eine Person halten, die die Buchhaltung besorgt. Bis jetzt fehlt uns alles Betriebskapital, sodass meine Arbeit nur Handarbeit ist. Der jährliche Zins, der auf unserem Heimwesen lastet, nimmt uns jede Möglichkeit einer Entwicklung, obschon ich und meine ganze Familie ganz einfach leben.

Hoffe keine Fehlbitte zu tun, es ist ja ein Interesse von Tausenden Schuldenbauern und ein Interesse vom gesamten Schweizervolk, wenn wir durch eine solche Bodenbearbeitung und Saatzucht aus der Not herauskommen.

Hochachtungsvollst
Mina Hofstetter

1928_Brief an die Landwirtschaftliche Winterschule Wetzikon[234]

Ebmatingen, den 9. Oktober 1928

Titulierte landwirtschaftliche Winterschule, Wetzikon

Im Begriff nach Basel zu reisen, wo ich ein Versuchsfeld anlegen soll, erhalte [ich] Ihre Zuschrift: Sende Ihnen in aller Eile meine Photo's, sie sind sehr beschädigt und wenn Sie es wünschten, würde ich auf Ihre Kosten neue Abzüge machen lassen. Sollten Sie aber die Photo meiner gesamten Ausstellung meinen, kann ich Ihnen nicht dienen, da ich kein Geld hatte, eine machen zu lassen. Mir wurde einmal gesagt, dass etwas davon in der III. Saffanummer sei. Vielleicht könnten Sie dieselbe erlangen, ich selber besitze sie nicht.
Zu aller Auskunft gerne bereit grüsst hochachtend
Mina Hofstetter
PS Lege noch einiges bei, das ich unter Pseudonym Gertrud Stauffacher [veröffentlicht habe].

1928_Brief an Regierungsrat Rudolf Streuli II[235]

Ebmatingen, den 18. Oktober 1928
Herr Regierungsrat Streuli, Zürich
Sehr geehrter Herr!
Hatte immer auf eine Antwort von Ihnen gehofft auf meinen Brief, den ich Ihnen seiner Zeit sandte. Heute teile [ich] Ihnen mit, dass am nächsten Dienstag im Beisein von Herrn Konrad von Meyenburg, Basel, Herrn Doktor Andreas Grisch, Oerlikon und Herrn Gustav Angst, Wetzikon der Befund meiner Versuche hier an Ort und Stelle stattfinden und eine Probe mit einer Bodenfräse gemacht wird. Sie sind dazu höflichst eingeladen.
Hochachtend
Mina Hofstetter

1928_Brief an Gustav Angst[236]

Ebmatingen, den 2. November 1928
Herr Direktor Angst, Wetzikon
Sehr geehrter Herr!
Anbei nun die Feststellungen: 28,45 Aren Winter- und Sommerweizen, davon wurden 20 Aren verhagelt, wovon 35 Prozent Körnerschaden.
Es sind noch 9,5 Zentner Körnerertrag vorhanden.
Die Reihen mache ich jetzt 10 Zentimeter weiter auseinander als im Büchlein *Brot* beschrieben, im Übrigen alles so wie es dort steht.

Hochachtend grüsst
Mina Hofstetter

1928_Postkarte an Gustav Angst[237]

Stuhlen, 5. November 1928
Herr Direktor Angst, Landwirtschaftliche Schule, Wetzikon
Sehr geehrter Herr!
Im Auftrage von Frau Hofstetter teile ich Ihnen mit, dass leider im letzten Schreiben an Sie ein Versehen passiert ist. Es wurden durchschnittlich *nicht 35 Prozent* von der Hagelversicherung ausbezahlt, sondern *11 Prozent durchschnittlich*. Wir bitten Sie höflich, unsere Angabe vom letzten Male zu korrigieren.
Hochachtungsvoll

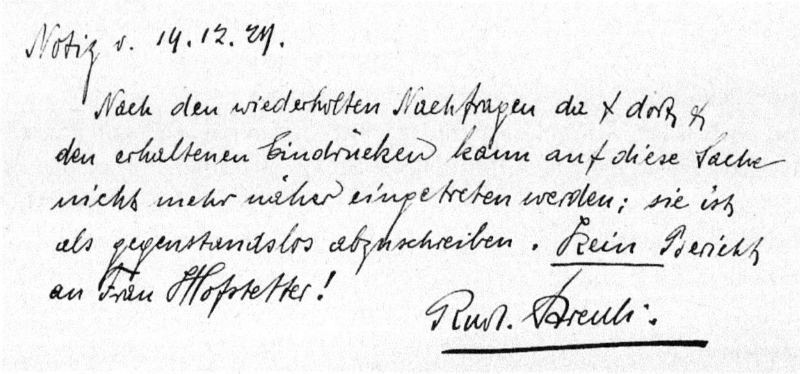

Notiz v. 14.12.29.
Nach den wiederholten Nachfragen da & dort & den erhaltenen Eindrücken kann auf diese Sache nicht mehr näher eingetreten werden; sie ist als gegenstandslos abzuschreiben. Kein Bericht an Frau Hofstetter!
Rud. Streuli.

Abbildung 20 Nach seriösen Abklärungen 1928 lehnte der Kanton Zürich Mina Hofstetters Gesuch um einen finanziellen Beitrag an ihre Versuchstätigkeiten im Dezember 1929 mit einer nichtssagenden Ablehnung ab.

1931_Brief an Fritz Schwarz[238]

Ebmatingen, den 6. Januar 1931
Lieber Fritz Schwarz!
Das neue Jahr hat für mich nicht gut angefangen oder vielmehr das alte nicht gut aufgehört, ich stürzte am 25. Dezember die Treppe hinunter und zog mir eine schreckliche Quetschung im Kreuz zu, habe furchtbare Schmer-

zen ausgestanden. Jetzt geht's wieder ordentlich und ich hoffe doch bis am 12. Januar nach Zürich zu können, wenn die Vorträge beginnen für den Landbaukurs.

Lieber Fritz, mit der Abrechnung bin ich aber nicht ganz einverstanden. Den 5. April 1930 schriebst Du mir.

Meine Schuld an Dich von der SAFFA her mit Franken 90.00 sandte ich dir am 17. November. Nun schreibst Du mir diese Franken 90.00 wieder als ersten Posten auf mein Schuldkonto!

Dann am 6.2.1929 100 Brot, 20 Pain; am 12.2.1929 20 Pain; am 27.3.1930 60 Brot: Zusammen 200 = Franken 96.00.

Du schriebst mir zugleich, dass Du mir kein Honorar bezahlen könntest. Ich glaube aber doch Anspruch auf etwas zu haben, da wir es damals mit Jenny zusammen abmachten, wie Du weisst, und er auf meine Gunsten verzichtete auf eine Entschädigung. Ich hatte ja doch auch zum Voraus zu Propagandazwecken Büchlein zu gut von der französischen Übersetzung. Und wenn Du mir eben nichts bezahlen kannst, so mache ich wenigstens Anspruch auf 200 Exemplare französische Auflage.

Die 200 Stück habe ich in Kommission gegeben, sie sind noch nicht verkauft! Ich hoffe, dass Du doch auch etwas zu Gute hältst, dass ich mir immer die grösste Mühe gebe, die Büchlein zu vertreiben, was ja zum Voraus auch in Deinem Interesse ist! Wieviel sind eigentlich noch von der deutschen Auflage da?

Ich habe einen furchtbar schweren Kampf und weil Du selber auch so schwer hast kämpfen müssen, wirst Du es verstehen und mir helfen so gut Du kannst, wir arbeiten ja für dasselbe Ziel. Nach meiner Rechnung wäre es nun folgendermassen: laut Deiner Abrechnung vom 5. April: 96.00 Franken; 20. Mai: 27.80 Franken; 26. Mai: 24.00 Franken; 27. Juni: 96.00 Franken; 15. September: 11.60 Franken; 26. September: 10.60 Franken; 5. Januar: 48.00 Franken; [macht zusammen] 314.00 Franken. Mein Guthaben 300 Exemplare à 48 Rappen: 144.00 Franken. [Es bleiben übrig] 170.00 Franken minus 9.00 Franken [für meine Zahlung]

Ich hoffe, dass Du mit Vorstehendem einig bist und bitte, mir dieses zu bestätigen.

Ich wünsche Dir und den Deinen auch alles Gute und verbleibe mit freundlichen Grüssen

Mina Hofstetter
PS Verzeih den etwas ramponierten Brief, bin recht unbeholfen, da [ich] noch Schmerzen habe beim Sitzen!

1938_Brief an Anna Helene Askanasy-Mahler[239]

Seeblick, 31. Oktober 1938

Liebe, liebe Frau Askanasy!

Ich schrieb Ihnen am 26. Oktober nachts unter dem ersten mächtigen Eindruck Ihres Schreibens[240] einen Brief, den Sie sicher später erhalten werden als diesen, der mit Flugpost an Sie geht. In Wiederholung und Ergänzung dieses Briefes schreibe ich Ihnen nochmals meine Gedanken und Pläne im Telegrammstil! Ich werde alles weiter in mir abklären und werde Ihnen dann in meinem nächsten Brief eine Aufstellung sämtlicher in Betracht kommender Literatur angeben, die wir unbedingt mitnehmen müssen. Für heute anbei den *Entwurf eines grundlegenden Planes für die Siedlung.*[241]

Auch hier grosser Aufschwung! Schweizerische Landesausstellung voraussichtlich beschickt! Kann Geschäft machen mit Buch, muss den Betrieb auf voll stellen, Gärtner einstellen! Will auch in Südfrankreich eine kleine Lehrstätte eröffnen, das Buch kommt in Frankreich wahrscheinlich schon im Frühjahr heraus. Ein Spanier will mit seinem Sohn hier lernen, das Buch spanisch herausbringen und dann in dem verwüsteten Land und auf der Insel Mallorca eine Musterlehrsiedlung nach meinen Plänen durchführen. Und nun der Gipfel: *Canada!* Ja, ich komme für 3 bis 4 Monate. Wenn ich aber solange von hier fortwill, muss ich eine Vertretung haben. Daher Bedingung: Mein Schwiegersohn und meine Tochter, beide tüchtige Gärtner, würden hier den Betrieb während meiner Abwesenheit führen, aber er ist staatlicher Lehrer und hat 2 Kinder und ich müsste ihm Franken 6'000 für das Jahr hinlegen können. Diese 6'000 Franken würde ich als Lohn für mich rechnen. Dann müsste ich noch Franken 4'000 als Leihgeld haben für persönliche Dinge. Diese 4'000 Franken würden Sie jedenfalls von mir im Sommer schon wieder hereinbringen, wenn Sie mein Buch drüben schnellstens erscheinen lassen. Dies als Propaganda für die Kurse, die ich mit René Jeannet (den ich mitbringen würde), Mechaniker, Elektriker, Apparate-Zeichner, Photo-Künstler, Publizist und noch vieles mehr in einer Person, und eventuell mit Werner Zimmermann geben könnte. Die Bücher des letzteren sind in Amerika sehr verbreitet und garantieren uns Kursteilnehmer. Wir würden fortlaufend jedes Jahr Kurse geben, dort, hier, in France, Spanien! Die externen Hörer müssten die ganzen Kosten der Kurse tragen, circa 8 Schweizerfranken per Tag mit Verpflegung vegetarisch oder gemischt. Ich übernehme die *Leitung* für Landwirtschaft, Gärtnerei, Kochen, Backen, Conservieren, René Jeannet die Pläne und Leitung für die Siedlung, Wasserleitung, elektrisches Licht, Hausbau, Gartenanlagen usw. Werner Zimmermann die Leitung für das Wirtschaftliche auf freiwirtschaftlicher Grundlage mit Freigeld, wie sie es hier in seiner Siedlung Bassersdorf und im Wirtschaftsring praktisch betreiben. Für unsere Siedlung ist das sehr vorteilhaft und *alle* zufriedenstellend, es kann nur prosperieren und niemand verliert etwas.

Für die Viehwirtschaft suchen wir einen tüchtigen Schweizer Bauern, der womöglich Freiwirt ist – ich werde mich umsehen – als Pächter. Der trägt dann als Fachmann das ganze Risiko des Viehbetriebes! Sehr vorteilhaft!

Das muss ein Leben werden! Vorbildlich für die ganze Welt! Liebe Frau Askanasy, wenn Sie das fertigbringen, dann sind Sie die *Neuschöpferin einer neuen Weltordnung!* René Jeannet und Werner Zimmermann sind doch 95prozentige WOWO-Programm-Verfechter! Je mehr Schweizer Sie im Anfang dabeihaben, *desto mehr Vorteile für Sie in jeder Beziehung!*

René Jeannet hat jetzt eine Stelle als Apparatezeichner, künstlerische Entwürfe für Propaganda und Photo für publizistische Zwecke mit *Franken 600 Monatsgehalt.* Aber er tut mit, unter der Voraussetzung gleichen Gehaltes, für 4 Monate, weil er schon seit 10 Jahren fertige Pläne hat für eine solche Siedlung. Also bitte lassen Sie das Geld springen, es wird tausendfache Früchte bringen und Segen für Millionen Menschen!

Sie schreiben auch, ich solle meine Tochter mitnehmen. Ja, die Trudi kommt mit für 4 Monate, als Lehrerin für Handweben, Eigenkleidung (mein Sohn macht Webeapparate) und Innendekoration, wenn sie die Reisekosten und *Schweizerfranken 300* monatlich bekommt. Mein ältester Sohn ist Bautechniker, Schreiner, Zimmermann und Maurer in einer Person und würde eventuell solange kommen, bis die notwendigen Häuser gebaut sind.

Renée Arditti würde sicher meine Vertretung übernehmen, wenn ich wieder zurückkehre, sie ist meine Schülerin, ist sehr tüchtig in allem und ich würde

ihr die Leitung des ganzen landwirtschaftlichen Betriebes anvertrauen. Ihr Mann schreibt die Musik für unseren Kulturfilm. Sichern Sie sich die beiden als Mitarbeiter, ich werde Ihnen dann sofort die Entwürfe für den Film schicken, damit er mit den Vorarbeiten beginnen kann.
Geben Sie mir wenn möglich telegrafisch Antwort, ob Sie das Geld zur Verfügung stellen können. Sobald ich Ihre Zusage in Händen habe, wird mein Schwiegersohn seine Stelle kündigen und von dem Moment an, wo er da ist, bin ich vollständig frei für die neue Siedlung!
Und nun zum Schlusse: Liebe Frau Askanasy, wenn es nicht für Sie dringend nötig ist, so kommen Sie gar nicht mehr zurück nach Europa, sondern bleiben Sie in Amerika, um sofort mit den notwendigen Vorarbeiten zu beginnen: Erweckung des Interesses für die Kurse durch Propaganda, Einleitung der Übersiedlung des Bauers (ich hoffe Ihnen bald einen Mann nennen zu können) usw. was Sie noch für nötig finden. Ich werde mich inzwischen hier umsehen, welche Schweizer-Maschinen man in Amerika kaufen kann, denn das ist viel einfacher so, denn Geräte und Maschinen möchte ich bestellen, ich sorge dann schon dafür, dass das Richtige kommt. Man muss erst das Land gesehen haben als Bauer, um zu wissen, was das Beste an Sämereien und Setzlingen ist dafür und was an Geräten und Maschinen besonders in Frage kommt. Die Bestellungen mache ich dann auf schriftlichem Wege.
Als Abschluss noch: Das Radixhoroskop ist für mich glänzend!
Einen Verschwesterungskuss!
Beilage!

1938_Brief an Elin Wägner I[242]

[Ende Oktober 1938][243]
Liebe Elin Wägner!
Schon lange wollte ich fragen, ob wir uns nicht Du sagen wollen? Ich fasse mir ein Herz und fange an! Anbei die Anna Helene Askanasy-Berichte! Was sagst Du dazu? Das wäre ja ein Leben und eine überzeugende Beweisführung unserer WOWO-Ideen. Wir müssen eben *alle* den Mut aufbringen, *unsere Überzeugung zu leben!* Nur dann haben wir die *volle Verantwortung gegen Gott gelöst, der uns diese Aufgaben aufgetragen zum Wohle jener Brüder, die jetzt krank, arm und heimatlos herumirren.* Werner Zimmermann, René Jeannet und ich können 3–4 Monate von Brot und Wasser leben, um

diese Siedlung zu gründen, wenn es sein muss, um den andern eine Heimat zu schaffen, nicht nur auf einem eigenen Boden, sondern inwendig in ihren eigenen Herzen. Bitte um baldige Antwort.
Mina Hofstetter

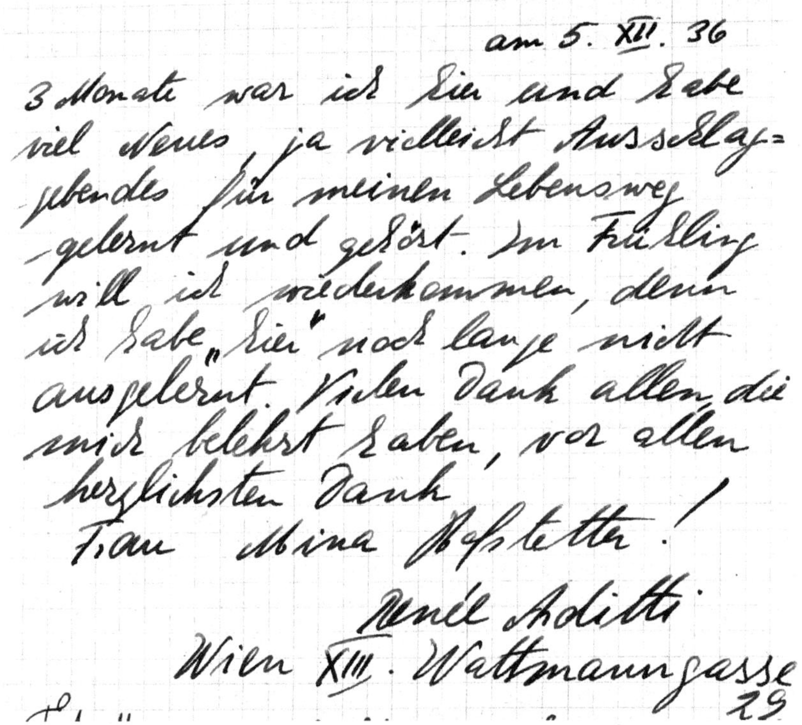

am 5. XII. 36

3 Monate war ich hier und habe viel Neues, ja vielleicht Ausschlaggebendes für meinen Lebensweg gelernt und gehört. Im Frühling will ich wiederkommen, denn ich habe „hier" noch lange nicht ausgelernt. Vielen Dank allen, die mich belehrt haben, vor allem herzlichsten Dank Frau Mina Hofstetter!

Renée Arditti
Wien XIII. Wattmanngasse 29

Abbildung 21 Als Mina Hofstetter im Herbst 1938 erwog, temporär nach Kanada auszuwandern, um dort zusammen mit anderen eine Siedlung aufzubauen, in der die Frauen das Sagen hatten, plante sie die Leitung des Betriebs auf Stuhlen an Renée Arditti abzutreten. Arditti weilte vom Herbst 1936 bis zu ihrer Emigration nach Kanada Ende 1938 mehrmals während längerer Zeit auf Stuhlen.

1938_Brief an Elin Wägner II[244]

Ebmatingen, 8. November [1938]

Liebe Elin!

Herzlichen Dank für Deinen Brief und Deine Liebe! Ich sage Folgendes: Du, Flory Gate und ich dürfen unter keinen Umständen *unsere Heimat* aufgeben, um nach Übersee zu gehen. Wir und damit auch die drüben würden nicht glücklich sein und unser *Tun* würde keinen Segen haben. Es hat wirklich nachgerade *genug entwurzelte Menschen!* Erstens diejenigen, die durch falsche Lebenseinstellung heimatlos sind, dann die, die durch Wirtschaftsnöte heimatlos werden und wandern müssen und keine *Heimat* finden, dann zu allem noch die, die heute durch die Tyrannen wurzellos und heimatlos in der Welt herumirren. Und wir paar, die *noch* eine Heimat haben oder es wenigstens glauben, wir *müssen sie behalten.* Zwar heisst es: Das Himmelreich (die Heimat) ist in Euren Herzen! Aber wenn diese Herzensheimat blühen und Segen bringen soll, dann muss auch diese Heimat, worin uns Gott geboren lassen hat (unserer innersten Natur also entsprechend ist), uns unbedingt gewahrt bleiben. Denn wir wollen doch in dieser zerrissenen Zeit »Heimatlosen wieder zu Heimat verhelfen«, *das* und *nur das* ist unsere Pflicht und darauf müssen wir *unsere* Kräfte einstellen. Dann können wir *ganz »wir«* sein und nur dann können wir unsere von Gott bestimmte Aufgabe erfüllen. Anna Helene Askanasy möchte es bewusst und unbewusst nun so »machen«, uns alle hinüberziehen, und wir sollen dann zusammen *die Arbeit* tun, die eigentlich die ihre wäre, ja die ihr von Gott bestimmt zukommt. Sie *hat* eine grosse Aufgabe, aber sie muss sie ganz allein selber lösen, wir dürfen ihr nur helfen, die Sache in Schwung bringen und ab und zu mal für Monate bei ihr sein, um dem Rad wieder zum Schwung zu helfen. Denn auch Anna Helene Askanasy und die andern Heimatlosen müssen endlich Folgendes einsehen: Menschlein, wie klein bist Du, aber sieh Du kannst nicht gross werden, eh bevor Du Deine eigene Schwäche und Deine eigenen Fehler *einsiehst* und *bekennst*, dann ziehe ich Dich zu mir aus lauter Güte! Und […][245]

1938_Brief an Flory Gate[246]

Seeblick, den 27. Dezember 1938

Liebe Flory!

Inzwischen wirst Du schon mein Propagandamaterial bekommen haben und ich hoffe, dass es das ist, was dort wirkt. Ich sandte es auch an Nelly Frankl nach Amsterdam und an Nils Kaurin in Oslo, Bygdø-Allé 67. Diesen beiden solltest Du dann schreiben, damit ihr alles zusammen abreden könnt wegen der Zeit.
Ich dachte es nun so: Wenn Holland und Oslo einen Teil der Reisekosten übernehmen, so wird es für Euch weniger, sodass die Reise möglich wird. Ich habe mich vollständig frei gemacht von dem Gedanken, auf dieser Reise Geld zu verdienen, nur müsste es die Kosten decken und einen kleinen Lohn für die Zeit. Julie Metzl, die die ganze Correspondenz geleitet hat in der ersten Zeit, ist nicht mehr hier und [das] Projekt mit Südfrankreich, das wir nur ihres Mannes wegen hatten, fällt dahin. *Ich bleibe auf meinem Gut!* Mein Sohn geht fort. Nun noch zu dem Brief von Herrn Seidler: Ich nehme an, dass Dein Vater, wenn er sein Gut biologisch anfangen will, doch für einige Zeit jemanden braucht, um die *grundlegenden Arbeiten zu leiten*, denn ich könnte allerhöchstens bis Mitte März dort sein. Nun dachte ich, es wäre wie gerufen, dass Herr Seidler da ist und mich dort vertreten könnte, daneben könnte er ja mit eigenem Geld seine Bienenzucht anfangen, was gerade für die Bio-Landbaufrage von sehr eminenter Bedeutung wäre. So würde sich eigentlich alles prima regeln. Du solltest nun nur dafür sorgen, dass wir eine Einladung von Dir bekommen, so wie es Herr Seidler Dir andeutete. Ich warte also auf Deinen Bericht.
Ich hoffe, dass Du wieder ganz gesund bist und das neue Jahr gut anfängst.
Was macht Elin Wägner?
Herzliche Grüsse an Euch alle, auch an Flakemi!
Deine Mina

1942_Brief an Elin Wägner[247]

Ebmatingen, 20. Mai 1942
Meine liebe Elin Wägner!
Ja, lange hat's gedauert. Die Zeit hat mich fast zerbrochen. Jetzt geht's mir ein wenig besser. Ich sende Dir mit gleicher Post mein Buch *Neues Bauerntum*. Glaubst Du, man könnte es dort brauchen? Bist Du traurig, dass Du nicht nach Canada gegangen bist? Ich nicht! Ich weiss nichts von dort. Was macht Flory Gate? Glaubst Du, es kommt die Zeit, dass wir uns einmal wieder sehen

werden? Das Manuskript habe ich seiner Zeit nachträglich noch bekommen. Besten Dank!
Ich hoffe, dass Du meinen Brief in guter Gesundheit bekommst und dass Du, wie auch ich, Hoffnung hast auf eine bessere Zeit. Hier ist nichts Neues, Wichtiges gewesen, was unsere Gedankenverbindung angeht. Elisabeth Thommen ist ganz bürgerlich und macht auch solche Vorträge.
Es grüsst Euch alle in Schweden, besonders Dich, Deine alte
Mina Hofstetter
PS Das Buch [*Neues Bauerntum, altes Bauernwissen*] ist ein kleines Geschenk zu Deinem 60. Geburtstag!

1943_Brief an Ernst Truninger I[248]

Ebmatingen, den 3. April 1943
Sehr geehrter Herr Truninger!
Eben hat Frau Mina Hofstetter von der Firma Ganz & Co. Zürich (die in dieser gegenwärtigen Vegetationsperiode auf ihrem Landgut einen Film aufnimmt) die No. 516 der Neuen Zürcher Zeitung mit dem Artikel »Spurenelemente im Pflanzenleben« bekommen.
Frau Mina Hofstetter weiss nicht, ob Sie die Arbeit kennen, die sie auf ihrem Gut seit 1922 geleistet hat? Aber sie würde gern einem Wissenschaftler die Resultate ihrer praktischen Erfahrungen und Arbeiten zur Verfügung stellen, sie fussen alle auf der Grundlage der Wirklichkeit und könnten der Arbeit der Wissenschaft einen Baustein beitragen, den diese dann auf ihre Art ausbaut. Es würde zu weit führen, lange Erörterungen zu schreiben, aber sie ist gern, an welchem Ort es sei, zu mündlicher Aussprache bereit.
Mit hochachtungsvollen Grüssen
Für Frau Hofstetter: Jeanne Wuhrmann

1943_Brief an Ernst Truninger II[249]

Ebmatingen, le 9 avril 1943
Monsieur le Dr Truninger, Etablissement de Liebefeld-Berne
Monsieur,
Votre honorée du 6 courant nous est bien parvenue et nous vous en remercions beaucoup. Comme Seeblick est une simple propriété agricole et non un établissement scientifique, que par conséquent les éprouvettes, cornues,

balances de précision spectroscopes et autres instruments de laboratoire y sont totalement inconnues, ses produits biologiques ne peuvent guère être appréciés et analysés que [...] par les papilles gustatives des consommateurs; c'est pourquoi nous nous permettons de vous demander de venir à Seeblick pour y être notre hôte pour la journée ou si cela ne vous est pas possible, au moins un ou deux repas? Madame Hofstetter fait elle-même le pain avec le blé semé à Seeblick et nous consommons les fruits et les légumes de la propriété.

A toutes fins [...] je vous signale que pour arriver de Zurich jusqu'à Ebmatingen, il faut de Zurich Klusplatz vous rendre à Witikon par autobus et de Witikon par le Postautobus jusqu'à Ebmatingen. Il n'y a qu'un seul autobus direct de Zurich Sihlpost à Ebmatingen, Maur (arrêt à la Hauptbahnhof) qui part de Sihlpost à 17h40 et arrive à Ebmatingen à 18h24.

En espérant que vous pouvez un jour de l'autre être notre hôte à Seeblick, nous vous prions d'agréer, Monsieur, nos compliments empressés.

Pour Madame Hofstetter: Jeanne Wuhrmann, ing. chem.

1944_Brief an Elin Wägner[250]

Ebmatingen, den 10. September 1944

Liebe Elin Wägner!

Da es jetzt fast den Anschein hat, dass wir dem Kriegsende entgegen gehen, so will ich versuchen an Dich zu schreiben. Weisst Du, meine Gedanken sind so viel bei Dir und allen jenen, mit denen wir damals versuchten, den Krieg zu verhüten.

1,5 Jahre lang war ich der Verzweiflung nahe, dass wir *so wenig* fertiggebracht haben, aber dann kam wieder neuer Mut in mich und nun fühle ich viel aufgespeicherte Kraft wieder neu zu beginnen. Ich wollte Dich nun fragen: Ist es möglich, oder hältst *Du* es für möglich, dass wir nach und nach die Verbindung wieder aufnehmen mit unsern Gesinnungsfreundinnen?

Ich möchte dann hier einen Mittelpunkt gründen, wo alle jene sich Kraft und Gedanken holen können für die wahre Verbrüderung und den Völkerfrieden. Das soll die *eigentliche* Aufgabe des Hauses Seeblick sein und der Gartenbau nur quasi der »Grund« der Ernährung und gesundheitliche Notwendigkeit.

Wärest Du mit diesen Gedanken in geistigem Kontakt? Könnten wir eventuell jetzt schon anfangen, die nötigen Schritte zu tun? Ich habe folgende Dinge im Kopf:

1. Es könnten eventuell internationale Tagungen stattfinden.
2. Es könnten eine beschränkte Zahl Menschen, 1–2 Dutzend, zu wochenlangem geistigem Gedankenaustausch kommen.
3. Es könnten eventuell Kriegsinvalide, die als Zellen in ihrer Heimat wirken, hier Erholung suchen.
4. Es könnten jugendliche Menschen für mehr oder weniger Monate kommen, denen Gartenbau wichtig ist, aber noch wichtiger unser geistiges Ziel, eventuell die Erlernung von Sprachen.

Vielleicht hast Du auch selbst Vorschläge? Ich freue mich auf eine Antwort und grüsse Dich und alle, die wir kennen, in Gedanken sehr herzlich.
Mina Hofstetter
PS An Flory Gate ganz besonders einen herzlichen Gruss.

1945_Brief an Elin Wägner[251]

Ebmatingen, 29. Januar 1945
Liebe Elin Wägner!
Endlich kann ich Dir etwas Positives melden: Ich arbeite jetzt einen Kulturfilm aus: »Über ein neues Bauerntum zu einem neuen Menschentum!« Bereits habe ich ein Angebot zur Finanzierung.
Nun möchte ich Dich anfragen, wäre es

1. eventuell möglich, dass dieser Film auch nach Schweden käme?
2. Würdest Du mir eventuell Richtlinien angeben, um unsere WOWO-Ideen darin unterzubringen?
3. Wäre es möglich, auch an Anna Helene Askanasy deswegen zu berichten und eventuell dorthin auch zu […]?
4. Ich fange im März-April mit neuen Kursen an. Wenn dort ein geeigneter Mensch sich fände, der einige Zeit hier lernen kann und dann in Schweden für uns weiterarbeiten [würde]?!

Weisst Du, wie ich, es war ein fürchterlicher Zustand, zu wissen, man wüsste es besser zu machen, um die ungeheuren Schrecken nicht heraufkommen

zu lassen! Aber Gott wollte noch nicht, weil der Boden, das Menschenherz noch nicht reif war. Nun aber ist die Zeit da, wo wir wirken können! Kraft und Mut fehlt uns nicht!
Sage auch Flory Gate viele herzliche Grüsse. Dir, liebe Elin, auch alles Herzliche. Deine treue
Mina

1949_Postkarte an Flory Gate[252]

11. September [1949]
Liebe Flory,
Weisst Du, dass ich nach Schweden komme? Hoffentlich sehen wir uns dann, ich möchte noch über Elin mit Dir reden. Bis dahin herzliche Grüsse
Mina Hofstetter

1949_Mitteilung an Flory Gate[253]

November 1949
Noch etwas Unliebsames! Frau Ekkelöf hatte in Stockholm meine Reisedecke abgeschnallt. In Jönköping hat man mich in einem Auto abgeholt und das Gepäck ins Hotel gebracht. Am Morgen als ich abreisen sollte, war meine Reisedecke nicht da. Dann kam der Reporter und ich musste pressieren auf den Zug.
Ich gab ihm den Brief für die Gesellschaft, sie sollten nachforschen, ob die Decke bei dem Mann im Auto blieb oder auf der Bahn. Bis heute habe ich keine Nachricht, auch den Artikel, den er schrieb, habe ich nicht erhalten.
Könntest Du eventuell nachfragen in Jönköping? Du kannst sie eventuell zu Dir nehmen, wenn sie sich findet.
Mina

1949_Mitteilungen an Flory Gate[254]

[Höwik, Norwegen]
Liebe Flory!
Möchte Dir noch sagen: Du hast dort das reinste Paradies! Hier ist das degenerierteste Land, was ich je gesehen. Alles schwarze Erde, tiefgründig und nass. Es sind 12 Glashäuser, wovon das grösste 90 Meter lang. Aus diesem Glashaus wird nun die Erde, die so tot und von chemischem Gift verdor-

ben ist, mit Pferden auf die Äcker geführt und wieder von einem Acker andere, auch schon zum grossen Teil verdorbene, hineingeführt, wieder Gift dazu, und so jedes Jahr. Alle Produkte, Kartoffeln, Sellerie, Lauch, Rüben, alles *übermässig* gross, aber sehr wenig und kein Geschmack! Die Äpfel sehr gross, aber viele sind inwendig voll brauner Flecken und schwammig. Wenn nun *jedes* Jahr, jahrzehntelang immer nur Gift hinzukommt (Mist habe ich keinen gesehen, auch kein Tier, ich glaube die Kühe sind auf den Alpen). Milch und Rahm ist auch lange nicht so gut wie bei Dir. Scheinbar hat es hier ungeheuer viel Euterkrankheiten und Verkalbung! Dann noch auf alles die Giftverstäubung und Spritzerei!
Sie haben Augen und sehen nicht, sie haben Ohren und hören nicht. Aber Gott lässt Seiner nicht spotten. Dieser Babelsturm wird einmal zusammenbrechen!

Höwik, morgens 4 Uhr
Liebe Flory!
Bald wieder eine Nacht vorbei. Es ist schrecklich was ich hier leide, dass ich nachts keine Ruhe habe. Warum? Ich will versuchen, Dir ein wenig zu beschreiben, wie es hier zugeht.
Also hier auf diesem Riesenbetrieb à la fabric gibt es einen alten Herrn, der nicht mehr aufstehen kann, seinen verheirateten Sohn mit einigen Kindern, der den landwirtschaftlichen Betrieb leitet. Diese wohnen im Herrenhaus, wo die Küche für den ganzen Betrieb ist und die Brunnen. Diese Menschen stehen ganz feindlich gegen unsere Ideen.
In dem Nebenhaus, wo ich mein Zimmer habe, wohnt Fräulein Faale, die Tochter des Hauses, mit Fräulein Björgan als Kontoristin des Betriebes von Fräulein Faale, welche eine grosse Staudengärtnerei hat mit im Sommer circa 10 Angestellten.
Fräulein Faale und Blanca Björgan sind bei einer frommen Gemeinschaft und echte Nolfinistinnen, fanatisch!! Neben den Büroräumen in diesem Nebenhaus sind die Schlafräume der beiden Damen und die Zimmer von 6 Mägden des Hauptbetriebs. Jede hat ein Radio auf Ihrem Zimmer und immer hat eine oder andere Zimmerstunde mit Betrieb und abends haben sie ihre Männer bei sich bis um 12 Uhr mit Gesang, Geschrei und Tanz!! Dann gibt es noch ein anderes Haus mit 48 Betten für Arbeiter und Lehrlinge, aber

essen tun sie alle bis auf die 2 Fräulein im Haupthaus. In diesem Tohuwabohu gehen diese 2 Fräulein an allen vorbei, als ob sie Luft wären.
Der Betrieb war, als Björgan kam, 5 Jahre im Rückstand mit der Buchhaltung! Denke Dir, nun kam die Steuerbehörde und alles musste klargestellt werden, und die Guthaben waren teilweise verfallen.
Die 2 arbeiten ohne Ruh und Rast bis in alle Nacht, ohne Pause. Manchmal fällt es ihnen ein, sie wollten wieder ein paar Äpfel, ein paar Krautblätter oder ein Körnerbrot essen!! Sie haben auch keinen Feierabend und keinen richtigen Sonntag.
Diese grosse Kluft des Hauptbetriebes mit den Angestellten gegen den Nebenbetrieb, wo die Angestellten auch *gegen* die Überzeugung der Inhaberin arbeiten, gibt eine solche Eisatmosphäre, niemand wünscht sich guten Tag! Es ist viel, viel ärger, als ein Fabrikbetrieb! Dazu in *diesem* Haus die Angestellten des andern Hauses, mit ihrem, den frommen Damen zum grossen Ärgernis nächtlichen Tanz und Lärmbetrieb mit Männern, dass die Dielen krachen. Stelle es Dir vor! Aber man kann nicht, wenn man es nicht selbst erlebt hat.
Und ich mitten drin zum Nichtstun verurteilt! Morgen ist nun der letzte Tag des Wartens und Sonntag früh fahre ich. Hier war es umgekehrt wie in Schweden. Die grosse Versammlung der Wärlandier war sehr interessiert und [sie] haben grösses Interesse für meine Literatur, reden von Übersetzung und Herausgabe! Die Bauern- und Gärtnerversammlung war nicht so zahlreich (30 circa) und verstand nicht den dritten Teil, was man erklären wollte.
Fräulein Faale und Fräulein Björgan hätten auch grosse Lust, hier einen Lehrbetrieb anzufangen, aber eben […] Fräulein Björgan ist ja ein grosser Meister in Literatur, sie kann die wissenschaftlichen, bis heute wichtigen Taten der Ernährungstheorie und Krankheitsursachen und Zahlenbeweise nur so aus dem Ärmel schütteln.
Ja, ich habe viel gesehen und auch viel gelernt auf dieser Reise. Das Wichtigste ist vor allem: Dein Ideal ist das Beste: Kleiner Bauernbetrieb, keine Fabrik aus dem Bauernhof, Kleingewerbe, möglichst viele *selbstständige* Menschen in Familiengemeinschaft mit einer *Mutter* als Grundlage.
Dann halte ich es [für] sehr wichtig, dass wir auch auf dem Bauernhof, wie es die Berner Jungbauern machen, die Heimabende haben im Winter, wo

Herr und Knecht und Hausmutter und Mägde von Zeit zu Zeit in den Bauernstuben zusammensitzen, wo über alle Lebensprobleme gesprochen und beraten wird und wo auch eine schöne, bodenständige, eine Geselligkeit gedeihen kann mit Spiel, Gesang und Tanz. Wo der Mensch zum Menschen als Bruder sich fühlt!

Der Mann von Frau Ekkelöf ist ein solcher Mittler zwischen Industrieherr und Arbeiter. Ja, es ist eine durchgreifende Linie Erlebnisse und wenn jemand von Euch, der mich kennt, mir eine konkrete Aufgabe stellen würde, dann könnte ich eventuell etwas Fruchtbringendes darüber schreiben! Laut brodelt das nun so in mir!

Liebe Flory, verzeihe mir dies schreckliche Geschreibsel, aber ich *musste*! Ich glaube ich wäre bald irrsinnig geworden in dieser *Hexenküche*! Es ist ein richtiger Turm zu Babel! Keiner versteht den andern und jeder läuft in einen Eispanzer gehüllt. Papiere habe ich keine und Geld für meine Vorträge habe [ich] auch noch keins. Vom Schwedengeld habe ich, »um doch etwas zu tun«, den Kindern und Enkeln kleine Geschenke gekauft, obschon [es] hier viel schwieriger ist als bei Euch und noch viel rationiert!

Aber etwas: Du musst unbedingt die norwegische Teppichweberei näher ins Auge fassen, *das ist etwas Wunderbares*! Und diese einzigartig individuelle, feine Arbeit, jedes Stück ein Meisterwerk!! Es braucht so viel Kunstverständnis, ähnlich wie bei der Teppichknüpferei. Hier in diesen beiden Häusern liegen viele solcher Kunstwerke auf Tischen und Möbeln und an den Wänden. Es wird gottlob langsam Morgen! Herzliche Grüsse

Deine treue Mina

1952_Brief an Arnold Heim[255]

Ebmatingen, 5. November 1952

Sehr geehrter Herr Professor!

Seit vielen Nächten muss ich schlaflos liegen, weil unser ganzes Lebenswerk unterzugehen droht. Der Sohn Werner, der die Gärtnerei und den Marktbetrieb hat, ist nicht mehr im Stande es weiterzuführen.

Er hat vor vielen Jahren einmal durch einen Sturz von einem Baum sein Rückgrat verletzt und hatte darum in grossen Abständen immer sehr schwere Anfälle von Rückenschmerzen, jetzt liegt er wieder schwer darnieder und

Herr Schank und die Ärztin, die ihn besorgt, sagen, er müsse diese Arbeit aufgeben.
Ach, Herr Professor, Sie sind vielleicht der einzige Mensch, der weiss, was das bedeutet. Wer soll und kann und wird diese Arbeit weiterführen?
Wir selbst, das heisst die Familie meines Sohnes, wie soll sie weiter bestehen?
Wir haben gar keine Ersparnisse, weil alles, was wir sparten, immer in den Betrieb ging, mein Mann und ich können nichts mehr für den Betrieb tun, und haben selbst, weil zu alt, nicht mal eine Rente. Ich frage mich, gibt es da eine Lösung?
Das ärgste für uns alle ist, dass die *biologische* Gärtnerei niemand mehr weiterführt und alle unsere seit Jahrzehnten treue Kundschaft enttäuscht wird.
Verzeihen Sie mir, aber ich musste jemandem schreiben, der mich versteht.
Mit ergebensten Grüssen
Ihre Mina Hofstetter

Manuskripte

1929_Tagebuch Langer Acker[256]

Der lange Acker

Im Jahre 1917 ging ich in den Besitz von Familie Hofstetter über. Mit sehr viel Unkraut bedeckt, Disteln, Hahnenfuss und einer dichten Decke von einjährigen Sommerunkräutern, machte ich wirklich keinen verlockenden Anblick. Nichtsdestoweniger trug ich immerhin noch gute Ernten. 2 bis 3 Jahre pflanzten die neuen Besitzer noch Kartoffeln und Runkeln auf mir, dann wurde ihnen das Jäten zu bunt und man liess mich, nach Getreide, wo ich einen dichten Bestand Weissklee aufwies, zu Wiese stehen. Im zweiten Jahr gab es aber eine so magere Ernte, trotz Mist, dass Frau Hofstetter mich wieder umbrechen liess. Es gab Kartoffeln zur Hälfte, zur Hälfte Runkeln. Aber schon wieder wurden sie des Unkrautes nicht Meister.

Im Herbst erlebte ich etwas ganz Ausserordentliches. Statt, dass wie bis jetzt, der Acker im Herbst gepflügt wurde, um Getreide anzusäen, wurde er nach der Ernte der Kartoffeln nur geeggt, so von Unkraut gesäubert und dann zog die Frau mit einer Hacke kleine Furchen in 35 Zentimeter Abstand etwa 10 Zentimeter tief, säte in diese Furchen den Weizen und deckte mit einem Gartenrechen zu. Ich wunderte mich sehr, was das wohl sein sollte.

Sobald der Weizen anfing zu spriessen, bekam ich manchmal fast täglich Besuch. Was musste ich da alles hören! Am meisten kam die Frau, aber gewöhnlich, entweder am Morgen ganz früh, oder am Abend, und je weiter die Zeit vorrückte, je freudiger wurde ihr Gesicht. An einem Ende führte die Strasse nach Ebmatingen vorbei. Es kommen nicht viele Leute und Fuhrwerke, aber doch jeden Tag die Bauern von Stuhlen, die die Milch nach Ebmatingen führen. Da konnte ich dann manchmal zuhören. Als die Reihen des Weizens sichtbar waren, ging es an. Immer blieben sie stehen: »Ja, man weiss ja schon lang, dass diese Frau verrückte Ansichten hat, aber nun dieses spottet doch allem Hohn. So dünn zu säen! Und in Reihen! Das hat sie sicher wieder in einem der Bücher gelesen. Sie hat einen ganzen Kasten voll. Es wäre besser, sie würde arbeiten, als immer so verrücktes Zeug aushecken. Man hat schon immer gewusst, dass die Bauern, die aus Büchern lernen wollen, verrückt sind. Aber dies ist nun doch zu stark! Kaum den Samen wird sie ernten. Wenn *ich* eine solche Frau hätte, die würde ich Mores lehren. Aber der Hofstetter! Ein gutmütiger Teufel und sie macht mit ihm, was sie will!«

Aber verrückt soll diese Frau sein, die mit leisen Tritten und gläubigen Augen mich immer so liebevoll betrachtet!

Die Zeit wird lehren. Bevor der Winter kam, geschah noch ein zweites Wunder, man bedeckte meine ganze Oberfläche mit allerlei Abfall: Laub, Strohhäcksel usw. Jetzt dachte ich in meinem Sinn: Mag jetzt der Winter kommen, frieren werde ich nicht und die Leute konnten spotten und lachen. Ich dachte: Wer zuletzt lacht, lacht am besten. Schon anfangs Dezember, bevor nur richtig Schnee fiel, zeichneten meine Pflänzlein-Weizen sich deutlich ab mit mehrfachen Bestockungen, die Reihen machten schon einen ganz stattlichen Eindruck.

Frost, Eis, Schnee, sogar trockener Frost ohne Schneedecke, der bei den Bauern am meisten gefürchtet wird, wegen des »*Auswinterns*«, all dies ging spurlos an mir vorbei! Als Frühlingsstürme durch die Lande brausten, der Acker frost- und schneefrei war, da kam wieder die Frau zu mir. Mit glänzenden Augen ging sie die Länge und die Breite ab, summte ein Liedlein von der Freude, kam dann mit einer Hacke und hackte fröhlich zwischen den Reihen die Streifen auf! Hei! War das eine Lust! Sonne, Luft und Sterne, nun begann ich sie zu fühlen. In meinem Innern fing es an zu leben und zu wehen, dass einem Hören und Sehen vergingen. Und siehe! Schon in zwei Wochen waren die Weizenstöcke schon ein gut Teil gewachsen. Anfangs April wurden die Reihen nochmals mit der Hacke bearbeitet, aber so, dass den Pflanzen nach kleine Erdwälmchen entstehen und die Stöcke teilweise bis 5 Zentimeter bedecken.

Nun ging es mit Riesenschritten in die Breite und in die Höhe. Unkraut war nur wenig hochgekommen, was zwischen den einzelnen Pflanzen *in* der Reihe noch wachsen konnte, das meiste davon wurde schnell eines Morgens von 4 bis 7 ausgerauft. Ich fing an stolz zu werden! Ich dachte, wie will ich dankbar sein für alle diese liebevolle Pflege und Sorge! Im Mai fingen in den Stengeln der Pflanzen schon an die Ähren dick zu werden und schon 14 Tage vor dem Acker, den ich von Weitem sah, und der einem Andern gehörte, spriessten einmal nach einem Gewitter in einer wundervollen Vollmondnacht die ersten Ähren hinaus ans Tageslicht. Schon vor Tau und Tag war die Frau da, und was tat sie, ich dachte heute müsste sie wohl jubeln und singen, sie weinte! Sollten das Freudentränen sein?

Nun ging es kaum ein paar Tage und der ganze Acker war *ein* wogendes Meer der wunderbarsten, blühenden Ähren und Sturm und Regen vermochten bloss ein wellendes Brausen zu verursachen. Die Halme waren bereits von der Sonne so erstarkt, dass sie nicht fallen konnten.

Der Sommer zog ins Land, die Ernte nahte.

Jetzt fingen die Vorübergehenden wieder an stillzustehen, sie sagten nicht viel! Ich sah es ihren Gesichtern an, sie waren enttäuscht, dass sie nicht recht hatten, aber merken lassen durfte man dies nicht. Hie und da kamen welche, die mit dem Sackmesser am Rande des Ackers ein Büschel Ähren abschnitten und bis der Weizen reif war, war schon ein ziemlicher leerer Streifen zu sehen. Auch die Vögel liessen es sich wohl schmecken! An einem stillen, klaren Sommerabend kam die Frau mit einem Kinde daher. Blieb prüfend stehen, streifte liebkosend über die Ähren, nahm ein Korn und zerbiss es. Es krachte förmlich! Du Kind, morgen stehen wir um 4 Uhr auf, der Weizen ist zeitig! Der Vater muss heute Abend noch die Sicheln dengeln!, sagte sie.

Am Morgen vor der Sonne kamen sie daher und es ging ein fleissiges Schneiden an. Bei jeder Reihe sagte immer wieder einer: Du, sieh mal, diese langen schweren Ähren und was für ein Duft! O, Du, dies Brot wird wunderbar schmecken! Die »Ärfel« wurden in »Sonnenbeten« gelegt und die Sonne brachte ein Knistern zustande und reifte noch alle weniger harten Körner aus, in 2 Tagen wurden Garben gebunden und heimgebracht.

Etwas habe ich noch vergessen, im April säte die Frau einmal in die Rinnen zwischen den Reihen einen feinen Samen ein, und nun kam heraus, was das gewesen war: Mohrrüben. Die standen jetzt etwa 15 Zentimeter hoch zwischen den Stoppelreihen und kaum war der Acker vom Getreide leer und die Sonne, Luft und Wind hatten Zutritt, da fingen sie auch schon, an ihre Lebenskraft zu entfalten. Man hackte dann noch den Acker auf, sodass das Unkraut, das nun doch wieder anfing, sich breit zu machen, vernichtet wurde und teilweise die Stoppeln entfernt, das heisst nicht fortgebracht, sondern wieder als Bedeckungsmaterial liegen gelassen. Dann wurde einmal mit dem Jauchewagen darübergefahren.

Nach der Rübenernte wurde der Acker »gstrucht«, also nur wenig tief umgepflügt und über den Winter liegen gelassen. Im Frühling geeggt, Furchen gezogen und Kartoffeln gesetzt. Nach dem Häufeln wurde der ganze Boden mit Buchenlaub gedeckt, das über den Winter auf einem Haufen lag. Unkrautstauden, wie Ackerdisteln und Melde kamen nur noch ganz vereinzelt vor, sonst war es eine Lust zu sehen, wie die Kartoffeln standen. Im Herbst wurde der Acker abgeeggt und liegen gelassen. Im Frühling 1928 wurden Runkeln und Gemüse gepflanzt, Düngung: Bodenbedeckung mit Laub, Stroh und Hobelspänen. Einmal im Juni ein Güllenguss. Alles gedieh vorzüglich. Mitte Oktober wurde alles abgeerntet und nun erlebte ich wieder einmal etwas ganz Neues.

Es hatte 3 bis 4 Tage geregnet. Am Morgen des 21. Oktober kamen sie mit einem ganz neuartigen Geräusch und Gestank angefahren, ich hörte, dies sei eine Bodenfräse.

Es regnete heute nicht, aber der Boden war noch ganz nass und weich. Das neue Gerät fing mit Fauchen und Pusten an, durch meinen Leib zu fahren und alle, die es sahen, sagten: Das wird fein und schön eben wie ein Gartenbeet und die grossen Steine legt es alle oben auf. Am anderen Tage, 22. Oktober, wurden dann Furchen gezogen und Weizen gesät. Wie das herauskommt, weiss ich nicht, es ist schon Ende Oktober und auf dem Nachbaracker steht der Weizen schon 8 Zentimeter hoch! Nun scheint jeden Tag die Sonne, zwar am Morgen und in der Nacht hat es beständig Nebel, so dass die Erde nie mehr trocken wird.

31. Oktober bis 3. November: Regnerisch, Morgennebel, sogar manchmal den ganzen Tag bedeckt, an diesem Tag sah man die ersten Spitzen des spriessenden Weizens aus der Erde gucken.

3. November bis 15. November: meist regnerisch und neblig, der Weizen wächst zusehends gut und dicht genug.

15. November: 1 Sonnentag, dann wieder Regen und Nebel.[257]

20. November: Schönes Wetter, der Acker wird mit Hobelspänen bedeckt.

21. November: Schöner Sonnentag, Bedeckungsarbeiten werden fortgesetzt. Von allen Äckern wird eine *Photo*, betreffend Stand der Frucht, aufgenommen. 3 Personen, je 3 Stunden Arbeit für Bedeckung.

Regen und Schnee bis 30. November, an diesem Tag säen des Kalkmehles, 2 Personen, 1 Stunde.

Februar 23. Die grosse Kälte bricht. Bis -30 Grad wurde in den letzten Tagen hier herum gemessen. Da etwa 15 bis 20 Zentimeter Schnee lag, war die Saat einigermassen gegen die Kälte geschützt.
Februar 26. Seit gestern und heute besonders starker Regen.
März 8. Seit 3 Tagen hat die Bedeckung aufgehört und prächtiges Sonnenwetter herrscht. Nächte noch kalt. Seen sind noch zugefroren.
März 23. Warmer Regen fällt.
März 26. Zum ersten Mal gehackt mit dem Senior, 1 Stunde Arbeit.
April 18. In der Strassenecke Weizen umgepflanzt.
Mai 20. Gehäufelt mit Senior. 3 Personen, 4 Stunden Arbeit, Unkraut von Hand ausgehackt.
August 13. Geschnitten: 3 Personen, 2,5 Stunden.
14. August. Eingetan: 5 Personen, 1,5 Stunden, 17 Garben.

A. Grunder & Co. A.G.
Motor-Bodenfräsen · Maschinenfabrik · Motor-Nähmaschinen
Binningen / Basel

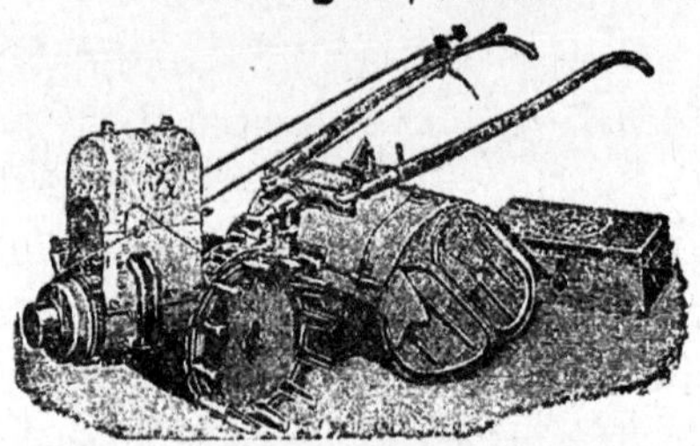

Die Motor-Bodenfräse, das neuzeitliche, leistungsfähige Bodenbearbeitungs-Werkzeug.

Leistungsproben der Motor-Bodenfräse:

2 (—3) Ps 35 cm Arbeitsbreite = 6 Mann mit Spaten
5—6 „ 50 „ = 12 „ „ „
5—6 „ 70 = 15 „ „ „
10 „ 90 = 25 „ „ „

Abbildung 22 Die Firma August Grunder AG, die die Bodenfräse von Konrad von Meyenburg produzierte, machte immer wieder Werbung in den Periodika der Lebensreformbewegung. Hier: Inserat in der von Mina Hofstetter mitherausgegebenen Broschüre »Biologischer Landbau«, 1931.

Abbildung 23 Weil Mina Hofstetter keine Tiere hielt, setzte sie zur Erledigung schwerer Arbeiten schon früh auf die Motorisierung des Betriebs. Neben einer Bodenfräse kam zuweilen auch ein Autotraktor zum Einsatz.

Abbildung 24 1928 bat Mina Hofstetter den Erfinder Konrad von Meyenburg um eine Bodenfräse zur Erleichterung der vielen Handarbeiten, die im Ackerbau auf Stuhlen zusätzlich anfielen, weil nun keine Arbeitstiere mehr gehalten wurden.

1937_Vortrag in Bratislava[258]

Raum für alle hat die Erde. Motto: Das Prinzip des Ackerbaues ist das der geordneten Geschlechtsverbindung. Beiden gehört das Mutterrecht. (Johann Jakob Bachofen, Ackerbau, das Urrecht der mutterrechtlichen Ehe.)

Heute herrscht in den Teilen der Erde, die sich kultiviert nennen, der Machtwille des Mannes, der Machtwille des Mammons. Menschen, und vor allem Frauen mit sehenden Augen und fühlendem Herzen können nicht länger untätig bleiben, sie müssen versuchen zu handeln, diesen Zuständen, die uns alle ins Verderben führen, ein Ende zu setzen. Wir müssen eine Grundlage schaffen, wo jeder den ihm von Gott bestimmten Raum an Wohnung, Boden und Sonne naturgemäss bekommt.

Drei Dinge sind es, die wir grundsätzlich anstreben müssen:

1. Die Gesundung der Menschen.
2. Die Gesundung der wirtschaftlichen Verhältnisse.
3. Die Gesundung der Grundlage unseres irdischen Seins, die Gesundung der Erde und der Pflanze, wovon sich Mensch und Tier ernähren müssen.

Wollen wir dies erreichen, müssen wir ganz gründlich zu Werke gehen und die *Grundursachen* des heutigen Verfalls zu erkennen suchen. Denn nur indem wir diese beseitigen, werden wir ans Ziel kommen. Da das Bestreben der heutigen Führer uns immer tiefer in Not, Elend und Tod führt, müssen wir Frauen mit allen uns zu Gebote stehenden Mitteln den andern Weg suchen und gehen. Den Weg der Erneuerung und des Aufstiegs.

1. *Die Gesundung des Menschen.* Ihre Voraussetzung ist die richtige Ernährung unter Vermeidung aller Reizmittel, auf vegetarischer Grundlage. Eine Gesundung und Stärkung des Menschen ist nur möglich durch einen Neuaufbau des menschlichen Organismus, wodurch die Voraussetzungen geschaffen werden für das Heranwachsen einer gesunden Nachkommenschaft. Die Gesundung hat zu erfolgen im Sinne der Werke von Mikkel Hindhede, Ragnar Berg, Dr. Maximilian Bircher-Benner und Professor Johannes Ude.
2. *Die Gesundung der wirtschaftlichen Verhältnisse.* Das Grundübel der heutigen Wirtschaft ist die Ausbeutung. Die Wirtschaft muss aufgebaut sein auf der Grundlage der Gerechtigkeit. Solange aber die menschliche

Arbeit ausgebeutet wird, ist diese Grundlage nicht vorhanden. Die Ausbeutung geschieht vor allem durch zwei Dinge: Das Geldmonopol und das Bodenmonopol. Beide müssen gebrochen werden. Das heutige Zinssystem, durch welches durchschnittlich die Hälfte des Arbeitsertrages in die Tasche der Gross-Zinsbezüger fliesst, beruht auf der Unverderblichkeit, der Hamsterfähigkeit des Geldes, das willkürlich der Wirtschaft entzogen werden und dadurch Zins erzwingen kann. Silvio Gesell schlägt daher vor, dass diese Übermacht des Geldes gebrochen werden soll durch den Umlaufszwang des Geldes, wodurch es gezwungen wird, sich jederzeit der Wirtschaft zur Verfügung zu stellen. Dadurch sinkt der Zinsfuss und in gleichem Masse erhöht sich das Arbeitseinkommen. – Das Bodenmonopol sichert den Privatgrundbesitzern die Grundrente. Da die Nachfrage nach Boden durch die Vermehrung der Bevölkerung sich ständig mehrt, steigt diese fortwährend. Das Bodenmonopol muss daher gebrochen, der Boden soll zurückgekauft werden durch den Staat. Indem der Staat den Boden an diejenigen verpachtet, die ihn selbst bebauen, sei es als Bauern oder Baumeister, fliesst die Grundrente in Form von Pachtzinsen in die Staatskasse, d. h. sie kommt der Allgemeinheit zugute. Zunächst sollen durch diese Pachterträgnisse die Schulden zurückbezahlt werden, die der Staat durch den Ankauf des Bodens machte. Nachher muss die Grundrente an die Mütter des Landes, die durch ihre Fruchtbarkeit die Grundrente erhöhen, verteilt werden nach der Kinderzahl (Mütterrente). Dadurch wird die wirtschaftliche Unabhängigkeit der Frau sichergestellt. Die Auswahl des Mannes geschieht nicht mehr nach Geldprinzipien, sondern nach ethischen Grundsätzen. – Die Gesundung der Wirtschaft muss nach diesen, von Silvio Gesell aufgestellten Grundsätzen, die heute auch von Professor Johannes Ude vertreten werden, durchgeführt werden.

3. *Die Gesundung der Landwirtschaft oder besser gesagt des Ackerbaues.* Die Anwendung von scharfen chemischen Düngemitteln, sowie von unvergorenem Mist, Jauche usw. muss strikte vermieden werden, ebenso die sogenannte Bekämpfung der Schädlinge durch Gift. Mit 2–3jähriger Komposterde, Gründüngung, Steinmehl und Bodenbedeckung wird ein Produkt erzeugt, das alle Eigenschaften besitzt, um den menschlichen Körper gesund aufzubauen.

1938_Reiseplan nach Skandinavien[259]

Reiseplan: Schweden, Dänemark, Norwegen. Diese Reise und diese Vorträge sollen möglichst gediegen werden und repräsentieren alles, was ich will und kann. Ich nehme einen Schüler mit, der in über 130 Bildern als Lichtbilder zeigen kann, was hier werden wird und schon ist. So kann man es wagen, wenn man bis Sommer Propaganda in Zeitungen macht, grosse Säle zu mieten und damit die Spesen herausschlagen und den Lohn für uns beide. Ich schreibe zugleich an alle Menschen, die ich kenne in Belgien, Holland, Dänemark und Norwegen, dass je 1–2 Vorträge in jedem Land sind. Der Januar ist ja sehr gut für dies, die Landwirte haben Zeit. Dann möchte ich bei Flory Gates Vater, wenn er einverstanden ist, einen 8tägigen ausführlichen Kursus geben, zu dem er soviel Leute einladen kann wie er will, möglichst recht *gescheite* und *gebildete*! Mit denen kann man am weitesten kommen. Es tut ja endlich *not!,* dass man weiter kommt! Hier in der Schweiz wütet die Seuche beim Vieh in unerhörtem Masse! Gott spricht, aber der Mensch hat noch taube Ohren! Oh wie freu ich mich doch, oben ein paar offene zu finden. Wenn sie dies einsehen, *dann ist ihnen geholfen* in aller Beziehung. Alle müssen wir nun *nur Helfer* sein wollen im Weinberg des Herrn. Aber es ist auch heute leider so: Das Feld ist reif zur Ernte, aber der Helfer sind wenige! Und wir paar, die sie sind, *ja wirklich*, wir müssen *wir* bleiben *ganz, ganz* jedes für sich *Ich*! Sein ureigenstes Gesetz, *seine Eigengesetzlichkeit erkennen* und zu erfüllen suchen. Von dem Moment an können wir Wunder tun! Wenn ich nach Schweden komme, was nur noch daran hängt, dass Florys Vater ja sagt wegen den Vorträgen, die ich halten will und die die Reise finanzieren sollen und mir ein wenig Kapital schaffen, damit ich mein Wegbleiben von hier mit Geld gutmachen kann, so will ich mit tausend Freuden kommen. Es ist das Land meiner Sehnsucht seit meiner Kindheit und das Land meiner angebeteten Dichter. *Aber ganz Skandinavien!* Anbei sende ich noch einen kleinen Reiseentwurf, gib ihn Flory Gate. Ich habe viel, viel Arbeit. Am Tag räumen wir unsern Herbstsegen ein und am Abend mache [ich] Korrespondenz und Anderes und am Morgen von 3 Uhr an schreibe ich noch Schöpferisches. Es sind mir noch Bücher aufgetragen worden. Aber Dir, liebe Elin Wägner sage ich in tiefster Verbundenheit alles Liebe und *bleibe Dir* treu, lass auch Flory diesen Brief lesen!
Einen Schwesterkuss

Mina
PS Dies Manuskript könnt ihr zu Propaganda brauchen! Habe kein Briefpapier mehr, darum verzeih!

1938_Plan für eine WOWO-Siedlung in Kanada[260]

Entwurf eines grundlegenden Planes.
Wirtschaftszweige: Landwirtschaft mit Vieh. Ackerbau, Gartenbau auf biologischer Basis. Eigene Verarbeitung der Produkte: Süsswein, Süssmost, Confitüren, eventuell Fruchtzucker, biologische Gemüsesäfte (Vacuum) für Kranke, Dampfäpfel usw.

Handwerke für Frauen: Keramik, Handweben, Innendekoration, Handstrickerei, Anfertigung von Eigenkleidung, eventuell Holzdrechslerei für Schalen, Lampen, Schriftstellerei für alle Programmthesen des WOWO-Programms, eigene Buchschmuckentwürfe, Schreiben und Drehen eines Kulturfilms, der unsere Ideen praktisch und drastisch veranschaulicht. Der Plan ist in meinem Kopf schon fast aufs Kleinste fertig und es bestehen bereits wunderbare Filmaufnahmen, die wir reproduzieren können.

Landwirtschaft/Wirtschaftsplan: Ein tüchtiger Viehzüchter wird als Erbpächter angenommen. Er erhält Land und Haus. Alles umlaufende Pächterkapital muss sein Eigentum sein: Vieh, Maschinen, Geräte. Er trägt die eigene Verantwortung und das eigene Risiko. Der Hof soll im Anfang nur soviel Vieh haben, wie er benötigt, um die Siedlung mit Produkten, Milch, Butter usw. zu versehen (kann ganz genau errechnet werden!). Im Übrigen machen wir eine biologische Dreifelderwirtschaft mit Weizen, Roggen, Kartoffeln und allen Gemüsen, vorzüglich auch Reben und Obstbau. All dies wird vollständig giftfrei durchgeführt. Absatzgebiete möglichst Spitäler und Hotels sehr erwünscht. Wissenschaftliche Untersuchung und Kontrolle des Gesundungsverlaufes dringend gewünscht!

Anschaffungen für die Landwirtschaft/Ackerbau: Der Bauer-Pächter muss sein Pächterkapital selbst beschaffen. Wenn er keine Mittel hat, wird ihm das Geld zinslos vorgestreckt, das er langsam mit Freigeld rückzahlen kann. Boden, Maschinen und Geräte des Ackerbaues und des Gartenbaues sind Eigentum der Siedlungsgemeinschaft und werden für alle brauchbar sein. Es sollen keine Geräte angeschafft werden, bevor ich an Ort und Stelle bin und das Geeignetste aussuchen kann.

Die Art des Betriebes: Der Ackerbau wird vorläufig so betrieben, dass nur die Fachleute die verantwortungsvolle Arbeit leisten. Jeder Siedler bekommt soviel Garten, wie er wünscht oder wenn er keinen wünscht, ist es seine Sache. Diejenigen, die Gärten haben, werden von mir in Kursen angelernt. Nachher muss jeder seinen Garten auf eigenes Risiko bebauen. Alles was rentieren muss im Landbau, soll vorerst nur von technisch gut geschulten Leuten geschehen, um das Ansehen nach aussen sofort ins beste Licht zu setzen. Es muss vor allem bei einer solchen Sache sehr dahin tendiert werden, *dass jeder das Metier ausüben kann, wofür er Talent hat.* Alles andere ist Stümperei und Dilettantismus und führt unweigerlich zum Niedergang. Wir aber wollen vorwärts und hinauf! Hinauf zur Freiheit, Eigengesetzlichkeit und Erfüllung unserer besten schöpferischen Kräfte. Dann werden wir ein Salz und ein Vorbild!

1952_Lebenslauf[261]

In den 20er Jahren viele Vorträge und Kurse in Deutschland und auch in der Schweiz.

Von 1930 bis 1937 in Österreich, Wien, Bratislava. Kurs in Ischl im ehemaligen kaiserlichen Garten.

In den Jahren gleich nach Friedensschluss musste ich nach Paris an eine Weltfriedenstagung in der UNESCO. Mein Französisch war natürlich nicht einwandfrei und Deutsch durfte man nicht sprechen, den Vortrag liess man mich halten. Die Länder Tschechoslowakei, Luxemburg, Holland und Belgien verlangten, ich solle zur Resolution hingezogen werden, aber die Vertreterin von Argentinien sagte: on ne peux pas laisser parler la suissesse, car les suissesses n'ont pas encore le droit de voter!

An der Friedenstagung 1937 in Wien lernte ich Skandinavierinnen kennen. Elin Wägner, schwedische Dichterin, schrieb etwas über meine Arbeit in der schwedischen Frauenzeitung. Nachher musste ich Vorträge halten, und Kurse geben in: Kopenhagen, Jönköping, Stockholm, Oslo und Odense usw.

Von überall her kamen dann Leute hierher an die Kurse.

Anfang 50er Jahre gab ich noch 2 Vorträge in Paris.

Es ist noch zu sagen, dass ich an der 1. SAFFA die *einzige* Bäuerin vom Kanton Zürich war, die ausstellte. Die Lichtbilder von der Vorarbeit für diese Ausstellung habe ich heute noch gut erhalten.

Publizierte Texte

Artikel in Zeitungen, Zeitschriften und Sammelbänden

1923_Frauenbewegung[262]

Eine Anregung. Im September findet der alljährliche Zürcher Mädchentag statt. Wie mir bekannt ist, soll das aktuelle Thema lauten: »Die Frau und der Friede.« Wie ich mich nun am letztjährigen Mädchentag persönlich überzeugen konnte, sind alle die verschiedenartigen Richtungen, die die Mädchen vertreten, oder denen sie angehören, leider noch alle in der alten Methode des Kampfes für den Frieden. Uns Frauen, die wir die wahre Ursache aller Kriege wissen, tut es dann so weh, wenn man zuhören muss, wie da Hunderte ihre kostbare Kraft verpuffen für nichts! Wir Freigeldlerinnen sollten da unbedingt für Aufklärung sorgen. Könnte man vielleicht auf die Zeit eine Nummer der »Freiwirtschaftlichen Zeitung« mit einem oder mehreren Artikeln aus berufener Feder drucken lassen und dann diese Zeitung an der Tagung verteilen oder wenn das zu teuer ist, ein kleines Flugblatt?

Wer hilft mit! Ich zeichne zum Voraus Franken 10.

1924_Liebe ohne Kinderzeugung? I[263]

In einen grossen zwiespalt hast du, Werner Zimmermann, mich gestürzt durch dein büchlein *Liebe*. Sieh, nach einer kindheit, deren stunden und tage und jahre sich vollgesogen hatten mit ekel vor den eltern und ihrer art, ihrer anshauung, die trotz – oder wegen?! – ihres »christentums« voll niedrigkeit war, kam ich in die jugendbewegung. Zuerst aus dem fluchtbedürfnis heraus, der verneinung des andern. Da stieg langsam etwas so ganz neues auf, rein, edel. Und mein suchen und sehnen ward gestillt – und doch wieder immer von neuem wach; in dem augenblick, da ich das ideal von ehedem erreichte, tat sich mir ein neues auf, und mein sehnen trieb mich ihm entgegen.

Und nun – es ist noch nicht so lange her – da lernte ich durch Hilfreich, den du ja kennst, die freiwirtshaft kennen, neben anderem auch dein *Lichtwärts*, und wie du hier warst, da hörte ich dich auch reden. Und mein staunen wurde immer grösser, immer tiefer: »So etwas gibt es in einer welt, die im shmutz zu starren sheint?!« Und ich bat Hilfreich, mir noch mehr bücher zu geben, die mir helfen könnten; mein hunger danach war so gross.

Manchen abend lang haben wir über diesen fragen – freiland, frauenrechte, ehe – verbracht, und immer heller wurde es in mir. Was in den Jahren vorher heisses verlangen aus dem gefühl heraus – ich möchte sagen instinktiv – war, das war hier klar in worte gefasst, eine selbstverständlichkeit.

Nun gab Hilfreich mir in der vorigen woche *Reine Muttershaft* von Friedrich Landmann und mit diesem zusammen dein büchlein *Liebe*. Erst habe ich das von Landmann vershlungen, dann deins. Da empfand ich die vershiedenheit der grundsätze, und ich las wieder, diesmal prüfend, abwägend, vergleichend. Wie ich Landmann gelesen hatte, da jauchzte alles in mir: das ist das rechte, das edle, das wahre! Denn sieh, ich glaube nicht, dass ein mädchen *nur* um des mannes und einzig um des mannes willen ihn liebt. Das mädchen sieht immer im manne den vater seiner kinder. Ich selbst habe immer, wenn mich ein junge fragte, ob ich mit ihm gemeinsam durchs leben wandern wollte, mich unwillkürlich gefragt: wie wäre der mann als vater, als erzieher deiner kinder? – und habe aus dieser und *nur* aus dieser erwägung heraus immer wieder nein gesagt, obwohl sehr oft nicht nur eine kleine verliebtheit, sondern auch eine grosse, starke leidenshaft dahinter steckte.

In dem moment, in dem die vereinigung erfolgt, wird in der frau die sehnsucht, mehr noch, der wille zum kinde hochspringen. Und die blosse vereinigung, und sei sie ein noch so süsses und inniges symbol des seelischen ineinanderruhens, wird für das mädchen eine enttäuschung sein. Eben weil das mädchen von sich aus *immer* muttershaft will; der mann aber will von sich aus höchst selten einmal vatershaft. Ich weiss nicht, ob das bei andern mädchen auch so stark ist wie bei mir; jedenfalls würde mir sicherlich das herz bluten; mir wäre blosse vereinigung ohne zeugung verzicht.

23.5. Ich schreibe weiter. Vor mir liegt dein heftchen *Tao*. Wie ich den brief und seine antwort durchlese, muss ich an etwas denken, das früher in meinem leben war. Du shreibst: »Wenn zwei aber wirklich reif genug geworden sind, aus so tiefem bedürfnis zu lieben, so kann ich vor Gott kein unrecht darin erblicken, wenn sie sich auch ohne staatspapiere gegenseitig beshenken.« Für dies wort danke ich dir; es gibt den glauben an eine persönliche und ureigenste reinheit wieder, die mit standesbeamten nichts zu tun hat.

Nun aber das andere: hältst du die letzte und grösste vereinigung in der liebe (nur in der liebe, ohne zeugungswillen) für notwendig? Ich glaube, dass es mir genügen könnte, wenn ich dem geliebten mann, der vor mir steht, in die augen shaue, bis auf seines herzens grund, und meine beiden hände ruhen in den seinen, und ich fühle sein blut durch die adern klopfen, ruhig und kraftvoll.

Du shreibst, dass du die shranken angeborener gebundenheit niederreissen wolltest. Ich kann da immer bloss von mir aus gehen und reden, und da kann ich dir sagen, dass ich mich keineswegs gebunden und unerlöst fühle, wenigstens darin nicht. Gewiss hat es in früheren jahren kämpfe die fülle gekostet, und es dauert lange, bis der rechte weg gefunden ist; aber diese kämpfe wollen durchstritten sein, ich glaube von allen. Das sind ja auch hinterher die grundmauern, auf denen sich alles andere aufbaut, auf denen alles ruht. Und ich weiss nicht, ob ich durch diese erlösungstat um diese kämpfe herumgekommen wäre.[264]

1924_Liebe ohne Kinderzeugung? II[265]

Dein *Liebe* dagegen war mir eine erlösende offenbarung, die auf mich wirkte, wie das evangelium auf die zeitgenossen Christi wirken mochte: eben wirklich liebe, versöhnung, »friede«.

1924_Mit Schmerzen sollst du Kinder gebären![266]

Dieser tausendjährige fluch hat mich von früher jugend immer wieder zum nachdenken gebracht, und ich fragte mich unzählige male: »Kann das Gottes wille sein?« Nun bin ich zur erkenntnis gekommen: »Nein, Gottes wille ist es nicht, dass es so bleibe, sondern dass denen, die guten willens sind, ihre sünden zu bekennen und ein reines leben zu führen, der fluch nichts anhaben kann.«

So höre es denn, Freiland-Frau: – Sonnenkind – kind der liebe, geboren vom reinen trieb, gezeuget vom mensh mann, von dir wird dieser fluch abgewendet werden. Aber du musst unten anfangen, dich rein zu machen, bei den uralten sünden falsher ernährung. Irdishe stoffe bauen den leib, *was* man isst, ist nicht gleichgültig, wie die menshen gemeinhin meinen. Rein, sonnenhaft, shön und lieblich soll unseres leibes nahrung sein. Was hat solche eigenshaften? Auf der welt doch wohl nur die *früchte*. Höre es! du junges kind, du werdende jungfrau, du zukünftige mutter unseres Freilandvolkes! Wähle nur das beste, das göttlichste, um deines kindes leib zu shaffen, wähle nur einen mann, der deinem kind keine giftstoffe mitgibt. Dann ihr alten verzauten Friedrich Nietzsche, Max Stirner, Henrik Ibsen, dann werden sie kommen, eure kinder, die mehr sein werden, als die sie shufen, kinder des Dritten Reiches! Aufstieg, nicht niedergang sei die losung unserer jungen! In einem reinen leibe kann auch nur eine reine seele wohnen. Haben wir einmal dies erstritten, dann werden auch seelishe konflikte, neid, hass, krieg: alles wird vershwinden, was den fluch gezüchtet hat!

Sechs kinder, shmerzenskinder, hatte ich schon geboren, als mir durch Surya und Werner Zimmermann letzte klarheit wurde. Ich wollte es versuchen, mich noch zu reinigen, so gut es ging. Ich fing zuerst an vegetarish zu essen, kam mehr und mehr zu rohkost, machte mich in einem jahre frei von alten leiden, wie: chronischen katarren, hämorroiden, krampfadern, eiterungen von zwei operationen. Vorher nützten alle ärzte nichts! Als ich es so weit hatte, bekam ich sehnsucht, nochmals ein kindlein zu haben.

Und siehe, der fluch der shmerzen war weg! Kein übelsein, keine shlechte laune, gar nichts störte meinen zustand. Ich ass nur, nach was ich lust hatte: saftige früchte, in der ersten zeit ein- bis zweimal täglich. Nach drei bis vier monaten stellte sich hunger ein; da ass ich auch zu den früchten noch gemüse, roh und gekocht, und grahambrot. Die geburt war 95 Prozent besser als die vorherigen. Nun stille ich das sonnenkindlein shon im siebenten monat, ernähre mich von früchten und gemüsen und brot, gebe dem kindlein auch apfelsinenstücklein zum lutshen (es fletshert fein!) auch shon erdbeeren und brotrinde. Es ist immer gesund, froh, und shläft von abends sechs uhr bis morgens sechs uhr, nach dem bad wieder drei bis vier stunden. Dabei arbeitete ich täglich vierzehn stunden im haushalt und auf dem felde, fühle mich selbst wohl und wünshe mir keinen besseren zustand.

Ich bin überzeugt, dass nicht essen und arbeiten allein milchzeugung verhindert, sondern dass vielmehr seelishe zustände es tun. Ungeliebte männer, zufallszeugungen, neid, kummer, sorgen: das hemmt den milchfluss!

Also werde sonnig, froh und gut, und der alte fluch ist in nichts zerflossen!

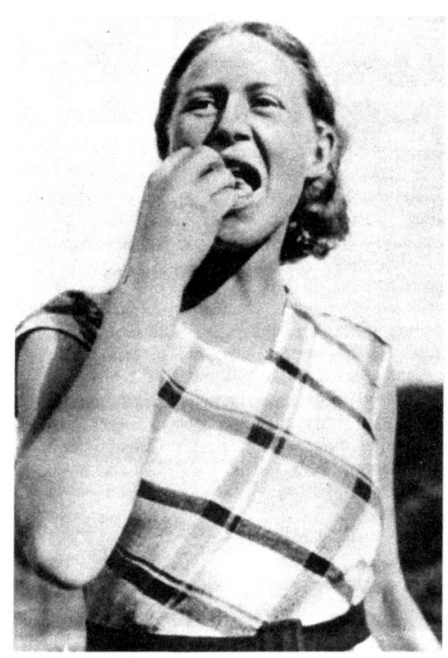

Abbildung 25 Gertrud Hofstetter, die älteste Tochter von Mina und Ernst Hofstetter, 1934.

Abbildung 26 Werner Hofstetter, der jüngste Sohn, der 1950 den Betrieb Stuhlen übernahm, im Jahr 1934.

1924_Heilige Mutterpflicht[267]

Laotse sagt irgendwo, dass der begriff der kindespflicht aus uneinssein der blutsverwanten erwachsen sei. Ebenso sheint es mir mit mutterpflicht zu sein, nur dass hier die ursache im uneinssein der mutter mit dem Unendlichen liegt. Sobald wir menshen wieder in harmonie mit dem Unendlichen sind, gibt es keine »pflichten« mehr, keine »fragen«, keine sexuellen und ernährungsprobleme und wie sie alle heissen.

Am meisten ist bei den jungen müttern die frage des stillens brennend. Und da ist im tiefsten grunde auch die fehlende harmonie die grundursache, wenn nicht oder nicht genügend gestillt werden kann. Eine frägt die andere oder geht zum arzt um rat. Ich will in kürze sagen, was mir das wesentliche sheint:

Einssein mit dem Unendlichen hat zur folge, dass shon der junge leib gesund, sonnig und fehlerlos wird. Ein solcher leib aber wird auch alle tätigkeiten des organismus *restlos* erfüllen, wenn die seelishe einstellung da ist. Diese aber gehört auch wieder zur harmonie.

Da braucht es dann keine fragen, wie: soll ich viel oder wenig essen, oder was, – das wird jede mutter nach ihrer eigenart selber finden.

Für unselbständige, noch mit der alten lebensweise kämpfende, sei noch folgende tatsache erwähnt: ich selbst habe meine ersten kinder bei gemishter kost lange, teilweise sehr lange gestillt. Jetzt aber, bei rohkost, geht alles noch viel besser. Ich bin sicher, dass man es in zwei generationen mit fruchtessen so weit bringt, dass alle bisherigen abshreckenden begleiterscheinungen des stillens und des säuglingsalters wie shmerzen der mutter, leibweh des kindes, böses zahnen, shlaflose nächte, sogar windeln washen usw. fast vollständig vershwinden werden.

Wenn ich nur mutter hätte sein können und nicht meine zeit fast ausschliesslich als miterwerbende frau beansprucht würde, so hätte ich mein kind mit sechs wochen wohl an ein sauberes, trockenes bett gewöhnt oder vielmehr das kind mich. Es meldete shon mit vier wochen seine bedürfnisse ganz deutlich; weil ich aber viele male nicht da war, hat es wieder aufgehört, eben weil es nicht erhört wurde. Zum entwöhnen, das immer so viel kopfzerbrechen macht, rate ich: gib dem kind, sobald es verlangen zeigt nach fester nahrung, neben der brust, früchte zum lutshen und kauen, immer mehr und öfter. Dann gibt es kein eigentliches entwöhnen mehr; die milch wird eines tages aufhören zu fliessen und das kind lebt von rohkost!

Nur keine breie oder sonst gekochtes, sonst haben wir wieder den alten vielfrass, – nein, *natürliche* früchte, die es recht langsam kauen muss.

Nun endlich shluss gemacht mit dem alten glauben, es habe hunger, wenn es kräht! Fort auch mit dem albernen wiegen nach jeder mahlzeit! Das zeitigt nur nervöse kinder mit allem shlimmen, das drum und dran hängt!

Es ist schon sehr schlimm, wenn eine mutter es nicht *fühlt*, ob das kind gedeiht oder *nicht*.

Selbst erprobt ist auch folgendes: kühe, welche für gewöhnlich gras fressen, geben bei täglichen beigaben frisher äpfel sofort mehr milch. Symbolishes beispiel: zwei shwestern leben zusammen, eine gütig, gebefreundlich, die andere ungut, geizig. Eine teilt alle früchte des gartens mit andern, die andere zankt jeden tag deswegen! Beide bekommen zur selben zeit ein kind, und siehe: die geizige hat keinen tropfen milch; das kindlein shreit vor hunger, die andere aber hat milch im überfluss. Endlich bringt die geizige es fertig, die andere um nahrung für das kind zu bitten, und diese nährt nun beide. Nun wird auch die ungute gut, und sie leben in frieden.

1926_Sonnenbad Lichtwärts[268]

Am ſonntag, 13. juni, fand der erste fortrag fon Dr. Bircher aus Zürich statt über ſonnenlictnarung. Es varen über 100 personen enveſend. Leider ferdarb der regen etvas di feine stimmung, und di diskussion kam deshalb auc etvas zu kurz. Venn immer möglic, verden di näcsten forträge am formittag stattfinden. Ver näheres vissen vill, sreibe postkarte mit bezalter antvort. Ver gerne ſelbst einen fortrag hält im »Neu-Zeit«-ſinne, sreibe mir.

1928_Mein Garten[269]

In meinem Heimatdorf am rauschenden Fluss steht ein altes, schönes Haus, jetzt zum Schulhaus umgebaut. Als ich ein Kind war, lebten darin die letzten Abkömmlinge eines alten Bauern und Gasthofbesitzers Bender und Schwester. Diese beiden Menschen stehen zu mir in ganz seltsamen Beziehungen. Samuel war ein Kornhändler und selten zu Hause, schenkte er dort der Gemeindebibliothek jedes Jahr eine Anzahl gute Bücher, wissenschaftliche und unterhaltende. Diese Bücher waren die Nahrung meines jungen suchenden Geistes. Sophie war ein kleines, verherzeltes Weiblein und eine »Menschenfeindin«, sagten die Leute. Ich hatte mit ihr ein Freundschaftsverhältnis. Wir liebten einander auf eine besondere Art. Sie hatte in mir eine aufmerksame Zuhörerin für alte Geschichten. Sie leitete bis ins hohe Alter ihren Landwirtschaftsbetrieb. Dann gab sie ihn ab und behielt nur noch den grossen, schönen Garten. In diesem fing sie nun ganz sonderbare Sachen an, wonach die Leute sie noch für ganz verrückt hielten. Nämlich, sie säte in grossen Gartenbeeten allerlei Getreide. Täglich sahen wir sie zu unserem Stubenfenster aus, diese Beete abschreiten und sinnend betrachten. Was möchte sie dabei für Gedanken haben? Sie sah jedenfalls ihre Jugend, und die Kornfelder ihres Vaters in grossen Weiten wallen, dachte auch wohl an Säen und Früchtebringen beim Menschen, das ihr versagt wurde. Sie säte Jahr für Jahr und schnitt Jahr für Jahr, bis der andere Schnitter mit der Sense auch einschnitt. Und nun tue ich dasselbe wie sie. Ich baue Getreide in Gartenbeeten und die Leute halten mich für verrückt! Und ich meinerseits halte die Andern für verrückt, weil sie es nicht nachmachen, da sie doch meine Erfolge sehen. In den Getreidebeeten ziehe ich nämlich meine Saat heran. Stöcke von versetzbaren Keimlingen mit 30 bis 40 wunderbar grossen, schweren Ähren. Da kann ich alles Unreine und Schlechte davon fernhalten mit guter Pflege und Auslese und das alte Sprichwort: Gute Saat bringt gute Ernte, wird dann Wirklichkeit. Ich gehe auch täglich, wie das alte Weiblein, in den Garten und schreite die Beete ab, und denke dabei an die wallenden Felder der Zukunft zum Gegensatz von ihr, die an die Vergangenheit dachte. Und meine Gedanken gehen bis dahin, wo kein einziges Kind mehr Steine bekommt, wenn es um Brot bittet!

1929_Neuer Gartenbau[270]

Wenn man Rohköstler oder Vegetarier ist, so bekommt man so oft von andern Menschen zu hören, dass gerade diejenigen, die die neue Ernährungsweise angenommen hätten, schlecht aussähen. Dass das sehr oft nicht anders sein kann, hat meiner Ansicht nach folgende Ursachen: Die meisten Menschen, die zur Ernährungsreform kommen, waren schon lange vorher krank, ja vielleicht schon *so* krank, dass sie von den Ärzten aufgegeben wurden. Kommt nun noch die Ernährungsumstellung dazu, so gewinnt dadurch das Aussehen auch nicht, weil vorerst die Heilwirkung der neuen Nahrung das alte Gift ausscheidet und alles, was der Körper durchmacht, ist im Gesicht zu sehen. Und weil alte Leiden lange Zeit brauchen, um geheilt zu werden, d. h. bis die Grundursachen beseitigt sind, so konnte das gute Aussehen nicht von heute auf morgen kommen. Bekanntlich braucht der Mensch sieben Jahre, bis er alle Zellen neu aufgebaut hat.

Eine weitere nicht unbedeutsamere Ursache ist der Umstand, dass heute die sogenannte »reine Kost« noch alles andere ist als *rein!* Unser heutiger Kulturboden ist gerade so verseucht, wie unsere Körper. Dadurch sind Früchte und Gemüse mehr oder weniger krank und durchsetzt mit schädlichen Stoffen.

Nun hat auch die Reform auf dem Gebiete des Landbaues hierin schon sehr viel gelernt, was auch schon von vielen Kleingärtnern und Landwirten praktiziert wird.

Um ganz einwandfreie Nahrungsmittel zu erhalten, müssen wir beim *Boden* anfangen. Man muss ihn auf ganz natürliche Weise bearbeiten und ihn *reif* werden lassen. Der Raum ist hier aber zu beschränkt, um dieses ausgedehnte Kapitel weiter auszuführen; vielleicht wird mir ein andermal Gelegenheit geboten, speziell darüber Ausführlicheres zu sagen.

Ebenso wichtig wie die Bearbeitung ist die Düngung. *Nie* sollten wir Pflanzen direkt mit unvergorenem Dünger grossziehen wollen, sondern *alle Düngstoffe* sollten erst kompostiert sein, das heisst erst wieder zu reiner Erde geworden sein. Das Gemüse, das auf Komposterde gewachsen ist, ist das einwandfreieste und schmeckt hundertmal würziger, als dasjenige, das mit Jauche, Mist und allem möglichen Kunstdünger getrieben wurde. Solches Gemüse wird nie die schädlichen Wirkungen ausüben, über die so viele klagen, die vom Allesesser zum Rohköstler übergegangen sind.

Unsere Bauernsame betrachtet die Tierhaltung als unumgänglich notwendig, weil sie meint, dass wir ohne Tierdünger keine fruchtbare Erde mehr hätten. Als Vegetarier bekommt man bald ganz andere Ansichten. Man fängt an, nachzudenken über die ewigen Zusammenhänge, über den »Ring« des Lebens, der lückenlos sein muss. Dieser lückenlose Ring darf aber nicht durch Disharmonie gestört werden. Leben wir nun von Früchten und Gemüsen, so stört uns alles in der Harmonie, was mit *Tierhaltung* zu tun hat: Die Stallhaltung, die damit verbundene schmutzige Arbeit, das Wissen um das Leiden des Tieres, das Töten usw. Sobald man das Tier als freilebend in das Weltganze sich einfügend denkt, ist diese Disharmonie ausgeschlossen.

Wenn ich eine Kuh füttern muss, so brauche ich dazu zwei Jucharten Land und der Dünger, den mir diese Kuh liefert, hat in meinen Augen nicht den Wert dessen, was die Kuh hineinfrisst; die besten Stoffe braucht sie ja doch für sich; das andere sind faulende Stoffe, die mit Säuren und Krankheiten beladen sind.

Ich kann auf diesen zwei Jucharten viel mehr Lebenswerte erzeugen, wenn ich folgendermassen verfahre: Ich teile das Land in drei Stücke (ähnlich der Dreifelderwirtschaft unserer Vorfahren). Zwei Teile werden immer mit allem Möglichen angepflanzt und das dritte Stück ruht als Wiesland. Was hier wächst, wird als Gründüngung auf die Beete der andern beiden Teile gestreut, was jeden andern Dünger ersetzt. So soll jedes Jahr ein anderes Stück zur Ruhe kommen. Alle Abfälle des Hauses werden ebenfalls kompostiert; somit ist die unnatürliche Tierhaltung vollständig ausgeschaltet.

Ich habe auf meinem Gute mehr als zehn Jahre Vieh gehalten; seit letztem Jahre ist das letzte Stück aus meinem Stalle verschwunden und ich treibe bloss noch Getreide- und Gemüsebau und Obstbau. Ich möchte denen, die ohne Viehhaltung Landbau betreiben wollen, den Beweis erbringen, dass es heute praktisch möglich ist, ein Gut auf diese Weise zu führen.

Abbildung 27 Bei Erntearbeiten half Ernst Hofstetter auch in den 1930/40er-Jahren immer wieder auf dem Landwirtschaftsbetrieb.

1930_Lebenserneuerung[271]

Von der zweiten Freusburg-Gartenbauwoche. Als ich das Wort Freusburg zum ersten Mal hörte, war es von Werner Zimmermann und im Zusammenhang mit der grossen Weltjugendtagung auf der Freusburg. Seitdem lebte der Wunsch in mir, einmal dort sein zu können und den Geist zu spüren, der dort lebt. Auf dem Weltjugendlager dieses Sommers in Landmark im Appenzellerland traf ich Hedwig Eichbauer und hörte von der umfassenden, lebenserneuerischen Jugendarbeit in Deutschland und auch von der zweiten Gartenbauwoche. Gern sagte ich meine Mitarbeit dafür zu. Denn wie wichtig eine gesunde, die biologischen Gesetze der Natur anerkennende Land- und Gartenwirtschaft ist, hatte ich ja in meiner langjährigen Tätigkeit als Bäuerin, die mich zum Vegetarismus und zur viehlosen Landwirtschaft führte, erfahren.

Wie tief diese Gartenwoche auf die Teilnehmerschaft, die frische Jugend und das reife Alter vereinigte, einwirkte, lässt sich nicht beschreiben. Das muss man miterlebt haben! Am ersten Abend noch alle Fremde aus den verschiedensten Gegenden, fanden wir uns schnell in den Formen der Jugendbewegung zur Gemeinschaft, die sich in den Aussprachen vertiefte und in der praktischen Arbeit erhärtete. Und aus der Gemeinschaft und aus der Arbeit am Boden wurde uns klar, dass diese Kraftquellen des menschlichen Lebens aufs Neue in die Menschheit einströmen müssen, damit Glück, Friede und Gerechtigkeit wieder blühen können.

Ewald Könemann, der Herausgeber der Zeitschrift »Bebauet die Erde« und Träger der Deutschen Dorfmark-Siedlungs-Bewegung, hatte die Leitung der Woche übernommen. Seine Vorträge über Bodenbiologie, Pflanzenkunde, Bodenbearbeitung, Gartenbautechnik, die durch Lichtbilder wirksam ergänzt wurden, haben vor unseren Augen ein Bild aufgerollt, das die grossen Aufgaben und die grossen Möglichkeiten, die uns in gesunder Bodenbearbeitung gegeben sind, klar und fordernd zeigte. Der letzte Tag, der der gärungslosen Früchteverwertung gewidmet war, rief uns noch besonders zu positiver Überwindung der Alkoholnot der Völker durch Schaffung unvergorener, reiner, nährender Obstsäfte auf. Ergänzend zum sachlichen Gehalt der Woche betreute Hedwig Eichbauer deren hauswirtschaftliche Seite mit tiefem Eingehen auf den Wert der Nahrung in Bezug auf ihre körperliche und seelische Bedeutung. Auch die Tagesgestaltung trug in sinnvoller Ordnung nicht unwesentlich zum Gelingen der Woche bei.

So schieden wir zuversichtlich aus der Gemeinschaft: Wir wissen um Wege aus der Not und dem Elend der heutigen Zeit hinaus in ein arbeitsreiches, aber dennoch schönes, gesundes und freies Leben! Nicht nur für den Einzelnen, sondern für alle, für unser Volk, für die ganze Menschheit. Möchten doch nur die einflussreichen Männer, die heute ratlos stehen vor der Weltkrise, einmal Zeit finden, eine solche Gartenbauwoche mitzumachen. Auch sie könnten dort Wege finden, die aus der Not führen und der Arbeitslosigkeit ein Ende bereiten werden. Deutschland weiss gar nicht, welche Kraftquelle es in seiner Jugendbewegung hat. Möge sie stark werden, aller Welt zum Heil!

Wir aber wollen nicht lange Worte machen, noch auf Hilfe von anderen warten, sondern ans Werk gehen und unsere Kräfte der Erde weihen, die sie uns gab. Bauer sein heisst nicht nur das Land bebauen und die ganze Erde, sondern auch eine Kultur aufbauen, die des Menschen würdig ist. Drum lasst uns Bauer sein und Bauer werden! Heil!

1931_Viehlose Landwirtschaft[272]

Persönliches.

Gedanken sind Kräfte, die irgendwie und irgendwann zu Taten werden. Um ein klares, zusammenhängendes Bild zu zeichnen von dem, was jetzt für mich meine Lebensaufgabe geworden ist, muss ich in meinem Leben zurückgreifen auf die allererste Kindheitserinnerung.

Ich war noch nicht drei Jahre alt. An einem Sonntag sollte ich zum Mittagessen, wohl zum ersten Mal in meinem Leben, Fleischsuppe essen. Ich kostete, legte den Löffel weg und weigerte mich. Mein Vater wollte mich zwingen, brachte es nicht fertig, und so erhielt ich die ersten Prügel in meinem Leben; ich spüre sie heute noch. Hätte ich nicht Angst vor noch mehr Prügeln gehabt, so hätte ich vielleicht nie Fleisch gegessen. Darauf folgen eine Reihe anderer Erinnerungen, und alle hängen irgendwie mit Leiden und Krankheit zusammen. Bis zum 13. Jahr hatte ich Lungenentzündung, Masern, Diphtherie, Scharlach, Typhus, dazu beständig bei der kleinsten Aufregung oder Anstrengung starkes Nasenbluten.

Als ich 12 Jahre alt war, verlor ich in einer Woche meine beiden liebsten Schulfreundinnen; sie starben an Diphtherie. Ich selbst hatte damals viele Wochen an den Folgen dieser Krankheit zu leiden. In schlaflosen Nächten schrie ich zu Gott: Warum Krankheit, warum? Noch viele andere Fragen tauchten auf, niemand gab mir Antwort. Als ich mit 15 Jahren konfirmiert wurde, stellte ich dem Schicksal drei Fragen und flehte es an, mir in meinem Leben Antwort darauf zu geben.

1. Warum sind wir krank?
2. Warum müssen die meisten Menschen ihr ganzes Leben lang arbeiten und bleiben arm?
3. Warum ist zwischen Mann und Weib ein Unaussprechliches, das in den Schmutz gezogen wird?

Eine lange Kette von Leiden musste ich durchlaufen, bis ich mit fast 40 Jahren sagen konnte: Es fängt an zu tagen, die Antworten auf meine Schicksalsfragen fangen an, klar und deutlich zu werden.

Meine Grosseltern und meine Eltern hatten ungefähr so viel Feld, um selbst ihre Kartoffeln und das Gemüse und teilweise das Brot anzubauen, und meine schönsten Stunden, da ich mich am wohlsten fühlte, waren auf dem Feld. Von Grossmutter lernte ich alle Feldarbeiten. Sie war eine sehr strenge Lehrmeisterin. Auch hatte sie vier Apfelbäume, jeden mit einer anderen Sorte Äpfel. Wenn ich heute an diese Äpfel denke, die sie einem jeweils zur Belohnung einzeln gegeben hat, dann spüre ich noch ganz genau den Geschmack auf der Zunge und den Geruch in der Nase, von jeder Sorte. Diese stark ausgeprägten Sinne hinderten in meinem Leben manches, was ich hätte tun können; auf der anderen Seite förderten sie die Kraft, vieles nicht zu geniessen, was mir schädlich war und an Orte nicht hinzugehen, wo es gefährlich war. Zum Beispiel hätte ich als junges Mädchen manchmal Bauern heiraten können, aber der Stallgeruch, der ihnen anhaftete, auch wenn sie die Sonntagskleider anhatten, stiess mich derart ab, dass ich sie nie zu nahe an mich herankommen liess.

Das hat alles seine tiefe Bedeutung und zeigt, wie Gott uns von Anfang an mit allen Talenten versieht, damit man den Beruf, den er für einen bestimmt hat, als Meister ausführen kann. Weil eben die Menschen Gott nicht spüren und fühlen und seine Gesetze nicht mehr kennen, machen sie alle die grössten Anstrengungen, irgendetwas anderes in den jungen Menschen hineinzuwürgen und mit Schlägen und anderen Strafen das Kind willfährig zu machen. Und die Folgen sind Menschen, die 30 bis 40 Jahre brauchen, bis sie ihren eigentlichen Beruf erkannt haben. Bei Unzähligen ist es dann zu spät! Ich musste auch 40 Jahre alt werden, bis ich wusste, was mein Beruf war, und hätten nicht Krankheit und andere Leiden, Hunger und Entbehrung in mir den Willen und den Mut gestärkt, ich wäre wie so viele versunken im Alltag.

Als die Zeit des Mutterwerdens kam, nahmen meine Leiden wieder zu und verdichteten sich immer mehr. Auch die Kinder bekamen immer sofort nach der Entwöhnung von der Mutterbrust alle Kinderkrankheiten. Es würde ein ganzes Buch füllen, wollte ich dies ausführlich beschreiben. Im Jahre 1914 mussten wir uns infolge der schlechten Wirtschaftsverhältnisse eine neue Existenz suchen. Man riet uns zum Bauerngewerbe; denn wir hatten, seit unserer Familiengründung, immer so viel Land gepachtet, um unseren Bedarf an Gemüse zu decken. Hatten immer schlechtes Land urbar gemacht, wo wir hinkamen, und es gedieh immer alles sehr gut.

Nun konnte ich meine Sehnsucht, säen zu dürfen, befriedigen. Als Kind hätte ich immer so gerne gesät, aber Mutter sagte immer: Das kannst du nicht. Als ich 16 oder 17 Jahre alt war, durfte ich einmal säen, ging dann nachher in die Fremde und sah in Gedanken immer jenes Beet mit den wachsenden Pflanzen, die mich wie mit unsichtbaren Fäden nach Hause zogen. Als ich in der Stellung war bei der Frau, die ich am meisten verehrte, durfte ich auch säen, und ich glaube, dass ich deswegen so viel Liebe zu ihr hatte, weil sie mir so grosses Zutrauen schenkte. Mit Hilfe des Bruders dieser Frau, der uns für 10'000 Franken Bürgschaft leistete, kauften wir im Herbst 1915 dies Bauerngut, 20 Juchart (7,2 Hektar) für 37'000 Franken.

Alle Verwandten hatten uns gewarnt vor einem solchen Unternehmen. Mir war es sehr schwer, vor allem wegen des Stalles; doch die Notwendigkeit, den Kindern Brot zu schaffen, bewog mich, ja zu sagen. Mein Mann war damals an der Grenze, bekam zwei Tage Urlaub für den Umzug vom Kanton Solothurn bis hierher. Mit Hilfe von Militärpferden wurde der Möbelwagen von der Bahn abtransportiert, alles in Eile drunter und drüber abgeladen, und mein Mann musste wieder abreisen. Da stand ich nun mit fünf kleinen Kindern, wovon das älteste noch nicht 8, das jüngste 1,5 Jahre alt war; alle hatten den Keuchhusten. Im Stall brüllten 10 Stück Vieh. Es war Ende Oktober, auf dem Feld waren noch die Runkeln zu ernten, 20 Fuder Mist zu zetteln und noch viel anderes zu tun. Am schrecklichsten war es mir, in den Stall zu gehen.

Ich hatte eine Höllenangst vor den Kühen, und bis ich mich getraute, eine Kuh zu melken, zu striegeln und zu füttern, habe ich fast Blut geschwitzt. Der Selbsterhaltungstrieb und die Sorge um die Kinder allein haben es fertiggebracht, dass ich nicht davonlief. Wenn ich im Stall fertig war und andere Kleider anzog und mich wusch und wusch, und dieser Gestank nicht weichen wollte, dann heulte ich manchmal auf wie ein wundes Tier.

Der Mensch ist ein Gewohnheitstier, und ich gewöhnte mich auch langsam an den Gestank; aber es war nur Schein. Das dauerte bis ins Jahr 1918, wo mein schlechter Gesundheitszustand, durch eine neue Schwangerschaft, wieder ganz daniederlag und von drei Grippefällen ganz erschüttert wurde. Ich erlitt einen Nervenzusammenbruch. Anfang 1919 wurde ich zweimal operiert. Diese Operationen zogen schwere Eiterungen nach sich; kein Arzt konnte mir mehr helfen. Von Schmerzen gepeinigt rannte ich oft des Nachts wie ein wildes Tier im Käfig die Stube auf und ab. Und ich glaube, dass es in einer solchen Nacht war, dass mir die Erleuchtung kam. Ich wollte »etwas Gutes tun«, vielleicht dass dann Gott mir half.

Damals war die Zeit, wo so viele deutsche Ferienkinder ins Land kamen. Ich entschloss mich, auch solche zu nehmen. Eines Novembertages holte ich mir in Zürich drei von der Bahn. Am Abend, als wir beim Essen sassen, klopfte es, und draussen stand ein feines Fräulein in Samt und Seide, aber Elend und Krankheit in den Augen. Ich frage sie, was sie wolle. Sie sagte, auf dem deutschen Hilfsverein in Zürich hätte man ihr gesagt, eine reiche Bauernfrau vom Greifensee hätte heute drei Kinder geholt, und wo die Platz fänden, wäre wohl auch noch für einen Vierten Platz. Ich konnte sie nicht abweisen, es war Nacht, und sie war krank. Ich gab ihr mein Bett, und sie blieb 6 Wochen da. Als sie fortging, liess sie mir ein Buch zurück: Moderne Rosenkreuzer von Surya. Dies Buch öffnete mir die Augen. Ich sah daraus, weshalb wir krank sind. Ich hörte sofort auf mit Schweinefleischessen, und siehe, meine Schmerzen liessen nach.

Zu Weihnachten 1921 kamen mir *Weltvagant* und *Lichtwärts* von Werner Zimmermann in die Hände, und die gaben mir Mut genug, sofort von

Rohkost zu leben. Das Wunder geschah: In drei Monaten war ich von einem geschlagenen, armen, leidenden Krüppel zu einem gesunden Menschen geworden, und ein Lebensmut beseelte mich, wie noch nie in meinem Leben. Was für namenlose Kämpfe mit dieser Umstellung zusammenhingen, kann ich unmöglich beschreiben.

Als ich glaubte, etwas ins Klare gekommen zu sein, da traten neue Fragen an mich heran. Von überall her sagte man, ich sei verrückt, als Bauernfrau kein Fleisch zu essen. Dann machte man mir Vorwürfe, ich verkaufe ja auch mein Vieh, um leben zu können usw. Von Weihnachten 1921 bis in den Frühling 1924 war ein unbeschreibliches Martyrium durchzumachen. Da las ich in TAO, wie Werner Zimmermanns Monatshefte damals hiessen, einen Artikel über »Viehlose Landwirtschaft«. Das war ein Licht! Blendend einfach! Nachher hörte ich auf einer Tagung auf dem Hohentwiel von einem Siedler aus der Lüneburger Heide, Karl Voelkel, wie er es anfing, auf magerem Heideboden Erdbeeren zu züchten. Ich wusste nun, was er dort tun konnte, konnte ich auf unserer schönen Ackererde auch. Ich ging heim und wollte sofort anfangen. Neue Hindernisse! Mein Mann glaubte nicht daran. Ich musste mit ein paar Gartenbeeten anfangen; das Ergebnis überzeugte mich nur mehr. Nun fing ich an, meinem Mann Acker um Acker abzuhandeln und nach meiner Methode zu bearbeiten. Das war so schwer, so voll Kampf nach innen und aussen, dass es schliesslich dazu führte, dass mein jüngster Sohn und ich beschlossen, die Landwirtschaft allein zu betreiben, und mein Mann sollte wieder sein Schreinerhandwerk ausüben. Dies geschah, und so treiben wir seit 1925 viehlose Landwirtschaft. Die Umstellung fiel uns sehr schwer, da wir ohne eigenes Bargeld waren, und auch heute müssen wir noch schwer ringen um die Existenz. Das Fehljahr 1930 und die Weltkrise dazu haben uns fast umgebracht. Aber – kommt der Herbst, kommt der Winter, hab' ich dennoch ein Glück, denn ein jeder neue Frühling bringt die Rosen zurück.

Seit ich jenes Tauheft las, habe ich noch viel, viel anderes gefunden, was meine Kenntnisse bereicherte. Vor allem war mir wichtig und eindrucksvoll das Büchlein von Raoul Heinrich Francé *Das Leben im Ackerboden*. Dieser tiefe Denker schreibt irgendwo, dass auch im garen Ackerboden das Gesetz des goldenen Schnittes wirksam sei. Dies Wort war mir eine grosse Erleuchtung. Und wenn die Natur dies Gesetz aus sich heraus schafft, dann ist doch alles, was der Mensch tut mit Mist, Gülle, Kunstdünger usw., Vergewaltigung. Nun fing ich an, nachzudenken, und ich kam zu folgenden Schlüssen: Du hast nicht die Intelligenz, den Boden auf dieses Gesetz hin zu untersuchen, bist nicht gescheit genug, dies alles zahlenmässig auszurechnen, deshalb bleibt dir nichts übrig, als diesen goldenen Schnitt einfach werden zu lassen und zu erfühlen, wenn er da ist. Und da braucht es Geduld. Denn was wir in Generationen verdorben, das wird so schnell nicht wieder gut. Es gibt ein wunderbares Wort in der Bibel: Die Sünden der Väter werden heimgesucht an den Kindern bis ins dritte und vierte Glied, derer, die mich hassen; ich tue aber Barmherzigkeit an vielen Tausenden, die mich lieben und meine Gebote halten. Das heisst für mich: Das Gesetz Gottes, das Naturgesetz, erkennen lernen, und es zu erfüllen suchen oder doch nicht hemmen wollen. Alles andere lernt man durch die Arbeit mit dem Boden und den Pflanzen naturgemäss aus sich selbst, sofern man wirklich eine Berufung zum Gärtner oder zum Siedler hat.

Bodenbearbeitung

Die biologische Landwirtschaft will sich durch ihre Anbauweise in Einklang stellen mit den Naturgesetzen. Sie will den Boden in den der Pflanze angenehmsten Zustand bringen und nachher der Pflanze die ihr entsprechendsten Lebensbedingungen schaffen. Es ist sicher, dass erst durch diese Anbauweise für den Menschen wirklich gesunde Nahrung hervorgebracht werden kann.

Francé hat in seinem Buch *Das Leben im Ackerboden* bewiesen, dass das Leben der Mikroben in den verschiedenen Tiefenlagen des Bodens verschieden ist, und dass jede Störung oder Änderung dieser Verhältnisse ein Absterben dieser Kleinlebewesen bedeutet. Ganz wesentlich wurden die Verhältnisse im Boden durch das tiefe Pflügen geändert. Man erhielt dadurch einen »toten« Boden und nicht einen »garen«, den Bedürfnissen der Pflanze entgegenkommenden Boden. Die biologische Anbauweise lehnt deshalb das tiefe Pflügen, also das Umkehren des Bodens, ab, und setzt an deren Stelle das Durchwühlen des Ackers mit der Fräse. Sie erreicht dadurch, dass die Schichten des Bodens wohl gelockert und durchlüftet, nicht aber von ihrem Platz gebracht werden. Sie stört also nicht das Leben der Mikroben, sondern belebt es. Das Ergebnis dieser Anbauweise ist ein lockeres, gares Erdreich.

Die alte Methode vertraute den Samen dem Boden an und überliess diesen dann völlig ungeschützt der Sonne und den Witterungseinflüssen. Die biologische Anbauweise hat sich die Erkenntnisse der Chemiker zunutze gemacht. Sie weiss, dass der Boden Kohlensäure ausströmt, dass er, bloss und nackt den Sonnenstrahlen ausgesetzt, bald rissig und trocken wird, und dass er in einem solchen Zustand Feuchtigkeit nicht lange aufzuspeichern vermag. In Würdigung dieser Erkenntnisse *bedeckt* sie den Boden sofort nach dem Säen mit Gras, Laub, Stroh usw. (oder hackt, eggt die Oberfläche häufig – Werner Zimmermann) und erreicht dadurch, dass das durch vorhergehendes Durchwühlen lockere Erdreich den grössten Teil der Kohlensäure bei sich behalten muss. (So kann diese später von der Pflanze aufgenommen werden.) Auch vermag die Sonne das Erdreich nicht so schnell auszutrocknen, und schliesslich wird die Feuchtigkeit aufgespeichert.

Siedler und Gärtner, die neu anfangen, beginnen mit grossem Vorteil im Herbst, weil es immer eine Zeit der Vorbereitung braucht, eine Zeit des Besinnens und eine Zeit des Lauschens auf die Stimme der Naturgesetze. Nehmen wir an, wir hätten Wiesen in Acker oder Garten zu verwandeln. Es kommt nun vor allem darauf an, dass die Grasnarbe vollständig beseitigt wird, entweder, indem man sie abschält und kompostiert, oder tief pflügt und in den Boden bringt. Wird dies nur oberflächlich gemacht, haben wir nie einen reinen Acker. Vorteilhaft ist es auch für die Gare, wenn der Acker über den Winter bedeckt wird oder wenigstens mit Egge oder Rechen durchgearbeitet. Im Frühling wird solches Land, sobald der Schnee weg ist, saatfertig sein, weil durch die Witterungseinflüsse die Erde ganz feinkrümig geworden ist. Ein schönes Aufgehen der Saat wird auf diese Art erreicht. Sobald gesät ist, trachte ich danach, eine dünne Bodenbedeckung zu geben. Dann bleibt der Boden offen und man muss nicht so viel giessen. Bodenbedeckung ist nach meinen Erfahrungen ein gar nicht zu unterschätzender Faktor mit vielen Vorteilen. 1. Sie ist eine Düngung; 2. Sie gewährt eine lockere Feuchthaltung des Bodens; 3. Die jungen Pflänzlinge werden geschützt, weil dann für Würmer usw. an der Bedeckung genug Nahrung ist. Ist die erste Bedeckung verschwunden, nach etwa 4 Wochen, so wird geharkt und eine neue dickere gemacht und so fort, bis die Kulturpflanze den Boden selbst mit den Blättern beschattet. Wöchentliche Lockerung und Durchwühlung des Bodens ersetzt teilweise Bedeckung.

Es ist ein wesentliches Moment, dass von der unvergorenen Düngung zur Kompostwirtschaft zurückgekehrt wurde. Sind also durch die Art der Beackerung des Bodens und seiner späteren Pflege der Pflanze die natürlichsten und besten Lebensbedingungen geschaffen, so wird durch die Abkehr von der tierischen und übertriebenen Kunst-Düngerwirtschaft erreicht:

1. dass ein der Pflanze unnatürlich rasches Wachstum verhindert wird und
2. dass der Mensch tatsächlich gesunde vegetarische Produkte erhält.

Düngung

Die heutige Landwirtschaft fusst auf zwei Voraussetzungen.

1. Vieh zur Erzeugung von Dünger,
2. Anwendung von Kunstdünger, meistens als Kopfdung.

Ein grosser Bauer aus der hiesigen Gegend sagte mir, er halte nur Vieh wegen des Düngers, nicht wegen des Nutzens am Vieh; Ackerbau sei viel rentabler, aber undenkbar ohne Viehdung. Wie steht die heutige Landwirtschaft da? Kranke Menschen, kranke Tiere, kranke Pflanzen! Das spricht Bände. Eine Grossbäuerin aus dem Emmental, in deren Stall 30 Stück Vieh stehen, sagte mir, ihr Mann sei krank vor Kummer um sein krankes Vieh. Und das ist kein Einzelfall; es ist fast durchwegs so.

Es ist überall dasselbe! Suchen wir die Ursachen!

Unrichtige Bodenbearbeitung, unrichtige Düngung. Giftspritzerei. Unrichtige Tierhaltung. Unrichtige Ernährung. Kranke Pflanzen, kranke Menschen!

Nicht Symptombekämpfung, sondern Beseitigung der Ursachen allein wird Abhilfe schaffen. Das dauert länger; aber mit grosser Zuversicht wissen wir: Es ist das allein Richtige!

In folgendem möchte ich in grossen Zügen darstellen, was ich als das Wesentlichste halte, um nach meiner Ansicht zu einem guten Boden, zu gesunden Pflanzen und damit zu gesunder Nahrung zu kommen.

Vorausschicken möchte ich: Aus Verkennung der Tatsachen propagieren viele städtische Reformer »dungloses Gemüse«. Dies ist ganz unrichtig ausgedrückt und schafft die grösste Verwirrung. Die einen sagen, menschliche Fäkalien seien zu verwerfen, die anderen, tierischer Dünger sei gesundheitsschädlich, Kunstdünger sei allein richtig. Ich sage, es kann alles, falsch angewendet, schädlich und alles, richtig angewendet, gut sein.

Vor allem scheinen mir jene Vegetarier auf dem Holzweg zu sein, die menschlichen Dünger vollständig ablehnen, dafür aber unbedenklich Tier- und Kunstdünger brauchen. Ich sage, wenn wir schon selbst keine Tiere halten, wie dürfen wir da anderen Menschen zumuten, *für uns* diese Arbeit zu tun? Menschliche Abfälle sind, sofern der Mensch *richtig* lebt, wenn 2 bis 3 Jahre richtig kompostiert, vollständig gesund, da sie ja wieder zu Erde geworden sind, die einen sehr guten Geruch hat. Alles, was auf dem Kompost verarbeitet wird, ist in 2 bis 3 Jahren nicht mehr gesundheitsschädlich, und es ist meiner Ansicht nach viel besser, die Fäkalien werden auf diese Art und Weise dem grossen Kreislauf eingeordnet, als in die Flüsse abgeführt. Schon vor dreissig Jahren ass mein Vater keine Fische, die in der Limmat gefangen waren, weil sie nach Gülle stanken. (Die Limmat fliesst durch Zürich.)

Für den Vegetarier heisst die Düngung: Kompost, Gründüngung und Bodenbedeckung!

Von alten Zeichen

Im biologischen Ackerbau sollen nach Möglichkeit alle die Kräfte wieder herangezogen werden, die auf natürlichem Wege Gedeihen und Wachstum der Pflanze fördern, also den harmonischen Aufbau der Pflanze nicht stören, wie es zum Beispiel durch die heute noch allgemein üblichen Methoden geschieht, wo nur möglichst schnell ein möglichst grosses Produkt marktfertig sein soll. Die heutige materialistische Einstellung will nur eine möglichst grosse Masse ziehen, um möglichst viel Geld herauszuholen. Die Gesundheit der Menschen spielt dabei so gut wie keine Rolle. Diese einseitige *auf Masse hinstrebende Bodenbearbeitung hatte anderseits ihren Ursprung in der wirtschaftlichen Ausbeutung der Bauern, die dadurch gezwungen wurden, Mittel und Wege zu gehen, möglichst viel aus dem Boden herauszuholen. Dadurch wurde der Grund gelegt zum Raubbau.* Dass mit Chemie und Physik das Wesentlichste, Wirksamste der Pflanze nicht analysiert, nicht sichtbar dargestellt werden kann, beweist ja die Vitaminforschung, die zeigt, dass Vitamine kein Stoff, sondern ein Zustand sind, der an das Leben der Pflanze gebunden ist. Das Vorhandensein wird lediglich durch die Wirkungen erwiesen. So mag vielleicht auch solches Masseprodukt-Gemüse sich in der chemischen Zusammensetzung nicht besonders auffallend vom natürlich gewachsenen Gemüse unterscheiden; dass es aber krankhaft, unharmonisch ist in sich, beweist sein viel schnelleres Welken und Faulen, und dementsprechend sind natürlich auch die Wirkungen auf den menschlichen Körper, und dadurch auch auf das Seelenleben.

Um wieder eine *gesunde* Nahrung zu haben, müssen wir wieder zu natürlichen Methoden greifen, die die Pflanze als einheitliches Ganzes in ihrem Wachstum unterstützt. Zu diesen letzteren gehören auch Feinkrafteinflüsse, die nicht chemisch sichtbar gemacht und mit der Waage abgewogen werden können, und deren Wirkung doch durch praktische Versuche bewiesen wurde. So haben wir vor allem den früher allgemein bekannten Einfluss des Mondes in den verschiedenen Tierkreiszeichen. Und wie sehr auch unsere exakte Wissenschaft samt ihren namhaften Autoritäten und Kapazitäten diesen »Aberglauben« verhöhnen, solcher Einfluss existiert aller dieser Nichtbeachtung zum Trotz, und ernste wissenschaftliche Forscher beginnen sich damit zu beschäftigen.

So sind u. a. durch Dipl. Ing. Hermann Jaeger in Thorshof bei Luckwitz schon ziemlich weitgehende Versuche gemacht worden, die die Tatsache einwandfrei bestätigen.

Das Säen und Pflanzen geschieht im Einklang mit dem Strome des Saftes in der Pflanze, der bei zunehmendem Monde von der Erde weg, also hinauf in die Krone steigt, bei abnehmendem Monde der Erde zustrebt. Der Saft zieht sich dann also mehr in die unteren Teile, in die Wurzeln zurück. Ähnliche Wirkung, wenn auch lange nicht im selben Masse, hat der täglich auf- und untergehende Mond; aufsteigend fördert er den Saftstrom nach oben, absteigend wirkt er umgekehrt.

Davon ausgehend teilen wir auch unsere Arbeit ein. Zum Beispiel wählen wir zur Unkrautbekämpfung das letzte Mondviertel, ebenso zum Düngen, und zwar mit Vorteil den Nachmittag.

An Mondwechseltagen soll nie gesät werden, besonders Neumond ist ein ganz undankbarer Zeitpunkt.

Ein zweiter wichtiger Faktor ist der Einfluss der Tierkreiszeichen, durch die der Mond läuft. Alles Leben, so auch jede Pflanze, hat ihren besonderen Rhythmus, ihre besondere Schwingungseigenart und gedeiht naturgemäss in dem oder den Zeichen am besten, die mit ihr am besten zusammenschwingen, harmonieren.

Wir unterscheiden fruchtbare, mittelfruchtbare und unfruchtbare Zeichen. Fruchtbar: Widder, Krebs, Skorpion und Fische. Mittelfruchtbar: Stier, Waage, Schütze und Steinbock. Unfruchtbar: Zwilling, Löwe, Jungfrau und Wassermann.

So gedeihen wasserhaltige Gewächse, wie Salat, Kürbis, Kohl, Gurken usw. sehr gut im Zeichen Krebs, auch Rüben und Kartoffeln (für letztere ist auch gut das Zeichen Steinbock). Apothekergewächse und Gewürzkräuter, wie Zwiebel, Mohn, Rettich, Senf usw. gedeihen vorzüglich, wenn der Mond im Zeichen Skorpion steht.

Für Getreide eignet [sich] gut das Zeichen Stier, auch Schütze, besonders für Hafer.

Das Zeichen Stier ist auch günstig für die Behandlung von Laubbäumen und Obstbäumen, mit Ausnahme von Äpfeln und Reben, für die das Zeichen Jungfrau vorteilhafter ist; Steinobstbäume behandle man im Zeichen Schütze.

Erbsen, Bohnen und andere Hülsenfrüchte gedeihen sehr gut im Zeichen Waage, auch im Zeichen Zwillinge. Bohnen, im Zeichen Krebs gepflanzt, sollen wässerig werden, im Zeichen Steinbock hingegen zähe.

Für Blumen ist das Zeichen Waage günstig. Allgemein günstig, besonders für Sumpf- und Wasserpflanzen, ist auch das Zeichen Fische, doch soll in feuchten Gegenden die Saat gerne faulen, wenn durch den täglichen Himmelsumschwung das Zeichen Fische aufsteigt.

Das Zeichen Widder gibt der Saat einen starken Antrieb, und sein Einfluss macht sich besonders im Frühjahr günstig bemerkbar; es eignet sich sehr gut für Triebbeetsaaten, ist aber allgemein ein fruchtbares Zeichen.

Ganz ungünstig sind Löwe und Wassermann, wovon letzterer besonders für wasserhaltige Gewächse sehr nachteilig ist.

Brennholz, zu Neumond geschlagen, ist viel schneller trocken wie solches zu Vollmond geschlagen.

Dauerobst soll in den drei letzten Tagen vor Neumond gepflückt werden.

In den Zwischenzeiten, die nicht besonders gut zum Pflanzen und Säen sind, wird gehackt, gelockert, auch Boden vorbereitet für Aussaat und Verpflanzen usw. Selbstverständlich sind diese Einflüsse des Mondes nur ein Faktor unter vielen anderen, die man deshalb nicht etwa vernachlässigen oder ausser Acht lassen soll.

Unter die Fernkrafteinflüsse zu zählen wäre auch die Elektrizität der Luft, die auf verschiedene Weise unter der Erde den Pflanzen zugeführt werden soll.

In neuester Zeit werden auch die Farben in den Dienst des Gartenbaues gezogen. Ihre Hauptwirkung wird wohl auf dem Gebiete der Heilkunde liegen.

Zu erwähnen wäre auch noch die Samenbehandlung durch besondere Licht- und elektrische Bestrahlung zur Stärkung der Keimkraft.

Die kosmischen Strömungen, die uns die schon uralte Erfahrungswissenschaft Astrologie aufzeigt, werden im biologisch geführten Betrieb bewusst angewandt. Man sät und verrichtet seine Arbeiten draussen also nicht willkürlich und nach eigenem Belieben, sondern ordnet sich willig in den Ablauf des kosmischen Alls ein. Das Zweckmässige dieses Verhaltens ist praktisch bewiesen.

Das Streben, die natürlichen Kräfte des Weltalls nutzbar zu machen, hat dazu geführt, dass man neuerdings Versuche mit verschiedenen Beleuchtungen macht.

Aus allem mag ersichtlich sein, dass das Hauptaugenmerk des biologischen Landbaues auf die harmonische Produktion, auf die natürlichste Produktion gerichtet ist.

Getreide

Mit Getreide habe ich seit einigen Jahren die Reihensaat (25 Zentimeter) durchgeführt. Auf diese Weise erreicht man, dass gut gehackt und gehäufelt werden kann und das Getreide sehr stark stockt, weniger Saft braucht und viel widerstandsfähiger wird.

Es ist auch sehr wichtig, eine in drei Abteilungen zerfallende Fruchtfolge durchzuführen. Beim Feldbau ungefähr folgendermassen: In Neuland erstmals Kartoffeln oder andere Hackfrucht; im nächsten Jahre Weizen, dann Roggen, Gerste oder Hafer. In diese noch Gründüngung, die im Herbst wieder in den Acker eingepflügt wird. Dann wieder Kartoffeln usw.

Dem Verlangen, ja der Erkenntnis, dass es unzweckmässig ist, auf die Dauer dem Boden allzu viele Kraft zu entziehen, oder durch Düngung die Pflanze unmässig zu ernähren, entspricht ferner die Forderung auf Weite der Getreidesaat. Es sei aber erwähnt, dass diese Weite in der Saat bei sonst richtiger Pflege keineswegs quantitativ einen geringeren Ertrag zu ergeben braucht, und dass dieser eventuelle geringere Ertrag mehrfach aufgehoben wird durch den inneren Wert, den das biologisch gezogene Produkt den anderen gegenüber aufweist.

Gemüse

1. Phosphorverbrauchend (aber stickstoffsammelnd) sind die Leguminosen (Schmetterlingsblütler).
   Die durch die vorhergegangene Kultur entzogenen Stoffe werden jeweils wieder ergänzt: Stickstoff durch Ammoniak, dem Kompost beigegeben; Phosphor erhalten wir durch Zugabe von Thomasmehl zum Kompost. Magnesia kann man in dünner Lösung dem Giesswasser zusetzen. Kalk ist für alle Kulturen nötig.
   Stickstoff wird am meisten gewürdigt, weil er das Gewebe aufschwemmt und dann durch üppiges Wachstum vortäuscht. Hier liegt es nun bei dem geborenen Bauern und Gärtner, das harmonische Verhältnis zu finden. Der Stickstoff setzt nur da ein, wo die Pflanze nicht in der Lage ist, sich denselben selbst zu beschaffen. Durch fleissige Bodenlockerung kann man oft aus der Luft mehr Stickstoff anziehen, als man mit einer starken Gabe Ammoniak bewirken kann. [Im Original als Fussnote angefügt: Am wirksamsten ist die Bodenlockerung am Abend, etwa von 5 bis 9 Uhr, da sich die Nitrate während der Nacht auf den Boden senken.]
2. Stickstoffverbrauchend (phosphorsammelnd) sind Salat, Spinat, Mangold, überhaupt alle Blattgemüse und alle Kohlarten.
3. Stickstoff- und phosphorverbrauchend sind Kartoffeln, die Rübenarten, Rettiche, kurz alle Hackfrüchte.
4. Stickstoff-, phosphor- und magnesiaverbrauchend sind alle gemüseartigen Früchte wie Gurke, Tomate, Rosenkohl, alle Obst- und Beerenarten.

Hat man nicht selbst die nötige Erfahrung und Kenntnis, so kann man den Boden auf fehlende oder mangelhaft vorhandene Stoffe hin untersuchen lassen oder selbst untersuchen, sei es durch chemische Analyse, sei es mit dem allerdings bis jetzt noch umstrittenen Pendel (wobei natürlich jeder die eine oder andere Methode ablehnen kann). Auf eine Diskussion, auf Meinungsverschiedenheit beruhend, werden und können wir uns nicht einlassen, dazu ist uns die Zeit viel zu kostbar. Das eben Gesagte gilt für die ganze vorliegende Abhandlung.

Obst und Beeren
Wir können hierzu nicht viel sagen. Wir bemühen uns vorläufig auch, den Boden in einen natürlichen Zustand zu bringen, neue Beerenanlagen zu machen, die alten Obstbäume gut zu pflegen, auf minderwertiges Mostobst Edelobst aufzupfropfen. Auch eine grosse Haselnusspflanzung haben wir angelegt. Krankheiten, die von tierischen Schädlingen kommen, haben wir bis heute nicht verhüten können.
Schlusswort
In den zehn Jahren, da ich gezwungen bin, mit fremder Hilfe zu arbeiten, habe ich viel erlebt mit Menschen, die Schiffbruch erlitten und die dann ihr Heil auf dem Lande und als Siedler suchen wollten. Das Traurigste war für mich immer die Feststellung, wie weltenfern solche Menschen dem wirklichen Leben der Natur geworden sind. Falsche Vorstellungen und unrichtige Bücher zeitigen erschreckende Früchte.

Zugleich hat mich immer tief gefreut, dass es so viele gibt, die ihre Heilung da suchen, wo sie wirklich zu finden ist, wo sie wieder Menschen werden können, wenn sie guten Willens sind und wirklich arbeiten, hart arbeiten wollen. Denn Siedler werden, Bauer werden heisst: ein ganzer Mensch werden.

Und noch etwas ganz Wichtiges soll sich jeder merken. Der Siedler und Bauer ist nicht nur vom Wetter abhängig, er ist auch weitgehend den Schwankungen der Wirtschaft ausgeliefert. In Zeiten sinkender Preise, wie der heutigen, gehen seine Einnahmen zurück, ohne dass sich dadurch auch seine zu verzinsenden Schulden verringern. Und wer von uns kann ohne Verschuldung beginnen! Wie mancher wird da, trotz aller Tüchtigkeit, trotz jahrelanger unermüdlicher Arbeit seiner ganzen Familie, wirtschaftlich einfach erdrosselt! Da muss eine erste politische Forderung heissen: Sicherung des durchschnittlichen Preisstandes, Schutz vor Deflation wie Inflation: *Festwährung!*
Und das Geld, das wir herauswirtschaften, weil wir so oft auf Bücher, auf Musik, auf Annehmlichkeiten des Lebens, auf Ferien verzichten: Geht es nicht bei uns allen zu grossem Teil – oder ganz – in den unersättlichen Schlund der Zinswirtschaft? Ist es nicht das heutige Dauergeld, das unverwüstliche Goldgeld, dem sich alle Arbeit, aller Aufstieg der Menschheit immer wieder zu beugen haben? Da muss eine zweite politische Forderung heissen: Durch

seine technische Neugestaltung soll das Geld entthront, soll es zum willigen Diener der Arbeit, des schaffenden Menschen gemacht werden: *Freigeld!*

Und die Zollmauern, die jetzt wieder die Völker mehr denn je trennen, verhetzen, die mächtig auf den neuen Krieg hinwirken? Das Land, die heilige Mutter Erde als Objekt für Wucher- und Kriegsspiel! Da muss eine dritte politische Forderung heissen: *Freiland*, Weltfreihandel! Rückführung des gesamten Grund und Bodens in Allgemeinbesitz! Verpachtung (Erbpacht möglich!) im Meistbietungsverfahren – die Grundrente aber den Müttern!

So hat mir mein Leben meine drei Fragen, die ich als junges Mädchen an es stellte, beantwortet: Krankheit? – Biologischer Landbau! Armut? – Freiwirtschaft! Geschlechtsnot? – Sonnenbad, klare Ehrlichkeit!

Nur wer ein ganzer Mensch wird, nur wer allen Fragen des Lebens, seines Schicksals offen ins Auge blickt und sie in innerer Wahrhaftigkeit und eigener Verantwortung zu lösen versucht, nur der wird auch auf seinem Sondergebiet Ganzes zu leisten vermögen.

Empfehlenswerte Bücher [und Zeitschriften]:

Raoul Heinrich Francé: Das Leben im Ackerboden; Raoul Heinrich Francé: Wege zur Natur; Walter Rudolph: Der Kompost, Bedeutung, Bereitung und Anwendung; Walter Rudolph: Der natürliche Landbau als Grundlage natürlichen Lebens; Nikolai Alexandrowitsch Demtschinsky: Die Ackerbeetkultur; Sigurd Svensson: Viehlose Landwirtschaft; Heinrich Bauernfeind: Natur- und Kunstdüngung oder die Bedeutung der Erde; Heinrich Bauernfeind: Mineral- oder Aschenstoffe für die Gesunderhaltung aller Geschöpfe; Friedrich Herr: Bodenfruchtbarkeit und neuzeitliche Bodenbearbeitung; Julius Hensel: Brot aus Steinen; Fritz Peterseim: Praktischer Leitfaden für Gärtner und Bauern; Theophil Christen: Die Währungsfrage; Silvio Gesell: Die natürliche Wirtschaftsordnung; Werner Zimmermann: Lichtwärts, Ein Buch erlösender Erziehung; Werner Zimmermann: Weltvagant, Erlebnisse und Gedanken; Werner Zimmermann: Liebesklarheit, Eine Frucht aus Erlebnis, Erkenntnis und Tat; Freiwirtschaftliche Zeitung, Bern; Freiwirtschaftliche Presse, Essen; Die Neue Welt. Freiwirtschaftliches Archiv: Zeitschrift für natürliche Wirtschafts- und Menschheitsordnung, wissenschaftliches Organ der internationalen Freiwirtschaftsbewegung.

Aufruf an alle Vegetarier. Da wir alle wissen, dass unsere Nahrung, wenn sie noch aus dem verseuchten Boden der alten Bauernwirtschaft herauswächst, auch verseucht ist, und wir deshalb noch lange nicht von reiner Nahrung sprechen können, so haben wir eine grosse Bitte an alle Rohköstler: Unterstützt uns bei der Gründung einer Schulungsstätte zur Förderung der neuzeitlichen biologischen Bodenkunde, des Gartenbaues und der Landwirtschaft. Menschen sind da, die die Erkenntnisse, den guten Willen und die Kraft haben. Aber die Mittel zur Durchführung fehlen. Ausser Geldspenden sind solche in Gebrauchsgegenständen wie landwirtschaftliche Maschinen, hauswirtschaftliche Geräte und Wäsche besonders willkommen.

I. A.: **Mina Hofstetter-Lehner**
Stuhlen, Kanton Zürich, Schweiz.

Abbildung 28 Der Aufbau eine Schulungsstätte für viehlosen biologischen Landbau war eine kollektive Angelegenheit, an der sich insbesondere »Rohköstler« beteiligten. Hier: Aufruf in der Zeitschrift »Das neue Leben« 1931.

1931_Biologischer Landbau[273]

Was ist »biologischer landbau?« Was ist »biologisches gemüse?« Was ist »biologisch-dynamischer landbau?«

Es herrscht eine furchtbare unklarheit in diesen bezeichnungen, und es wird viel unfug damit getrieben; wissentlich oder unwissentlich wird der käufer mit ihnen irregeführt.

Zuerst ist es vor allem wesentlich, zu wissen, was »Biologie« bedeutet. Biologie bedeutet lebensgesetz. Biologischer landbau also lebensgesetzlicher landbau, biologisches gemüse – lebensgesetzlich-gezogenes gemüse. Um nun zu verstehen, was lebensgesetzlicher landbau und lebensgesetzlich-gezogenes gemüse ist, und um unterscheiden zu können, ob es das ist oder nicht, muss man unbedingt ganz enge beziehungen zum boden, zur pflanze, also zur natur haben. Menschen, deren tage und nächte nur vom lampenlicht erhellt sind, statt von sonne, mond und sternen, haben keine beziehung zum boden, zur pflanze. Sie kennen das lebensgesetz, das naturgesetz [gleich] gottesgesetz leider nicht mehr. Es genügt nicht, einige biologische bücher gelesen zu haben oder einige wochen und monate auf dem lande zu leben oder schliesslich ein paar gartenbeete in der freien zeit zu bebauen, um dieses gesetz wieder kennen zu lernen. Nein, da heisst es ringen ohne ruh' und unterlass, jahrelang, jahrzehntelang, tag und nacht, sommer und winter, bei sonne, regen, schnee und kälte. Beobachtungen anstellen, täglich, stündlich, an boden und pflanze, um zu versuchen, ursachen und wirkungen auf die spur zu kommen.

Mir hat am meisten Raoul Heinrich Francé, der grosse biologe, zu der kenntnis der tiefsten zusammenhänge verholfen. Will ich nun lebensgesetzlich-gezogenes gemüse haben, so muss mein boden sich einfach diesem gesetz einordnen, und erst, wenn diese einordnung stattgefunden, was immerhin ein paar jahre dauert, so kann ich mit gutem gewissen von biologischen erzeugnissen reden. Um *der heiligen sache der gesundheit aller menschen* willen dürfen wir keine kompromisse machen. Es geht diesmal aufs ganze. Wehe dem, der aus reiner profitsucht wieder kompromisse macht, bis überhaupt kein unterschied mehr ist, ob mit gülle, mist, kunstdünger gezogenes gemüse oder *sogenanntes* biologisches gemüse, »dungloses« gemüse und was der irreführenden bezeichnungen mehr sind. Die *profitgier* und die *zinsknechtschaft* sind allein schuld daran, dass der bauer vom lebensgesetz abkam. Nun, da die ganze menschheit bis zu 95 Prozent krank ist, heisst es: entweder *wir leben wieder lebensgesetzlich* von natürlichen früchten und gemüsen – *und werden gesund* – oder wir gehen allesamt zugrunde.

Durch meine Erfahrungen habe ich herausgefunden, dass 2 bis 3 jährige kompost-*erde* (nicht kompost, der wie ein misthaufen aussieht) die einzige reine düngung ist, die die pflanze gesund aufbauen kann. Die einzelheiten hierüber werde ich in späteren aufsätzen veröffentlichen. Kompost-*erde* stinkt nicht, hat keine undefinierbare farbe und zusammensetzung, ist auch nicht so, dass man noch den ursprung der verschiedenen dinge, die dem komposthaufen einverleibt wurden, erkennen kann, sondern ist schöne, feinkrümelige, gesunden erdgeruch ausstrahlende *erde*. Sie ist nicht klumpig, pappig und speckig, sondern rieselt einem ganz lose durch die hände und fühlt sich sammetartig an. Was *daraus* hervorwächst, ist dann schönes, tadelloses gemüse. Auch auf chemischem wege lässt sich die richtige zusammensetzung prüfen; desgleichen ob die erde mehr basen oder säuren enthält.

»Biologisch-dynamisch« nennt sich die landwirtschaft, die nach den lehren Rudolf Steiners geht. Die grunderkenntnisse sind dieselben, die ich auch bejahe. Hingegen kann ich zwei Dinge nicht bejahen. Es sind dieses: die voraussetzung der viehzucht und die geheimnisvollen präparate.

Wenn man weiss, dass *vegetarismus allein zur gesundheit führt*, ist es lebensgesetzlich widersinnig, tiere in ställe zu sperren und zu sklaven zu machen und die menschen wieder zu sklaven dieser tiere. Die theoretiker dieser lehre sind jedenfalls zum allerwenigsten stallknechte und tierbetreuer gewesen, sonst müsste ihnen ihr feingefühl von selbst sagen, in welcher weise sie in die unnatur und widersinnigkeit hineingeraten sind. Auch würden sie die unaussprechlichen leiden der tiere nicht zehn jahre aushalten, ohne dass ihr gewissen belastet würde.

Wenn man die kräuter und die unkräuter, die der herrgott wachsen lässt, in den kompost hinein verarbeitet und sie sich lebensgesetzlich wieder einordnen lässt in den ring des lebens, so ist es jedenfalls biologischer, als wenn man sie in form von präparaten mit geheimnisvollen zeremonien in den kompost tut.

Eine heilige zeremonie ist allein lebensgesetzlicher landbau!

Eine Anregung:

Alle menschen, die ein interesse an der eigenen gesundheit haben und sich verpflichtet fühlen, dass die allerersten grundlagen unseres erdenlebens naturgesetzlich durchgeführt werden, sollten sich zusammentun. Man könnte dann durch untersuchungen, die dem einzelnen nicht möglich sind, die äusserst wichtige angelegenheit einwandfrei beobachten und schliesslich die betriebe, die sich dieser kontrolle unterwerfen, in allen reformzeitschriften bekanntgeben. Ich glaube, das wäre allen zum segen.

1931_Eine schweizerische Landwirtin zur Düngungsfrage[274]

[Im Original als Fussnote angefügt: Die Autorin, Frau Mina Hofstetter in Ebmatingen, Stuhlen, Kanton Zürich, bemüht sich seit Jahren in Tat, Wort und Schrift um eine gesunde Bodenkultur. Sie soll als Praktikerin hier einmal zum Worte kommen. Der Herausgeber.]

Wenn Raoul Heinrich Francé sagt, dass in der Zusammensetzung des *reifen, garen* Bodens das Gesetz des goldenen Schnittes wirksam sei, so nimmt er uns wohl den Vorhang weg vom Geheimnis des Werdens gesunder Menschennahrung. Es wird wohl möglich sein, diesen goldenen Schnitt rechnerisch nachzuweisen. Mir gehen diese Eigenschaften ab. Ich kann dagegen dieses Gesetz erfühlen. Und ich habe nicht versucht, das Gesetz in meinem Boden zu »*machen*«, sondern es *werden zu lassen*. Das will ich mit Worten versuchen klarzulegen: Wenn ein kranker Mensch nach unserer Ansicht gesund werden will, so fängt er an zu fasten, oder er lässt alle krankmachenden Nahrungsmittel weg: Fleisch, Käse, Eier, Weissbrot, Alkohol und wie sie alle heissen, also vornehmlich alles Säurebildende. Nun ist unser Boden ebenso krank wie der Mensch: *Übersäuert!* Überernährt! Einseitig verhätschelt mit unvergorenen Fäkalien und Kunstdünger. Deshalb muss es uns nicht wundern, wenn die Pflanzen, die darauf wachsen, auch krank sind, übersäuert, und uns nicht gesund machen können. Obwohl Sonne, Luft und Regen viel verbessert haben an dem, was der Mensch verdorben, *alles* konnten diese Kräfte nicht restlos beseitigen. Der Bauer von heute und gestern sah eben den Boden immer nur als *Standort* seiner Pflanze an und nicht als wichtigen Nährfaktor. Er gab der Pflanze die *Nahrung* in Form von *Dünger*.

Wie dieser Dünger beschaffen ist, wissen wir alle! Wir lehnen ihn ab! Aus Ekel und aus Gesundheitsrücksichten. Unser Idealdünger ist der Kompost; den bereiten wir aus *allen* Abfällen, vermischen ihn mit Laub, Erde, Torfmull, Kalkstein (gemahlen), lassen alles 2 bis 3 Jahre zusammen am Haufen vergären, arbeiten es alle 3 bis 4 Monate einmal um, und siehe, was wird daraus: neue jungfräuliche Erde, die einen solch feinen Geruch ausströmt, dass man sie essen möchte. Was bewirkt nun all dies?

Die Erde, die man gewohnt war, als eine tote Masse zu betrachten, ist eben etwas ganz anderes, sie ist ein lebender Organismus mit Millionen und Abermillionen Lebewesen. Wenn man unter dem Mikroskop eine Messerspitze voll Erde ansieht, wird man eine Wunderwelt von verschiedenen lebenden Tierchen finden. Das sind unsere Arbeiter ohne Lohn! Wenn die nicht wären, dann hörte das grosse Leben über der Erde bald auf. Es ist so, dass jene tausenderlei verschiedenen Mikroben, Amöben, Rädertierchen usw. alle ihre ihnen vom goldenen Gesetz diktierten Heimaten haben. Stört man sie darin und bringt sie durch *zu* tiefes Pflügen und Umgraben an einen anderen Ort, so sterben sie. Wenn man die untern nach oben bringt, so können sie es nicht vertragen, und die, welche oben leben, sterben unten. Dann wird der Boden unwirksam und tot! Wollen wir *garen*, reifen Boden haben, aus dem die Pflanze *alle* ihre nötige Nahrung herausziehen kann, so müssen wir nicht das Unterste zuoberst kehren, sondern nur *wühlen* und immer wieder wühlen. Und die Düngung, also den Kompost, nicht eingraben, sondern obenaufstreuen! Denn die jungen Sämlinge benötigen den *feinsten*

Boden mit ihren feinen Würzelchen, wenn sie grösser werden und in die Tiefe gehen, suchen sie dann selbst die gröbere Nahrung.

Ein anderer Faktor ist das *Bedecken des Bodens*. Jeder, der schon einmal ein Gärtlein bebaute, hat die Erfahrung gemacht, wenn er im Frühling umgrub und alles so fein wie möglich zerkrümelte, ansäte und einrechte, wurde die Erde nach dem ersten Regen fest, manchmal fast wie eine Zementplatte mit Rissen. Man hat daraus Folgendes gelernt, was ich oben schon sagte: Die Mikroben sterben im Sonnenlicht. Deshalb bedecken wir das neu angesäte Beet mit irgendeiner organischen Substanz: Heu, Stroh, Gras, Laub, Torfmull usw. Wir würden uns nun wundern über das Leben, das sich jetzt entfaltet. Zuerst sehen wir am andern Morgen, wie der Regenwurm, dieser König der Erde und Vorarbeiter, von unserm Gras ganze Häufchen in die Erde hineinzieht. Was bedeutet das? Dadurch, dass er seine grossen Gänge macht, durchlüftet er die Erde. Mit dieser Luft bringt er erst Leben für die kleinen Helfer in unser Reich. Dann frisst er das Gras und gibt es als feinsten Humus wieder ab. Somit ist er unser allerbester Düngerfabrikant, wie es kein einziger Chemiker fertigbrächte. Eine weitere Beobachtung kann man machen: So heiss nun auch die Sonne brennt, dieser so bedeckte Boden wird nicht mehr hart, sondern bleibt im Gegenteil immer etwas feucht und erübrigt so das viele Giessen. Dadurch, dass wir den Lebewesen des Bodens eine gute Heimat schaffen, bereiten sie uns den garen Boden und die Ausdünstung des Untergrundwassers geht nun nicht mehr in die Luft durch die Sprünge, sondern setzt sich als Tau unter der Bodenbedeckung fest und die feinen Saugwürzelchen der Pflanzen finden täglich ihr Labsal. Ist die erste Bedeckung völlig aufgefressen, so lacht man und gibt eine neue. Sind die Pflanzen hoch genug, so häufelt man sie und gibt die letzte Bedeckung, nachher fangen dann die Pflanzen von selbst an, mit ihren Blättern den Boden zu bedecken. Ich glaube, dass der Mensch und vor allem der kranke Mensch gar nicht weiss, was die Erde, die heilige Mutter Erde uns alles offenbaren kann, wenn wir anfangen, sie zu betreuen. Wenn wir Neuschöpfer werden und Helfer des ewigen Schöpfers. Im Frühling, wenn der Schnee geschmolzen ist, und wir uns im Sonnenschein auf die Erdschollen setzen, wie strömt sie uns Kraft und neues Leben zu, wie sagt sie mit jedem Krümchen: *Ich bin da und bleibe ewig jung*. Wir dürfen nun dieses Krümchen hegen und pflegen, dass daraus uns ein Apfel, eine Rose wird und damit haben wir die ganze Herrlichkeit der Welt erschlossen bekommen. Darum rate ich Dir, lieber Mitmensch: Bist Du krank, so lege Dir ein Gärtlein an und Du wirst täglich neue Wunder erleben und gesunden und andern von Deiner Freude schenken können ohne Ende.

1931_Neuzeitliche Ernährung[275]

Es gibt einen Faktor in der neuzeitlichen Ernährung, der bis heute viel zu wenig beachtet wurde, nämlich *die Landwirtschaft*. Wenn wir schon gesund leben wollen, dann sollten auch die *Nahrungsmittel gesund* sein, die wir zu uns nehmen. Heute ist es aber so, auch die Landwirtschaft hat dies eingesehen, dass die Tiere, die Pflanzen, die Bäume *krank* sind.

Sie tut dagegen dasselbe, was die Schulmedizin tut, sie treibt den Teufel mit dem Belzebub aus. Sie hat alle möglichen chemischen Spritzmittel erfunden, um die Krankheit zu bekämpfen. Die *Symptome* bringt sie allenfalls weg, aber nicht die *Ursachen* und nicht die Auswirkung. Suchen wir die Ursachen und suchen wir so lange, bis wir sie gefunden haben. Es ist ganz klar, dass der *Boden*, die *Bodenbeschaffenheit*, die *Bodenzusammensetzung* die Ursache ist. Unser Boden ist heute *versäuert*, wie die Menschen durch das allzuviele Eiweiss versäuert sind. Es muss uns Landwirten nun daran liegen, den Boden gesund zu pflegen und dann wird daraus wieder eine gesunde Nahrung kommen!

So schnell wird das ja nicht gehen, denn der Boden ist ein lebendiger Organismus, den man nicht von heute auf morgen mit einer Kunstdüngergabe *»reich«* macht, sondern er wird, wie der kranke Mensch, viel Zeit brauchen, um alle Sünden, die an ihm begangen wurden, auszumerzen.

Einsichtige Gärtner und Landwirte werden eben kommen müssen und ihre Existenz aufs Spiel setzen um der enorm wichtigen Sache willen, die im Grunde die *allererste Vorbedingung* sein wird, dass die Menschheit wieder gesund wird, *eine neue Art Landbau* betreiben. Es braucht dazu ganz pflichtgetreue Menschen. Denn heute bei dieser schweren Weltkrise und bei der heutigen materiellen Einstellung wird mancher wieder ins alte Fahrwasser zurücksinken und Kompromisse machen, bis die Kompromisse wieder alles andere verschlingen.

Ich halte als allein gesund und richtig: *Kompostwirtschaft*, *Gründüngung* und als Ersatz für Mineraldünger *gemahlenes Urgestein!* Diese drei Dinge im richtigen Verhältnis, richtig angewandt, werden unsere Geduld belohnen, uns *gesundes* Gemüse, Früchte und Brot liefern.

1932_Was eine Schweizerin vom Lande zum Weltfrieden sagt[276]

Ernährung und Völkerfriede. Viele, die diese Überschrift lesen, werden sagen: welcher Unsinn! Ich sage: Ernährung verhält sich zum Völkerfrieden genau so, wie die Saat zur Ernte. Wie soll ich nun beweisen, dass mein Wissen nicht falsch ist?

Was ist Wissen? Für mich bedeutet Wissen [gleich] weise sein: »das, was ich mir durch Erleben und Erleiden erworben habe«. Ein gelehrter Doktor, der auf allen Universitäten der Welt Landwirtschaft studiert hat und nie das Feld selber bebaut, meint doch, ein Wissender zu sein. Nun kommt er an einem schönen Frühlingstag per Zufall einmal an Feldern vorbei, wo Acker an Acker Getreide steht: Weizen, Korn, Roggen, Gerste, Hafer. Ich glaube, dass dieser Doktor nicht das eine vom andern wird unterscheiden können. Hingegen wird ein Bauer, der auch zufällig des Weges kommt und der diese Frucht nicht selbst säte, genau sagen können, was für Getreide in jedem Acker ist. Derjenige ist also der Wissende, der mitgelebt, der mitgelitten hat: Indem er den Boden zubereitet, mit gläubigem Herzen die Saat ausstreut, sieht er schon die jungen Halme spriessen, die Ähren im Sturm sich beugen, die Garben im Sonnenglanz stehen, die Körner beim Dreschen fliegen, und auf der Zunge spürt er den wunderbaren Geschmack des eigenen selbstgebackenen Brotes. Oh, würden wieder mehr Menschen zurückkehren zur Mutter Erde, um *ihr* die Früchte abzuringen, würde es wieder mehr Wissende geben um die letzten Dinge, mehr Ahnende von der Harmonie des Lebens. Denn derjenige, der sein Leben auf der Scholle der Mutter Erde zubringt, verliert nie ganz den Zusammenhang mit dem Unendlichen, die Harmonie mit Gott: Er weiss, dass seine Arbeit nichts wäre, wenn nicht in jedem Samenkorn *das* Leben eingeschlossen wäre, das von höherer Macht und nie durch Menschenhände erschaffen wird. In unserem Körper ist nun von Uranfang an auch ein Strahl dieses göttlichen Lebens eingeschlossen. Unsere Aufgabe ist es, diesen Strahl mit möglichst reinen göttlichen Strahlen zu erhalten und höher zu entwickeln. Der reinste Strahl direkt aus Gottes Hand ist nur der Sonnenstrahl. Fehlt dieser, so beginnt für alles Leben auf Erden Fäulnis und Tod, am allerersten aber für den Menschen. Die Nahrung, die wir unserem Körper zuführen, sollte möglichst auch reinster Sonnenstrahl sein, wenn wir Ebenbild Gottes werden wollen. Weil unser Leib nun irdisch – von der Erde – ist, verlangt er auch Irdisches [gleich] von der Erde. Dies sind in reinster Zusammensetzung Pflanze und Frucht. In diesen wunderbaren Gebilden ist alles harmonisch vereinigt, was unsern Leib gesund und schön gestaltet. Sind wir am Körper *gesund* in des Wortes tiefster Bedeutung, so wird auch die Seele harmonisch sein. Ein harmonischer Mensch aber wird nie unharmonische Taten vollbringen, als da sind: Verbrechen, Mord, Krieg. Das ist der tiefste Zusammenhang zwischen Ernährung und Völkerfrieden.

Das geht nun natürlich nicht von heute auf morgen. Abrüstungsfragen, Pazifistenvereinigungen sind alles eitle Dinge, solange die Menschen nicht zur harmonischen Lebensweise der reinen Sonnennahrung kommen. Solange Kinder gezeugt werden im Sinnenrausch, hervorgegangen aus Unmässigkeit und tierischer Nahrung. Wollen wir der Zukunft den Weltfrieden bereiten, müssen wir unsern und unserer Kinder Leiber nicht zum Friedhof unzähliger Tierleichen machen.

Ich kann, durch reine Nahrung aus Leid und Elend herausgekommen, jedem sagen, der es hören will: Wunderbar ist die Macht und Kraft der Sonnenlichtnahrung. Da fällt alles ab: Krankheit, Not, seelisches Elend, Verzweiflung, Sinnengier und wie diese Dinge mehr heissen. Dann ist alles reinste Freude, reinster Strahl, Widerstrahl von Gottes Strahl.

Das Wort, dass die Erziehung des Kindes vor der Geburt beginnt, wird uns dann zum Segen, nicht zum Fluch.

Was wir heute Erziehung nennen, ist im Grunde eine Verkrüppelung des Menschen. Heute meint man vielfach, die Erziehung beginne erst, wenn das Kind 1, 2 oder mehr Jahre alt sei, wenn es »Verstand« habe. Ja, die Schule wird als eigentliche Erziehungsanstalt angesehen und wenn dann die Schuljahre vorbei sind, ist die Eltern- und Lehrertätigkeit am Ende!

Ich sage: Die Erziehung beginnt vor der Geburt, beginnt vor der Zeugung! Wir sollten uns sehr schwere Bedenken machen, Kinder zu zeugen, solange wir krank und unharmonisch sind. Und vor allem sollten Kinder nur aus reinster beiderseitiger Liebe gezeugt werden. Das wäre die erste Grundbedingung für die Erziehung. Ist das Kind einmal geboren, so ist es fertig mit allen Tugenden und Fehlern. Wollen wir weiter auf dasselbe einwirken, so können wir es in allererster Linie wieder durch die Nahrung. Indem wir unsern Körper rein ernähren, ist er von selbst imstande, das Kindlein monatelang mit Muttermilch zu erhalten. Muttermilch. Ein altes wahres Wort heisst: Der Mensch hat es (Tugend, Laster) schon mit der Muttermilch eingesogen. Muttermilch ist eben *keine tote Nahrung*, ist Sonnenstrahl, Kraft, Harmonie, ist beseelt mit allem, was wir für das Kind Gutes wünschen, setzt sich in seinem Körper wieder um in Gesundheit, Schönheit, in Gedanken und Taten. Wisst ihr nun, ihr Mütter, die ihr eure Kinder so gedankenlos mit Tiermilch, totem Mehl usw. *füttert*, welch wunderbare Gottesgabe ihr verschmäht, die Gabe, das Kind zu einem wahren, guten Menschen, ja, zum Ebenbilde Gottes zu erziehen. Wenn die Mutterbrust die Nahrung versagt, dann sind Früchte der einzige vollwertige Ersatz: Sonnenstrahlen.

Junges Mädchen, junge Mutter, die du so sehr leidest unter Zorn und Streit deiner Familie, die du zitterst, dein Geliebter möchte im zukünftigen Kriege fallen, die du die Frucht deines Leibes schon durch Giftgase zerstört siehst, denke daran, dass du allein imstande bist, dies alles zu ändern mit Sonnenlichtnahrung.

Kursprogramm

Umschulung in Land- und Gartenbau nach naturgesetzlicher Grundlage

Da die heutige Lebensweise der Menschen zum Niedergang geführt hat, nicht nur in gesundheitlicher, sondern auch in ethischer und kultureller Beziehung und meine Lebenserfahrung mich immer mehr darin bestärkt, daß der Mensch zur Natur, zur Erde zurückkehren muß, werden in meinen Kursen besonders jene Gebiete betont, die den Menschen wieder zum natürlichen Geschöpf der Erde machen.

I. Theoretische Einführung in die neuzeitlichen Erkenntnisse der Bodenbiologie

a. Die natürliche Bodenbearbeitung (die neue Methode). Ihre Beziehung zum Menschen, zur Nahrung, zur Gesundheit.

b. Kritik über Viehwirtschaft und falsche Bodenbearbeitung in der heutigen Landwirtschaft.

c. Mensch, Pflanze, Kosmos in Beziehung zu Garten und Feld. Der Umgang mit dem Lebenden: Boden, biolog. Bodenkultur, Gare. Neuzeitliche Geräte, rationelles Arbeiten, biologische Düngung und Fruchtbarkeit, Kreislauf, Humus, Mineralien, Bodenvitamine, Mikroben, Gehalte, Ansprüche der Pflanzen, Qualität, Düngung, Nahrung.

Kulturen: Getreide, Obst, Gemüse, Hackfrüchte. Biologische Grundlagen. Anlage des Gartens. Der Ziergarten als Heilgarten. Viehlose Landwirtschaft. Kompostwirtschaft. Wirtschafts- und Rentabilitätsfragen.

II. Kursthemen:

Ackerbau, Gartenbau — Säen, Setzen, Pflanzen
Pflege der Äcker und des Gartens — Erntearbeiten,
Aufbewahrung: Einkellern, Einwintern in der Erde,
Sterilisieren und Trocknen, Süßmosterei,
Dreschen und Mahlen des Getreides, Backen.
Bienenzucht

Ausser diesen obligatorischen Vorträgen werden von Fachleuten Referate gehalten über:

Gesundheits- und Ernährungsfragen
Wirtschaftsfragen im allgemeinen und in Bezug zur Landwirtschaft.

III. Kosten:

Für 10-tägige Kurse inkl. Unterkunft und Verpflegung Fr. 200.—, Externe Fr. 100.—.
Bei Kursverlängerung entsprechende Ermässigung

Kursbeginn am 9. April (zehntägig fortlaufend)

Erste schweizerische Lehrstätte für biologischen Landbau

MINA HOFSTETTER • EBMATINGEN b. Zürich

Telephon (051) 97 21 92

- **Fahrplan ab Zürich: Tram 3 oder 8 bis Klus; mit blauem Auto bis Witikon, mit Postauto oder einstündige Fußtour bis Ebmatingen.**

Druck: F. Vetter, Thal

Abbildung 29 »Den Menschen wieder zum natürlichen Geschöpf der Erde machen« – das war ein wichtiges Ziel der Umschulungskurse auf dem Hof Stuhlen in der Zwischenkriegszeit.

1932_Einführungsschriften in den biologischen Gartenbau[277]

Da ich schon seit 1923 auf meinem 20 Jucharten grossen Bauerngut versuche, eine einwandfreie biologische Düngung durchzuführen, sei es mir gestattet, ein paar Worte zur bis heute erschienenen Literatur zu sagen.

Ich kenne zum grössten Teil alle jene Bücher und auch teilweise die Menschen, die sie geschrieben, persönlich, oder doch kenne ich teilweise ihre Erfolge.

Nach Rudolf Richter haben wir auch Versuche gemacht, sind aber wieder abgekommen von dem Verfahren, Wurzeln und *Äste – ganz* bis auf den Stumpf zu schneiden. Hingegen halten wir bis jetzt durch ohne Giftspritzen. Dem Nachbarn seine Bäume, der spritzt, sind dieses Jahr genau so voll Raupen wie unsere, die biologisch gedüngt sind.

Stahel hat, wie er selbst im Mai des Jahres bei mir sagte, den Schnitt beibehalten, düngt aber meiner Ansicht nach in keiner Hinsicht biologisch.

Ewald Könemann kenne ich persönlich. Er ist ein grosser Theoretiker, hat aber bis heute in keiner Weise praktisch bewiesen, ob seine Theorie stimmt. Teilweise hält die Düngungstheorie nach meinen Erfahrungen, was er verspricht, hingegen bin ich mit dem Silo gar nicht zufrieden. Die Versprechungen darauf sind viel zu gross. Auch dauert es viel länger, bis man Kompost hat, und muss man, wenn er gesundheitlich einwandfrei sein soll, ihn noch an Haufen mit Erde vermischt ein halbes bis ein Jahr liegen lassen. Seine Zeitschrift ist für uns fast wertlos geworden, weil sie *in jeder* Hinsicht zu viel Kompromisse macht.

Hingegen ist Friedrich Herr jedenfalls einer der ersten Praktiker, den wir in dieser Beziehung haben, und seine Bücher sind die besten, die mir bis jetzt begegnet sind, besonders, da er auch im *Sinn* die Gedankengänge unseres verehrten Herrn Dr. Maximilian Bircher-Benner in die Praxis umsetzt.

Mit dem Wort »biologischer Landbau« und der Ausübung in der Praxis ist es leider wie mit dem Birchermüesli. Es wird so vermanscht und verfälscht, dass einem manchmal übel wird, wenn man die praktische Anwendung sieht.

Ich möchte hiermit eine Frage an alle Wendepunktleser stellen: Sollten wir versuchen, einen Rundbrief unter uns zirkulieren zu lassen, der Anleitung und Versuche und Erfolge in dieser Hinsicht behandelt?

Wer mitmachen will, schreibe mit Rückporto an mich.

Ein Büchlein möchte ich noch sehr empfehlen: Walter Rudolph, *Der Kompost*, zu beziehen in der Schweiz durch Paul Häusle, Kirchgasse, Zürich.

In aller Bescheidenheit sei auch mein eigenes Büchlein erwähnt: *Biologischer Landbau*, meine praktischen Erfahrungen mit wertvollen Aufsätzen von Chemiker Karl Erpf und Herrn Dr. Franklin Bircher, zu beziehen von mir für Franken 1.15, Postscheckkonto VIII 18925, in Deutschland durch die Verlagsbuchhandlung Lühe & Co. in Leipzig für 90 Pfennige, oder Hedwig Eichbauer, »Arbeitsgemeinschaft Freusburg«, Hamm/Sieg.

1933_Rundbrief für biologischen Landbau I[278]

Eine Frage aus der Grossstadt: Welcher Unterschied besteht zwischen gewöhnlichem Gemüse und biologischem Gemüse?

Ihre Frage umschliesst fast das ganze Problem des biologischen Landbaus. Um ganz genau zu sein, müsste ich zur Antwort ein Buch schreiben. Was ich Ihnen in gedrängten Sätzen darüber sagen kann, ist Folgendes: Gemüse von Landwirten und Gärtnern der alten Schule ist genau gesagt Gewächs, das mit natürlichem Wachstum nichts mehr zu tun hat, das vom ersten Gedeihen bis fast zum Tage, wo es auf den Markt kommt, überdüngt wird mit allen Arten von Mist, Jauche und Kunstdünger, denn der Käufer will »grosse, schöne« Ware haben, ganz genau wie der Metzger und Viehhändler nur grosse schöne, fette Ware kaufen will. Kein Einziger fragt nach dem Gehalt der Ware, nach der Gesundheit, hier gibt es ganz genau wie beim Menschen auch eine »trächtige Gesundheit« und was zu bedenken ist: Die Trächtigkeit dieser Gesundheit überträgt sich auf den Geniesser. Sie lässt sich nicht mit Wasser abwaschen, sondern ist inwendig in der Zusammensetzung der Kräfte eingeschlossen. Biologisches Gemüse hingegen, das statt mit krankheitshaltigem Dünger, bei Düngung mit reifer, garer Komposterde gezogen wird, ist ganz anders. Raoul Heinrich Francé sagt uns, dass im ganzen Ackerboden das Gesetz des goldenen Schnittes in Erscheinung tritt. Jeder Baum, jedes Blatt am Baum, der Mensch im Ganzen, die menschliche Hand, jedes Kunstwerk von Menschenhand geschaffen, verkörpert den goldenen Schnitt in sich, wenn es »schön«, harmonisch ist. Sorgen wir dafür, dass unsere Gartenerde, unsere Ackererde goldener Schnitt werden in jedem Krümchen, dann werden auch die Pflanzen, wird auch unsere Nahrung zum goldenen Schnitt. Und wir selbst? Wir werden dann auch langsam, langsam die grossen Bäuche, die Hautausschläge, die inneren Entzündungen verlieren und durch die reine Sonnen-Regen-Erdkrafternährung wird unser Körper sich langsam, langsam zum goldenen Schnitt zurück-, oder besser gesagt, aufwärtsentwickeln zur wirklichen Gesundheit!

1933_Rundbrief für biologischen Landbau II[279]

Wie kann man Warmkästen ohne tierischen Dünger packen?

Zur Packung warmer Kästen kann man an Stelle tierischen Düngers mit bestem Erfolg auch minderwertiges Wiesenheu und Emd (Grummet) verwenden.

Der Kasten wird völlig geleert. Zuunterst kommt eine dünne Schicht Laub als Isolierung gegen die Erde. Darauf wird das Heu oder Emd in mehreren Lagen gleichmässig in den Kasten gebracht. Jede Lage wird reichlich angegossen und angetreten. Besonders an den Rändern und unter den Stegen ist sorgfältig zu packen, weil es dort sonst einsinkt. Begossen wird mit kaltem Wasser, nur die letzte Lage kann man, der bessern Erwärmung wegen, warm überbrausen. Dann wird geprüft, ob die Feuchtigkeit genügend eingedrungen ist. Die gesamte Heupackung soll zusammengetreten zirka 50 Zentimeter betragen. Darauf kommen zirka 10 bis 15 Zentimeter gute Gartenerde, die man vorteilhaft in zwei Schichten auffüllt. Dazwischen hinein kommt Torfmull, den man mit der zweiten Schicht Erde durch Unterrechen vermischt. Dann deckt man den Kasten mit Fenstern und nachts, sowie bei kaltem Wetter, ausserdem mit Strohmatten. Nach etwa vier Tagen hat sich eine genügende Wärme entwickelt. Die Temperatur ist immer zu beobachten! 16 bis 18 Grad Celsius genügen zur Aussaat. Man bringt nun noch 5 bis 10 Zentimeter gesiebte, mit Sand vermischte Gartenerde (schöne Komposterde) in den Kasten.

Darauf wird gesät. – Zum Bedecken der Saat verwendet man eine recht leichte Mischung von gesiebter Erde, Torfmull und Sand. Die Kästen sind stets gut betreffend Wärme zu kontrollieren. Es kommt vor, dass sich das Heu in den ersten Tagen nach der Packung bis auf 50 Grad Celsius erhitzt, weshalb man am besten mit der Aussaat etwa eine Woche wartet und auch nach der Aussaat die Kästen sorgfältig kontrolliert und durch eventuelles Lüften auf der vorgeschriebenen Temperatur hält.

Sowie der Samen aufgeht, sind die Strohmatten möglichst den ganzen Tag über wegzunehmen, damit die Pflanzen Licht haben.

Begossen wird vormittags, damit die Pflanzen zur Nacht wieder trocken sind. Gelüftet wird immer gegen die Windrichtung, das heisst, dass der Wind von hinten kommt und nicht zur Öffnung hineinbläst.

Als Packmaterial wird auch Stroh, Schilf, Laub und Wollstaub empfohlen.

Mitteilung: Der Frühjahrskurs für biologischen Landbau findet dieses Jahr vom 23. April bis 6. Mai statt. Kursprogramm auf Verlangen gegen Rückporto.

1933_Rundbrief für biologischen Landbau III[280]

Was halten Sie von der Giftspritzerei der Obstbäume?

Ich lehne sie vollständig ab. Sie kommt mir genau so vor, wie die allopathische »Gesundmachung« der Menschen. Ein Gift soll mit dem andern ausgetrieben werden und am Ende ist der Mensch ein gefüllter Giftbecher, sein Körper speit Gift und seine Seele Disharmonie, Kampf und Krieg. Und so ist es mit den Bäumen, die mit Gift gespritzt werden. Es wird damit so kommen wie mit den Reben; man hat sie 30 Jahre lang gespritzt, dann musste man sie ausreuten. Wenn wir unsere Äpfel und Birnen und Kirschen 30 Jahre gespritzt haben, wird nicht mehr viel übrig sein.

Ich versuche auf folgende Art, den Schädlingen zu begegnen. Erstens durch möglichst ausgedehnten Vogelschutz und hegen und füttern der Vögel im Winter. Auch ist es mein Bestreben, nach und nach Hecken um mein Grundstück zu ziehen zu Nist- und Schutzgelegenheiten. Dann bin ich überzeugt, dass man nicht durch Ausrotten der Sträucher ein »sauberes« Anwesen schaffen soll, sondern dass gerade auch recht viel Sträucher aller Art dazu gehören, damit das »Natürliche« zur Auswirkung kommt. Zur Düngung der Bäume brauchen wir seit 8 Jahren nur noch Kalk und Strassenabraum, für junge etwas Komposterde und dann, was die Hauptsache scheint, wir lassen den Bäumen den natürlichen Dünger und Bodenschutz der eigenen Blätter, ebenso wird unter Bäumen nie geerntet, sondern alles Gras, das wächst, wird abgeschnitten und als Bodenbedeckung und Düngung belassen. Als einziges Spritzmittel lasse ich Lehmwasser gelten, wie auch das Bestreichen von Wunden mit Lehmbrei. Unsere Äpfel sind vielleicht etwas kleiner, dafür viel köstlicher im Geschmack und nie *innen* voll brauner Tupfen, wie solche, die mit Mist und Jauche überdüngt sind, auch faulen sie weniger und behalten bis zum Frühjahr frisches und saftiges Fleisch. Bis alles Krankhafte an den alten Bäumen sich verloren hat, wird es eben noch einige Zeit dauern, aber gewiss ist es, dass so behandelte Bäume viel weniger Schädlingen zum Opfer fallen, weil sie *gesunde* Kräfte und Säfte haben.

1933_Rundbrief für biologischen Landbau IV[281]

Was ist »biologischer« Landbau und »biologisches« Gemüse?

Es herrscht in diesen Begriffen eine Unklarheit, die zu allerhand Unfug führt. Wissentlich und unwissentlich wird der Käufer mit diesen Bezeichnungen irregeführt.

Biologie bedeutet das Wissen von den Lebensgesetzen, biologischer Landbau also lebensgesetzlicher Landbau, und biologisches Gemüse ist solches, das nach den Lebensgesetzen gezogen wird. Um zu wissen, was diese Lebensgesetze sind und ob nach ihnen gehandelt wird, muss man unbedingt ganz nahe Beziehungen zu Grund und Boden, zu den Pflanzen, also zur Natur überhaupt haben. Menschen, deren Tage und Nächte nur vom Lampenlicht erhellt sind, statt von Sonne, Mond und Sternen, haben keine Beziehung zu Boden und Pflanze. Sie kennen das Lebensgesetz, das Natur- oder Gottesgesetz nicht mehr. Es genügt nicht, einige biologische Bücher gelesen zu haben oder einige Wochen und Monate auf dem Lande zu leben, oder schliesslich in der freien Zeit ein paar Gartenbeete zu bebauen, um dieses Gesetz wieder kennen zu lernen. Da heisst es ringen ohne Ruh' und Unterlass, jahrelang, jahrzehntelang, Tag und Nacht, Sommer und Winter, bei Sonne, Regen, Schnee und Kälte. Beobachtungen anstellen, täglich, stündlich, an Boden und Pflanzen, um den Ursachen und Wirkungen auf die Spur zu kommen.

Mir hat am meisten *Raoul Heinrich Francé*, der grosse Biologe, zur Kenntnis der tiefsten Zusammenhänge verholfen. Die Lehre ist einfach: Will ich lebensgesetzlich gezogenes Gemüse bekommen, so muss mein Boden sich den Gesetzen einordnen, und erst wenn diese Einordnung sich vollzogen, was immerhin einige Jahre dauert, kann ich mit gutem Gewissen von biologischen Erzeugnissen sprechen. *Wir dürfen um der heiligen Sache der Gesundheit willen keine Kompromisse machen.* Denn es geht heute aufs

Ganze. Wehe denen, die um des Profits willen wiederum Kompromisse machen, bis kein Unterschied mehr ist zwischen dem *sogenannten »biologischen«* oder »dunglosen« Gemüse, oder wie es sich nun nennen mag, und dem üblichen, mit Jauche, Mist und Kunstdünger gezogenen. Erwerbsgier und ihretwegen eingegangene Zinsknechtschaft sind schuld daran, dass der Bauer vom Lebensgesetz abgekommen ist. Nun, da die Menschheit fast in ihrem ganzen Nährboden krank ist, heisst es: entweder wiederum dem Lebensgesetz entsprechend leben, das heisst von natürlichen Früchten und Gemüsen, oder die Möglichkeit des Wiederaufstiegs verlieren und zugrunde gehen.

Auf Grund meiner Erfahrungen habe ich herausgefunden, dass das einzige reine Düngemittel eine 2 bis 3-jährige Komposterde ist – nicht Kompost, der aussieht wie ein Misthaufen. Solche Düngung kann die Pflanzen gesund aufbauen. Kompost-*Erde* stinkt nicht, hat keine undefinierbare Farbe und Zusammensetzung, ist auch nicht so, dass man noch den Ursprung der verschiedenen Dinge, die dem Haufen einverleibt wurden, erkennen kann, sondern ist schöne, feinkrümelige, gesunden Erdgeruch ausströmende *Erde*. Sie ist nicht mumpig, pappig und speckig, sondern rieselt einem ganz lose durch die Finger und fühlt sich samtartig an. Was aus ihr hervorwächst, ist schönes, tadelloses Gemüse. Ihre richtige Zusammensetzung lässt sich auch auf chemischem Wege prüfen, desgleichen ob sie mehr Basen oder Säuren enthält.

»*Biologisch-dynamisch*« nennt sich die Landwirtschaft, die nach den Lehren Rudolf Steiners vorgeht. Die Grunderkenntnisse sind dieselben, die auch ich bejahe. Hingegen kann ich zwei Dinge nicht bejahen: Die Voraussetzung der *Viehzucht* und die geheimnisvollen *Präparate*.

Wenn man sich bewusst ist, dass vegetabile Nahrung allein zur durchgreifenden Gesundheit führt, widerspricht es den Lebensgesetzen, Tiere in Ställe zu sperren und zu Sklaven zu machen und die Menschen wiederum zu Sklaven dieser Tiere. Die Theoretiker dieser Lehre sind jedenfalls zum kleinsten Teil Stallknechte und Tierbetreuer gewesen, sonst müsste ihnen ihr Feingefühl von selbst gesagt haben, wie sehr sie damit in Unnatur und Widersinn geraten sind. Auch würden sie nicht zehn Jahre lang die unausgesprochenen Leiden der Tiere mitangesehen haben, ohne ihr Gewissen bedrückt zu fühlen.

Wenn man die Gewächse und Unkräuter in den Kompost hinein verarbeitet und sie sich lebensgesetzlich wieder einordnen lässt in den Ring des Lebens, dann ist das sicherlich biologischer, als wenn man sie in Form von Präparaten mit geheimnisvollen Zeremonien in den Kompost tut. *Der Landbau nach dem Lebensgesetz, und nur er, ist eine heilige Zeremonie!*

Eine Anregung: Wäre es nicht Zeit zu einem Zusammenschluss, um jene Untersuchungen vornehmen zu können, die dem Einzelnen nicht möglich sind, die verschiedenen Anbaubetriebe zu beobachten und alle jene, die sich der Kontrolle unterwerfen in den Reformzeitschriften bekannt zu geben? Ich glaube, ein solcher Zusammenschluss würde allen zum Segen.

Nachwort: Der zweite biologische Landbau-Kurs in Ebmatingen bei Zürich findet in der ersten Hälfte des Monats August statt.

1933_Gesunde und vollwertige Nahrung[282]

In Deutschen und Schweizer (ernstzunehmenden) Zeitschriften geht neuerdings ein Streit hin und her über die angebliche »Giftigkeit« der Tomate, der sogar Krebserregung zugeschrieben wird! Da diese schöne und beliebte Frucht auf dem Vegetariertisch eine grosse Rolle spielt, muss ich Stellung dazu nehmen. Durch den Artikel von Konrad von Meyenburg, Basel, den er über meine Methode »Neuer Getreidebau« nach der SAFFA veröffentlichte und auch durch mein Büchlein *Brot – die Lösung der Getreidefrage durch die Schweizerfrau* habe ich viele Sympathiezuschriften erhalten. Seither ist *Brot* in deutscher Auflage vergriffen (in Französisch noch zu haben). Eine Neuauflage wollte ich nicht bringen; da bekanntlich alles fliesst, habe ich auch meine Arbeiten und meine Versuche in dies Gesetz eingefügt und bin weitergekommen: gab eine neue Schrift heraus: *Biologischer Landbau*. Meine Versuche haben mir bewiesen, dass meine Behauptung, das Schweizer und das Deutsche Volk könne sich ohne fremde Einfuhr von dem vorhandenen Land *selbst ernähren*, keine Utopie war. Ja meine Versuche haben noch weit grössere Dinge bewiesen, dass man auf diese Art nicht nur genug essen, sondern auch gesund werden und bleiben kann, wenn man jenes Gesetz erfüllt, das einige das Gesetz des »Goldenen Schnittes« nennen, andere das »Harmoniegesetz«. Dies Gesetz des goldenen Schnittes ist nach dem grossen Biologen Raoul Heinrich Francé auch im Erdboden enthalten und weil der Erdboden der grösste Faktor ist zur Ernährung der Pflanze, so ist es selbstverständlich, dass wir trachten müssen, diesen Faktor im *Gesetzmässigen zu erhalten. Denn die Natur selbst arbeitet gesetzmässig*, nur der Mensch bringt Disharmonie, indem er durch seine Gewinnsucht (Zinswirtschaft) den Boden zur unnatürlichen Produktion zwingt. Dadurch sind wir nach und nach so weit gekommen, dass unsere Körpersäfte und unsere Seelenkräfte so disharmonisch geworden sind, dass wir in Kunst und Literatur seichte Erzeugnisse haben und nicht mehr jene wunderbaren Bilder und Skulpturen eines Michelangelo und Rubens, jene alten Erkenntnisse eines Laotse. Dafür haben wir heute ein Chaos und ein Elend auf der Welt, das aller Beschreibung spottet. Friedrich Schiller sagt: »Das ist der Fluch der bösen Tat, dass sie fortzeugend Böses muss gebären.« Meine Erfahrungen gehen nun dahin, dass ich dadurch, dass ich meinen Boden sich wieder in das Gesetz des goldenen Schnittes einordnen liess, aus ihm heraus gesunde und vollwertige Nahrung ziehen konnte. Das bezeugen mir alle meine Gemüseabnehmer einstimmig; ich kann es durch schriftliche Zeugnisse beweisen, dass die Hausfrauen sagen, dass von meinen Kohlpflanzen bei der Familie jetzt keine Blähungen usw. mehr vorkommen, dass das Gemüse im Geschmack wunderbar wäre, wir selbst wissen das ja selbst am allerbesten. Sollten aber die Tomaten bei irgendjemandem krankheiterregend wirken, so ist es, dass diese Tomaten mit krankheiterregenden Fäkalien oder mit Kunstdünger gedüngt wurden und weil die Pflanzen nicht jene Organe haben, die giftige Stoffe sofort ausscheiden können. So geniesst dann der Mensch mit den Pflanzen das Gift. Auch das Vieh wird krank davon und dadurch das Fleisch und durch das Fleisch der Mensch, soweit er solches geniesst. Aber die Ursache ist nicht die Tomate, sondern die Disharmonie der Düngung und des Bodens. Dies sind keine leeren Phrasen und Behauptungen, sondern weil ich mein Leben lang so furchtbar gelitten habe unter Krankheit, Wirtschaftsnot und Disharmonie, habe ich mein Leben und mein Blut eingesetzt, einen Weg zu finden, um allen Menschen wieder – soweit es menschenmöglich ist – zu zeigen, dass man nicht krank zu werden braucht, wenn man die Kraft und den guten Willen hat, unser innerstes Naturgesetz zu achten und darnach zu trachten, es zu erfüllen. Es gibt also diesen Weg – es fehlt nur noch, dass wir ihn gehen!

In meinem Büchlein *Biologischer Landbau* kann sich jeder meine bisher gefundenen Erfahrungen zu eigen machen. Der alljährliche »Kurs für biologischen Garten- und Landbau« findet in diesem Jahre vom 23. April bis

6. Mai statt. Ein weiterer Kurs vom 5. bis 20. Mai im Verein für Ferien- und Freizeit (von Specht) Lugano. Programm und Bedingungen gegen Rückporto.

1933_Was ist Biologischer Landbau? I[283]

Was ist »Biologisches Gemüse«? Was ist »Biologisch-dynamischer Landbau«? Es herrscht eine furchtbare Unklarheit in diesen Bezeichnungen und es wird viel Unfug damit getrieben; wissentlich oder unwissentlich wird der Käufer mit ihnen irregeführt.

Es ist vor allem wesentlich zu wissen, was »Biologie« bedeutet. Biologie bedeutet Lebensgesetz. Biologischer Landbau also lebensgesetzlicher Landbau, biologisches Gemüse – lebensgesetzlich gezogenes Gemüse. Um nun zu verstehen, was lebensgesetzlicher Landbau und lebensgesetzlich gezogenes Gemüse ist, und um unterscheiden zu können, ob es das ist oder nicht, muss man unbedingt ganz enge Beziehungen zum Boden, zur Pflanze, also zur Natur haben. Menschen, deren Tage und Nächte nur vom Lampenlicht erhellt sind, statt von Sonne, Mond und Sternen, haben keine Beziehung zum Boden, zur Pflanze. Sie kennen das Lebensgesetz, das Naturgesetz, Gottesgesetz leider nicht mehr. Es genügt nicht, einige biologische Bücher gelesen zu haben oder einige Wochen und Monate auf dem Lande zu leben oder schliesslich ein paar Gartenbeete in der freien Zeit zu bebauen, um dieses Gesetz wieder kennen zu lernen. Nein, da heisst es ringen ohne Ruh' und Unterlass, jahrelang, jahrzehntelang, Tag und Nacht, Sommer und Winter, bei Sonne, Regen, Schnee und Kälte. Beobachtungen anstellen, täglich, stündlich, an Boden und Pflanze, um zu versuchen, Ursachen und Wirkungen auf die Spur zu kommen.

Mir hat am meisten Raoul Heinrich Francé, der grosse Biologe, zu der Kenntnis der tiefsten Zusammenhänge verholfen. Will ich nun lebensgesetzlich gezogenes Gemüse haben, so muss mein Boden sich einfach diesem Gesetz einordnen, und erst, wenn diese Einordnung stattgefunden, was immerhin ein paar Jahre dauert, so kann ich mit gutem Gewissen von biologischen Erzeugnissen reden. *Um der heiligen Sache der Gesundheit aller Menschen* willen dürfen wir keine Kompromisse machen. Es geht diesmal aufs Ganze. Wehe dem, der aus reiner Profitsucht wieder Kompromisse macht bis überhaupt kein Unterschied mehr ist ob mit Gülle, Mist,

Kunstdünger gezogenes Gemüse oder *sogenanntes* biologisches Gemüse, »dungloses« Gemüse und was der irreführenden Bezeichnungen mehr sind. Die *Profitgier* und die *Zinsknechtschaft* sind *allein* schuld daran, dass der Bauer vom Lebensgesetz abkam. Nun, da die ganze Menschheit bis zu 95 Prozent krank ist, heisst es: Entweder *wir leben wieder lebensgesetzlich* von natürlichen Früchten und Gemüsen – *und werden gesund* –, oder wir gehen allesamt zugrunde.

Durch meine Erfahrungen habe ich herausgefunden, dass 2 bis 3jährige Kompost-Erde (nicht Kompost, der wie ein Misthaufen aussieht) die einzige reine Düngung ist, die die Pflanze gesund aufbauen kann. Die Einzelheiten hierüber werde ich in späteren Aufsätzen veröffentlichen. Kompost-Erde stinkt nicht, hat keine undefinierbare Farbe und Zusammensetzung, ist auch nicht so, dass man noch den Ursprung der verschiedenen Dinge, die dem Komposthaufen einverleibt wurden, erkennen kann, sondern ist schöne, feinkrümelige, gesunden Erdgeruch ausstrahlende Erde. Sie ist nicht klumpig, pappig und speckig, sondern rieselt einem ganz lose durch die Hände und fühlt sich sammetartig an. Was *daraus* hervorwächst ist dann schönes, tadelloses Gemüse. Auch auf chemischem Wege lässt sich die richtige Zusammensetzung prüfen; desgleichen ob die Erde mehr Basen oder mehr Säuren enthält.

»Biologisch-dynamisch« nennt sich die Landwirtschaft, die nach den Lehren Rudolf Steiners geht. Die Grunderkenntnisse sind dieselben, die ich auch bejahe. Hingegen kann ich zwei Dinge nicht bejahen. Es sind dieses: die Voraussetzung der Viehzucht und die geheimnisvollen Präparate. Wenn man weiss, dass *Vegetarismus allein zur Gesundheit führt*, ist es lebensgesetzlich widersinnig, Tiere in Ställe zu sperren und zu Sklaven zu machen und die Menschen wieder zu Sklaven dieser Tiere. Die Theoretiker dieser Lehre sind jedenfalls zum allerwenigsten Stallknechte und Tierbetreuer gewesen, sonst müsste ihnen ihr Feingefühl von selbst sagen, in welcher Weise sie in die Unnatur und Widersinnigkeit hineingeraten sind. Auch würden sie die unaussprechlichen Leiden der Tiere nicht zehn Jahre aushalten, ohne dass ihr Gewissen belastet würde.

Wenn man die Kräuter und Unkräuter, die der Herrgott wachsen lässt, in den Kompost hinein verarbeitet und sie sich lebensgesetzlich wieder einordnen lässt in den Ring des Lebens, so ist es jedenfalls biologischer, als wenn man sie in Form von Präparaten mit geheimnisvollen Zeremonien in den Kompost tut.

Eine heilige Zeremonie allein ist lebensgesetzlicher Landbau!

Eine Anregung: Alle Menschen, die ein Interesse an der eigenen Gesundheit haben und sich verpflichtet fühlen, dass die allerersten Grundlagen unseres Erdenlebens naturgesetzlich durchgeführt werden, sollten sich zusammentun. Man könnte dann durch Untersuchungen, die dem Einzelnen nicht möglich sind, die äusserst wichtige Angelegenheit einwandfrei beobachten und schliesslich die Betriebe, die sich dieser Kontrolle unterwerfen, in allen Reformzeitschriften bekanntgeben. Ich glaube, das wäre allen zum Segen.

1933_Was ist Biologischer Landbau? II[284]

Was ist »Biologisches Gemüse«? Was ist »Biologisch-dynamischer Landbau«?
Es herrscht eine furchtbare Unklarheit in diesen Bezeichnungen und es wird viel Unfug damit getrieben. Wissentlich oder unwissentlich wird der Käufer mit diesen Bezeichnungen irregeführt.

Es ist vor allem wesentlich, zu wissen, was »Biologie« bedeutet. Biologie bedeutet Lebensgesetz. Biologischer Landbau also lebensgesetzlicher Landbau, biologisches Gemüse lebensgesetzlich gezogenes Gemüse. Um nun zu verstehen, was lebensgesetzlicher Landbau und lebensgesetzlich gezogenes Gemüse ist, und um unterscheiden zu können, ob es das ist oder nicht, muss man unbedingt ganz enge Beziehungen zum Boden, zur Pflanze, also zur Natur haben. Menschen, deren Tage und Nächte nur vom Lampenlicht erhellt sind, statt von Sonne, Mond und Sternen, haben keine Beziehung zum Boden, zur Pflanze. Sie kennen das Lebensgesetz, das Naturgesetz = Gottesgesetz leider nicht mehr. Es genügt nicht, einige biologische Bücher gelesen zu haben oder einige Wochen und Monate auf dem Lande zu leben oder ausschliesslich ein paar Gartenbeete in der freien Zeit zu bebauen, um dieses Gesetz kennen zu lernen. Nein, da heisst es ringen ohne Ruh' und Unterlass, jahrelang, jahrzehntelang. Tag und Nacht. Sommer und Winter, bei Sonne, Regen, Schnee und Kälte. Beobachtungen anstellen, täglich, stündlich an Boden und Pflanze, um zu versuchen, Ursachen und Wirkungen auf die Spur zu kommen.

Mir hat am meisten Raoul Heinrich Francé, der grosse Biologe, zu der Kenntnis der tiefsten Zusammenhänge verholfen. Will ich nun lebensgesetzlich gezogenes Gemüse haben, so muss mein Boden sich einfach diesem Gesetz einordnen, und erst, wenn diese Einordnung stattgefunden, was immerhin ein paar Jahre dauert, kann ich mit gutem Gewissen von biologischen Erzeugnissen reden. *Um der heiligen Sache der Gesundheit aller Menschen* willen dürfen wir nicht Kompromisse machen. Es geht diesmal aufs Ganze. Wehe dem, der aus reiner Profitsucht wieder Kompromisse macht, bis überhaupt kein Unterschied mehr ist ob mit Gülle, Mist, Kunstdünger gezogenes oder *sogenanntes* biologisches Gemüse, »dungloses Gemüse« und was der irreführenden Bezeichnungen mehr sind. Die Profitgier und die Zinsknechtschaft sind allein schuld daran, dass der Bauer vom Lebensgesetz abkam. Nun, da die ganze Menschheit bis zu 95 Prozent krank ist, heisst es: *Entweder wir leben wieder lebensgesetzlich* von natürlichen Früchten und Gemüsen – *gesund* – oder wir gehen allesamt zugrunde.

Durch meine Erfahrungen habe ich herausgefunden, dass 2 bis 3jährige Komposterde (nicht Kompost, der aussieht wie ein Misthaufen) die einzige reine Düngung ist, die die Pflanzen gesund aufbauen kann. Die Einzelheiten hierüber werde ich in späteren Aufsätzen veröffentlichen. Kompost*erde* stinkt nicht, hat keine undefinierbare Farbe und Zusammensetzung, ist auch nicht so, dass man noch den Ursprung der verschiedenen Dinge, die dem Komposthaufen einverleibt wurden, erkennen kann, sondern ist schöne, feinkrümelige, gesunden Erdgeruch ausstrahlende Erde. Sie ist nicht klumpig, pappig und speckig, sondern rieselt einem ganz lose durch die Hände und fühlt sich sammetartig an. Was daraus hervorwächst, ist dann schönes, tadelloses Gemüse. Auch auf chemischem Wege lässt sich die richtige Zusammensetzung prüfen; desgleichen, ob die Erde mehr Basen oder Säuren enthält.

»Biologisch-dynamisch« nennt sich die Landwirtschaft, die nach den Lehren Rudolf Steiners geht. Die Grunderkenntnisse sind dieselben, die auch ich bejahe. Hingegen kann ich zwei Dinge nicht bejahen. Es sind diese: die Voraussetzung der Viehzucht und die geheimnisvollen Präparate.

Wenn man weiss, dass Vegetarismus allein zur Gesundheit führt, ist es lebensgesetzlich widersinnig, Tiere in Ställe zu sperren und zu Sklaven zu machen und die Menschen wieder zu Sklaven dieser Tiere. Die Theoretiker dieser Lehre sind jedenfalls zum allerwenigsten Stallknechte und Tierbetreuer gewesen, sonst müsste ihnen ihr Feingefühl von selbst sagen, in welcher

Weise sie in die Unnatur und Widersinnigkeit hineingeraten sind. Auch würden sie die unaussprechlichen Leiden der Tiere nicht zehn Jahre aushalten, ohne dass ihr Gewissen belastet würde.

Wenn man die Kräuter und Unkräuter, die der Herrgott wachsen lässt, in den Kompost hinein verarbeitet und sie sich lebensgesetzlich wieder einordnen lässt in den Ring des Lebens, so ist es jedenfalls biologischer, als wenn man sie in Form von Präparaten mit geheimnisvollen Zeremonien in den Kompost tut. Eine heilige Zeremonie allein ist lebensgesetzlicher Landbau!

1933_Meine Erfahrungen im biologischen Landbau I[285]

Vortrag, gehalten von Frau Mina Hofstetter, an der Zürcher Gartenbauausstellung.

Allein das Weizenkorn,
Bevor es fruchtbar sprosst
Zum Licht empor,
Muss sterben in der Erde Schoss,
Zuvor vom eignen Wesen los,
Durch Sterben los,
Vom eigenen Wesen los.

Alle Taten der Welt haben Gedanken zur Voraussetzung. Wie Ihr wohl alle wisst, gibt es heute viele Menschen, die sagen, Gedankenkräfte seien viel mächtiger, als alle anderen Kräfte. Auch das, was ich in Stuhlen getrieben habe, »biologischen Landbau«, entspringt Gedankenkräften. Vielleicht gehen wir zurück auf meine jüngste Jugend. Ich erinnere mich, dass ich, als ich drei Jahre alt war, oder noch nicht einmal, vom Vater die ersten Prügel bekam, weil ich die mir gebotene Fleischsuppe nicht essen wollte. Die Angst vor noch mehr Prügeln hat mich dann das nächste Mal veranlasst, die Suppe zu essen.

Jeder Mensch hat irgendwie besonders ausgeprägte Sinnesorgane. Bei mir sind es das Geruchs- und Geschmacksorgan. Alles, was nicht einwandfrei gerochen oder geschmeckt hat, hat mich geekelt. Zuerst war es die Fleischsuppe, später andere Dinge, zum Beispiel die Kuhmilch.

Meine ersten Erinnerungen gehen dahin zurück, dass ich krank war. Ich war lungenkrank, hatte alle Kinderkrankheiten. Diese schweren Erfahrungen haben mich erst zum Nachdenken gebracht. Ich fragte immer nach dem »Warum«.

Später fragte ich mich, warum eine Gruppe von Menschen reich sei, ohne zu arbeiten, während die andern bei fortwährendem Schaffen doch arm blieben. Ich fragte mich auch, was das Glück sei. Man antwortete mir: Die reichen Leute seien glücklich; ich selbst aber machte andere Beobachtungen.

Eine dritte Frage kam später noch hinzu: Warum ist etwas zwischen den Geschlechtern, das man nicht benennen darf?

Diese drei Fragen stellte ich an das Schicksal, als ich 15 Jahre alt war. Aber erst, als ich 40 Jahre alt geworden war, erhielt ich Antwort darauf. Ich musste noch sehr viele Krankheiten und seelische Leiden durchmachen, bevor ich sie fand. 1918 war ich eine Ruine. Kein Mensch glaubte, dass ich je wieder gesund würde. Da bekam ich zwei Bücher in die Hände. Es waren *Moderne Rosenkreuzer* von Surya und *Weltvagant* von Werner Zimmermann. Von einem Tag auf den andern fing ich an, von Rohkost zu leben und in drei Monaten war ich gesund. Selbstverständlich hatte ich, sowohl in der Familie als auch in der Gemeinde, die grössten Widerstände zu überwinden. Dadurch, dass ich das Fleisch vollkommen bei mir ausgeschaltet hatte, hatte ich nun die Frage zu lösen, wie ich viehlose Landwirtschaft betreiben könnte. Ich musste den Menschen beweisen, dass meine Sache natürlich war, etwas Widernatürliches wollte ich ja nicht! Man hielt mir vor, dass ich ja auch Milch und Vieh verkaufe, um den Zins zu bezahlen. Da kam mir das TAO-Heft von Werner Zimmermann, betitelt *Viehlose Landwirtschaft*, in die Hände. Das Wort hatte bei mir so gezündet, dass ich nun wusste, jetzt habe ich die Lösung. Auf einer Siedlertagung auf dem Hohentwiel traf ich einen Siedler aus der Lüneburger Heide, der bereits mit gutem Erfolge beim Anbau seiner Erdbeeren diese Gedanken in die Praxis umgesetzt hatte. Ich sagte meinem Mann, dass ich jetzt wüsste, wie ich es machen wolle. 3 bis 4 Jahre musste ich um jede Furche kämpfen, da mein Mann aus seiner starken Konservativität heraus meinen Worten keinen Glauben schenkte, bis das Schicksal und die Verhältnisse es so fügten, dass ich 20 Jucharten allein übernehmen und damit machen konnte, was ich wollte. Mein Mann begann wieder seinen früheren Beruf, das Schreinerhandwerk, in der unbenützten Scheune auszuüben.

Zuerst erhielt ich nur ein kleines, das schlechteste Stück Land. Im Herbst schürfte ich mit der Hacke Gras ab, trug es auf einen Haufen und zündete es an. Die Asche kam wieder auf das Land. Ich säte Weizen hinein, der so wunderbar gedieh, dass mein Mann im andern Jahr zu mir sagte: Jetzt kannst du etwas mehr haben. Auch die Bauern gaben zu, dass der Weizen schön war, sagten aber, in zehn Jahren würde auf meinem Lande nichts mehr als Unkraut wachsen. Trotzdem wir bis heute immer eine schöne Ernte gehabt haben, machen uns die Bauern noch nichts nach. Ich weiss aber, dass ich die Naturgesetze richtig erkannt habe und der Erfolg nie ausbleiben wird.

Im Jahr 1927 kam dann eine schwere Krisenzeit, da wir das Heimwesen verschuldet übernommen hatten. In meiner Not bin ich dann fastend über den Gotthard ins Tessin gegangen, nach Minusio. Am vierten Tage meines Fastens setzte Regen ein, sodass mir bei meinem Fasten der Aufenthalt in der dumpfen Stube unmöglich wurde. Ich ging nun mit einem weissen Leinenkleid und einer Pelerine bekleidet ins Freie und kam zur Madonna del Sasso. In diesem Gotteshaus fand ich das Bild »Die Kreuzabnahme« von Antonio Ciseri, das mich so packte, dass ich drei Stunden davor auf den Knien lag, bis ich die Lösung gefunden hatte. Auf den Gesichtern der Leidtragenden hatte der Künstler mit wundervoller Deutlichkeit den gesamten Weltschmerz festgehalten, wie auch ich ihn jetzt selber erlebt hatte. Ich wusste nun, was ich zu tun hatte: Diesen Schmerz zu lindern! Zuerst bei mir, und dann vielleicht bei andern. Wir müssen wieder auf die Gesetze Gottes, also der Natur, zurückgreifen; dann wird alles von uns gehen, was krank und unrein ist. Einen der vielen Notleidenden findet man aber auf dem Bilde nicht, und das ist gerade derjenige, der mir am meisten am Herzen liegt und dem ich glaube, am besten helfen und dienen zu können: dem Menschen der heutigen Not, der unter Arbeitslosigkeit, Hunger, Krise und Weltkrieg am Zusammenbrechen ist. Millionen Menschen sind heute nicht mehr in der Lage, sich selbst zu erhalten. Ich selbst habe als Mutter, die ihren Kindern nicht genug Brot geben konnte, fürchterlich gelitten. Ich wollte nun zuerst Brot schaffen, als ich biologischen Landbau zu betreiben angefangen hatte. 1928 veröffentlichte ich, als ich den Erfolg meiner Tätigkeit klar vor Augen sah, als zusammenfassenden Bericht, mein Büchlein *Brot*, das ich mit meinen schwer tragenden Ähren an der SAFFA ausstellte. Einige durch meine Tätigkeit nun überzeugte Herren verschafften mir dann Kredite, mit denen mir der Ankauf einer Fräse ermöglicht wurde.

Ich muss zeigen, warum wir Reformer, Vegetarier und biologischen Landbauern überhaupt zu dieser Art des Ackerbaues gekommen sind. Uns brachte die Not des Volkes zu dieser Lösung; auch glauben wir, dass es unsere Pflicht ist, diese Lösung und unsere Erkenntnisse den andern mitzuteilen. An unseren Kursen nehmen nicht Gärtner und nicht Landwirte teil, sondern solche Menschen, die in der Stadt krank geworden und die an der Stadt und der Not unserer Zeit leiden; solche, die der Hunger zum Siedeln führt, da sie arbeitslos wurden, und die sich nun durch ihrer eigenen Hände Arbeit eine neue Zukunft aufbauen wollen.

Auch Bücher habe ich gelesen. Aber was Biologie heisst, das ist die Erfüllung des Gottesgesetzes, habe ich doch erst richtig erfassen können, als ich selber begann, von innen heraus den Boden und das Wachstum meiner Pflanzen zu beobachten. Zudem war ich von frühester Jugend an mit dem Landbau vertraut.

Ganz besonders liegt es mir am Herzen, die Bäume und Sträucher wieder zu gesunden Pflanzen zu machen. Heute glaubt jeder Wissenschaftler und »moderne« Bauer, dass er seine Obstbäume mit Gift spritzen müsse. Glaubt man denn wirklich, dass man durch Gift Gesundheit erreichen kann? Ich habe mich 40 Jahre lang mit Gift behandeln lassen und wurde nur kränker und kränker. Auch die Pflanzen werden sich ähnlich verhalten müssen. Wir haben an unserem Hause eine Rebe, die noch nie gedüngt, nie gespritzt worden ist. Sie können hier selbst sehen, ob dieses hier (demonstriert an einem mitgebrachten fruchttragenden Zweig) nicht eine gesunde und gut fruchttragende Rebe ist. Ich möchte es noch erleben dürfen, dass es uns vergönnt sein möge, durch den biologischen Landbau gesunde Bäume und Sträucher zu erzielen, so dass wir zum Segen des Volkes aus diesem gesunden Obst Süssmost und Süsswein machen können. Bäume und Sträucher, die für ihr Wachstum einen längeren Zeitraum beanspruchen, können wir nicht von heute auf morgen gesund machen. Zuerst muss der Boden gesund werden; das dauert nach meiner Ansicht drei Jahre. Erst dann kann der Baum anfangen, sich von innen heraus zu reinigen. Inzwischen ist nun vielleicht seine Lebensdauer abgelaufen, sodass wir vorerst scheinbar keinen greifbaren Erfolg sehen. Aber das darf uns nicht entmutigen. Wenn wir auf gesundem

Boden gesunde Pflanzen ziehen, so werden sie nicht mehr krank oder doch vielleicht nur vorübergehend; deswegen brauchen wir nicht im nächsten Jahre schon wieder zu bespritzen.

Für uns darf nicht allein die Rendite ausschlaggebend sein; wie weit wir mit einer solchen Einstellung kommen, zeigen die heutigen Zustände zur Genüge. Solange wir nur nach der Rendite fragen und das Zinsgeld beibehalten, wird es nie besser werden. Auch dieses gehört zur Biologie, zum Lebensgesetz. Nur in einer gesunden Wirtschaftsordnung kann der Mensch ein gesundes Betätigungsfeld finden, ohne dass er auf Almosen und Unterstützung angewiesen ist. Wir wissen alle, dass Arbeitslosigkeit elend und krank macht. Alle, die bei mir mit biologischem Landbau angefangen haben, bestätigen es mir hundert- und tausendfach, dass sie eigentlich hierdurch beginnen, wieder an ein Lebensgesetz zu glauben. Wenn irgendeine Arbeit dankbar ist, so ist es die Bestellung der Erde, sie ist das Dankbarste, was es überhaupt auf der Welt gibt. Diese Menschen bestätigen mir es täglich, dass sie wieder anfangen, gesund zu werden, und Gesundheit ist nun doch einmal die beste Rendite der Welt.

Diskussion: An Stelle theoretischer Aufstellungen gab Mina Hofstetter folgende Antworten:

Düngung: Wir haben immer genügend Komposterde für unsere Gemüse. Es sind immer drei Komposthaufen in verschiedenen Stadien da. Ein vergorener, der sofort verwendbar ist, ein halbfertiger und ein frisch angelegter, auf den der tägliche Abraum kommt, und zwar verwenden wir hierzu jegliche sich zersetzende organische Substanz. Für die Äcker benutzen wir Gründüngung. Nach dem Roggen säen wir Wicken und pflügen diese im Herbst unter. Alle drei Jahre streuen wir Steinmehl, das nebenbei auch im Strassenabraum enthalten ist.

Der Mensch meint immer, er lebe nur von dem, was er sich durch den Mund einverleibt. Wir können es aber sehr lang aushalten ohne zu essen. Ohne Luft jedoch würden wir augenblicklich sterben. Ähnlich geht es der Pflanze, auch sie kann viel eher ohne Dünger leben, als ohne Luft und Wasser. Die frei lebenden Pflanzen haben ja auch nur das, was ihnen die Mutter Natur gibt. Unsere Brombeeren tragen reich und sind schon 7 bis 8 Jahre an derselben Stelle und haben nie Düngung bekommen. Der Kompost wird bei uns nicht vergraben; das Feinste, was wir der Pflanze bieten können, müssen wir dorthin bringen, wohin ihre Würzelchen wachsen werden. Bei uns liegt der Kompost obenauf. – Über Düngung mit Bodendeckung ist alles nachzulesen im Büchlein *Biologischer Landbau* von Mina Hofstetter oder in dem Büchlein von Anna Martens und Hans Schwager.

Man meint immer, die Kartoffeln müssten viel Stickstoff haben. Unsere Kartoffeln werden im Frühling in das im Herbst umgeackerte, mit Wicken bestellte Feld gesetzt. Irgendwelcher Dünger kommt nicht aufs Feld. Allerdings werden sie nicht so gross wie Kindsköpfe, schmecken dafür aber umso besser. Wir müssen unbedingt davon abkommen, immer nur auf die Grösse zu sehen. Qualität ist wichtiger als Quantität.

Unser Getreide, das wir schon 1928 an der SAFFA ausstellten, war so schön, dass man glaubte, ich hätte es künstlich gebleicht. Ich brauche darüber wohl kein Wort zu verlieren. Wenn man biologisch baut, erhält das Getreide alle Regenbogenfarben. Das Stroh ist nie glanz- oder farblos, auch die Körner müssen einen Glanz haben, sowie die ihnen bestimmte Farbe und Form. Alles muss zusammenstimmen.

Wir haben unsere Landflächen noch nicht intensiv bebaut. Von den Wiesen benützen wir zwei Schnitte zum Kompostieren, den letzten lassen wir stehen. Das einfallende Gras ist die Düngung. Auch das Laub von den Bäumen lassen wir liegen. Dieses speichert die Sonnenkraft in sich auf und gehört als Bodenbedeckung, als Schutz und Nahrung wieder unter den Baum. Es ist nicht wahr, dass die Bäume hiervon krank werden oder gar daraus Schädlinge entstehen sollen. Seit sechs Jahren düngen wir sie nicht mehr.

Auch aus den Strahlungen des Kosmos nehmen die Pflanzen Kräfte in sich auf, wie auch wir. Wir Menschen werden auch nicht dazu kommen, unsere Nahrung in Pillenform zu uns nehmen zu können. Unsere Organe sind darum krank geworden, weil wir sie nicht mehr selbst ihre Arbeit tun liessen, sondern ihnen schon die vorverdaute, verkünstelte Nahrung zuführten. Ebenso brachten wir die Pflanzen zum Nichtstun, indem wir ihnen Mist und Gülle zuführten. Die Pflanzen haben keine Organe, um all das zugeführte Gift, das sind die Ausscheidungsstoffe von Mensch und Tier, zu verarbeiten und eventuell wieder auszuscheiden. Das Gift bleibt in den Pflanzen und die Menschen werden noch kränker, als sie heute schon sind.

Doktor Bircher, der gewiss ein berechtigtes Urteil fällen darf, hat seit Jahren keinen gesunden Menschen mehr gesehen. Nach Doktor Franklin

Bircher hat die Ziffer der angemeldeten Krankheitsfälle in Deutschland in den letzten 15 Jahren um zirka 300 Prozent zugenommen.

Es ist mir unmöglich, irgendein Rezept zu geben, wie man biologischen Landbau betreiben muss. Ich selbst baue schon seit 10 Jahren biologisch und muss noch alle Tage hinzulernen. Landwirtschaft ist eine Kunst, die nicht ohne Lehrzeit zu erfahren ist; auch ist bei weitem nicht jeder dazu berufen, sie auszuüben. Für ernste Interessenten ist heute bereits eine ganze Reihe von Büchern auf dem Markt.

Samenzucht: Ich selbst züchte in der Regel den Samen nicht selber. Das ist ein Spezialgebiet, für das ich wahrscheinlich nicht geeignet bin. Da auch die Gärtner zum grössten Teil mit Kompost arbeiten, ist es nicht so wichtig, dass wir dies nun unbedingt von einem biologisch Arbeitenden beziehen. Wenn die Pflanzen schwammig und aufgetrieben werden, so hängt das alles mit der Kultur und nicht mit dem Samen zusammen.

Absatz: Der Absatz von biologischem Gemüse ist heute so ziemlich gesichert; wenn wir uns zusammenschliessen würden, wäre für uns alle diese Frage gelöst.

Ich richte einen Appell an alle diejenigen Menschen, die noch eine Verantwortung für ihre Mitmenschen und ihre Untergebenen in sich spüren.

Helft mit am biologischen Landbau, helft mit am Vegetarismus, helft mit am Kampf gegen den Alkohol und andere Genussgifte. Helft den Frauen, die Mutterrente zu erkämpfen durch Freiwirtschaft! Erst dann, wenn alle mithelfen, dieses zu verwirklichen, haben wir das getan, was uns Gott aufgetragen: Liebe Deinen Nächsten wie Dich selbst!

1933_Meine Erfahrungen im biologischen Landbau II[286]

Alle Taten der Welt haben Gedanken zur Voraussetzung. Wie ihr wohl alle wisst, gibt es heute viele Menschen, die sagen, Gedankenkräfte seien viel mächtiger, als alle anderen Kräfte. Auch das, was ich in Stuhlen getrieben habe, »biologischen Landbau«, entspringt Gedankenkräften. Vielleicht gehen wir zurück auf meine jüngste Jugend. Ich erinnere mich, dass ich, als ich drei Jahre alt war oder noch nicht einmal, vom Vater die ersten Prügel bekam, weil ich die mir gebotene Fleischsuppe nicht essen wollte. Die Angst vor noch mehr Prügel hat mich dann das nächste Mal veranlasst, die Suppe zu essen.

Jeder Mensch hat irgendwie besonders ausgeprägte Sinnesorgane. Bei mir sind es das Geruchs- und Geschmacksorgan. Alles, was nicht einwandfrei gerochen oder geschmeckt hat, hat mich geekelt. Zuerst war es die Fleischsuppe, später andere Dinge, zum Beispiel die Kuhmilch.

Meine ersten Erinnerungen gehen dahin zurück, dass ich krank war. Ich war lungenkrank, hatte alle Kinderkrankheiten. Diese schweren Erfahrungen haben mich zuerst zum Nachdenken gebracht. Ich fragte immer nach dem »Warum«.

Später fragte ich mich, warum eine Gruppe von Menschen reich sei, ohne zu arbeiten, während die anderen bei fortwährendem Schaffen doch arm blieben. – Ich fragte mich auch, was das Glück sei. Man antwortete mir: Die reichen Leute seien glücklich; ich selbst aber machte andere Beobachtungen.

Eine dritte Frage kam später noch hinzu: Warum ist etwas zwischen den Geschlechtern, das man nicht benennen darf?

Diese drei Fragen stellte ich an das Schicksal, als ich 15 Jahre alt war. Aber erst, als ich 40 Jahre alt geworden war, erhielt ich Antwort darauf. Ich musste noch sehr viele Krankheiten und seelische Leiden durchmachen, bevor ich sie fand. 1918 war ich eine Ruine. Kein Mensch glaubte, dass ich je wieder gesund würde. Da bekam ich zwei Bücher in die Hände. Es waren *Moderne Rosenkreuzer* von Surya, und *Weltvagant* von Werner Zimmermann. Von einem Tag auf den anderen fing ich an, von Rohkost zu leben und in 3 Monaten war ich gesund. Selbstverständlich hatte ich, sowohl in der Familie als auch in der Gemeinde, die grössten Widerstände zu überwinden. Dadurch, dass ich das Fleisch vollkommen bei mir ausgeschaltet hatte, hatte ich nun die Frage zu lösen, wie ich viehlose Landwirtschaft betreiben könnte. Ich musste den Menschen beweisen, dass meine Sache *natürlich* war, etwas Widernatürliches wollte ich ja nicht! Man hielt mir vor, dass ich ja auch Milch und Vieh verkaufe, um den Zins zu bezahlen. Da kam mir das Tao-Heft von Werner Zimmermann, betitelt *Viehlose Landwirtschaft*, in die Hände. Das Wort hatte bei mir so gezündet, dass ich nun wusste, jetzt habe ich die Lösung. Auf einer Siedlertagung auf dem Hohentwiel traf ich einen Siedler aus der Lüneburger Heide, der bereits mit gutem Erfolge beim Anbau seiner Erdbeeren diese Gedanken in die Praxis umgesetzt hatte. Ich sagte meinem Mann, dass ich jetzt wüsste, wie ich es machen wolle. 3 bis 4 Jahre musste ich um jede Furche kämpfen, da mein Mann aus seiner starken Konservativität heraus meinen Worten keinen Glauben schenkte, bis das Schicksal und die Verhältnisse es so fügten, dass ich 20 Jucharten allein übernehmen und damit machen konnte, was ich wollte. Mein Mann begann wieder, seinen früheren Beruf, das Schreinerhandwerk, in der unbenutzten Scheune auszuüben.

Zuerst erhielt ich nur ein kleines, das schlechteste Stück Land. Im Herbst schürfte ich mit der Hacke Gras ab, trug es auf einen Haufen und zündete es an. Die Asche kam wieder auf das Land. Ich säte Weizen hinein, der so wunderbar gedieh, dass mein Mann im andern Jahr zu mir sagte: Jetzt kannst Du etwas mehr haben. Auch die Bauern gaben zu, dass der Weizen schön war, sagten aber, in zehn Jahren würde auf meinem Land nichts mehr als Unkraut wachsen. Trotzdem wir bis heute immer eine schöne Ernte gehabt haben, machen uns die Bauern noch nichts nach. Ich weiss aber, dass ich die Naturgesetze richtig erkannt habe und der Erfolg nie ausbleiben wird.

Im Jahre 1927 kam dann eine schwere Krisenzeit, da wir das Heimwesen verschuldet übernommen hatten. In meiner Not bin ich dann fastend über den Gotthard ins Tessin gegangen, nach Minusio. Am vierten Tage meines Fastens setzte Regen ein, sodass mir bei meinem Fasten der Aufenthalt in der dumpfigen Stube unmöglich wurde. Ich ging nur mit einem weissen Leinenkleid und einer Pelerine bekleidet ins Freie und kam zur Madonna del Sasso. In diesem Gotteshaus fand ich das Bild »Die Kreuzabnahme« von Antonio Ciseri, das mich so packte, dass ich drei Stunden davor auf den Knien lag, bis ich die Lösung gefunden hatte. Auf den Gesichtern der Leidtragenden hatte der Künstler mit wundervoller Deutlichkeit den gesamten Weltschmerz festgehalten, wie auch ich ihn jetzt selber erlebt hatte. Ich wusste nun, was ich zu tun hatte: Diesen Schmerz zu lindern! Zuerst bei mir und dann vielleicht bei andern. Wir müssen wieder auf die Gesetze Gottes, also der Natur, zurückgreifen, dann wird alles von uns gehen, was krank und unrein ist. Einen der vielen Notleidenden findet man aber auf dem Bilde nicht; und das ist gerade derjenige, der mir am meisten am Herzen liegt und dem ich glaube, am besten helfen und dienen zu können: dem Menschen der *heutigen* Not, der unter Arbeitslosigkeit, Hunger, Krise und Weltkrieg am Zusammenbrechen ist. Millionen Menschen sind heute nicht mehr in der Lage, sich selbst zu erhalten. Ich selbst habe als Mutter, die ihren Kindern nicht genug Brot geben konnte, Fürchterliches gelitten. Ich wollte nun zuerst Brot schaffen, als ich biologischen Landbau zu treiben angefangen hatte. 1928 veröffentlichte ich, als ich den Erfolg meiner Tätigkeit klar vor Augen sah, als zusammenfassenden Bericht mein Büchlein *Brot*, das ich mit meinen schwer tragenden Ähren an der SAFFA ausstellte. Einige durch meine Tätigkeit nun überzeugte Herren verschafften mir dann Kredite, mit denen mir der Ankauf einer Fräse ermöglicht wurde.

Ich muss zeigen, warum wir Reformer, Vegetarier und biologischen Landbauern überhaupt zu dieser Art des Ackerbaues gekommen sind. Uns brachte die Not des Volkes zu dieser Lösung; auch glauben wir, dass es unsere Pflicht ist, diese Lösung und unsere Erkenntnisse den anderen mitzuteilen. An unseren Kursen nehmen nicht Gärtner und nicht Landwirte teil, sondern solche Menschen, die in der Stadt krank geworden und die an der Stadt und der Not unserer Zeit leiden; solche, die der Hunger zum Siedeln führt, da sie arbeitslos wurden, und die sich nun durch ihrer eigenen Hände Arbeit eine neue Zukunft aufbauen wollen, da sie nicht auf die Almosen und bisher nur in der Theorie bestehenden Pläne ihrer ehemaligen Führer warten wollen.

Auch Bücher habe ich gelesen. Aber was Biologie heisst, das ist die Erfüllung des Gottesgesetzes, habe ich doch erst richtig erfassen können, als ich selber begann, von innen heraus den Boden und das Wachstum meiner Pflanzen zu beobachten. Zudem war ich von früher Jugend an mit dem Landbau vertraut.

Ganz besonders liegt es mir am Herzen, die Bäume und Sträucher wieder zu gesunden Pflanzen zu machen. Heute glaubt jeder Wissenschaftler und »moderne« Bauer, dass er seine Obstbäume mit Gift spritzen müsse. Glaubt man denn wirklich, dass man durch Gift Gesundheit erreichen kann? Ich habe mich 40 Jahre lang mit Gift behandeln lassen und wurde nur kränker und kränker. Auch die Pflanzen werden sich ähnlich verhalten müssen. Wir haben an unserem Hause eine Rebe, die noch nie gedüngt, nie gespritzt worden ist. Sie können hier selbst sehen, ob dieser hier (demonstriert an einem mitgebrachten fruchttragenden Zweig) nicht eine gesunde und gut fruchttragende Rebe ist. Ich möchte es noch erleben dürfen, dass es uns vergönnt sein möge, durch den biologischen Landbau gesunde Bäume und Sträucher zu erzielen, sodass wir zum Segen des Volkes *aus* diesem *gesunden Obst* Süssmost und Süsswein machen können. Bäume und Sträucher, die für ihr Wachstum einen längeren Zeitraum beanspruchen, können wir nicht von heute auf morgen gesund machen. Zuerst muss der Boden gesund werden; das dauert nach meiner Ansicht drei Jahre. Erst dann kann der Baum anfangen, sich von innen heraus zu reinigen. Inzwischen ist nun vielleicht seine Lebensdauer abgelaufen, sodass wir vorerst scheinbar keinen greifbaren Erfolg sehen. Aber das darf uns nicht entmutigen. Wenn wir auf gesundem Boden gesunde Pflanzen ziehen, so werden sie nicht mehr krank oder doch vielleicht nur vorübergehend; deswegen brauchen wir nicht im nächsten Jahre schon wieder zu spritzen.

Für uns darf nicht allein die Rendite ausschlaggebend sein; wie weit wir mit einer solchen Einstellung kommen, zeigen die heutigen Zustände zur Genüge. Solange wir nur nach der Rendite fragen und das Zinsgeld beibehalten, wird es nie besser werden. Auch dieses gehört zur Biologie, zum Lebensgesetz. Nur in einer gesunden Wirtschaftsordnung kann der Mensch ein gesundes Betätigungsfeld finden, ohne dass er auf Almosen und Unterstützung angewiesen ist. Wir wissen alle, dass Arbeitslosigkeit elend und krank macht. Alle, die bei mir mit biologischem Landbau angefangen haben, bestätigen es mir hundert- und tausendfach, dass sie eigentlich hierdurch beginnen, wieder an ein Lebensgesetz zu glauben. Wenn irgendeine Arbeit dankbar ist, so ist es die Bestellung der Erde; sie ist das Dankbarste, was es überhaupt auf der Welt gibt. Diese Menschen bestätigen es mir täglich, dass sie wieder anfangen, gesund zu werden, und Gesundheit ist nun doch einmal die beste Rendite der Welt.

An Stelle theoretischer Aufstellungen folgende Antworten:

Düngung: Wir haben immer genügend Komposterde für unser Gemüse. Es sind immer drei Komposthaufen in verschiedenen Stadien da. Ein vergorener, der sofort verwendbar ist; ein halbfertiger und ein frisch angelegter, auf den der tägliche Abraum kommt, und zwar verwenden wir hierzu jegliche sich zersetzende organische Substanz. Für die Äcker benutzen wir Gründüngung. Nach dem Roggen säen wir Wicken und pflügen diese im Herbst unter. Alle drei Jahre streuen wir Steinmehl, das nebenbei auch im Strassenabraum enthalten ist.

Der Mensch meint immer, er lebe nur von dem, was er sich durch den Mund einverleibt. Wir können es aber sehr lange aushalten, ohne zu essen; haben wir beim Fasten Wasser, so haben es schon einige auf 90 Tage gebracht. Ohne Luft jedoch würden wir augenblicklich sterben. Ähnlich geht es der Pflanze. Auch sie kann viel eher ohne Dünger leben, als ohne Luft und Wasser. Die frei lebenden Pflanzen haben ja auch nur das, was ihnen die Mutter Natur gibt. Unsere Brombeeren tragen reich und sind schon 6 bis 7 Jahre an derselben Stelle und haben nie Düngung bekommen. Der Kompost wird bei uns nicht vergraben; das Feinste, was wir der Pflanze bieten können, müssen wir dorthin bringen, wohin ihre Würzelchen wachsen werden. Bei uns liegt der Kompost obenauf. – Über Düngung mit Bodenbedeckung ist alles nachzulesen im Büchlein *Biologischer Landbau* von Mina Hofstetter oder in dem Büchlein von Anna Martens & Hans Schwager.

Man meint immer, die Kartoffeln müssten viel Stickstoff haben. Unsere Kartoffeln werden im Frühling in das im Herbst umgeackerte, mit Wicken bestellte Feld gesetzt. Irgendwelcher Dünger kommt nicht aufs Feld. Allerdings werden sie nicht so gross wie Kindsköpfe, schmecken dafür umso besser. Wir müssen unbedingt davon abkommen, immer nur auf die Grösse zu sehen. Qualität ist wichtiger als Quantität.

Unser Getreide, das wir schon 1928 an der SAFFA ausstellten, war so schön, dass man glaubte, ich hätte es künstlich gebleicht. Ich brauche darüber wohl kein Wort zu verlieren. Wenn man biologisch baut, erhält das Getreide alle Regenbogenfarben. Das Stroh ist nie glanz- oder farblos; auch die Körner müssen einen Glanz haben, sowie die ihnen bestimmte Farbe und Form. Alles muss zusammenstimmen.

Wir haben unsere Landflächen noch nicht intensiv bebaut. Von den Wiesen benützen wir zwei Schnitte zum Kompostieren, den letzten lassen wir stehen. Das einfallende Gras ist die Düngung. Auch das Laub von den Bäumen lassen wir liegen. Dieses speichert die Sonnenkraft in sich auf und gehört als Bodenbedeckung, als Schutz und Nahrung wieder unter den Baum. Es ist nicht wahr, dass die Bäume hiervon krank werden oder gar daraus Schädlinge entstehen sollen. Seit 6 Jahren düngen wir sie nicht mehr.

Auch aus den Strahlungen des Kosmos nehmen die Pflanzen Kräfte in sich auf, wie wir auch. Wir Menschen werden auch nicht dazu kommen, unsere Nahrung in Pillenform zu uns nehmen zu können. Unsere Organe sind darum krank geworden, weil wir sie nicht mehr selbst ihre Arbeit tun liessen, sondern ihnen schon die vorverdaute, verkünstelte Nahrung zuführten. Ebenso brachten wir die Pflanzen zum Nichtstun, indem wir ihnen Mist und Gülle zuführten. Die Pflanzen haben keine Organe, um all das zugeführte

Gift, das sind die Ausscheidungsstoffe von Mensch und Tier, zu verarbeiten und eventuell wieder auszuscheiden. Das Gift bleibt in den Pflanzen und die Menschen werden in einem ewigen circulus vitiosus noch kränker, als sie heute schon sind. Dr. Bircher, der gewiss ein berechtigtes Urteil fällen darf, hat seit Jahren keinen gesunden Menschen gesehen. Nach Dr. Franklin Bircher hat die Ziffer der angemeldeten Krankheitsfälle in Deutschland in den letzten 15 Jahren um ca. 300 Prozent zugenommen. um ca. 300 Prozent zugenommen.

Es ist mir unmöglich, irgendein Rezept zu geben, wie man biologischen Landbau betreiben muss. Ich selbst baue schon seit 10 Jahren biologisch und muss noch alle Tage dazulernen. Landwirtschaft ist eine Kunst, die nicht ohne Lehrzeit zu erfahren ist; auch ist bei weitem nicht jeder dazu berufen, sie auszuüben. Für ernste Interessenten ist heute bereits eine ganze Reihe von Büchern auf dem Markt. Ich möchte hier noch einmal auf meinen ganz kurzen Abriss hinweisen: *Biologischer Landbau* im Verlag Rudolf Zitzmann, Lauf [bei Nürnberg] und Bern.[287]

Samenzucht: Ich selbst züchte in der Regel den Samen nicht selber. Das ist ein Spezialgebiet, für das ich wahrscheinlich nicht geeignet bin. Da auch die Gärtner zum grössten Teil mit Kompost arbeiten, ist es nicht so wichtig, dass wir diese nun unbedingt von einem biologisch arbeitenden beziehen. Wenn die Pflanzen schwammig und aufgetrieben werden, so hängt das mit der Kultur, nicht mit dem Samen zusammen.

Absatz: Der Absatz von biologischem Gemüse ist heute so ziemlich gesichert; wenn wir uns zusammenschliessen würden, wäre für uns alle diese Frage gelöst!

Ich richte einen Appell an alle diejenigen Menschen, die noch eine Verantwortung für ihre Mitmenschen und ihre Untergebenen in sich spüren. Millionen Mütter, denen man das Kind im Leibe töten muss, Millionen, denen man verunmöglicht, für ihre Kindlein ein Plätzchen an der Sonne zu haben, Millionen Selbstmörder und Hungerleidende, Millionen Kranke in aller Welt klagen uns an, zeigen uns der Schuld an ihren Leiden an. Im Namen dieser Elenden rufe ich Euch zu: »Helft mit am biologischen Landbau, helft mit am Vegetarismus, helft mit am Kampf gegen den Alkohol und andere Genussgifte. Helft den Frauen, die Mütterrente zu erkämpfen durch Freiwirtschaft! Erst dann, wenn alle mithelfen dieses zu verwirklichen, haben wir das getan, was uns Gott aufgetragen:

›Liebe Deinen Nächsten wie Dich selbst!‹«

1935_Ist Astrologie Unsinn?[288]

Umstehend zwei Bilder *einer* Rebe. Ein Teil davon wächst auf meines Nachbars Grundstück, den andern habe ich an der *gleichen Hauswand* auf unsere Seite gezogen.

Ich schnitt meinen Teil im *»guten Zeichen«* einige Tage *vor* Vollmond, der Nachbar die seine gleich *nach* Vollmond. Das bewirkte, dass meine Rebe fast gar nicht »blutete«, die seine aber genau so lange, als der Mond abnahm, was einen enormen Saftverlust zur Folge hatte. Darum bei mir nun die *reiche*, viel *frühere* (3 Wochen) Blüte und Reife, und bei ihm die spärlichen Trauben, die jedenfalls genau drei Wochen später reifen.

1936_Vom Wesen der biologischen Wirtschaftsweise[289]

Was soll dies Thema? Wesen – wesentlich – ursächlich – gesetzmässig. Dies führt immer und immer auf dasselbe zurück: Nicht auf den menschlichen Verstand, der immer nur auf 2 mal 2 gleich 4, also Rentabilität herauswill, sondern auf Erkennen der Gesetze der Natur, also auf ein *Wesentliches*, was ist und wird *ohne* den Mensch und sein Zutun, auf das kommt es in allererster Linie an. Sind wir so weit, oder bin ich so weit (immer vorausgesetzt, dass wir wirklich die Berufung zum Gärtner haben). Was ist der Zweck und das Ziel meines Tuns, meiner Arbeit, meines Berufes? Gärtner sein heisst im tiefsten Grunde nichts anderes als: Handlanger Gottes sein. Also das heisst, aus Gottes Hand hervorgegangene Geschöpfe hegen und pflegen und allenfalls hinaufentwickeln. Hinaufentwickeln aber heisst nicht *degenerieren*, sondern es heisst *veredeln*, so veredeln, dass das Urgesetzmässige nicht zerstört wird, sondern immer muss dies die Grundlage und der Grundsatz sein, damit die Harmonie gewahrt bleibt. Diese Harmonie bedeutet also: gesunder Boden – gesunde Pflanzen – gesunde Menschen und Tiere. Dies ist der wahre Zweck und das wahre Ziel eines gottbegnadeten Gärtners und Bauers! Ich sagte oben, dass wir Handlanger Gottes wären. Um dies wirklich zu sein und zu bleiben, müssen wir uns jeden Tag prüfen und uns fragen, ob unser Tun nicht verstösst gegen Zweck und Ziel und Urgesetz. Dann werden uns in diesen *schöpferischen* Pausen, die wir uns gönnen, neue Erkenntnisse zuteil, die uns und diejenigen, die unsere Erzeugnisse essen, mehr und mehr wieder zur Harmonie führen und zur Gesundheit. Unsere Intelligenz sollen wir anwenden, um die Bodenverbesserung einzuführen. Jene Bodenverbesserung, die im allergrössten Umfang ausgeführt werden müsste, jeder in seiner Heimat, dann brauchten wir nicht auszuwandern. *Innenkolonisation* wäre nach meinem Dafürhalten viel besser und segensreicher für den Weltfrieden.

Wie stelle ich mir als biologischer Landbauer die Bodenverbesserung vor? Es ist auch wieder *sehr* schwierig, dies auf nur beschränktem Raum ausführlich [so] zu [be]schreiben, dass es verstanden wird. Bodenverbesserung ist nicht Düngung!

1. Bodenverbesserung ist in allererster Linie in grossen weiten Umrissen auch Klimaverbesserung und fängt nicht mit Kahlschlag und Raubbau an, sondern eher mit Aufforstung. Aufforstung mit Obstgärten, Nuss- und Haselnusswäldern, Kastanienwäldern und Beerenplantagen (Vogelparadies-Schädlingsbekämpfung).
2. Bodenverbesserung heisst für mich die richtige Mischung der *Naturerden* herzustellen, nicht nur in einem Gartenbeet oder einem Acker, oder einem Heimwesen, sondern in ganzen Talschaften, im ganzen Land. So ist es für mich z. B. eine tiefe Überzeugung, wenn man den Tessinern einige Tausend Wagenladungen Lehmerde über den Gotthard bringen würde und auf ihr Land verteilen, so würde dort erst ein Paradies werden und der Anfang dazu, dass sie die Reben nicht mehr spritzen müssten.
3. Dann ist noch ein anderer, sehr wichtiger Faktor; die menschliche Gesundheit hängt auch zum grossen Teil davon ab. Wir müssen wieder dazu kommen, von Pflanzen zu leben, die an Luft, Licht und Sonne wachsen, wir müssen uns unbedingt vor Augen halten, dass Gemüse und Obst, das in überdüngtem Boden und Treibhäusern gezogen wird, *keine Nahrung*, vor allem keine *gesunderhaltende* Nahrung ist. Das sollte jedem Gärtner als Richtschnur dienen. Er weiss es übrigens selbst, denn wird nicht *die* Pflanze am meisten für Schädlinge anfällig, die in Treibhäusern wächst? Und wie sollte dann dies für uns gesund sein?
   Wir müssen eben die Feinschmecker nicht dort suchen, wo mit raffinierten Mitteln und Zutaten gekocht wird, sondern dort, wo man die Früchte

der Erde so isst, wie sie aus Gottes Hand kommen, ein solcher wird den Unterschied sofort beim ersten Bissen merken, ob die Tomate zum Beispiel in der Sonne oder im Treibhaus [gewachsen ist], oder biologisch gedüngt [wurde] oder mit Jauche und Kunstdünger. Ein alter römischer Weiser hat das Wort geprägt: Wo die Kochkunst am raffiniertesten ist, ist das Volk am nächsten beim Untergang. Haben wir unsere Erden dann in richtiger Ordnung, kommt ein anderes an die Reihe.

4. Die Pflanzungen. Hier kann ich auch nur wieder grosszügig sagen, *was* mir wichtig scheint. Erstens scheint es mir ganz wichtig im Hinblick auf die Gesundung des Körpers und der Seele und damit auch der gesamten Mentalität eines Volkes, dass wieder viel mehr kleine Gütchen entstehen oder gebildet werden. Das gibt Bodenständigkeit, Heimatsinn, Familiensinn und alles was damit zusammenhängt. Laotse sagt dies wunderbare Wort: Der grosse Sinn ward verlassen, da gab es Kindespflicht und Liebe. Wer dies Wort verstehen kann, der versteht auch mich, wenn ich sage: Würden wir Innenkolonisation treiben, dass jeder Mann mit seiner Familie ein kleines Gütchen hätte, wo er zu Hause ist, dann hätten wir den Weltfrieden.

Aus dieser Grundlage heraus wachsen dann die Fruchtbarkeit der Erde und die Friedfertigkeit. Menschen, die ihre »Freistunden« im Garten und auf dem eigenen Stücklein Land verbringen, werden jeden Tag einmal still werden vor den Wundern der Natur. Dann würde mit einem Schlage das ganze Problem gelöst, der so furchtbare Katastrophen heraufbeschwörenden Naturschäden wie Überschwemmung, Sandstürme, die verursacht werden durch jahrhundertealte Raubbau-Methoden, Kahlschläge, Monokulturen. Dies könnte in einem andern, längeren Aufsatz besser erklärt werden.

Fruchtbarkeit in Makrokosmos und Mikrokosmos und die damit zusammenhängende harmonische Lebensführung, weil natürlich-naturgesetzlich, kann niemals, auch nicht in kleinsten, Monokulturen sein, sondern gerade dies alles bedingt die allergrösste Mannigfaltigkeit, so wie sie im Garten Gottes, wo kein Mensch hinkommt, schon bestand und bestehen wird.

Mannigfaltigkeit beim Bauer und Gärtner bedeutet geistigen und materiellen Reichtum – Segen, Naturverbundenheit, bedeutet mit einem Wort *Paradies*.

Noch zum Schluss, um einem immer und immer wiederkehrenden Einwand zu begegnen. Man wirft mir immer vor: Das was Sie machen, kann man nur im Kleinen, im Grossen ist es unmöglich. Hier meine Antwort als Gegenfrage an alle Baumeister und Architekten der Welt: Kann ein ganz tüchtiger Baumeister, wenn er imstand ist ein kleines Haus zu bauen, nicht auch ein grosses bauen, ja sogar Kirchen und Dome? Also!

1936_Pflanzenkrankheiten und Schädlinge[290]

Wenn wir heute eine Fachzeitschrift in die Hand nehmen, hat es [darin] ganz sicher Besprechungen von chemischen Mitteln gegen pflanzliche Krankheiten und tierische Schädlinge, ebenso zahlreich wie Anpreisungen von allerlei Düngemitteln, deren Herkunft und Beschaffenheit für mich nicht einwandfrei sind.

Ebenso wie der biologische Landbau giftfrei ist, soll auch die Pflege und Haltung der Pflanze giftfrei sein oder werden.

Die Krankheiten der Pflanzen kommen zum Grossteil wie beim Menschen aus denselben Ursachen: aus der Nahrung. Menschen, die ihr Leben lang natürlich ernährt werden, d. h.: deren Mutter wenigstens während der Schwangerschaft sich von reinen Gemüsen und Obst ohne giftenthaltende Stoffe ernährte, dann nachher mit Muttermilch, später wieder rein aus Gemüsen und Obst lebten, die werden ganz sicher gegen Krankheiten, die von aussen kommen: Seuchen, Übertragung von Bazillen usw. entweder ganz immun, oder doch viel weniger anfällig sein, und wenn sie dennoch krank werden, wird die Krankheit viel leichter verlaufen. Ebenso ist es mit der Pflanze.

Eine Pflanze, die in einem Treibbeet ohne Tierdünger und Kunstdünger gezogen wird, nachher auf reine Kompost- oder Ackererde verpflanzt wird, wird ganz selten einer Krankheit verfallen, sondern schnell und lustig drauflos wachsen. Durch dies *gesunde* Wachstum schafft sie sich dann selbst einen Schutz gegen Erdflöhe, Läuse und auch zum Teil gegen kleine Raupen. Anders verhält es sich mit den grossen Schädlingen, Engerlingen, Maulwurfsgrillen und Mäusen. Die muss man natürlich zu vertilgen suchen, aber auch möglichst auf eine Art, die Gift ausschaltet. Denn Gift, das solche Tiere tötet, schadet ganz sicher auch der viel feiner gearteten Pflanzenwelt. Vor allem ist es sicher und nachgewiesen, dass das Spritzen von Bäumen und

Reben mit Chemikalien sehr, sehr schädlich ist, nicht nur für die betreffende Pflanzenart selbst, sondern, was uns ja doch immer noch näher berührt, für die menschliche Gesundheit.

Solche Gifte wirken eben nicht akut, sondern langsam und schleichend. Wenn dann beim Menschen eine Krankheit ausbricht, denkt niemand daran, dass dieser Mensch schon längst damit trächtig ging, wie Dr. Maximilian Bircher-Benner sagt.

Im biologischen Landbau wird man mehr und mehr danach trachten, auch Bäume wieder aus Kernen zu ziehen, denn dann sind sie viel gesünder und weniger anfällig für alle Schädlinge. Durch Aufklärung in Schulen müssen wir dafür sorgen, dass die jungen Menschen auf den Gehalt einer Frucht oder eines Gemüses achten lernen, nicht darauf, ob es ein Monstrum ist. Auch halte ich es für besonders wertvoll, dass richtige Schulgärten entstehen, wo jedes Kind unsere Pflanzenwelt in Natura kennen lernt und pflegen, säen und ernten und damit verbunden Materialkunde und Liebe zur Natur und deren Gesetzen, sowie *Achtung vor der Arbeit, die die Hände beschmutzt!*

Wenn wir dies erreichen könnten, dann hätten wir reichlich die Hälfte an Erzieherarbeit geleistet, die andere Hälfte käme dann von selbst.

Besonders wichtig ist es auch, dass wir natürliche Feinde der Schädlinge schonen, ja deren Brut begünstigen, vor allem alle Singvögel, Igel, Dachse und sogar Füchse. Dann gehört zu jedem grösseren Garten oder Landgut ein Bienenhaus, dies ist ja schon längst betont worden, was die Bienen für eine eminent wichtige Mission erfüllen.

Und wenn wir soviel Honig erzeugen könnten, dass die Zuckereinfuhr auf die Hälfte oder noch mehr einginge, wäre es für die Volksgesundheit von grossem, unbenennbarem Nutzen. Unablässig, unermüdlich soll jeder Gärtner und Bauer immer und immer sich gewissenhaft fragen: Kann ich es vor Gott verantworten, wie und was ich pflanze, Menschenbrüdern zur Nahrung und Gesundung biete? *Ist es Nahrung?* Ist es Heilmittel?

Der Bauer ist ja doch der Mensch, der innerst davon überzeugt ist, dass eine höhere Macht dazu gehört, seine Äcker und Gärten fruchtbar zu erhalten, als sein Mist und Kunstdünger, er weiss genau, wenn die Natur nicht hilft, dann ist alle seine Mühe umsonst. Und weil er das weiss, weiss er auch das andere: Wenn ihr meine Gesetze erkennt und darnach handelt und lebt, dann wird euch das andere (die Rentabilität) von selbst zufallen. Denn, wir sollen nicht unsere Arbeit aufs Schätzesammeln einstellen, die heutige Zeit soll uns allen zur Genüge beweisen, dass dies falsch, ganz falsch ist. Kommt dann einmal ein Jahr, wo die Schädlingsplage überhandnimmt, nehmen wir es hin wie Trockenheit, Dürre und nasse Jahre, tun unser Möglichstes, die Plage einzuschränken, dann werden wir doch nicht verhungern.

Die Juden befolgten vor einigen tausend Jahren noch die Gesetze, die ihnen durch Moses verkündet wurden, damals durften sie in jedem 7. Jahr weder säen noch ernten, und *sie hatten dennoch genug zu essen!*

Bis [...] bis Joseph im Dienste Pharaos ihnen durch Wucher (Zins) alles wegnahm, Geld, Vieh und Land! Und so ist es heute noch. Wir werden nur durch die Zinshörigkeit immer mehr dazu hingebracht, *alle* Mittel unbedenklich anzuwenden, die uns scheinbar höhere Erträge und Reichtum bringen. Innerlich ist alles taub und faul, und darunter geht die ganze Volksgesundheit zum Teufel. Besinnen wir uns also, ehe es zu spät ist auch für uns und unsere Nachkommen.

Als sehr wirksam haben sich im biologischen Landbau folgende Mittel erprobt:

Lehmbrei: Beim Versetzen von Beeren, Gemüse, Sträucher und Bäumen wird von gutem, reinem Lehm ein Brei gemacht und Wurzeln, auch Schnittstellen und wunde Stellen, [werden] hineingetunkt oder angestrichen. Auch spritzen mit ganz dünnem Lehmbrei auf Blätter und Zweige. Bei Menschen und Tieren hilft er auch wunderbar.

Kalk: Streuen oder auch als Baumanstrich. Holzasche und Russ besonders gut, weil zugleich wachstumsfördernd und zu jeder Tageszeit anwendbar, ob trocken oder nass, nie schädlich. Besonders für Bohnen, die von den schwarzen Läusen befallen sind.

Tabakstaub für die Erdflöhe, auch Meltau bei jungen Bäumen. Schmierseifenwasser ebenso. Dies sind alles für die menschliche Gesundheit ganz unschädliche und doch wirksame Mittel. Dann halte ich die von den Anthroposophen hergestellten Mittel für *sehr* gut.

Ich betone zum Schluss nochmals, dass ich die besten Erfahrungen gemacht habe mit der richtigen Zusammensetzung der Erde, vor allem genug Kalkgehalt, dann auch andere Mineralgehalte dem Boden zusetzen, wenn sie fehlen, alle Arten Gestein oder Steinmehl. Man soll nicht immer alle Steine und Steinchen aus Acker und Garten herauslesen, dies ist grundfalsch.

Diese Steine geben beständig in feinsten Teilchen Kräfte ab, indem sie sich zersetzen und auch sonst wirken sie wärme- und kälteausgleichend, als Lockerer und Nässe ausgleichend.

In den Treibbeeten wirkt auch *körniger* Sand sehr gut gegen Schwarzbeinigkeit und Kropf. Kohlhernie haben wir keine, bei vielen tausend kohlartigen Pflanzen keinen einzigen Strunk. Diese vom Boden verteilten und dann von den Pflanzen aufgenommenen Mineralkräfte übertragen sich dann auch auf die Menschen, besonders dadurch, wenn wir wieder dazu kämen, biologisch gezogenes Getreide als Vollkornbrot zu essen. Die richtige Bodenzusammensetzung, Raoul Heinrich Francé nennt es in seinem Buche »den goldenen Schnitt im Acker«, bewirkt eben dann auch *das Wunder*, dass unsere Kinder wieder gesunde Zähne, gesunde Knochen, Haare auf dem Kopf und gesunde Hirne und Gedanken haben.

1937_Ein Versuch mit Weizen[291]

Da mir ein »Ungläubiger« letztes Jahr meinen Versuch mit einer Rebe so absprechend abgeurteilt hat, so habe ich den Mut doch nicht verloren und »versuche« weiter. Ich möchte nur noch folgendes zu seinen Worten anführen: Meine Versuche sollten nicht gewollt dahinführen, grössere Erträge zu erhalten, sondern sie werden nur im Sinne daraufhin gemacht, ohne giftigen Dünger und giftige Spritzmittel wieder *gesunde* Pflanzen zu bekommen. Kommen dann dabei noch grössere Erträge heraus, ist das nicht meine Schuld, sondern eines Höhern oder der Natur.

Der Hagelversicherungsexperte hat sich sehr gewundert über den guten und den mindern Bestand der Ähren. Als ich auf sein Befragen den Grund angeben musste und glaubte, er werde mich auslachen, hat er gesagt: Es fällt mir gar nicht ein, darüber zu lachen, mein Vater und ich (er ist ein alter Bauer aus Windlach) sehen auch auf die guten Zeichen!

Abbildung 30 Mischkulturen – hier Getreide in mitten von Obstbäumen – erforderten viel Handarbeit, die auf Stuhlen auch von Kindern, Praktikant:innen und Kursteilnehmer:innen verrichtet wurde.

1938_Wann soll gesät werden?[292]

Es herrscht manchmal eine grosse Ratlosigkeit wegen frühen oder späten Säens; desgleichen wegen mehr oder weniger schattiger oder sonniger Standorte. Ich will versuchen meine Erfahrungen in kurzen Worten zusammenzufassen. Eine Regel sagt: Gertraut sät Zwiebel und Kraut. Gertrud soll nach alten Überlieferungen die Frau geheissen haben, die den ersten Garten schuf, also anfing von dem mehr ackermässig betriebenen Anbau von Feldfrüchten und Gemüsen zum feineren, gepflegteren Garten überzugehen. Mir ist stark bewusst, dass jene Menschen in Urtagen noch das *Wissen* als Weisheit hatten, die innere Schau. Aus diesem inneren Wissen hat sie dann Zwiebeln und Kraut gesät. »Zwiebeln«, das sind nach meiner Ansicht alle knollenartigen Pflanzen, die wohlverstanden dem jeweiligen Klima angepasst sind oder entspringen, also bei uns z. B. Zwiebel, Knoblauch, Rübli, Randen, Rettiche, Petersilienwurzeln, Sellerie – müssen ins Frühbeet oder in kleinen Kisten in [einen] warmen Raum.

»Kraut«. Hierunter verstand man damals noch nicht so hoch gezogene Gemüse wie heute. Es ist z. B. bekannt, dass man in den Pfahlbauten Säcklein mit Meldesamen fand, was darauf schliessen lässt, dass Melde damals in Feld oder Garten als Gemüse angebaut wurde. Der Nachfahr der Melde ist die Gartenmelde und der Spinat von der mehr kriechenden Melde; die Formen der beiden Samen sind genau gleich. Zum krautigen Gemüse, das man noch im März ins Freie säen kann, zählen weiter: Mangold, Salat, Löwenzahn, Sauerampfer, Zichorien, Lattich. Schnittlauch, Bohnenkraut, Thymian, Basilikum und Majoran kommen zu dieser Zeit in den Kasten. Weiter sät man frühe Erbsen und Kefen. Das wäre im grossen Ganzen das Frühlingsgemüse.

Ende April, anfangs Mai kann man beginnen die Buschbohnen (Höckerli) und Mitte Mai die Stangenbohnen zu setzen. Die Bohnen sind die empfindlichsten Pflanzen von allen Gemüsen, die man als allgemeine Volksnahrung ansprechen kann. Sie verlangen windgeschützte, sonnige Lage, ganz lockeren, humusreichen Boden und sind sehr kälte- und nässeempfindlich. Man soll sie nie in grossen Komplexen zusammensetzen, da die Staude ringsum viel Licht und Luft braucht; am besten setzt man sie im Verband in Reihen mit andern Gemüsearten dazwischen; hierzu eignen sich Kohlarten usw. Will man selber Bohnensamen züchten, so darf man nicht verschiedene Sorten nahe beieinander setzen. Man muss eine andere Gemüseart zwischen die

Bohnen setzen, weil diese sehr leicht bastardisieren und dann im nächsten Jahre sogenannte zähe Bohnen das Ergebnis wären.

Kartoffeln setzt man nicht vor Mitte April, weil sie sonst bei einem der häufigen Maifröste erfrieren und nachher die Ernte beeinträchtigt wird; sie schlagen nach einem solchen Erfrieren nochmals aus, sind dann aber stark im Wachstum behindert. Erfrorene Bohnen, Tomaten und Gurken gehen vollständig zugrunde. Es ist zu betonen, dass zu frühes Säen und Setzen bei nachher eintretender Schlechtwetterperiode einen so grossen Wachstumsstillstand bewirkt, dass die später ausgesetzten Pflanzen sehr oft die ersten überholen. Ein solcher Wachstumsstillstand ist dann fast nicht mehr einzuholen. Deshalb ist es auch von eminenter Bedeutung, dass die aus dem Triebe kommenden Pflanzen nicht in kalte, tote Erde kommen, sondern in reife, gare Komposterde. Sind sie dann älter und stärker geworden, so suchen sie sich schon in der weiten und tiefen Umgebung die rauheren Bedingungen heraus. Dieses ist dann nicht Stillstand, sondern Entwicklung. Den ganzen Mai bis Mitte Juni säe ich Bohnen an günstigen Tagen, setze Kabis, Kohl, Kohlrabi, Blumenkohl, Rosenkohl, Lauch und Sellerie aus. Karotten werden nochmals gesät (Rübli für den Winter), Rettiche für den Sommer. Ende Juni folgen Endiviensalat, Ende Juli Pariser Silberzwiebeln und Winterrettich. Anfang August Wintersalat, Winterkresse, Nüsslisalat, Spinat, Lattich, Löwenzahn, Sauerampfer, Zichorien. Im September sät man nochmals dasselbe und verzieht die ersten Aussaaten, auch bringt man sie durch das Setzen auf grösseren Abstand. Spinat kann nicht versetzt werden, ebenfalls Karotten, Rettiche und Rüben nicht. Hingegen lassen sich Randen und Bodenkohlrabi wohl versetzen. Mein Garten ist nicht, wie es hier sonst im Lande üblich ist, im Herbst in guter Ordnung, umgegraben und kahl, sondern es stehen da in guter Ordnung Zwiebeln, Nüsslisalat, Sauerampfer, Zichorien, Salat, Lattich, bis in den Dezember hinein, noch die ganz späten Kohlarten usw. Dann hats im Treibkasten bei trockenem Wetter die Endivien eingeschlagen, so dass man, bis im Frühling die ersten jungen Kräuter kommen, immer Grünes essen kann. Über Sellerie wäre noch zu sagen, dass man nur Knollen bekommt, wenn man im März, am ersten günstigen Tag, die Kastenaussaat macht, dann, sobald die Pflänzchen die zweiten Blätter bekommen, werden sie, ebenfalls im Kasten, pikiert, um dann anfangs oder gegen Mitte Mai ins Freiland gesetzt zu werden.

1938_Wie ich zum biologischen Landbau kam[293]

Motto: Verkörperung des Sinns (Laotse). Der Sinn, den man ersinnen kann, ist nicht der ewige Sinn. Der Name, den man nennen kann, ist nicht der ewige Name. Jenseits des Nennbaren liegt der Anfang der Welt. Diesseits des Nennbaren liegt die Geburt der Geschöpfe. Darum führt das Streben nach dem Ewig-Jenseitigen zum Schauen der Kräfte, das Streben nach dem Ewig-Diesseitigen zum Schauen der Räumlichkeit. Beides hat einen Ursprung und nur verschiedene Namen. Diese Einheit ist das grosse Geheimnis. Und des Geheimnisses noch tieferes Geheimnis: Das ist die Pforte der Offenbarwerdung aller Kräfte.

Noch viel weniger als dieser chinesische Philosoph masse ich mir an, die Weisheit aller Weisheit zu wissen, aber ich bemühe mich immer, etwas mehr zu lernen und Ursachen an den Wirkungen zu ergründen, und umgekehrt, im ganzen Leben, also auch im Landbau.

Seit meiner frühesten Jugend, da ich zum eigenen Bewusstsein erwachte, war mein Leben ein Fragen und Ergründen der Ursachen des Leids und der Krankheit. Ich musste selbst *viel* Leid und *viel* Krankheit am eigenen Körper erleben, ja mein Körper musste sozusagen schon am Verwesen sein, bevor ich die tiefsten Ursachen der menschlichen, tierischen und pflanzlichen Krankheiten und des Siechtums glaubte gefunden zu haben. Und weil ich ein Mensch bin, bei dem nicht nur leere Worte, sondern auch Taten wesentlich sind, fing ich also gleich an, meine gewonnenen Einsichten zu praktizieren. Kurz gesagt, ich hatte eingesehen, dass unreine Nahrung und giftige Genussstoffe zu Krankheiten führen, und nun fragte ich nach der Herkunft und nach dem Entstehen der Nahrung und kam dazu, *das* näher zu prüfen, was dem Geschmack- und dem Geruchsinn ekelhaft vorkam. Ich bin nämlich der Ansicht, dass unsere fünf Sinne da sind, dass man sie anwendet und alles, was ihnen widersteht, wenn nicht ganz, so doch nach Möglichkeit meidet, dann bekommt man den sechsten Sinn, den Instinkt, unwillkürlich von selbst wieder zurück, denn einmal hatten wir ihn doch auch. Das sind die wesentlichen Grundgedanken, die dann selbsttätig, nicht von mir bewusst gewollt, zum biologischen Landbau führten.

Als einfache Bauernfrau hatte ich dann einen harten Kampf durchzuführen, bis es mir möglich war (besonders da wir, oder ich, kein eigenes Kapital hatten) ein Heimwesen mit 10 Stück Vieh so umzustellen, um vom Vieh loszukommen und es auf viehlose Landwirtschaft einzustellen. Darum dauerte es auch so viele Jahre bis ich tatsächlich Erfolge hatte, die *sichtbar* vor aller Welt gezeigt werden konnten. Für mich persönlich *wusste* ich von Anfang an, als mir die Zusammenhänge klar wurden zwischen Werden und Vergehen, zwischen Nahrung des Bodens einerseits, Nahrung der Pflanzen, und Nahrung des Menschen andererseits, dass meine Art, den Boden zu bebauen und zu nähren und damit eine Fruchtbarkeit zu erreichen, von Erfolg sein musste. Nur für andere Menschen brauchte es länger, denn im heutigen Zeitalter gehören 95 Prozent der Menschen zu der Kategorie der ungläubigen Thomasse und müssen erst die Nägelmale sehen, ehe sie glauben.

Mir war nämlich eines klar: Ehe Mist und Düngung war, war Fruchtbarkeit! Und jedenfalls besteht Fruchtbarkeit – pflanzliches, tierisches, menschliches Leben schon Ewigkeiten, *bevor* man Tiere in Ställe sperrte und Mistwirtschaft hatte und chemische Dünger entdeckte und anwandte. Und wenn wir heute so weit gekommen sind, dass wir nicht nur Reben, Bäume, Sträucher, sondern auch bald alle Gemüse mit Gift spritzen müssen, um sie »gesund« zu erhalten und von Krankheiten zu befreien, dann sind wir im Landbau wirklich herrlich weitgekommen, genau wie diejenigen Ärzte, die ihre Kranken mit einer Nahrung nähren wollen, die aus Fabriken stammt und die Symptome ihrer Krankheiten mit chemisch zubereiteten Mixturen bekämpfen wollen. Mit welchem Erfolg! Dass sie immer kränker werden. Wollen wir selber gesund werden und wollen wir gesunde Nachkommenschaft haben, so müssen wir unbedingt dafür sorgen, dass unser *Boden* wieder zu einer natürlichen, gesetzmässigen Zusammensetzung kommt und damit bewirkt wird, dass wir wieder gesunde Produkte haben und selbst gesund werden. *Leben* und *Fruchtbarkeit! Den tiefsten Sinn dieser beiden Worte zu fassen, ist wesentlich, und das können wir nur, wenn wir versuchen, die Gesetze zu ergründen und zu verstehen, die allem Sein und Werden zugrunde liegen.* Jene Gesetze sind aber nicht solche, die der *Mensch macht*, um seine *irregeleiteten* materialistischen Triebe und besonders seine krämerhafte, geld- und goldgierige Sucht zu befriedigen, sondern jene Gesetze beruhen auf dem göttlichen Prinzip der Harmonie von Körper, Seele und Geist gleich Erde, Wasser und Luft gleich Sonne. Das ist die Grundlage *jeden* Wesens.

Jeder Landbebauer weiss es ja doch zur Genüge: Welches ist der fruchtbarste Boden: Der jungfräuliche. Welches sind die Bedingungen des Wachstums: Regen – Luft – Sonne. Für uns heisst es nun vor allem wieder dafür sorgen, dass wir in erster Linie jedes Jahr jungfräulichen Boden haben, und indem wir dies zu schaffen suchen, kommen unsere Gedanken und Empfindungen wieder ganz von selbst in die gesetzmässige Bahn, nämlich sie müssen sich ganz bewusst und intensiv mit den kleinsten Lebewesen und mit deren Lebensbedingungen befassen, und dann geht uns auf einmal ein Licht auf: wie oben so unten, wie im Grössten, so im Kleinsten! Allüberall dasselbe Gesetz von Werden und Vergehen, und wir beginnen uns selbst so selbstverständlich einzuordnen in diese tiefen, wunderbaren Zusammenhänge, dass wir jeden Morgen auf dem Acker und im Garten neue Offenbarungen erleben, dann wird alles Gekünstelte und Künstliche unwesentlich, und wir haben nur noch eine Frage: Warum musstest du erst so alt werden, um das Einfachste zu erkennen?

1941_Mutter, gib mir Brot![294]

Motto: Die Erde und das Weib haben dasselbe Gesetz! (Johann Jakob Bachofen: Matriarchat).

So nimmt also nicht die Erde das Gesetz des Samens an, sondern der Samen das Gesetz des Bodens! – auch beim Weibe! Frauen der ganzen Welt, besinnt euch auf diese Worte, die ewig wahr sind und bleiben!

Vielleicht kommen die Kriege, vielleicht sind sie so furchtbar und immer furchtbarer, um uns Müttern endlich zu Gemüte zu führen, dass wir uns auf unsere ureigenste Bestimmung und Sendung besinnen.

Eine alte Sage berichtet von zwei untergegangenen Erdteilen: Lemuria und Atlantis. Es regierten Götter, *wahre Mütter*, und das ganze Land mit allen Menschen lebte im Überfluss. Und der Überfluss wurde verteilt durch Weise, damit jeder genug, nicht zu viel und nicht zu wenig habe. Was geschah? Es fiel einigen Göttern ein, Weiber zu nehmen aus einem geschäftesüchtigen Geschlecht, und sehr schnell war der Reichtum und Überfluss verwandelt in Not und Elend und führte zum Untergang des ganzen Erdteiles.

Ist die Sage nicht, besonders heute, sehr lehrreich?

Es war doch immer so: Die Mutter teilte das Brot aus, die »*Mutter Erde*«, sie gab es! Die *Erde* und das *Weib* haben dasselbe Gesetz!

Als wir Kind waren, sagten wir nie: »Vater, gib uns Brot!«, sondern immer: »*Mutter, gib uns Brot!*« Und wenn wir ganz grosse Stücke haben wollten, dann gingen wir zu Grossmutter, so dass uns Grossvater immer erst nummerieren musste (5 bis 7 Enkel zugleich!). Und weil Grossvater ein Spassvogel war, lehrte er uns den Spruch: »*Grossmutter, gib uns Brot – wieviel? – so gross wie ein Rosskopf!*«

In meinem ganzen Leben habe ich nie mehr so *gutes* Brot bekommen wie jenes, das auf den eigenen kleinen Äckern der Grossmutter wuchs, wo wir die Ähren lesen durften (es gab nur wenig zu lesen, weil mit der Sichel geschnitten wurde!).

»Grossmutters Äcker!« Denn wiewohl der Grossvater noch lebte, war er doch Fischer, und Grossmutter war die Bäuerin, die Ackerbauerin, die Schnitterin, die Drescherin, sogar die Bäckerin – *sie gab das Brot!* Später gab es dann die eigene Mutter.

Und so war es früher und immer, und so sollte es wieder werden: 9/10 der Menschen sollten wieder kleine Güter haben, wo die Kinder an Luft und Sonne und *auf dem Erdboden* aufwachsen könnten! Die Geschäftsgier droht auch uns zu erwürgen.

Falsche Wege

Heute tönt von überall her der Ruf: *Mehr Brot!*

Doch dieser Ruf ist oberflächlich! In der Bibel steht: »Der Mensch lebt nicht vom Brot allein! Sondern von jeglichem Worte, das aus dem Munde Gottes gehet!«

Wir wollen die nach unserer Ansicht falschen Wege beleuchten, Wege, die von Männern erdacht und diktiert wurden, kaufmännisch, anstatt von Müttern erfühlt und er-füllt! Von Müttern, denen doch das gleiche Gesetz eigen ist, wie der Erde!

Die falsche Parole des merkantilen Geistes ist nicht ur-ständig, heisst nicht Kraft, nicht Qualität, sondern gipfelt in den Begriffen »*Mehr*«, heisst »*Masse*« und führt daher immer wieder zu Krankheit, Not und Krieg!

Mehr Masse: Das ist gehaltlos, *gott-los!*

Wir sind nur eingestellt aufs Füllen und Überfüllen, auch des Bauches. Dadurch werden Gedanken und Taten abgeführt vom Wege des Gottesgesetzes, des Rechtes!

Laotse sagte ganz richtig: »Sie machten Gesetze, *dadurch* gab es Räuber und Diebe!«

Die Erde, das Land, der Grund, der Ur-Grund, wurde zum Kaufobjekt! Wurde der Mutter, dem Neugeborenen enteignet, genommen, gestohlen!

Dann wurde diese Erde, dieser heilige Grund selbst vergewaltigt, sein ur-eigenstes Gesetz verdorben, die Wirkung der göttlichen Elemente und deren Folgegesetze gestört und vernichtet, und an ihre Stelle wurde dann genau dasselbe merkantile Wort gesetzt: *Mehr Masse!*

Dadurch geriet der Mikrokosmos in Un-Ordnung und rächte sich durch Krankheit, durch Seuchen, durch Stürme, Dürre, Fluten, bis auch der Makrokosmos in Mitleidenschaft gezogen wurde – damals in Lemurien und Atlantis, bis zum Untergang des ganzen Erdteiles!

Mutter Erde, dir gegenüber müssen wir erst wieder klein und demütig werden!

Wir müssen wieder lernen, andächtig niederknien, uns hinwerfen in ihre Arme und lauschen auf den Taktschlag ihres ewig gütigen Herzens, um zu finden die Ruhe, die Stille, das *Eins-sein mit ihr! Dann fängt sie plötzlich an zu reden und uns verständlich zu werden!*

Dann lesen wir in ihr wie in einem aufgeschlossenen Buche, dem Buch der Natur! Licht um Licht, Wunder um Wunder erleben wir! Alles wird neu, harmonisch, schön! Wir werden von Bettlern erhoben zu Königen, doch nicht zu Herrschern, sondern zu Gebenden! »Je mehr er gibt, desto mehr er hat!« Das wird unser Leitsatz. Verschwunden ist das Schachern, das Räubern und das Töten!

Leben, Leben, Leben tönt es aus jedem Ackerkrümchen, aus jedem Tautropfen und aus jedem Sonnenstrahl! Freude um uns, Freude in uns, sogar Freude *über* uns! »Es wird ein neuer Himmel und eine neue Erde, sodass man der alten nicht mehr gedenken wird!« (Christus).

Plötzlich, fast über Nacht ist ein grosser Reichtum da, werden wir uns jenes ungeheuer grossen Reichtums der Natur inne, den Gott selbst für uns geschaffen und wofür wir bis jetzt *blind* waren, weil die Geschäftsgier unser inneres Auge verblendete und wir nur das Äussere sahen. Der Mensch hat die Ur-Gesetze missachtet, vergewaltigt, und so haben wir all das, was die Welt heute erschüttert, was so viele in Konflikt bringt mit ihrer eigenen, unzulänglichen, dogmatischen Weltanschauung, was Siechtum, Streit und Not schuf, zu ernten! Wir haben es selber gesät!

Als ich im Herbst 1940 in Zürich (Schauspielhaus) die Faustaufführung sah, da hatte ich innerlich eine grosse Freude! Mich durchfuhr auf einmal die Erkenntnis: Der Völkerfrühling ist doch nahe, man sieht schon im Osten das Morgenrot. Der Faust wird nicht mehr »gespielt«, sondern jetzt wird er *gelebt*. Die Menschen, die hier Goethe zitieren, sind solche, die durch die heutige Zeit reif geworden sind – *reif!* Sie erleben den Jammer, den Krieg, sie ahnen aber auch, *wo die Hilfe*, wo das *Wahre* verborgen ist. Auch ich ahne, was uns helfen kann:

Zurück zur Erde, zur Mutter Erde! Sie, die das Gesetz ist und bleibt, sie wird es uns wieder lehren, oder uns vernichten, wenn wir ihr Gesetz nicht erkennen, nicht an-erkennen!

Der Weg

Motto: *Wenn du Eile hast, dann mache einen Umweg!* (Chinesisch).

Weil unsere Männer gegenwärtig im »Kriegsdienst« sind und dadurch mehr an negative Aufgaben gebunden bleiben, wende ich mich an die »auf der Scholle gebliebenen«, an die Mütter, die Frauen und Töchter: Wir sind nach uraltem Gesetz dazu bestimmt, fruchtbar, aufbauend, neugebärend, nährend, behütend zu wirken! *Dies ist das Erd-Gesetz!*

Fühlen wir uns noch ganz innig damit verbunden? Wenn nicht, dann heisst der richtige Weg: *Lerne es!*

Die einen durch Verstand, die andern durchs Gefühl, die dritten durchs Gebet!

Alle aber müssen zur Erde zurück, die einen als Bäuerinnen, Ackerbauerinnen, die andern als Gärtnerinnen, die letzten vielleicht über einen Blumentopf!

Alle müssen die Elemente, die ausser aller Macht der Menschen sind: Feuer (Sonne/Licht), Luft, Wasser, Erde wieder anerkennen! Daraus ist alles geschaffen worden! Das ganze Weltall! Die Synthese daraus ist die Pflanze, die Tier und Mensch ernährt!

Wir sind nur die Handlanger Gottes! *Wir* dürfen nur das Samenkorn dort hineintun, wo es hingehört!

Auf dem rechten Wege sind wir als gute Knechte bestrebt, den Sinn des Meisters und seines Auftrages gewissenhaft zu erfüllen. Das nennt man *biologische* Landwirtschaft!

Auf dem falschen Wege aber verwenden wir den Auftrag Gottes, um damit »Nebengeschäfte« zu machen, wir bauen nur, »um nicht zu verhungern«. Wir machen uns die Arbeit dabei *scheinbar* so leicht wie möglich mit Maschinen und Kunstdünger, täuschen uns selbstgefällig an der *Masse*, an der Rendite, am Gewinn und sehen in unserer heuchlerischen Verblendung nicht, dass wir das Gesetz Gottes nicht betrügen können, dass uns der Boden letzten Endes nie mehr gibt, als wir *ehrlich und andächtig*, das heisst *gottgefällig* in den Boden hineintragen – nicht um des Verdienstes willen, sondern um des Segens willen, der in der Pflichterfüllung reift und das schlichte Herz befriedigt!

1947_Die Organisation ist wichtiger als die arbeitende Persönlichkeit[295]

Erlebnisse einer Schweizerin am Friedenskongress der Frauen aller Länder in Paris, September/Oktober 1947. Im Jahre 1937 wurde ich nach Wien und Bratislava gerufen zu einem Kongress des internationalen Frauenbundes zur Erreichung einer neuen Weltordnung. Dort wurde mir das Thema anvertraut: Weib – Erde – Frieden. Einige namhafte Schriftstellerinnen und Dichterinnen von Skandinavien, darunter Elin Wägner, sind mit mir seitdem tief verbunden. Nun rief man mich nach Paris. Dies sind in Kürze meine Eindrücke: Der Kongress fand im Hotel Majestic in der UNESCO statt. Es waren fast restlos alle namhaften Länder der Erde vertreten ausser Russland und Japan, sogar die kleinen Inselländer. Jedem Land war erlaubt, 5 bis 10 Minuten zu reden. Dann wurden Unterkomitees gebildet mit abgeteilten Themen, wobei jeweilen eine französisch-sprechende und eine englischsprechende Gruppe war. Alle Reden wurden in diesen zwei Sprachen gehalten und übersetzt. Es waren vier anstrengende Tage für mich als Bauernfrau, wenn ich alles geistig aufnehmen und verarbeiten wollte.

Warum ich glaubte, dass es nötig wäre, dass ich am Kongress teilnahm, das war genau dasselbe wie in Wien. Alle Länder schickten nur Radioleute, Journalistinnen, Fürsorgerinnen, Erzieherinnen, Ärztinnen, Professorinnen aber niemanden von der Landwirtschaft, die nun wirklich eine grundsätzliche Rolle spielt und immer gespielt hat, um den Frieden zu erhalten oder zu gefährden, denn es geht ja im Grund immer darum: 1. Dem Gegner Land zu entreissen und 2. sich am andern in allen Formen zu bereichern.

Es gelang mir auch in einer 5-Minuten-Rede meinen Standpunkt zu vertreten und die Frauen von England, Skandinavien, Deutschland, Holland, Belgien, Österreich, Tschechei, einigen farbigen Inseln und Argentinien gaben mir öffentlich und persönlich ihre Zustimmung.

Als es aber dann am letzten Tag zur Beschlussfassung ging, da wurde ich mit einem einzigen Satz kaltgestellt: *On ne pense pas donner la parole à la suissesse, comme elle n'est pas une déléguée d'une société!*

Ich stand auf und verliess den Saal, in dem, nebenbei bemerkt, an den Wänden in wunderbaren bildlichen Darstellungen die Statistik des Krieges in allen Beziehungen dargestellt war und in denen die Schweiz in Beziehung auf Hilfe auf allen Gebieten an erster Stelle stand. Während des Kongresses hatte sich auch noch die Tochter des schweizerischen Gesandten eingeschrieben, persönlich erschien sie nie.

Was ich nebenbei persönlich erlebte, gäbe fast einen Roman, aber leider sind alle Erlebnisse nur Beweise, dass es *unmöglich* ist, den dritten Krieg zu verhüten, weil die Menschen immer nur *Symptome* bekämpfen wollen, statt *Grundsachen* zu beseitigen, was so schnell und einfach zu tun wäre. Ich kehrte krank an Körper, Seele und Geist heim! Von der Hölle in den Himmel auf Erden!

Abbildung 31 Wie viele andere Bäuerinnen trat auch Mina Hofstetter bei besonderen Gelegenheiten in der Öffentlichkeit gerne in der Tracht auf. So beispielsweise im Oktober 1947 in Paris am Frauen-Weltkongress für den Frieden, der von der »Entente Mondiale pour la Paix« organisiert worden war.

Broschüren

1928_Brot. Die monopolfreie Lösung der Getreidefrage durch die Frau[296]

Frauenhände

Hart und weich sind Frauenhände,
Furchen ziehen auf dem Acker,
Furchen glätten auf den Stirnen.
Hart und weich sind sie zugleich.
Kinder wiegen, Kranke betten,
Reich ist Los der Frauenhände,
Hart und weich sind sie zugleich.
Hart und weich sind Frauenhände.
Hunger schreien Kind und Seele.
Freiland nur und Mutterhände,
Lösen beide aus der Fron!
Hart und weich sind sie zugleich.
Frühlingssonne, Völkerfrühling,
Strahlt am Horizonte auf!
Heil dem Volk, das uralt' ewiges Gut,
Gibt zurück den Frauenhänden.
Hart und weich sind sie zugleich.
Wenn im Tod die Frauenhände,
Liegen auf dem stillen Herzen,
Fühlet keine mehr die Schmerzen.
Hart und weich sind sie zugleich.

Vorbemerkung

Unter den unzähligen Krankheiten, an denen die heutige Menschheit leidet, ist unbestreitbar der Spezialismus die verbreitetste. Spezialwissenschaften, Spezialdoktoren und -professoren aller Arten suchen wieder den Spezialübeln zu steuern – und was ist die Folge? Die Menschheit wird nur kränker an Leib und Seele und am Volkskörper.

Wollen wir dies Ziel erreichen: Gesundheit des Volkes im Ganzen und des Einzelmenschen, so müssen wir zurück zum Uranfange und *allumfassend* werden.

So darf auch die Getreide- und die damit in engem Zusammenhang stehende Brotfrage, nicht nur auf Spezial- und Teilgebieten gelöst werden. Sie, die zu den wichtigsten Problemen im Sein der Völker, wie des Einzelmenschen zählt, berührt das Leben in seiner ganzen grossen Weite. Es hat einmal ein Grosser gesagt: »Was der Verstand der Verständigen nicht sieht, das fühlet in Einfalt ein kindlich Gemüt!«

Diese Worte gaben mir den Mut, vorliegende Schrift zu verfassen. Es ist nicht müssiges Schreiben um Geld oder Gunst, sondern mit Herzblut Errungenes, durch 30jährigen Existenzkampf, in unaussprechlichen körperlichen und seelischen Leiden erworbenes Wissen und Können. Möge es zum Segen aller werden im lieben Schweizerland und darüber hinaus für alle Menschen! Das gebe Gott!
Lichtwärtsheim, 8. September 1927, Gertrud Stauffacher.

Motto:

> Besser als in tausend Reden Worte ohne Sinn verschwendet,
> ist *ein* Wort, voll tiefen Sinns, das dem Hörer Frieden spendet.
> Besser als in tausend Liedern Worte ohne Sinn verschwendet,
> ist *ein* Wort voll tiefen Sinns, das dem Hörer Frieden spendet.
> Magst du in der Schlacht besiegen tausendmal zehntausend Krieger,
> Wer das eigene Ich bezwungen, ist der grösste Held und Sieger!
>
> *Aus: Das hohe Lied des Buddha.*

Die Landwirtschaft im Allgemeinen, in Theorie und Praxis

Friedrich der Grosse, König von Preussen, vom Volk der alte Fritz genannt, war ein sehr guter Landwirt. Wenn man nach Potsdam kommt und den Garten und die Terrassen von Sanssouci, die er geschaffen, betrachtet, wird man ihm Lob nicht vorenthalten können. Er prägte das Wort: Die grösste Kunst aller Künste ist die Landwirtschaft.

Wenn schon dies Wort Wahrheit werden soll, dann darf die Landwirtschaft nicht auf *die* Art betrieben werden, wie heute. Auf der einen Seite die Theorie, die sich auf Spezialgebieten ins Unermessliche verliert, und auf der anderen Seite der überwiegend grosse Teil unserer Bauernsame, die den, der aus Büchern etwas lernen will, lächelnd als Narren betrachtet, und selbst drauf los wirtschaftet und wurstelt, angeblich nach Grossvaters und Urgrossvaters Art, in Wahrheit aber allen weisen Lehren der Alten Hohn sprechend. Dann wieder stehen sich gegenüber: die reichen Bauern, die ihre Söhne in staatlichen Anstalten ausbilden lassen können und sich damit alle guten, aber auch die schlechten Theorien zu Nutze machen, und die grosse Mehrzahl der unbemittelten oder wenig bemittelten Landwirte, denen jene Schulen überhaupt nicht zugänglich sind, aber die dann, wenn dies doch der Fall ist, ihr Besserwissen aus Mangel an Betriebskapital nicht auszunützen vermögen. So gut wie Gedanke gleich A bedeutet und Tat gleich B, ebensogut ist auch im Bauerngewerbe Theorie als A nötig und Praxis als B. Aber wohlverstanden, man soll nicht gedankenlos alle gebotene Theorie in die Praxis umsetzen wollen, sondern alle Kraft der Gedanken soll darauf konzentriert werden, vom Guten das Beste herauszufinden.

Heute befindet sich nun die schweizerische Bauernsame, die ja hauptsächlich Viehwirtschaft treibt, in einer schon viele Jahre andauernden Krise. Und es wird auch in Zukunft nicht besser, wenn nicht die Lehren daraus gezogen werden und wir mit dieser einseitigen Misswirtschaft so bald wie möglich abfahren. Und wirklich, wenn man durch unser schönes Vaterland wandert, und die ausgedehntesten Felder sieht, schön eben, und mit der allertiefsten Humusschicht als Untergrund, nur mit Graswuchs bestanden, nimmt es einen nicht Wunder, dass wir »im Elend hocken«! Alle diese Felder könnten Frucht bringen, hundert- und tausendfältig! Was kommt heute aus ihnen heraus? Einige Liter Milch, die so bezahlt werden, dass der Viehhalter mit seiner Familie, wenn er noch mit Hypotheken belastet ist, kaum 30 bis 35 Rappen Stundenlohn herauswirtschaftet!

Heraus aus der Viehwirtschaft, heraus aus dem Schmutz, dem Elend der Sklaverei und hinein in eine Freude, Kraft und Lohn bietende *Acker- und Gartenwirtschaft!*

Ich baue nun schon 3 Jahre Getreide an, teilweise in der sogenannten Ackerbeet-Kultur. Ich hatte sie aus Büchern gelernt, und was mir am stärksten die Überzeugung für ihr Gelingen beibrachte, war die Tatsache, dass in China diese Methode seit mehr als 6'000 Jahren praktiziert wird und nie aufhört zu gedeihen. Natürlich lachten mich alle Bauern hierzulande aus. Die Schweiz ist ja nicht China, und so ein urchiger Schweizerbauer dünkt sich gewaltig erhaben über die alten, dummen Chinesen! So viel Wissen, wie der Schweizerbauer aus seinen Fachblättern zu sich nimmt, hat der Chinese jedenfalls nicht, aber er ist trotzdem der *Wissende*, der *Weise*.

Das Lachen der Bauern vergeht auch nach und nach, und ihre Augen werden allmählich etwas grösser, aus Verwunderung. Was Mist, Jauche und Kunstdünger nicht fertigbringen, erreiche ich *durch natürliche Bodenbearbeitung.*

In hiesiger Gegend heisst es überall: Wir hätten kein Getreideland, der Boden sei zu schwer, man habe immer Lagerfrucht und deshalb minderwertige Erträge. Ich befasste mich deshalb ganz eingehend mit der Frage: *Warum ist das so*? Ich kam auf folgende Antworten: Erstens sagte ich mir: Die Bauern sind bis zu einem gewissen Grade Fatalisten und erklären viele Dinge als von höheren Mächten abhängig, die besser zu machen Sache der denkenden Menschheit wäre: Der »schwere« Boden gehört auch dazu. Hier, wo so viel Vieh gehalten wird und nur wenig Ackerland ist, meint man, um die Erträge zu steigern, sei es nur nötig, jedes Jahr so und so viele Fuder Mist und so und so viele Doppelzentner Kunstdünger auszustreuen und *unterzupflügen* und dann habe man seine Pflicht getan, alles andere sei Gottessache – oder auch nicht. Mist *unterzupflügen*, frisch und unvergoren, wie es hier geschieht, ist allein schon ein sehr grosser Fehler. Das versäuert den Boden und macht ihn schwer und verkrustet; es findet keine richtige Bodengare mehr statt. Dadurch wächst das Getreide nur in geilen Halmen, und beim ersten Sturm liegt alles wie gewalzt am Boden. Die Erntemethoden liegen auch sehr im Argen; sie haben nur dank der Anstrengungen der landwirtschaftlichen Anstalten in den letzten Jahren etwas gebessert, aber noch lange nicht genug. Wenn hier gedroschen wird, raucht die Maschine wie ein Hochkamin vom Schimmel, und das Ernteergebnis ist natürlicherweise ganz minderwertig.

Ich sehe die Grundursache dieser Missstände immer wieder und immer mehr in Folgendem: Der Mensch ist denkfaul! Er hat keine *rechte Freude* mehr an seiner Arbeit! Warum? Erstens: Weil er sich so unrichtig wie möglich nährt, sind seine *geistigen Kräfte* immer im Halb- oder Ganzschlaf, und auch die *physischen* sind bis auf ein Minimum gesunken. Der Blutstrom ist schlecht geworden. Zweitens steckt unsere *Wirtschaftsordnung* in einem solchen Sumpfloch, dass die Arbeit kaum die Hälfte dessen einbringt, was sie wert ist. Dadurch werden die Menschen immer mehr auf die schlechte Seite getrieben, irgendetwas Müheloses zu tun, auch wenn es böse sein sollte, nur um so schnell wie möglich so weit zu kommen, nicht mehr arbeiten zu müssen und auf der »faulen Haut« liegen zu können. Warum auch arbeiten, wenn der Arbeitsertrag nur zur Hälfte den Arbeitenden, zur andern Hälfte dem Zinsbezüger zugutekommt? Das ist der Fluch des heutigen Zeitalters. Ich war auch drauf und dran, ihm zu verfallen. Aber eine innere Stimme hat mich noch rechtzeitig gewarnt und durch fleissige Arbeit das Richtige finden lassen. Jene Menschen, die aus arbeitslosem Einkommen leben (Zins, Wucher), sind körperlich und geistig dem Ruin verfallen! Heute ist die Arbeit für mich ein Fest, und der Feierabend das zweite. Beim Kornschneiden mit der Sichel ging mir unablässig das Lied durch den Kopf:

Üb immer Treu und Redlichkeit
bis an dein kühles Grab,
und weiche keinen Finger breit
von Gotteswegen ab.
Dann wird die Sichel und der Pflug
in deiner Hand so leicht,
dann singest du beim Wasserkrug
als wär dir Wein gereicht.
Dem Bösewicht wird alles schwer
er tue, was er tu.
Das Laster treibt ihn hin und her
und lässt ihm keine Ruh.
Der schöne Frühling lacht ihm nicht,
ihm lacht sein Ährenfeld.
Er ist auf Lug und Trug erpicht
und wünscht sich nichts als Geld.
Der Wind im Hain, das Laub am Baum,
saust ihm Entsetzen zu.
Er findet nach des Lebens Traum
im Grabe seine Ruh.
Drum übe Treu und Redlichkeit

bis an dein kühles Grab
und weiche keinen Finger breit
von Gottes Wegen ab.

Welch wunderbare Ruhe erfüllt einen, wenn man neben seinem Acker steht, in junger Saat, in der Blüte, in den reifenden Ähren; der Erdgeruch, der Blütenduft, der Duft des reifenden Kornes machen einen satt, und man denkt gar nicht mehr an das Allzumenschliche.

Zurück zur Erde!

In Kürze möchte ich noch die praktischen Arbeiten erläutern, wie ich sie mit einfachsten Mitteln ausführe und wie die beigefügten Bilder sie veranschaulichen. Jedermann kann sich dann von deren Ergebnis selbst überzeugen, durch Betrachtung der in der SAFFA diesen Sommer zur Schau gestellten Getreidearten, und damit ein Urteil bilden, ob die Sache Hand und Fuss hat.

Also, ich bin noch immer sehr bemüht, den Boden in die richtige Gare zu bringen, durch nur *oberflächliches* Pflügen. Auf abgeernteten Kartoffelfeldern wird nur geeggt, und wenn Dünger gebraucht wird, nur als sogenanntes Bedeckungsmaterial, oben ausgestreut, zwischen die Saatenreihen. Bis jetzt verwandte ich hiefür zur Hauptsache Laub, Sägespähne und Strohhäcksel. Ist der Boden geeggt, so ziehe ich Furchen in etwa 25 Zentimeter Abstand. In die Furchen wird der Samen ganz dünn ausgesät und mit dem Rechen bedeckt. Bei Herbstsaat hacke ich wenn möglich schon vor Winter in den Zwischenräumen, sonst dann im Frühling ein- bis zweimal. Wenn die Saat 20 bis 30 Zentimeter hoch ist, wird gehäufelt. So bewirkt man, dass der Boden immer in guter Tätigkeit ist, die nützlichen Bodenbakterien ein gutes Fortkommen haben und die Pflanze richtig ernähren können, und vor allem, dass die Sonne möglichst ungehemmten Zutritt hat und die Halme von allen Seiten bis zur Erde zu umspülen vermag. Lagerfrucht habe ich bis heute keine gehabt. Ich schnitt alles mit der Sichel (aus Privatliebhaberei), liess es gut austrocknen auf beiden Seiten, um es dann, in nicht zu grossen Garben, noch einige Tage auf dem Felde aufzustellen, damit restlos alles dürr und reif sei. Jedermann wird wohl begreifen, dass dieses Korn, dieses Brot einen feinen Geruch und Geschmack hat und nährhaltig im höchsten Grad ist. In den Zwischenreihen können nach dem letzten

Häufeln noch Rübli gesät werden, die im Herbste einen schönen Ertrag abwerfen.

Auf diese Art Getreide angepflanzt, bringt sicher jedem Freude und Nutzen. Kann man sich alle zeitsparenden Geräte anschaffen, die heute auf dem Markte sind, so ist die zu leistende Arbeit kaum mehr eine schwere, und macht keine krummen Rücken mehr.

In dem Büchlein *Ackerbeetkultur* von Nikolai Alexandrowitsch Demtschinsky las ich über die Art, Getreide wie irgendeine andere Pflanze zu versetzen. Dadurch soll der Körnerertrag ungeheuer gesteigert werden, so dass von einem einzigen Korn einige tausend Körner entstehen. Um der Sache auf den Grund zu gehen, habe ich dies Jahr im Kleinen versucht, auch zu versetzen und zwar mit Gerste, Korn und Weizen. Nun wird man einwenden, der Lohn sei nicht der Mühe entsprechend. Wenn man bedenkt, dass man dann in einigen Tagen ganze Hektaren an Land mit winzigen Getreidesetzlingen bepflanzen soll, braucht man natürlich eine Menge Leute dazu, die man nachher wieder arbeitslos machen müsste. Es ist aber schon ein Weg gefunden, diese Sache rationell zu betreiben, da bereits *Setzmaschinen* auf dem Markt sind, wie mir mitgeteilt worden ist. Meine Ergebnisse werden diesen Sommer an der SAFFA in Bern ausgestellt, wo sich jeder, der Interesse daran hat, mit eigenen Augen überzeugen kann. Ein Beweis, wie wichtig es ist, dass die Stöcke aus einzelnem Korn weit auseinander stehen, habe ich letztes Jahr selbst erlebt. Bei Dünnsaat mit Hacken und Häufeln erhielt ich Weizen mit neunundzwanzig Ähren auf *einem* Stock, in der Länge von 18 bis 20 Zentimeter. Ein Freund von uns brachte letzthin einen Gerstenstock mit einhundertundzweiundzwanzig Halmen, den er mitten in einem Kleeacker fand. In 1 bis 2 Jahren will ich den Beweis zu erbringen suchen, dass wir imstande sind, unser Getreide zu pflanzen und genug Brot für unser Land hervorzubringen. Ein Armutszeugnis für die geistige Entwicklung unseres Volkes ist es ja sowieso, wenn man von der grossen Fläche fruchtbaren Bodens bloss so wenig erzeugen will. Ich bin gerne bereit, mündlich und schriftlich Auskunft zu geben und bei genügender Beteiligung Kurse zu erteilen über *viehlose Landwirtschaft*, sowie Vorträge auswärts zu halten. (Adresse durch den Verlag.)

Abbildung 32 »Brot« ist einzige Broschüre von Mina Hofstetter, die übersetzt worden ist.

Abbildung 33 Nicht nur der Anbau und die Ernte von Getreide waren auf Stuhlen wichtig, sondern auch das Backen im eigenen Ofen.

Die Brotfrage als Gesundheitsfrage

Harmonie! Jeder Mensch, ob gebildet oder ungebildet, empfindet etwas von dem, was dies Wort auslöst. Wo findet man Harmonie? Im grossen Weltgeschehen, das ausser der Macht des Menschen steht, ist sie noch vollkommen. Alles, was unter der Herrschaft der heutigen Menschheit steht, ist disharmonisch: Die grossen Staaten, die einzelnen Völker untereinander, das Volk unter sich, die Gemeinde, die Familie, der Einzelmensch, alles ist disharmonisch. Warum ist er, die »Krone der Schöpfung«, nicht harmonisch? Weil bei ihm alles krank ist. Ein gesunder Körper bedingt eine gesunde Seele, hat Harmonie zur Folge. Und unter Gesundheit stelle ich mir eben etwas anderes vor, als das, was im Volke als gesund gilt. Gott schuf den Menschen ihm zum Bilde: Gottes Ebenbild, gesund, leuchtend von Sonne, strahlend von Liebe, tönend von Harmonie. Als Gott den Menschen schuf, sagte er: Nährt euch von den Früchten des Feldes! In dem Masse, wie heute unsere Ernährung von den *natürlichen Früchten* des Feldes abweicht, in dem Masse sind ganze Völker krank, und ist der Einzelmensch es. Ob 6'000 Jahre verflossen sind oder Äonen, seit diese göttlichen Taten und Worte geschahen, das ist nicht das Wesentliche, sondern, dass *sie Gottesgesetz waren und sind!* Wollen wir wieder gesund werden, müssen wir dieses Gesetz zu erfüllen suchen.

Das tägliche Brot! Damals waren es rohe Getreidekörner, heute ist's eine entwertete, von aller Sonnenenergie entblösste, durch menschliche »Kunst« verdorbene schwammige Masse! Nun wird man verwundert fragen: Ja, sollen wir anfangen Körner zu kauen und uns den Wilden und Tieren gleichsetzen? Es wäre wohl sicher das Beste. Doch gibt es einen Mittelweg für uns; wir können uns nur langsam wieder an die wunderbaren natürlichen Früchte gewöhnen, aber vielleicht, dass unsere Nachkommen dann wieder Zähne haben zum Körner kauen.

Schrot- oder Vollkornbrot ist für uns die gegebene Lösung, und zwar sollte es nach dem Rezept von Dr. Maximilian Bircher-Benner, ohne Salz und Hefe, oder doch mit nur ganz wenig davon, gebacken werden. Kämen wir dann noch dazu, die Lehren dieses grossen Gelehrten und Arztes, die er in seinen Büchern sonst noch gibt, zu befolgen, so würden wir mit grosser Verwunderung wahrnehmen, wie wir uns täglich mehr jenem Bilde nähern. Seinen Büchern verdanke ich viel und ich möchte sie jeder Schweizerfrau zur Anschaffung empfehlen.

Von grösster Wichtigkeit ist auch, dass das Brot richtig *gemahlen* und richtig *gebacken* wird. Da ist das Verfahren von *Stefan Steinmetz* das weitaus beste. G. Sackmann, Allschwilerstrasse 85 in Basel, mahlt uns das sonnendurchglühte Korn in der rationellsten Weise, und die Teigwarenfabrik der Geschwister Meyer in Lenzburg macht uns aus diesem Steinmetzmehl wirklich nährwerthaltige Teigwaren, die unsern Tisch abwechslungsreicher gestalten. Vollkornbrot liefert auch die Grahambäckerei Arnold Zürrer, Zürich, Hönggerstrasse 22. Unsern Hafer schält uns in bester Weise die Hafermühle in Lützelflüh (Bern).

Und noch etwas: Zahnarzt Flückiger in Konolfingen (Bern) gebührt das grosse Verdienst, uns auf die Bedeutung des Brotes für die Volksgesundheit noch besonders hingewiesen zu haben. Im *Schweizerischen Beobachter* hat er endlich die längst verdiente, weitverbreitete Zeitschrift gefunden, mittelst der er zum ganzen Schweizervolke sprechen und ihm sagen konnte, dass das *weiche Schwarz- oder Weissbrot* den Blutstrom des Schweizervolkes schädigt. Das weiche Brot regt den Speichelfluss nicht an; und der Speichelfluss ist ein Teil des Blutstromes. Er hat nachgewiesen, dass in jenen Walliser Dörfern, in denen die Leute noch das alte hartgebackene Brot essen, die Leute bis zu 100 Prozent gute Zähne haben, während überall da, wo das weiche Schwarzbrot gegessen wird, auch sofort die Qualität der Zähne zurückgeht. In allen Ländern, wo hartes Brot gegessen wird, sind die Zähne gut und die Menschen viel gesünder als bei uns, und in allen Ländern wo die Menschen weiches Brot essen, sind die Zähne schlecht, der Blutstrom ist nicht gesund und die ganze Leibesbeschaffenheit der Menschen wird schlechter. Daher sagt Dr. Flückiger, eine *Brotreform* müsse kommen, und er empfiehlt das schwedische *Knäckebrot.* Dieses wird hergestellt durch Albert Bauer in Bern, Stauffacherstrasse 5. Es ist fast ganz wasserfrei und monatelang haltbar. Zusammen mit *Nussa*, das Freund Hans Kläsi in Rapperswil aus unseren Nüssen herstellt, bildet es ein wunderbares Nahrungsmittel. So müssen wir auf der ganzen Linie vorgehen. Doch unsern Körper können wir erst in vielen Jahren andauernder Wiedergesundung von allen Schlacken befreien. Die Seele aber wird bald das Wunder fühlen und erleben, und Harmonie wird tönen und strahlen, von uns weg zu den Nächsten, zum Volk, zur Menschheit.

Volkswirtschaftliches im Allgemeinen

Was haben die allergrössten Menschen, die je gelebt haben, getan? Wodurch lebt ihr Andenken durch Jahrtausende fort? Haben sie nach Ehre und Ruhm gestrebt? Haben sie millionenweise Menschen geopfert, in Massenmördereien, wie die heutigen »Staatsmänner«? Nein! Still und verborgen, nur dies eine Einzige: *Sie haben sich selbst überwunden.* Wenn diejenigen Männer, die berufen sind, unser Volk zu regieren, nicht dazu kommen, sich selbst zu überwinden, wird *niemals* Segen fliessen aus ihren Taten! Was ist es, das die Selbstüberwinder kennzeichnet? Es ist die *Liebe!* Die Liebe zum Nächsten, die Liebe zum Volke. Liebe in Tätigkeit gebiert aber nicht Hass und Neid, bewirkt nicht Repressalien, Zollschikanen, Grenzen gleich Gespenstern.

Als ich ein Kind war, erzählte uns die Grossmutter von Hungersnöten, der Grossvater von der ersten Eisenbahn in der Schweiz, die er bauen half, und sie sagten: Nun kommt eine bessere Zeit, nun gibt es keine Hungersnot mehr, denn die Eisenbahn wird schnell von einem Erdteil zum andern Brot bringen, wenn die Ernte fehlschlägt. Oh, ihr lieben Alten, ob eurer Einfalt! Könntet ihr heute, im Zeitalter der Flugtechnik, einen Blick tun in die Brotversorgung der Länder, ihr würdet die Hände zusammenschlagen. Jenseits des Meeres, da verbrennen sie für viele Millionen Franken Weizen, »*um den Preis zu halten*«, wie sie sagen; in einem andern Weltteil gehen Millionen Menschen am Hunger zugrunde. Die Ursachen? Künstlich gezüchteter Völkerhass, Ausbeutung durch das Geld, Zollschranken. Schauen wir einmal die Welt von oben an, als Flieger: Wo sind die Grenzen? Sie existieren nur in der Einbildung und sind *gemacht* aus Hass und Neid gegen den Nächsten. Denn was ist der Mensch, der jenseits des Grenzstriches wohnt, anderes, als der Nächste?

Dass *diese* Denkart sich ausbreitet, dafür kann niemand besser sorgen und wirken als die Frau, die Mutter. Sie ist die wahre Erzieherin, die eigentliche Zeugerin der guten Gedanken für das ungeborene Geschlecht, und hat es so in ihrer Macht, alle diese grossen Dinge zu erreichen.

Einige Streiflichter möchte ich noch werfen auf unser Gebiet: die Brotversorgung im eigenen Lande. Seit dem grossen Kriege haben einsichtige Männer die Bauernsame immer wieder ermahnt, mehr Getreide zu pflanzen; es wurde nicht oder nur in geringem Umfange befolgt. Nun zahlt der Bund sogar Prämien aus. Was sind diese in Wirklichkeit, woher stammen sie und wohin fliessen sie? Sie stammen aus Steuern, die *das arbeitende Volk* erst zahlen muss und sie fliessen zum grossen Teil in die Taschen der besser situierten Landwirte.

Diese sogenannten Prämien sind aber in Wahrheit *Almosen* im schärfsten Sinne des Wortes. Nach meiner Ansicht sollte doch eine solche Arbeit, wie diejenige des Bauers, so bezahlt werden, dass man ihm nicht gnädig noch einen Zuschuss aus dem allgemeinen Volkseinkommen geben muss, um den Preis seiner Produkte zu erhöhen.

Warum im Allgemeinen die Arbeit des Bauers so gering bezahlt wird und warum die Bauernsame nie geschlossen sich für eine Besserung hierin einsetzt, hat folgende Ursachen: In den meisten Ländern, in der Schweiz am ausgesprochensten, gibt es vier verschiedene Kategorien von Bauern: Grossgrundbesitzer ohne Schulden, Grossgrundbesitzer mit Schulden, Mittelbauern und Schuldenbauern. Die Grossgrundbesitzer ohne Schulden halten durch dick und dünn alle wirtschaftlichen Krisen und alle Elementarschäden aus, und bei ihnen *rentiert* die Arbeit immer, weil sie keine Zinsen hinlegen müssen und weil sie ihren Arbeitern relativ kleine Löhne bezahlen, deshalb, weil sie sie ständig beschäftigen können. Solche Arbeiter ziehen kleine Löhne vor, damit sie dann auch in Krisenzeiten nicht zu den Arbeitslosen gehören. Die Grossgrundbesitzer mit Hypothekenschulden gehören zu denen, die ab und zu, und in Krisenzeiten häufig, unter den »Hammer« kommen. Die Ursachen dafür werden nicht aufgedeckt; manchmal sind es verschwenderische Angehörige, sehr oft aber jedenfalls die Krise an sich. In der Schweiz haben wir ca. 45 Prozent Mittelbauern; die schwingen meistens obenaus, können alle guten Konjunkturen ausnützen, beziehen alle Arten »Staatsprämien« und machen vielfach Geldheiraten, was in materieller Beziehung für sie günstig ist (ob in moralischer Hinsicht ebenfalls, ist dagegen sehr fraglich). Nebenbei sind sie meistens noch Händler und Makler, und können mit auf solche Weise erworbenem Gelde ihre Höfe und Ställe füllen. Das sind die, von denen die Arbeiterbevölkerung dann sagt: Den Bauern wächst alles im Schlafe! Ich gehöre nun zu der letzten Kategorie, zu den Schuldenbauern. Um genau zu sein, muss man sagen, dass es hier noch Unterkategorien gibt: Solche, bei denen das Heimwesen ganz, und solche, bei denen es teilweise verschuldet ist, ferner Nebenerwerb treibende und nur bauernde.

Ich will hier ein Beispiel anführen: Ich kaufe heute einen Bauernhof für 40'000 Franken, mit 10'000 Franken Anzahlung, welches Geld ich mir gegen Bürgschaft leihen muss. Die restlichen 30'000 Franken werden durch Hypotheken beschafft. So muss ich jährlich mindestens 2'500 Franken an Zinsen und Amortisation bezahlen. Nehmen wir den Ausnahmefall von 30 Jahren ununterbrochen guten Zeiten (was in Wirklichkeit sich nie ereignen wird), so wird es mir möglich sein, in diesen Jahren meiner Vollkraft, die Schulden auf 15'000 Franken herunterzubringen. Bei meinem Tode sind sechs Kinder da. Eines übernimmt den Hof. Die abbezahlten 25'000 Franken sind nun in den Augen der Erben Vermögen; der, welcher den Hof bewirtschaftet, hat deshalb den fünf andern diese Summe, abzüglich seines Anteils auszubezahlen. Und dies Bild wiederholt sich unabänderlich alle 20 bis 30 Jahre. Eine Anzahl Menschen, »*ehrliche Arbeiter*« ihr Leben lang, sind ewig dem Frondienste des Zinses verfallen. Es gibt auch Ausnahmen, solche, die durch Glücksfälle oder durch guten Nebenverdienst zu Gelde kommen. Aus diesen Bauernkreisen stammen zum grössten Teile jene Arbeiter, die in der Stadt *ein besseres Auskommen suchen* und nie finden, da ihnen das »Krüppeln« zu Hause verleidet ist. Landflucht ist eine Folge der Zinsfron in der Volkswirtschaft.

Dies verschiedenartige Bild, das die Landwirtschaft bietet, ist zum grössten Teile schuld, dass alle Nichtlandwirte an deren Notlage zweifeln. Sogar die Rentabilitätserhebungsstelle des Bauernverbandes in Brugg, die es sich zur Pflicht macht, wahrheitsgetreue Buchhaltungen als Belege aufzuführen und damit der Bauernsame sehr viel hilft, wird noch oft bezichtigt, nicht der Wahrheit und den Tatsachen entsprechend zu berichten.

Um darin einmal weiterzukommen, brauchen wir vor allem Menschen, die sich selbst überwinden. Solange wir noch Freude haben, wenn es uns besser geht als dem Nächsten, dem Bruder, solange wir denken, wenn es nur dem Schweizer gut geht, was scheren uns die Deutschen, die Russen, was kümmern uns die Neger oder Inder, solange sind wir nicht auf dem Wege zur Harmonie. *Einmal* müssen wir uns unbefriedigt fühlen, nicht restlos glücklich sein können, wenn noch im hintersten Winkel der Welt ein Mensch ein seiner unwürdiges Dasein zu führen gezwungen ist.

Sind wir zu solchen Gedanken gekommen, so ist es dann eine Kleinigkeit, die Massnahmen zu treffen, den Übelständen abzuhelfen, soweit es in der Menschen Macht liegt. Heute wird eben ein grosser Irrtum begangen dadurch, dass wir Einrichtungen höheren Mächten zuschreiben, die lediglich Menschenwerk sind und die wir darum auch zu ändern vermögen. Auch trauen wir uns so wenig zu, Gutes zu vollbringen, und warten immer auf den lieben Gott, dass er es tue. Wenn wir der Liebe Raum geben, dann werden Wunderkräfte in uns lebendig, die nicht Wundertaten vollbringen, sondern einfach die *Erfüllung des Gottesgesetzes!*

Ein fester Getreidepreis und mehr noch

Der Schweizerbauer versteht leider vom Wesen des heutigen Geldes wenig oder nichts und erkennt daher seinen wahren Feind auch nicht. Wie schon gesagt, lässt er sich Steuern abnehmen, die dann als Prämien und als »garantierte Getreidepreise« einigen wenigen zukommen und er denkt nicht daran, dass er *alles,* was er *verkauft,* gegen *Geld* hingibt. Das Geld aber gibt die Schweizerische Nationalbank in den Verkehr, und zwar bald viel und bald wenig. Wenn die Bank viel Geld in das Land hinausgehen lässt, so erhält auch der Bauer viel davon für seine Erzeugnisse, so wie zum Beispiel von 1914 bis 1920. Wenn aber die Nationalbank das Geld wieder kündigt, so erhält der Bauer immer weniger und weniger Geld, oder, mit anderen Worten, er muss immer mehr Getreide hingeben, um die gleiche Geldsumme zu erhalten. In der *Schweizerischen Allgemeinen Volkszeitung* (Zofingen) habe ich unter dem Titel »*Aus meinem volkwirtschaftlichen Kopfrechnungsbuch*« folgendes über die *Not der Bergbauern* gelesen. Da schreibt einer:

»Im Kanton Uri liegt ein schönes Tal, das Meiental. Wer einmal über den Sustenpass ging, kennt es. Dort leben insgesamt 206 Leute, eingeschlossen 40 Schulkinder, eingeschlossen auch die ganz Kleinen und die ganz Alten, ferner viele Unheilbare, zwei Idioten und ein ganz Blinder, also dass von den 206 Einwohnern für Arbeit und Erwerb nur etwa 140 Menschen in Betracht kommen. Diese 140 Menschen haben laut einer Aufstellung durch zuverlässige Leute 25'000 Franken Zins Jahr für Jahr zu zahlen. Das macht auf den Kopf der Arbeitenden 178 Franken oder 50 Rappen täglich.« Der gleiche Berichterstatter schreibt, dass für die Leute zum eigenen Gebrauch nur 50 Rappen täglich verbleiben.

Zins und Lohn: Wie fast immer, so scheinen sie sich auch hier in den Arbeitsertrag der Bauern zu teilen. Doch ist das Verhältnis hier *noch schlimmer.* Denn wir dürfen nicht vergessen, dass diese fünfzig Rappen, die von den Meientalern zur Beschaffung der dringendsten Lebensbedürfnisse ausgegeben werden müssen, auch wieder zu einem gewissen Teil – durchschnittlich zur Hälfte – für die *Zinsen* hingegeben werden, *die in den Warenpreis eingerechnet werden müssen.* Was der bekannte Kantonsmitbürger der Meientaler, ein gewisser *Wilhelm Tell*, diesem Völklein durch seinen Schuss gerettet hat, ist heute zu einer *Zinserpressungsmaschine* ausgewachsen.

Die besondere Notlage der Schuldenbauern erhellt der folgende Bericht eines Lehrers aus dem *Berner Oberland.* Er schreibt: »In unserer Gemeinde beträgt das Grundsteuerkapital etwas über 8 Millionen Franken; die Hypothekarkasse und andere Kassen haben vier Millionen zu fordern. *So beträgt der Zins jährlich über 200'000 Franken.*«

Und nun folgt eine Stelle, die blitzartig die Ursache der heutigen, *besonders* grossen Not beleuchtet: »Um diesen Zins aufzubringen, mussten die Leute in den Jahren 1917 bis 1920 ungefähr 100 Kühe verkaufen, *jetzt aber 200 bis 220.*«

Wieso ist diese Stelle aufschlussreich? Nun, wenn man in einem Jahr doppelt so viel Vieh verkaufen muss als im andern, um die *gleiche* Summe an Zinsen zu erlegen, dann kann man schon in eine recht bedrängte Lage kommen! Und man muss sich die Lage recht vorstellen, wie sie sich entwickelt hat.

Als 1914 der Krieg ausbrach und die Preise infolge der Geldvermehrung immer höher und höher kletterten, da fanden in den Jahren 1914 bis 1920 Erbteilungen statt wie immer; es wurden wohl auch Heimwesen und Grundstücke verkauft. *Die Preise stiegen bei allen Handänderungen.* Das lag in der Natur der Dinge. Nicht selten werden auch die Preise absichtlich höher angesetzt, aber zum mindesten doch die Grundsteuerschatzung, um nach aussen hin bei Kreditbedarf mit dem höheren Wert der Liegenschaft Eindruck zu machen. Dann ist man drin im Kummet! Die Frage ist dann, wie man fährt. Und nun ist's *bei uns* so gekommen, dass von 1920 ab die Geldmenge – die Nachfrage also – vermindert und dadurch die Preise wieder gesenkt wurden. Man nennt dieses Spiel der Geldleute mit den Bauern *Deflation.* In einigen Ländern hat man mit der Deflation später eingesetzt, in andern gar nicht (allerdings in wenigen), und je nachdem kamen die Bauern auch später oder gar nicht in die »Notlage«, alles billig hingeben zu müssen, *während die Zinsen die gleichen blieben.*

In welcher Weise sich dies im Meiental auswirkt, zeigt die folgende Überlegung. Es kann sie *jeder* Bauer, Gewerbetreibende und Handelsmann auch für sich machen – sie stimmt leider überall.

Wenn eine Schuld zu ihrer Verzinsung im Jahre 1920 den Verkauf von *durchschnittlich 100 Einheiten* in Waren irgendwelcher Art erforderte, so brauchte sie

		von bäuerlichen Produkten sogar
1921 deren	112 Einheiten	109 Einheiten
1922 deren	136 Einheiten	154 Einheiten
1923 deren	136 Einheiten	152 Einheiten
1924 deren	132 Einheiten	141 Einheiten
1925 deren	134 Einheiten	141 Einheiten
1926 deren	138 Einheiten	154 Einheiten
1927 deren	140 Einheiten	164 Einheiten

Mit anderen Worten: Der schweizerische Schuldner muss, bei genau demselben Zinsfuss und genau demselben Betrage, doch jedes Jahr immer mehr und mehr Erzeugnisse seines Fleisses hinlegen, um seine Zinsen zu zahlen. Nun verkauft der Älpler dazu noch die Produkte der schweizerischen Landwirtschaft, Zuchtvieh, Käse und andere Milchprodukte, und diese gehören im Auslande im Allgemeinen zu den *Luxuswaren* des Mittel- und Bauernstandes. Sie *sinken* daher bei einer allgemeinen Geldverminderung (Deflation) und dem daraus folgenden Preisfall (Krise) *in ganz besonderem Masse*, weil hier zuerst gespart wird. Wenn man dann seine Zinsen durch den Verkauf von Käse oder Zuchtvieh herausschlagen muss, so kann man, wie der Berichterstatter aus dem Berner Oberland bemerkt hat, nicht bloss nur 140 Kühe verkaufen, wo man 1919 100 verkaufte, sondern eben 200 bis 220, weil sie im Preise stärker als die Waren im Durchschnitt sanken. Und da die Älpler dann andere Waren *kaufen* müssen – Waren, die nicht so stark gesunken sind wie Zuchtvieh und Käse –, so wird die Not der Bergbauern *noch einmal* verschärft.

Wer trägt an der höheren Belastung der Bergbauern heute die grösste Schuld? Es sind nicht »die Verhältnisse«, nicht das Ausbleiben des Fremdenverkehrs, nicht die Lawinen und nicht das Wetter, sondern es ist *der allgemeine Preisfall seit 1920*, der naturgemäss die Viehzüchter und Milchproduzenten stärker treffen musste als andere Stände.

Als im Jahr 1919 der allgemeine Geldrückzug und damit der Preissturz in einem internationalen Rundbrief (Memorandum) empfohlen wurde, und als auch der schweizerische *Bauernsekretär* diesen Rundbrief an die europäischen Regierungen unterzeichnete, da schrieb der »Kopfrechner« der *Schweizerischen Allgemeinen Volkszeitung:* »Mit seiner Unterschrift hat Dr. Laur seine Zustimmung zur Auswucherung der Schweizer Pächter und Schuldenbauern gegeben. Wenn die sinkenden Preise kommen sollten, so mögen sich die verganteten Pächter und Schuldenbauern bei ihrem Führer bedanken.« Dr. Ernst Laur hat sich damals heftig gegen eine derartige Aussicht gewehrt – aber wo stehen wir jetzt?

Wie aber dieser *allgemeine Preisfall* zustande kam, ist hier bereits angedeutet: Das Geld wurde durch die Nationalbank zurückgezogen, vermindert, und dafür musste der Bauer immer mehr Getreide hergeben für das gleiche Geld. Der gleichen, lieben Zeitung entnehme ich auch die folgenden Zahlen, die zeigen, wie die Geldmenge und vor allem die Geldverminderung, auf die Preise wirkte.

	Noten	Grosshandelspreise	Kleinhandelsindex
1914	335 Millionen	100	100
1915	406 Millionen	–	113
1916	430 Millionen	–	131
1917	536 Millionen	–	163
1918	733 Millionen	–	204
1919	906 Millionen	–	222

	Noten	Grosshandelspreise	Kleinhandelsindex
1920	933 Millionen	-	224
1921	925 Millionen	197	200
1922	818 Millionen	168	164
1923	875 Millionen	180	164
1924	850 Millionen	176	169
1925	798 Millionen	163	168
1926	769 Millionen	148	162
1927	799 Millionen	147	160

Der »Kopfrechner« unserer *Volkszeitung* schreibt dazu: »Wie man sieht, wird die Notenvermehrung oder -verminderung von einer entsprechenden Erhöhung oder Senkung des Preisstandes im Grosshandel und schliesslich, wenn auch langsamer, im Kleinhandel (Lebenskosten) begleitet.« (Von 1914 bis 1921 fehlen uns die Grosshandelspreisziffern.) Eine Ausnahme macht das letzte Jahr. Der Notenstand stieg, aber der Preisstand ging zurück.

Die Nationalbank, die seit Jahren den Zusammenhang zwischen der Notenmenge und den Preis- oder Geldwertschwankungen kennt, erklärt sich diese Sache so: »Die Zunahme des Notenumlaufes erfuhr durch die Ausserkurssetzung der Unionsgoldmünzen fremden Gepräges, die zum Teil gegen Noten umgetauscht wurden, eine starke Steigerung; die auf diese Weise ausgegebenen Noten kamen in der Folgezeit nur langsam und spärlich zur Bank zurück.« Und dann sagt die Nationalbank, dass sie wohl vielerorts gehamstert worden wären anstelle der Goldmünzen, die man abgeliefert habe.

Also: Der Notenstand ist zwar gestiegen, aber dafür ist weniger Gold im Lande gewesen, und die Noten liefen nicht alle um, sondern blieben im Strumpf. Diese Erklärung der Nationalbank zeigt, dass der scheinbare Widerspruch zwischen Notenstand und Preisstand erklärbar wäre.

Wir sehen daraus, dass nicht der Bund, sondern die *Schweizerische Nationalbank* eine Preisgarantie für das Getreide machen könnte, und nicht bloss für das Getreide, sondern überhaupt für die Gesamtheit aller Erzeugnisse. Sie könnte es, und *sie allein* vermöchte damit *die Krisen*, die Absatzstockungen, die Arbeitslosigkeit und damit auch die Zollschranken zu beseitigen. Sie müsste dazu das Geld in einer Menge in den Verkehr setzen, dass seine Kaufkraft, sein Wert gegenüber den Produkten unserer Arbeit derselbe bliebe. Und endlich müsste sie für einen *dauernden* Geldumlauf sorgen: Das Geld dürfte nie streiken können, sich nie verstecken dürfen ohne Schaden. *Freigeld* müsste es sein! Geld, das die Arbeit vom Frondienst für den Zins befreit! Wer über diese Bestrebungen sich näher unterrichten will, lese die Abhandlungen, die unter dem oben genannten Titel in der Zofinger *Volkszeitung* erscheinen oder er abonniere die *Freiwirtschaftliche Zeitung* (Schwarzenburg), die sich ganz besonders für diese Forderung einsetzt.

Freiland – Mutterrente

Schwestern, helft mir kämpfen,
Nicht um nichtig Tun und Treiben,
Nein, der Güter allerhöchstes:
Freies Volk auf freiem Grunde!
Unserer Zukunft Losung sei.
Heilge Mutterschaft erringen.
Unsere Kinder: Liebespfänder!
Erkennen sollt ihr sie an ihren Früchten
Weltfriede! Sei ihr Feldgeschrei!

Soll die Frau die Getreidefrage, die Brotfrage lösen, dann muss sie auch ganz enge Beziehungen haben mit der Mutter Erde. Dies wird restlos erreicht, indem jeder Mutter für jedes ihrer Kinder die Mütterrente gezahlt wird, und zwar nicht als Prämie, oder als Almosen, sondern als redlich verdienter Lohn. Um das zu verstehen, muss man sich vergegenwärtigen, dass nur Erde oder Land »Wert« hat, wo *Menschen* hinkommen. Wo niemand leben oder wohnen will, ist Land »wertlos« im Sinne von Geld. Werden viele Menschen geboren, so brauchen diese Menschen Erde, benötigen Land. So ist die Mutter eigentlich die Urheberin der *Grundrente*, denn durch die Nachfrage nach Grund und Boden wird dieser wertvoll und wirft eine Grundrente ab. Diese gehört bis heute denjenigen Menschen, die sich »zufällig« im *Besitz* von Boden befinden, also im Grossen und Ganzen den Kapitalisten (man denke an

Petrol, Gold, Silber, Kupfer und so weiter). Diejenigen, die durch ihrer Hände und ihres Geistes Arbeit diese Grundrente erst schaffen, sie gehen leer aus. Indem man sie durch »Freiland« den Müttern ausbezahlt, kommt sie Allgemein, Reich und Arm zugute. (Näheres darüber in Dr. Theophil Christen: *Freilandfibel.*) Wenn einst alle Frauen, oder doch ein grosser Teil von ihnen, begriffen haben, was das heisst: *Unabhängig werden durch die Mutterschaft*, dann bricht ein neues Zeitalter an, dann können wir uns erst ganz unseres Frauentums, unserer Mutterschaft freuen und stolz sein auf unsere *in Liebe* gezeugten Kinder, und das Wort Goethe's:

»Das Ewigweibliche zieht uns hinan« wird zu voller Wirklichkeit werden.

Das freiwerdende Land wird vom Staate aufgekauft und im Meistbietungsverfahren, mit Erbpachtrecht versteigert. Dies tastet in keiner Weise das Privateigentum an, wie vielfach behauptet wird, sondern jeder kann seinen bis jetzt besessenen Hof bis in alle Ewigkeit behalten, oder solange es ihn freut. Der Unterschied ist nur der eine, dass wir pro forma Pächter sind, was in Tat und Wahrheit auch heute der Fall ist, denn wir haben hier keine bleibende Statt, sondern die zukünftige suchen wir! Sobald das Land Freiland ist, das heisst, wenn jeder Mensch sich Land pachten kann, soviel er durch eigene Kraft und Tüchtigkeit bebauen will, hört auch die heutige Misère des Bauernstandes auf. Wie viele sind heute nur Bauern aus Gewohnheit und nicht aus innerem Beruf und wie unzählig viele schleppen eine unerträgliche Schuldenlast ihr Leben lang und machen dadurch ihre ganze Familie zu Sklaven und seelisch kranken Menschen. Bei Freiland gibt es keine Hypothekenschulden mehr, sondern nur den Pachtzins, der sich ergibt auf Grund des Ertragswertes. Dies Gebiet ist ja heute schon zur Genüge vorbereitet durch das in dieser Sache sehr verdienstvolle Zentralsekretariat des Schweizerischen Bauernverbandes, in einer Weise, dass dieses beinahe vom letzten »Heimetli« in der Schweiz den Ertragswert kennt, und die Pacht, bei der sich gut leben lässt auf ihm. Innert 15 bis 20 Jahren könnte man mit der Grundrente alle Schulden, die der Bund machen muss, wenn er das gesamte Land aufkauft, amortisieren. Ist dies geschehen, so müsste dann die Grundrente als Mütterrente ausbezahlt werden. Ich verweise hiermit auf das Werk: *Silvio Gesell: Die natürliche Wirtschaftsordnung.*

Die ausbeutungslose Freiwirtschaft allein beseitigt vollständig die Disharmonie im Menschen, die heute bei jedem ein klein wenig feineren Gemüt mannigfache Gewissensbisse hervorruft, namentlich wenn er Kaufmann oder Geschäftsmann ist. Wahrer Mensch, Christ sein, kann man heute nur in ein paar Sonntags- und Feiertagsstunden, im Alltagsleben ist es unmöglich, denn es baut sich auf Schein und Trug auf. Erst wenn auch auf der materiellen Ebene eine vollständige gottesgesetzliche Ordnung ist, dann wird unser ganzes Leben ein Gottesdienst und führt zu Glück und Frieden.

Freiland hat im Weitern zur Folge: das freie Volk auf freiem Grund und den Weltfrieden. Denn, wenn einst alle Menschen die Erde besitzen, wie es heisst: Er gab die Erde allen Menschenkindern, dass sie sich davon nährten; dann wird von selbst alles wegfallen, was bis heute Kriegsursache war. Warum sollte man noch Menschen töten, um etwas zu bekommen, was man selbst in Fülle hat? Es ist statistisch nachgewiesen, dass in krisenlosen Zeiten, also bei Hochkonjunktur, die Verbrechen abnehmen, in Perioden der Arbeitslosigkeit dagegen anschwellen, treu nach dem Sprichwort: »Müssiggang ist aller Laster Anfang.« In Tat und Wahrheit sind nicht die Menschen schlecht, sondern die Verhältnisse, in denen sie leben. Heute sollten wir doch so weit fortgeschritten sein, Zustände ändern zu können und zu wollen, die soviel Schrecken, so namenloses Elend, so mannigfaltige Schuld und Sünde hervorbringen. Es ist ja so einfach, *alles Grosse und Wahre ist einfach.*

Wenn wir erst einmal aus der materiellen Not heraus sind, dann können wir uns auch höheren Aufgaben widmen, und werden es dann auch tun. Ist der *Hunger im weitesten Sinne* gestillt, erst dann sind wir fähig, die Herzens- und Geistesentwicklung höher zu führen. Die ungerechte Verteilung der materiellen Güter durch die heutige Wirtschaftsordnung schädigt den Armen und Reichen in gleichem Masse, diesen durch Überfluss und jenen durch Mangel. Ist es aber so: Wer arbeitet, der hat zu essen, wer nichts leistet, der hat wenig oder nichts zu essen, dann wird jedem Menschen das Leben lebenswert. Sind die Verhältnisse auf diese Weise gebessert, und hat der *Arbeitende* für seine Tüchtigkeit *den Lohn wirklich erhalten*, dann wird gerade der Bauernstand derjenige sein, der dafür sorgt, dass kein Mangel herrscht. Und wenn wir den Ackerbau nicht nur für Getreide, sondern überhaupt, in der genannten natürlichen Weise betreiben, unterstützt durch die Hilfsmittel, die die Technik uns zur Verfügung stellen wird, brauchen wir nicht mehr 16 und mehr Stunden zu arbeiten und abends beinahe bewusstlos vor Müdigkeit ins Bett zu sinken. Wir werden dann auch Zeit und Ruhe finden, uns auf uns selbst zu besinnen und an höhere Aufgaben heranzutreten.

Dadurch finden wir uns dann hin zur eigenen Harmonie und zur Weltenharmonie!

Zusammenfassung

Die monopolfreie Lösung der Getreidefrage ist nach meiner Ansicht durch folgende Änderungen zu erreichen:

1. Der Getreidebau wird in besserer Weise als bisher betrieben; als *viehloser* Ackerbau;
2. Das Geld wird durch die Nationalbank in stets genügender Menge in Verkehr gebracht, so dass der Bauer für seine Arbeitserzeugnisse eine *allgemeine* Preisgarantie erhält;
3. Das heutige Geld wird am Streiken verhindert durch den Umlaufzwang des *Freigelds*, wodurch die Krisen restlos beseitigt, alle Arbeitslosigkeit verhindert und schliesslich das Kapitalangebot so vergrössert werden kann, dass der Zins bis auf Null fällt.

Noch ein paar einfache Rezepte: Wer Weizenkörner nicht roh essen will, weiche sie mit der dreifachen Wassermenge ein. Dann sind alle Getreideflocken, vor allem Weizen und Gerstenflocken, ein guter Brotersatz. Eingeweicht und mit etwas Rohzucker oder Honig gesüsst. Auch mit Nussbutter oder Öl geröstet schmeckt es tadellos, zu all diesem gehören Früchte oder Rohgemüse.

Mein Bauernschrotbrot: Die gut gereinigten Getreidekörner werden mit der Mühle »Diamant« Rauschenbach geschrotet, möglichst vor jedem Backen frisch, des feinen Duftstoffes wegen, der dann nicht verloren wird. Auf 25 Pfund Mehl nehme ich für 10 Rappen Presshefe, 3 Löffel Salz und angewärmtes Wasser, knete alles zu einem dicken Brotteig, fülle [es] in Formen und lasse es etwa 4 Stunden an warmem Ort stehen, dann wird es gebacken; es braucht so viel Hitze, wie anderes Bauernbrot. Mein Festkuchen: Auf der Diamantmühle kann man auch Gries und Mehl ohne Kleie abziehen. Von diesem Mehl nehme ich 500 Gramm, ein Paket Lützelflüh-Weizenflocken,

500 Gramm Rohrzucker, 350 Gramm Nussa, 3 bis 4 Eier, den Saft und die Schale einer Zitrone. Der Teig wird genau gleich gerührt wie ein anderer Kuchenteig. Wenn man die Weizenflocken hinzutut, (trocken) und er scheint zu dick, nehme man noch Milch, bis er geschmeidig ist. Zuletzt noch Backpulver. Wenn er auf ein flaches Wähenblech gestrichen ist, so streue ich noch grobgeschnittene Nüsse oder Mandeln drauf und drücke sie etwas ein. Nach Belieben kann man auch Rosinen in den Teig tun.

Im Wendepunktbuch Dr. Maximilian Bircher-Benner: Früchtespeisen und Rohgemüse sind sehr wertvolle Winke für die Hausfrau. Unübertroffen ist das Kochbuch *Rohkost*, von Frau Berta Brupbacher-Bircher.

Nachwort

Ich weiss, es gibt viele, die werden meine Worte nicht verstehen, sie gleichen jenem Theologiestudenten, der einmal bei uns zu Gaste war: arm und krank an Leib und Seele. Und als ich ahnte, was ihm fehle, sagte ich einmal zu ihm: So junge Menschen wie du, die jeden Tag bis 11 Uhr im Bett liegen und zur Sommerzeit den Nachmittag auf dem Sofa versitzen, *leben* ja gar nicht! Komm einmal vor Sonnenaufgang mit mir hinauf, ins Sonnenbad und *erlebe die Pracht!* Er sagte: »Ach, Sonnenaufgang, auch schon mal gesehen, kann man übrigens jeden Tag sehen!« und lag im Bett bis 11 Uhr.

Lass die Toten ihre Toten begraben! Es gibt aber welche, die werden mich verstehen, das sind *die, die den Frühwind erlebten.* Wenn ich am Morgen auf meinem Acker bin und der Frühwind meine Stirne bestreicht, dann möchte ich niedersinken vor Andacht; denn ich weiss: Jetzt kommt dann die Sonne mit ihrer Pracht, jeden Tag, jeden Tag neu! Wer das *erlebt*, der versteht mich.

Und wie es Tageszeiten, Jahreszeiten gibt, gibt es Weltenzeiten. Wir stehen nun gegenwärtig im Frühwind einer Weltenzeit. Das Alte vergeht, es wird alles neu. Mit der Mitte dieses Jahrhunderts beginnt das neue Weltenjahr. Das vergangene stand im Zeichen Fische, dem Symbol des Christentums, das kommende steht im Zeichen Wassermann: dem Erfüller! Was 2'000 Jahre gepredigt wurde, wird nun erfüllt werden. Wenn wir uns darauf vorbereiten wollen, dann stehen wir früh auf, lassen uns Frühwind um die Nase wehen, und *erleben dadurch das unaussprechliche Wunder des Völkerfrühlings!*

Wer geistige Nahrung sucht, der findet sie; denn nicht nur das Altertum hatte Weise und Seher, die den Stern von Betlehem gesehen haben, auch wir haben solche Seher, die den neuen Stern sehen.

Der Wendepunktverlag in Zürich, das Pestalozzi-Fellenberg-Haus in Bern vermitteln jedem, was gerade ihm zu wissen Not tut.

Für Katholiken hat Kaplan Anton Galliker in Zug-Oberwil ein Werklein geschrieben, das gewiss seinen reichen Segen ausgiessen wird.

Und nun mit Gott per *aspera ad adstra!*

Abbildung 34 Der 1936 von Karl und Ernst Hofstetter erbaute »Seeblick« diente als Wohn- und Gästehaus.

1942_Neues Bauerntum, altes Bauernwissen[297]

1. Die Landwirtschaft in Theorie und Praxis

Der alte Fritz, *Friedrich der Grosse*, war ein sehr guter Landwirt. Wenn man nach Potsdam kommt und den Garten und die Terrassen von Sanssouci, die er geschaffen hat, betrachtet, wird man mit dem Lob dieser seiner Schöpfung nicht kargen. Er prägte das Wort: *Die grösste Kunst aller Künste ist die Landwirtschaft.*

Wenn dies Wort Wahrheit werden soll, darf die Landwirtschaft nicht auf die Art betrieben werden, wie dies heute geschieht. Auf der einen Seite gibt es Theorie, die sich auf Spezialgebieten ins Unermessliche verliert, und auf der anderen Seite steht der überwiegend grosse Teil unserer Bauernsame, die den, der aus Büchern etwas lernen will, lächelnd als Narren betrachtet und selbst drauf los wirtschaftet, angeblich nach Grossvaters und Urgrossvaters Art, in Wahrheit aber allen weisen Lehren der Alten Hohn sprechend. Dann wieder stehen sich gegenüber die reichen Bauern, die ihre Söhne in staatlichen Anstalten ausbilden lassen können und sich damit alle guten, aber auch die schlechten Theorien zu Nutze machen, und die grosse Mehrheit der unbemittelten oder wenig bemittelten Landwirte, denen jene Schulen überhaupt nicht zugänglich sind, die aber dann, wenn dies doch der Fall ist, ihr Besserwissen aus Mangel an Betriebskapital nicht auszunützen vermögen. So gut wie Gedanke »A« bedeutet, und Tat »B«, ebenso gut ist auch im Bauerngewerbe Theorie als A nötig und Praxis kommt als B. Aber wohlverstanden, man soll nicht gedankenlos alle gebotenen Theorien in die Praxis umsetzen wollen, sondern alle Kraft der Gedanken soll darauf konzentriert werden, vom Guten das Beste herauszufinden.

Ich baue nun schon 15 Jahre Getreide an, teilweise in der sogenannten Ackerbeet-Kultur, die ich in wissenschaftlichen Büchern studierte. Diese Methode wird zum Beispiel in China schon seit Jahrtausenden praktiziert und hat nie aufgehört, Erfolg zu bringen. Natürlich lachten mich alle Bauern hierzulande aus. Die Schweiz ist ja nicht China, und so ein urchiger Schweizerbauer dünkt sich gewaltig erhaben über die alten, dummen Chinesen! So viel Wissen wie der Schweizerbauer seinen Fachblättern entnimmt, hat der Chinese jedenfalls nicht; aber er ist trotzdem der Wissende und der Weise.

Das Lachen der Bauern verging nach und nach, und ihre Augen wurden allmählich etwas grösser aus Verwunderung darüber, dass ich, was sie mit Mist, Jauche und Kunstdünger *nicht* fertigbrachten, durch natürliche Bodenbearbeitung erreichen konnte.

In hiesiger Gegend heisst es überall: Wir haben kein Getreideland, der Boden sei zu schwer, man habe immer Lagerfrucht und deshalb minderwertige Erträge. Ich befasste mich deshalb ganz eingehend mit der Frage: Warum ist das so? Ich kam auf folgende Antworten: Die Bauern sind bis zu einem gewissen Grade Fatalisten und erklären viele Dinge als von höheren Mächten abhängig, die besser zu machen, Sache der denkenden Menschheit wäre. Der schwere Boden ist zu verbessern! Hier, wo so viel Vieh gehalten wird und nur wenig Ackerland ist, meint man, sei es nur nötig, jedes Jahr so und so viele Fudern Mist und so und so viele Doppelzentner Kunstdünger auszustreuen und unterzupflügen, um die Erträge zu steigern. Dann habe man seine Pflicht getan; alles andere sei Gottes Sache oder auch nicht. Mist unterzupflügen, frisch und unvergoren, wie es hier geschieht, ist allein schon ein sehr grosser Fehler. Das versäuert den Boden und macht ihn schwer und verkrustet, in der Folge auch Pflanzen und Menschen, und es findet keine richtige Bodengärung mehr statt. Dadurch wächst das Getreide nur in geilen Halmen, und beim ersten Sturm liegt es wie gewalzt am Boden. Die Erntemethoden liegen auch sehr im Argen; sie haben sich dank der Anstrengungen der landwirtschaftlichen Anstalten in den letzten Jahren etwas gebessert. Aber noch lange nicht genug. Wenn hier gedroschen wird, raucht die Maschine wie ein Hochkamin vom Schimmel, und das Ernteergebnis ist natürlicherweise ganz minderwertig.

Ich sehe die Grundursache dieser Missstände immer wieder und immer mehr in Folgendem: Der Durchschnittsmensch ist zu denkfaul! Er hat keine rechte Freude mehr an seiner Arbeit! Warum? Erstens: Weil er sich so unrichtig wie möglich ernährt, sind seine geistigen Kräfte immer im Halb- oder Ganzschlaf, und auch die physischen sind bei ihm auf ein Minimum gesunken. Zweitens: Unsere Wirtschaftsordnung steckt in einem solchen Sumpfloch, dass die Arbeit kaum die Hälfte dessen einbringt, was sie wert ist. Dadurch werden die Menschen immer mehr auf die unrichtige Seite getrieben, irgendetwas mühelos zu tun, auch wenn es gänzlich falsch sein sollte, nur um so schnell wie möglich so weit zu kommen, nicht mehr arbeiten zu müssen und auf der »faulen Haut« liegen zu können. Warum auch arbeiten, wenn der Arbeitsertrag nur zur Hälfte den Arbeitenden, zur andern Hälfte dem Zinsbezüger zugutekommt? Das ist der Fluch des heutigen Zeitalters. Ich war auch drauf und dran, ihm zu verfallen. Aber eine innere Stimme hat mich noch rechtzeitig gewarnt und durch fleissige Arbeit das Richtige finden lassen. Jene Menschen, die nur aus arbeitslosem Einkommen leben (Zinswucher), verfallen aber ebenfalls körperlich und geistig dem Ruin. Heute ist Arbeit für mich ein Fest, dem der Feierabend später einmal folgen mag. Welch wunderbare Ruhe erfüllt einen, wenn man neben seinem Acker steht, in junger Saat, in der Blüte, in den reifenden Ähren. Der Erdgeruch, der Blütenduft, der Duft des reifenden Kornes machen einen satt, und man denkt gar nicht mehr an das Allzumenschliche. Des Landbebauers schönstes und höchstes Ziel heisst; und so sollte das Wort aller sein: *Zurück zur Erde!*

2. Was ist biologischer Landbau? Biologischer Land- und Gartenbau. Der Kreislauf des Lebens.

Es herrscht eine furchtbare Unklarheit über diese Bezeichnung und viel Unfug wird damit getrieben. Wissentlich oder unwissentlich wird der Leser und auch der Käufer von »biologischem Gemüse« mit diesen Bezeichnungen irregeführt. Es ist vor allem wesentlich zu wissen, was Biologie bedeutet.

Biologie vom griechischen bios gleich Leben und logos gleich Wort, Lehre – also gleich Lebewesenkunde. Biologischer Landbau gleich lebensgesetzlicher Landbau und biologisches Gemüse gleich lebensgesetzlich gezogenes Gemüse.

Um zu verstehen, was lebensgesetzlicher Landbau und lebensgesetzlich gezogenes Gemüse ist, muss man unbedingt ganz enge Beziehungen zum Boden, zur Pflanze, also zur Natur haben. Menschen, deren Tage und Nächte nur vom Lampenlicht erhellt sind, statt von Sonne, Mond und Sternen, haben keine Beziehung zum Boden, zur Pflanze. Sie kennen das Lebensgesetz, das Naturgesetz = Gottesgesetz leider nicht mehr.

Es genügt nicht, einige biologische Lehrbücher gelesen zu haben oder einige Wochen und Monate auf dem Lande zu leben oder schliesslich ein paar Gartenbeete in der freien Zeit zu bebauen, um dieses Gesetz wieder kennen zu lernen. Nein, da heisst es: Ringen ohne Ruh' und Unterlass, jahrelang, jahrzehntelang, Tag und Nacht, Sommer und Winter, bei Sonne, Regen, Schnee und Kälte. Beobachtungen aus allem, täglich, stündlich an Boden und Pflanze, um zu versuchen, Ursachen und Wirkungen auf die Spur zu kommen.

Mir hat am meisten Raoul Heinrich Francé, der grosse Biologe, zu der Kenntnis der tiefen Zusammenhänge verholfen. Will ich nun lebensgesetzlich gezogenes Gemüse haben, so muss mein Boden sich einfach diesem Gesetz einordnen, und erst, wenn diese Einordnung stattgefunden hat, was immerhin ein paar Jahre dauert, dann kann ich mit gutem Gewissen von biologischen Erzeugnissen reden. Um der heiligen Sache der Gesundheit aller Menschen willen, dürfen wir nicht Kompromisse schliessen. Es geht diesmal aufs Ganze. Wehe dem, der aus reiner Profitsucht wieder Kompromisse macht, bis überhaupt kein Unterschied mehr ist, ob mit Gülle (Jauche), Mist, Kunstdünger gezogenes oder sogenanntes biologisches Gemüse, »dungloses« Gemüse und was der irreführenden Bezeichnungen mehr sind. Die Profitgier und Zinsknechtschaft sind allein schuld daran, dass der Bauer vom Lebensgesetz abkam. Nun, da die ganze Menschheit bis zu 95 Prozent krank ist, heisst es: Entweder wir leben wieder lebensgesetzlich, von natürlichen Früchten, Nüssen und Gemüsen – und werden gesund, oder wir gehen allesamt zugrunde.

Durch meine Erfahrungen habe ich herausgefunden, dass zwei- bis dreijährige Komposterde (nicht Kompost, der aussieht wie ein Misthaufen), die einzige reine Losung ist, die die Pflanzen gesund aufbauen kann. Komposterde stinkt nicht, hat keine undefinierbare Farbe und Zusammensetzung, ist auch nicht so, dass man den Ursprung der verschiedenen Dinge, die dem Komposthaufen einverleibt werden, erkennen kann, sondern ist schöne, feinkrümelige, gesunden Erdgeruch ausströmende Erde. Sie ist nicht klumpig, pappig oder speckig, sondern rieselt einem ganz lose durch die Hände und fühlt sich sammetartig an. Was daraus hervorgeht, ist dann schönes, tadelloses Gemüse. Auch auf chemischem Wege lässt sich die richtige Zusammensetzung prüfen; desgleichen ob die Erde mehr Basen oder Säuren enthält.

»Biologisch-dynamisch« nennt sich die Landwirtschaft, die nach Rudolf Steiners Lehren geht. Die Grunderkenntnisse sind dieselben, die ich auch bejahe. Hingegen kann ich zwei Dinge nicht bejahen. Es sind dieses die Voraussetzung der Viehzucht und die »besonderen« Präparate. Wenn man weiss, dass Vegetarismus allein zur Gesundheit führt, ist es lebensgesetzlich widersinnig, Tiere in Ställe zu sperren und zu Sklaven zu machen, und die Menschen wiederum zu Sklaven dieser Tiere. Die Theoretiker dieser Lehre sind jedenfalls zum allerwenigsten Stallknechte und Tierbetreuer gewesen, sonst müsste ihnen ihr Feingefühl von selbst sagen, in welcher Weise sie in die Unnatur und Widersinnigkeit hineingeraten sind. Auch werden sie die unaussprechlichen Leiden der Tiere nicht zehn Jahre aushalten, ohne dass es ihr Gewissen belasten würde. *Wenn man die Kräuter und Unkräuter, die der Herrgott wachsen lässt, in den Kompost hinein verarbeitet, und sie sich lebensgesetzlich wieder einordnen lässt, in den Ring des Lebens, so ist es jedenfalls biologischer, als wenn man sie in Form von Präparaten mit geheimnisvollen Zeremonien in den Kompost tut.* Eine heilige Zeremonie allein ist: lebensgesetzlicher Landbau.

Alle Menschen, die ein Interesse an der eigenen Gesundheit haben und sich verpflichtet fühlen, die allerersten Grundlagen unseres Erdenlebens naturgesetzlich durchzuführen, sollten sich zusammentun. Man könnte dann durch Untersuchungen, die dem Einzelnen nicht möglich sind, die äusserst wichtige Angelegenheit einwandfrei beobachten und schliesslich die Betriebe, die sich dieser Kontrolle unterwerfen, in allen Reformzeitschriften bekanntgeben. Ich glaube das wäre allen zum Segen.

Die denkenden Menschen von heute haben erkannt, dass es an ihnen selbst liegt, gegen Schäden und Krankheiten in Volk und Einzelmensch sich zu wehren. Sie haben auch erkannt, dass sie die *Ursachen* dieser Schäden und Leiden suchen müssen, wenn sie wirklich erfolgreich dagegen kämpfen wollen. Eigentlich ist es immer besser, nicht gegen das Schlechte zu kämpfen, sondern vielmehr das einmal erkannte Gute einfach zu tun. Dadurch hört das Schlechte von selber auf.

Auf dem Gebiete der Landwirtschaft hat eine für die menschliche Gesundheit verhängnisvolle Tendenz eingerissen. Natürlich! Je mehr der Kapitalismus sich des Bauern bemächtigt hat, indem er Besitzer des Landes wurde und einen um den andern zinspflichtig machte, desto mehr musste der Bauer darauf sehen, mehr Produkte aus seinem Lande herauszubringen, um neben den Zinsen noch sein Leben zu fristen. Es muss hier auch gleich bemerkt werden, dass ein Teil der Bauern auch aus reiner Geldgier ihr Land zum Höchstertrag getrieben haben. Nun fragen wir: Mit was für Mitteln war das möglich? Das war nur mit künstlichen Mitteln möglich. Einesteils mit intensiver Jauchewirtschaft und andernteils mit Kunstdünger. Jeder Bauer weiss, dass Vieh auf frischgedüngten Wiesen nicht frisst. Warum? Weil es instinktmässig weiss, dass es seiner Gesundheit schadet und zwar, je natürlicher das Vieh noch ist. Das heisst: Je mehr es auf der Weide und nicht im Stall aufwuchs, desto mehr wird dieses Vieh natürlich empfinden und frisch gedüngtes Futter verschmähen. Alte Bauern sagten schon vor mehr als zwanzig Jahren: Ihr werdet sehen, je mehr Kunstdünger gebraucht wird, desto kränker wird unser Viehstand und die vielen Notschlachtungen beweisen diese Voraussage! Jeder weiss auch: Wenn ein Kind von einer Wiese, die mit Kunstdünger gedüngt wurde, Sauerampfer isst, kann es sich vergiften.

Neuere Forschungen haben ergeben, dass die Stoffe des Kunstdüngers, zum Beispiel Kali, in der Pflannatze nicht verändert werden, sondern sie gehen ganz unverändert im Futter des Viehs oder im Gemüse in den Organismus über und werden dort im Blut entdeckt. Wenn eine grössere Dosis von solchen Giften tödlich wirkt (wie durch Genuss von kunstgedüngtem Sauerampfer), so können auch viele kleine Mengen, die sich im Organismus ansammeln, wenn auch nicht tödlich, so aber doch krankheitserregend wirken. Ärzte, wie Dr. Maximilian Bircher-Benner, haben diese Erkenntnis bestätigt und diese hat dazu geführt, dass man anfing, wieder auf natürliche Art Gemüse, Getreide, Kartoffeln und Obst zu ziehen. Das nennt man biologischen Land- und Gartenbau.

Zwölfjährige Erfahrungen bestätigen, dass dies uns wieder Gesundheit bringt für Pflanzen, Bäume und Früchte, damit auch für uns Menschen. *Acker und Garten sind fruchtbar geblieben, obschon die »Fachleute« mir im Anfang sagten: In zehn Jahren wächst auf deinem Land nichts mehr!* Auf die Dauer ist es genau umgekehrt!

Nun wird man fragen: Worauf beruhen Ursachen und Wirkungen des biologischen Landbaues?

Der bereits erwähnte Forscher der Biologie Raoul Heinrich Francé sagt: »Wenn irgend im Ackerboden die richtige Gare ist, und der Boden gesund und fruchtbar ist, dann sind im Boden verschiedene Kräfte im Gesetz des *goldenen* Schnittes verteilt, das heisst, der Boden ist harmonisch-schön, gut.« Mit frischem Mist, Jauche und Kunstdünger gedüngter Boden ist nicht im Gesetz des goldenen Schnittes, ist nicht gesund!

Wir düngen mit 2 bis 3 jähriger Kompost-Erde, hergestellt aus allen Abfällen von Garten und Feld, Küche, Strasse, Fäkalien. Dieser gut reif gewordene Kompost birgt keine Gefahr in sich, dass etwa die so sehr verbreitete Wurmplage des Menschen überhandnähme. Seit wir auf diese Art unser Land düngen, sind die Würmer bei den Kindern vollständig verschwunden. Dann wird ferner auf grossen Flächen mit Gründüngung (Stickstoffsammler) und Bodenbedeckung mit organischen Stoffen gedüngt. Letzteres ist überhaupt sehr wichtig, weil es die Bodengare befördert, die Feuchtigkeit regelt und sehr stark das Giessen erspart.

Wenn Menschen dich kränken
Und Krankheit dich plagt,
Dann fliehe zur Erde
Und hör' was sie sagt:
Menschlein, bist von mir
Und kommst zu mir,
Und hast mich nie gekannt!
Drum gib dir Müh'
Und sieh mich an
Und leg' dein Ohr zu mir
Und höre brausen
Jedes Jahr
Die Weltenharmonie!
Dann wird dein Sorgen
O so klein, und Schmerz
Zerrinnt in Nichts!
Dann schmilzt die allergrösste Pein
In linden Tränen hin.
Die bringen Tau dem Röslein fein
Das Jahr um Jahr dich freut,
Die bringen Tau dem Äpfelein
Das Jahr um Jahr sich beut!
Und alle Herrlichkeit des Herrn
Wird gross und hehr dir klar. Dein
Reden wird nun Rühmen sein
Und Loben immerdar!

Wenn Raoul Heinrich Francé sagt, dass in der Zusammensetzung des reifen, garen Bodens das Gesetz des goldenen Schnittes wirksam sei, so nimmt er uns wohl den Vorhang weg vom Geheimnis des Werdens gesunder Menschennahrung. Es wird also möglich sein, diesen goldenen Schnitt rechnerisch nachzuweisen. Mir gehen diese Eigenschaften ab. Ich kann dagegen dieses Gesetz erfühlen. Ich habe nicht versucht, das Gesetz in meinem Boden zu machen, sondern es werden zu lassen. Das will ich mit Worten klarzulegen versuchen.

Wenn ein kranker Mensch gesund werden will, so fängt er nach unserer Ansicht an zu fasten, oder er lässt alle krankmachenden Nahrungsmittel weg, als da sind: Fleisch, Käse, Eier, Weissbrot, Alkohol und wie sie alle heissen, also *vornehmlich alles Säurebildende*. Nun ist unser Boden ebenso krank wie der Mensch. Übersäuert! Übernährt! Einseitig verhätschelt mit unvergorenen Fäkalien und Kunstdünger. Deshalb muss es uns nicht wundern, wenn die Pflanzen, die darauf wachsen, auch krank sind, übersäuert, und uns nicht gesund erhalten können. Obwohl Sonne, Luft und Regen viel verbessert haben an dem, was der Mensch verdorben, alles konnten diese Kräfte nicht restlos beseitigen. Die Bauern von heute und gestern, er sieht den Boden stets nur als Standort seiner Pflanzen an und nicht als wichtigen Nährfaktor. Er gab der Pflanze die Nahrung in Form von Dünger. Wie dieser Dünger beschaffen ist, wissen wir. *Wir lehnen ihn ab!* Aus Ekel und aus Gesundheitsrücksichten. Unser Idealdünger ist der Kompost, die Kompost-Erde.

Die Erde, die man gewöhnt war, als eine tote Masse zu betrachten, ist eben etwas ganz anderes, sie ist ein lebender Organismus mit Millionen und Abermillionen Lebewesen. Wenn man unter dem Mikroskop eine Messerspitze voll Erde ansieht, wird man eine Wunderwelt von verschiedenen kleinsten lebenden Tierchen finden. Das sind unsere Arbeiter ohne Lohn! Wenn die nicht wären, dann hörte das grosse Leben über der Erde bald auf. Und ist es so, dass jene tausenderlei verschiedenen Mikroben alle ihre, ihnen vom goldenen Gesetz diktierte Heimat haben, und, stört man sie darin und bringt sie durch zu tiefes Pflügen und Umgraben an einen ungünstigen Ort, so sterben sie ab. Wenn man die tieflebenden nach oben bringt, so können sie es nicht ertragen, und die, welche oben leben, sterben unten. Dann wird der Boden unwirksam und tot! Wollen wir garen, reifen Boden haben, aus dem die Pflanze alle ihr nötige Nahrung herausziehen kann, so dürfen wir nicht das Unterste zuoberst kehren, sondern nur wühlen und immer wieder wühlen. Die Düngung, also den Kompost, nicht eingraben, sondern obenaufstreuen! Denn die jungen Sämlinge benötigen feinsten Boden für ihre feinen Würzelchen. Wenn sie grösser werden und in die Tiefe gehen, suchen sie dann selbst die gröbere Nahrung. Ein anderer Faktor ist das Bedecken des Bodens. Jeder, der schon einmal ein Gärtlein bebaute, hat diese Erfahrung gemacht: Im Frühling, wenn er umgrub und alles so fein wie möglich zerkrümelte, ansäte und einrechte, wurde die Erde nach dem ersten Regen fest, manchmal fast wie eine Zementplatte, mit Rissen. Man hat daran folgendes gelernt, wie ich oben schon sagte: Die Mikroben sterben im Sonnenlicht. Deshalb bedecken wir das neuangesetzte Beet mit irgendeiner organischen Substanz: Heu, Stroh, Gras, Laub etc. Wie werden wir uns nun wundern über das Leben, das sich jetzt entfaltet.

Zuerst sehen wir wie die Regenwürmer, diese Könige der Erde und Vorarbeiter, von unserem Gras ganze Häufchen in die Erde hineinziehen. Was bedeutet das? Dadurch, dass sie ihre grossen Gänge machen, durchlüften sie die Erde. Mit dieser Luft dringt erst recht Leben für die übrigen kleinen Helfer in unser Reich. Dann frisst der Regenwurm das Gras und gibt es als feinsten Humus wieder ab. Somit ist er unser allererster Düngerfabrikant, wie es kein einziger Chemiker fertigbrächte. Eine weitere Beobachtung kann man machen. So heiss nun auch die Sonne brennt, der mit organischen Substanzen bedeckte Boden wird nicht mehr hart, sondern bleibt im Gegenteil immer etwas feucht und erübrigt so das viele Giessen. Dadurch, dass wir den Lebewesen des Bodens eine gute Heimat schaffen, bereiten sie uns den garen Boden, und die Ausdünstung des Untergrundwassers geht nun nicht mehr in die Luft durch die Sprünge, sondern setzt sich als Tau unter der Bodenbedeckung fest und die feinen Saugwürzelchen der Pflanzen finden täglich ihr Labsal. Ist die erste Bedeckung völlig aufgefressen, so lacht man und gibt eine neue. Sind die Pflanzen hoch genug, so häufelt man sie und gibt die letzte Bedeckung. Nachher fangen dann die Pflanzen von selbst an, den Boden mit ihren Blättern zu bedecken.

Ich glaube, dass der Mensch, und vor allem der kranke Mensch, gar nicht weiss, was die Erde, die heilige Mutter Erde, uns alles offenbaren kann, wenn wir anfangen, sie zu betreuen, wenn wir Neuschöpfer werden und Helfer des ewigen Schöpfers. Im Frühling, wenn der Schnee geschmolzen ist und wir uns im Sonnenschein auf die Erdschollen setzen, wie strömt sie uns Kraft und neues Leben zu. Wie sagt sie mit jedem Krümchen: Ich bin da und bleibe ewig jung. Wir dürfen nun dies Krümchen hegen und pflegen, dass aus seinem Nährbusen eine Rose, ein Apfel sich gestalte, und damit haben wir die ganze Herrlichkeit der Welt erschlossen bekommen. Darum rate ich dir, kleines Menschlein, bist du krank, so lege dir ein Gärtlein an und du wirst täglich neue Wunder erleben und gesunden, wenn du bei der reinen Nahrung bleibst. Wenn du es aber zum »Biolog-Gärtlein« machst, hast du die natürlichste und gesündeste Nahrung.

3. Tatsachen des biologischen Landbaus

»Dich zu verjüngen, gibt's auch ein natürlich Mittel;
Allein das steht in einem andern Buch
Und ist ein wunderlich Kapitel.
Gut! Ein Mittel ohne Geld
Und Arzt und Zauberei zu haben;
Begib dich gleich hinaus aufs Feld,
Fang an zu hacken und zu graben,
Erhalte dich und deinen Sinn,
In einem ganz beschränkten Kreise,
Ernähre dich mit ungemischter Speise,
Leb' mit dem Vieh als Vieh, und acht' es nicht für Raub,
Den Acker, den du erntest, selbst zu düngen;
Das ist das beste Mittel, glaub',
Auf achtzig Jahr dich zu verjüngen.«

Johann Wolfgang von Goethe, Faust, I. Teil.

Gesundheit ist das grösste Gut, hört man oft und oft aussprechen. Solange man sie hat, schätzt man sie nicht, sobald man aber krank wird und Wochen, Monate oder sogar Jahre krank ist, weiss man, was das ist; gesund sein. So ging es auch mir!

Unbewusst versuchte ich dann Mephistos »natürlich Mittel«, aber es half nicht!

Aus zweierlei Gründen. Erstens, weil ich das Wort nicht verstand:

Ernähre dich von ungemischten Speisen. Zweitens, weil mich das andere: Leb' mit dem Vieh als Vieh! noch kränker machte.

Monatelange schlaflose Nächte haben mir Klarheit gebracht: ungemischte Speise – Gemüse und Obst, und, viehlose Landwirtschaft – biologischer Landbau!

Wenn ich nun versuchen will, Tatsachen aus dieser Art Landbau zu berichten, so kann ich leider diese Tatsachen noch nicht mit Zahlenmaterial beweisen. Dass mir dies nicht möglich ist, ist eine Geldfrage und hängt auch mit der allgemeinen Wirtschaftslage und Krise zusammen. Denn wahrheitsgemäss ist es so, dass die Produktion einer biologischen Landwirtschaft grösser ist, das heisst, es kommen faktisch viel mehr Lebenswerte, Nahrungswerte heraus für die menschliche Ernährung als bei Viehhaltung. Und was ganz besonders schwer ins Gewicht fällt: gesunde, reine Nahrung, die im Stande ist, Kranke zu heilen und gesund zu erhalten. Dies ist es ja, was uns, was der ganzen Menschheit so nottut. Ich möchte versuchen, so gut und so kurz wie möglich die praktische Seite zu beleuchten.

Mir war es äusserst wichtig, die Erde, den Urstoff unserer Nahrung, in die richtige Zusammensetzung zu bringen, denn ich wusste, wenn dies stimmt, dann ist alles andere nur noch folgerichtige Wirkung, nämlich: Aus gesundem Urstoff entsteht nachher eine harmonische Synthese, eine gesunde Pflanze. Diese Gewissheit habe ich durch das Studium von Raoul Heinrich Francé's Schriften erhalten. Es galt nun, diese Lehre und diese Gewissheit in die Tat umzusetzen. Weil ich selber, wissenschaftlich ungebildet, nur nach dem innersten Gefühl arbeiten konnte, so dachte ich in meinem Gemüte an das Gesetz der Selbstreinigung, dasselbe Gesetz, das unreines Wasser über Kieselsteine laufend wieder rein macht. So liess ich denn unser Land 2 bis 3 Jahre lang ohne allen Dünger. Liess es, aus sich selbst, in das Gesetz des goldenen Schnittes einordnen. In dieser Zeit galt es, den grössten Kampf zu bestehen. Denn um das in die Tat umzusetzen, musste ich die Existenzmöglichkeit der ganzen Familie gefährden und die immer wieder anpochenden Anfechtungen und Misstrauensergüsse über mich ergehen lassen. Aber weil ich wusste: *Es ist richtig*, es ist das Wahre, das Natürliche, es muss zum Erfolg helfen, habe ich das Vertrauen nie verloren. Während dieser Zeit setzte ich möglichst an allen Ecken Komposthaufen auf, bestehend aus all den Abfällen in Haus, Hof und Strasse.

Diese Komposthaufen wurden jährlich zwei- bis dreimal umgesetzt und im 1. Jahr mit Jauche getränkt. In diesem Zeitraum hatte ich dadurch einen Idealdünger für mein Gemüse erzeugt, wie man ihn reiner, appetitlicher nicht wünschen kann.

Die schwerste Leidens- und Prüfungszeit war überwunden, da wir Hypothekenzinsen nur bei allergrösster Sparsamkeit bezahlen, die Kinder nie genug Brot essen konnten, weil kein Geld da war, um zu kaufen. Während damals auch sonst die Ernährung einseitig und ungenügend war, bringen wir heute aus demselben Land genug Brot, Kartoffeln und Gemüse für 14 bis 16 Personen, können einige Privatkundschaften mit Gemüse beliefern, sowie ein- bis zweimal in der Woche auf den Markt in die Stadt fahren.

Brot, Kartoffeln, Obst und Gemüse sind wunderbar schmackhaft, gesund und *haltbar*. Bei der Abgabe des Getreides hatten wir *stets* noch das höchste Hektoliter-Gewicht in der Gemeinde (und in letzterer wird nicht gespart mit Mist, Jauche und Kunstdünger!). Das Problem der Fruchtbarkeit ist gelöst im biologischen Landbau und führt zu Gesundheit, zum Jungsein, wie Johann Wolfgang von Goethe es voraussah.

4. Vom Wesen der biologischen Wirtschaftsweise

Was soll dies Thema: Vom Wesen? Wesentlich, ursätzlich, gesetzmässig. Dies führt immer und immer wieder auf dasselbe zurück: Nicht auf den menschlichen Verstand, der immer nur auf 2 x 2 gleich 4, also Rentabilität herauswill, sondern auf Erkennen der Gesetze der Natur, also auf ein Wesentliches, was ist und wird ohne den Menschen und sein Tun, auf das kommt es in allererster Linie an. Sind wir so weit, oder bin ich so weit? (Vorausgesetzt, dass wir die Berufung zum Gärtner haben.) – Was ist der Zweck und das Ziel meines Tuns, meiner Arbeit, meines Berufes? Gärtner sein heisst im tiefsten Grunde nichts anderes als: Handlanger Gottes sein. Also das heisst, aus Gottes Hand hervorgegangene Geschöpfe hegen und pflegen und allenfalls hinaufentwickeln. Hinaufentwickeln aber heisst nicht degenerieren, sondern es heisst veredeln, so veredeln, dass das Urgesetzmässige nicht zerstört wird, sondern immer muss dies die Grundlage und der Grundsatz sein, damit die Harmonie gewahrt bleibt. Diese *Harmonie bedeutet aber: gesunder Boden – gesunde Pflanzen – gesunde Menschen und Tiere.* Dies ist der wahre Zweck und das wahre Ziel eines gottbegnadeten

Gärtners, des Bauers! Ich sagte oben, dass wir Handlanger Gottes seien. Um dies wirklich zu sein und zu bleiben, müssen wir uns jeden Tag prüfen und uns fragen, ob unser Tun nicht verstösst gegen Zweck und Ziel und Urgesetz. Dann werden uns in diesen schöpferischen Pausen, die wir uns gönnen, neue Erkenntnisse zuteil, die uns und diejenigen, die unsere Erzeugnisse essen, mehr und mehr wieder zur Harmonie führen und zur Gesundheit. Unsere Intelligenz sollen wir anwenden für die Bodenverbesserung, die im allergrössten Umfange ausgeführt werden müsste, jeder in seiner Heimat, dann brauchen wir nicht auszuwandern. Innenkolonisation wäre dann nach meinem Dafürhalten viel besser und segensreicher für den Weltfrieden. Die Güter der Erde werden so gerecht verteilt.

Wie stelle ich mir als biologischer Landbebauer die Bodenverbesserung vor? Es ist ziemlich schwierig, dies auf beschränktem Raum ausführlich zu beschreiben, damit es verstanden wird. – Bodenverbesserung ist nicht *Düngung*.

1. Bodenverbesserung ist in allererster Linie in grossen, weiten Umrissen auch Klimaverbesserung und fängt nicht mit Kahlschlag und Raubbau an, sondern eher mit Aufforstung. Aufforstung durch Anlegen von Obstgärten, Nuss- und Haselnusswäldern und Beerenplantagen. (Vogelparadies als Schädlingsbekämpfung).
2. Bodenverbesserung heisst für mich, die richtige Mischung der Naturerde herzustellen, nicht nur in einem Gartenbeet oder einem Acker, oder einem Heimwesen, sondern in ganzen Talschaften, im ganzen Lande. So ist es für mich zum Beispiel eine tiefe Überzeugung, wenn man den Tessinern einige tausend Wagenladungen Lehmerde über den Gotthard bringen würde und auf ihr Land verteilte, so würde dort erst recht ein Paradies werden und der Anfang dazu geschaffen, dass sie die Reben nicht mehr spritzen müssten.
3. Dann gibt es noch einen andern, sehr wichtigen Faktor und die menschliche Gesundheit hängt auch zum grossen Teil davon ab. Wir müssen wieder dazu kommen, von Pflanzen zu leben, die an Luft, Licht und Sonne wachsen, wir müssen uns unbedingt vor Augen halten, dass Gemüse und Obst, das aus überdüngtem Boden und Treibhäusern gezogen wird, keine Nahrung, vor allem keine gesunderhaltende Nahrung ist. Das sollte jedem Gärtner als Richtschnur dienen. Er weiss es übrigens selbst,

denn wird nicht die Pflanze am meisten für Schädlinge anfällig, die in Treibhäusern wächst? Und wie sollte denn dies für uns gesund sein? Wir müssen eben den Feinschmecker nicht dorthin weisen, wo mit raffinierten Mitteln und Zutaten gekocht wird, sondern dahin, wo man die Früchte so isst, wie sie aus Gottes Hand kommen. Er wird alsdann den Unterschied sofort beim ersten Bissen bemerken und bald herausfinden, ob die Tomate zum Beispiel in der Sonne oder im Treibhaus gereift, oder biologisch gedüngt, oder aber mit Jauche und Kunstdünger genährt ist, sofern sein Geschmacksinn nicht bereits abgestorben ist. Ein alt-römischer Weiser hat das Wort geprägt: »Wo die Kochkunst am raffiniertesten ist, ist das Volk am nächsten am Untergang!« Haben wir aber unsere Erden in die richtige Ordnung gebracht, kommt etwas anderes an die Reihe.

4. Die Pflanzungen. Hier kann ich auch nur wieder in grossen Zügen sagen, was mir wichtig scheint. Erstens erscheint mir als ganz wichtig im Hinblick auf die Gesundung des Körpers und der Seele und damit auch der Mentalität eines Volkes, dass wieder viel mehr kleine Gütchen entstehen möchten oder gebildet würden. Das gibt Bodenständigkeit, Heimatsinn, Familiensinn und alles was damit zusammenhängt. Aus China stammt das Wort des weisen Laotse: »Der grosse Sinn ward verlassen, da gab es Kindespflicht und Liebe.« Wer dieses Wort verstehen kann, der versteht auch mich, wenn ich sage: Würden wir Innenkolonisation treiben, so dass jeder Mann mit seiner Familie ein kleines Gütchen hätte, wo er zu Hause ist, dann wären wir krisenfester, und der Heimatfrieden gesichert. Aus dieser Grundlage heraus wachsen die Fruchtbarkeit der Erde und die Friedfertigkeit. Menschen, die ihre Freistunden im Garten und auf dem eigenen Stückchen Land verbringen, werden jeden Tag einmal still werden können vor den Wundern der Natur. Dann würde das Problem der so furchtbare Katastrophen heraufbeschwörenden Naturschäden zu einem guten Teile gelöst. Der Naturschaden, hervorgebracht durch jahrhundertealte Raubbaumethoden, Kahlschläge, Monokulturen, Überschwemmungen und Sandstürme (Amerika) würde aufhören. aufhören.

Fruchtbarkeit in Makrokosmos (Weltall) und Mikrokosmos (kleine Welt) und die damit zusammenhängende harmonische Lebensführung (natürliche – naturgesetzliche) können niemals, auch nicht in kleinsten, Monokulturen sein, sondern gerade diese bedingen die allergrösste Mannigfaltigkeit, so wie sie im Garten Gottes, in der freien Natur, schon bestand und bestehen wird.

Mannigfaltigkeit beim Bauer und Gärtner bedeutet geistigen und materiellen Reichtum – Segen, Naturverbundenheit, bedeutet mit einem Wort: Paradies. Um einem stets wiederkehrenden Einwand: »Das was Sie machen, kann man nur im Kleinen, im Grossen ist es unmöglich«, zu begegnen, hier meine Antwort in einer Gegenfrage an alle Baumeister und Architekten der Welt: Kann ein tüchtiger Baumeister, wenn er imstand ist, ein kleines Haus zu bauen, nicht auch ein grosses bauen? Ja sogar Kirchen und Dome? Also!

5. Viehlose Landwirtschaft

Was muss der Schweizer Bauer anfangen, wenn der Vegetarismus noch mehr überhandnimmt? Das ist die Frage eines Jungbauern.

Die allerkürzeste Antwort ist die: Er soll es machen wie ich, sein Vieh verkaufen und viehlose Landwirtschaft treiben.

Aber ich will versuchen, etwas näher und tiefer auf die Sache einzugehen. Ich habe bis heute immer gefunden, dass beim Bauernstand immer, trotz dem naturalistischen Denken, im Hintergrund stets noch etwas Religiöses dabei ist. Weil ja der Bauer derjenige ist, der genau weiss, er kann arbeiten so viel er will, wenn, sagen wir einmal, des Himmels Segen nicht dabei ist, so nützt alles nichts. Und so will ich auf die Uranfänge zurückgehen. Als Gott den Menschen erschuf, sagte er auch gleich, was er ihm zur Nahrung bestimmt hatte – nähret euch von den Früchten des Feldes, war sein Gebot.

Erst als der Mensch ass, was er nicht sollte, verlor er das Paradies. Nirgends steht, er solle die Tiere töten und deren Fleisch essen. Heute ist es so, dass der Bauer der Sklave seiner Tiere ist. Er muss die Nachtruhe, die Sonntage, die Feiertage opfern, 18 Stunden arbeiten, nur um seine Tiere nähren und besorgen zu können. Sein letzter Notpfennig wird für ein neues Stück Vieh, für Viehfutter (Kunstfutter) ausgegeben, und wozu? Um schliesslich und aller Enden verloren zu gehen; denn wie es heute bei den schwankenden Preisen ist, kann der Bauer vollständig für nichts arbeiten, dazu kommt noch die Pflege und Fütterung! Nun weiss man, Jahr für Jahr werden für viele Millionen Franken Gemüse eingeführt, das auch in der Schweiz wachsen könnte. Würde der Fleischverbrauch eingeschränkt oder aufgehoben, so würde entsprechend mehr Gemüse und Obst verbraucht und der Bauer hätte nichts anderes zu tun, als dieser Entwicklung Folge zu geben und seine Maschinen, die er schon hat für Ackerbau, auf ein paar Jucharten mehr laufen zu lassen. Er könnte seine Ställe und Scheunen in Vorratsräume umbauen, ein paar, sogar *erheblich mehr Arbeitskräfte* einstellen, was noch ein anderer, grosser Vorteil für die Volkswirtschaft wäre, und die Frage ist gelöst. Allerdings müsste dann das Personal geschult und angeleitet werden. Wir aber und unser ganzes Volk werden doch den Mut und die Kraft aufbringen, um nicht in Krankheit und Not zu versinken, nachdem wir im Auslande so krasse Beispiele erlebten. Vorgehend aber müsste an erster Stelle die Beseitigung der Zinsknechtschaft stehen!

Über ein Anderes noch will ich berichten, das meine Gedanken zur viehlosen Landwirtschaft führte: Es ist das »Leiden am Tier!« Ich war Zeuge, wie ein Knecht unseres Nachbarn eine Kuh auf grausame Art und Weise schlug. Es überkam mich jenes Zittern des Herzens und eine Schwäche in den Gliedern, die mich je und je befallen, wenn im eigenen Stall solche Akte vorkamen, oder wenn bei Krankheiten oder Geburten ein Tier so sehr litt, dass ich nicht mehr helfen konnte und ohnmächtig dabeistehen musste. Ich musste denken: Mensch, Mensch, verdienst du noch diesen Namen? Oder was ist aus dir geworden? Du stehst ja tief, tief unter dem Tier. Dein Ausdruck: tierisch, wenn du damit etwas bezeichnest, das du als scheusslich, verabscheuungswürdig empfindest, ist total falsch. Wie schaut mir aus den Augen dieses gemarterten Tieres etwas Unnennbares. Ist es nicht sein Göttliches, das mich mahnen will an die Bruderschaft, an das Helfen und nicht an das Quälen zu denken? Wie aber helfen?

Manfred Kyber sagt in seinem *Neuen Menschentum*: Wenn wir in dieser zwölften Stunde noch eine Umkehr und einen Aufstieg ermöglichen wollen, dann müssen wir alles Bestehende irgendwie vergessen und neu, und von hoher Warte aus, die Welt, die Erde und die Menschheit ansehen. Dadurch kommen wir zum richtigen Tun und auch zum richtigen Lassen. – Wenn ich nicht wörtlich zitierte, so ist doch der Sinn derselbe.

Die naturferne Menschheit in den Städten weiss gar nicht wie, und unter was für Qualen, ihre Poulets, Wienerschnitzel und englischen Beafsteaks gezüchtet werden. Es tut Not, dass man ihnen einmal ein solches Bild aus der Wirklichkeit zeigt. Mir war Stall und alles was damit zusammenhängt von jeher ein Greuel. Unbewusst lehnte sich all mein Gefühl auf, wenn ich in einen Stall hineingehen musste. Waren es die Schmerzen der Tiere, die ich ahnte, war es im Allgemeinen das Unrecht, das man denselben antat? Ich weiss es nicht. Ich haderte darum lange mit dem Schicksal, das mich im Jahre 1915 persönlich als Leiterin und Fütterin in einen Stall mit einem Bestand von 10 Stück Vieh stellte. Heute weiss ich, warum ich den Stall erleben musste! Was ich im Folgenden schildere, ist alles im eigenen Stall Erlebtes und Erlittenes. Ich musste dies alles persönlich mitmachen, um zu erkennen, dass das Tier ebenso leidet wie ich litt. Es muss, angebunden von der Geburt an, bis zum Tode in der fürchterlichen, von den Dämpfen der Exkremente verpesteten Luft leben. Von bösen Krankheiten, dem unnatürlichen Gebärvorgang, von Brutalität und Bestialität des Menschen wird es befallen und gequält und zum Schluss wird es von dem Wesen – Mensch aufgefressen! Alle, die etwas von Viehhaltung verstehen, wissen, dass der Viehhalter die Tiere nicht etwa aus Freude und Liebe zum Tier hält, wie man es etwa auszudrücken liebt. Vielmehr hält er das Vieh um möglichst viel Nutzen, das heisst, möglichst schnell viel und mehr Geld aus ihm herauszuholen. Stallhaltung an sich ist schon die krasse Form von Materialismus und Eigennutz, weil Vieh im Stall schneller dick und fett wird. So wird eigentlich die Natur des Tieres willkürlich durch den Viehhalter verändert, zu einem Gelderwerb und Mehrerwerb gemacht. Man hat nun weiter versucht, das Tier durch gewisse Fütterungsmethoden zu Gebär- und Milcherzeugungsmaschinen zu erziehen, was auch gelang. Dadurch wurden aber die Organe, insbesondere die Fortpflanzungsorgane verändert in ihrer natürlichen Form und Bestimmung. So dass nun bei Stallhaltung weder natürliche Geburten noch natürliche Lebensdauer einer Kuh die Regel sind. Aus meiner Jugendzeit weiss ich, dass eine Kuh damals noch zirka 20 bis 25 Jahre alt wurde, heute wird der Durchschnitt vielleicht nicht einmal mehr als 5 Jahre sein. Die Veränderung der Organe brachte all die Krankheiten nach sich, als da sind: Lungen-, Magen-, Darm-, Leber-, Drüsen- und nicht zuletzt Gebärmutter-Entzündungen. Sie führten bis zu Notschlachtungen, bis zu Krankheitsfällen von Tuberkulose, Kälbersterben, Klauenseuche und Knötchenseuche (Eiterungen in den inneren Geschlechtsteilen). Unter dieser Letzteren hatten wir einmal besonders schwer zu leiden; fast während zwei Jahren wich sie nicht mehr aus unserem Stall. Die erkrankte Kuh hat dann nicht mehr Kräfte genug, um ihr Kalb auszutragen, sie verwirft, das heisst es gibt fast immer Früh- und Fehlgeburten. Solche führen zu schweren Nebenerscheinungen: Fieber, Abmagerung, Milchrückgang und andere mehr, selbst Tod. Was man heute dagegen tut, weiss ich nicht, jedenfalls nicht viel mehr als zehn Jahre zuvor. Damals hat man die Tiere mit ätzenden Giftsalben behandelt, die ihnen wiederum grosse Schmerzen bereiten mussten. Ich bin manchmal dabeigestanden und habe zu Gott gefleht: Erlöse das Tier von seinen Leiden. Folgendes ist womöglich noch trauriger. Zweimal konnte eine Kuh nicht mehr auf natürlichem Wege gebären, weil sie zu fett war und keine richtigen Wehen mehr hatte. Die nun angewandten Mittel und ihre Folgen waren so barbarisch, dass ich in meiner Tierliebe dem gequälten Tier lieber den Gnadenstoss gegeben hätte. Stattdessen liess man den Tierarzt kommen, der nun mit allen Regeln der ärztlichen »Kunst« helfen musste. Die ganze Prozedur dauert stundenlang und das arme Tier gibt keinen Laut von sich. Das hat mich immer zutiefst ergriffen: die stumme Kreatur! Oft stirbt das Tier trotz allen Bemühungen an innerem Brand. Übersteht es aber die Behandlung, so ist es doch noch wochenlang krank und auch die Milch wird ungesund und soll als ungeniessbar angesehen werden. So kam ich zu dem Gedanken, dass, trotz aller meiner Achtung vor dem Tier als solchem, die Tiermilch keine geistigen Werte übermitteln kann. Weshalb darum deren Genuss nicht ebenso verwerfen, wie solchen von Fleischnahrung? Als ich mit 39 Jahren Vegetarierin wurde und mit 40 das siebente Kind bekam, konnte ich es, dank meiner vegetarischen Lebensweise, 19 Monate stillen. Daneben besorgte ich sämtliche Hausfrauengeschäfte und noch 10 Stunden Feldarbeit. Ich sah blühend und jünger aus als vorher bei Fleischnahrung und allerlei guten Milcherzeugnissen, Milchspeisen. Ich will aber hier noch beifügen, dass der Genuss von Milch, solange ich denken kann, mich anekelte und erst recht, als ich während meiner 10jährigen Stallarbeit selber melken musste, wurde dies Empfinden noch verstärkt. Es wurde mir somit leichter als manch anderem, mich des Milchgenusses zu enthalten. – Noch eines, die Einsicht des Bauern geht nicht so weit, aus eigener Initiative Fleischnahrung abzulehnen.

Einesteils, weil sein Geschmacksinn durch Gewöhnung, durch Genussgifte – Rauchen und Alkohol – so abgestumpft ist, dass er nicht mehr natürlich reagiert. Dazu kommt noch das materielle Moment, das im Grunde genommen an sich nicht schlecht ist, aber schlecht wirkt. Er kann und will nichts bezahlen, was nachher für ihn nutzlos ist oder zu sein scheint. Darum hält und züchtet er Vieh und isst dessen Fleisch. Es ist leider auch hier wie im Grossen und Ganzen in der Welt. Die heutige Menschheit ist furchtbar kurzsichtig geworden; kurzsichtig, und vor allem weiss sie die grossen Gesetze des Weltalls nicht mehr. Sie weiss nicht mehr, dass Gottesgesetz lautet: Du sollst keinen Wucher treiben, weder mit der Erde, noch mit den Schätzen in der Erde, noch mit den Tieren, am allerwenigsten mit den Menschen, die deine Brüder sind. Alles was wir aus Wuchergeist heraus den anderen unserer Brüder, den Tieren, angetan, das kommt über uns und unsere Kinder. – So wird es kommen, statt dass sich die Menschen zu der gesunden Pflanzennahrung entschliessen und langsam einen Weg hinaufgehen würden, um endlich dahinzukommen, ohne Irrweg, Not, Elend und Hunger zu leben.

Im Jahre 1927 befand sich die schweizerische Bauernsame, die ja vornehmlich Viehwirtschaft treibt, in einer schon viele Jahre andauernden Krise. Es wird auch in Zukunft nicht besser, wenn nicht die Lehren daraus gezogen werden und wir mit dieser einseitigen Misswirtschaft abfahren. Wirklich, wenn man durch unser schönes Vaterland wandert, die ausgedehnten Felder sieht, schön eben und mit der allertiefsten Humusschicht als Untergrund, nur mit Graswuchs bestanden, betrachtet, nimmt es einen nicht Wunder, dass wir im Elend stecken. Alle diese Felder könnten tragen, hundert- und tausendfältig! Was aber kommt heute aus ihnen heraus? Einige Liter Milch, die so bezahlt werden, dass der Viehhalter mit seiner Familie, wenn er überdies noch mit Hypotheken belastet ist, kaum 30 bis 35 Rappen Stundenlohn herauswirtschaftet.

Darum heraus aus der Viehwirtschaft, heraus aus dem Schmutz, dem Elend, der Sklaverei und hinein in eine Freude, Kraft und Lohn bietende Acker- und Gartenwirtschaft.

Sagt doch schon der weise Laotse:

»Wenn ich nur von Aussen her die Kenntnis habe
und wandeln will im grossen *Sinn*,

so ist es äusseres Gebahren, das ich wichtig nehme.
Wo die grossen Strassen schön eben sind,
das Volk aber die Seitenwege liebt,
wo die Hofhaltung schön sauber ist,
aber die Felder voll Unkraut stehen
und die Scheunen leer sind,
wo die Kleidung schmuck und prächtig ist,
wo jeder einen scharfen Dolch im Gürtel trägt,
wo man heikel ist im Essen und Trinken,
wo sich die Güter im Überfluss finden:
Da herrscht Raubwirtschaft, nicht der *Sinn.*«

Im Grossen und allgemein durchgeführt wird die viehlose Landwirtschaft sich bewähren und Früchte zeitigen, sonst wäre sie nicht mehr wert als die alte. In künftigen Zeiten werden gesunde Geschlechter in Büchern lesen von einer umständlichen, unhygienischen, platzverschwenderischen und grausam verschuldeten Landwirtschaft – von der heutigen Viehwirtschaft.

6. Der Raubbau und seine Folgen

In alten Zeiten wusste man alles das, was ich im Abschnitt: Biologischer Landbau, so stark betonte. Man kannte die Gesetze des Wachstums, die Gesetze der Erde und die Gesetze der Himmel, man wusste und man machte auch aus diesen Gesetzen entspringend einen Bebauungsplan. In diesem Plan war das Gesetz über den Wald inbegriffen und seine ungeheure Wichtigkeit, für die Fruchtbarkeit der Erde, und die Wetterbildung. Vor 45 Jahren waren diese Vorschriften in meiner Heimat teilweise immer noch gültig. Die Gemeinde hatte beispielsweise das System der sogenannten Pünten, wo die verschiedenen gärtnerischen Pflanzen gezogen und Hanf und Flachs angebaut wurde. Das übrige Feld einer Gemeindemarchung war in drei Teile eingeteilt. Darin hatte sich jeder Bürger zu fügen. Man nannte diese Einteilung: Zelgen, wovon eine jede für ein Jahr dieselbe Frucht trug, entweder Gerste, Korn, Roggen oder Weizen. Das zweite Jahr abwechselnd nochmals, und wieder Hochfrucht, im dritten Klee oder Luzerne; darauf begann der Turnus dieser Drei-Felder-Wirtschaft wieder von vorn. Wälder waren entweder Stadt- oder Gemeindeeigentum und durften nicht verschachert werden und auch Raubbau darin zu treiben war nicht erlaubt; für jeden Bürger aber galt genau dasselbe Recht. Die Arbeit im Wald wie an den Strassen und Wegen war Gemeindewerk und wurde in Lose eingeteilt, die dann von den Bürgern gezogen wurden.

Wir haben nun aber in letzter Zeit gründlich erlebt, was es heisst, mit Land und Wald Raubbau zu treiben. In den vergangenen Sechzigerjahren wurden durch den Geist des Reichwerdenwollens (ohne eigene Arbeit) durch Geldwucher und Landwucher seitens der Geld- und Goldbesitzer Hunderte angeregt, aus Europa nach Amerika zu reisen. Sie zogen aus, mit dem Bestreben, so schnell wie möglich reich, so reich zu werden, dass sie in 10 bis 20 Jahren nicht mehr zu arbeiten brauchten und vom Ertrag ihres Reichtums leben könnten. Dazu mussten sie natürlicherweise zum rücksichtslosesten Raubbau kommen, das aus allem und jedem Geld schlug. Dies hat sich ungeheuer schnell gerächt, denn dadurch wurde das ewige Naturgesetz in so grossem Umfange verletzt, dass die grössten Katastrophen unvermeidlich eintreten mussten.

Hätten diese aus der alten Heimat ausgezogenen Menschen allein dem Bestreben gelebt, sich in dem fremden Erdteil eine *neue bleibende Heimat für Kinder, Enkel und Urenkel zu gründen*, und das ihnen zuerteilte Land mit Eifer und Liebe urbar zu machen und zu betreuen, so hätten sie grössten Segen gewirkt und die Pflicht gegen die Gesetze der Erde erfüllt. Die Gier nach Reichtum aber, und der daraus resultierende Raubbau, musste sich in der Folge unabwendbar in tragischer Weise rächen.

Am deutlichsten können wir die verhängnisvollen Folgen einer verkehrten Wirtschaft, hervorgebracht durch die kolossalen Waldverwüstungen, in den Vereinigten Staaten von Nordamerika erkennen. Nachdem der beste Regulator der klimatischen Verhältnisse, der Wald, ausgerodet und zu Geld gemacht war, entstanden ungeheure Flächen ungeschützten Landes, welche verödeten und versandeten. Daneben entstanden riesige Überschwemmungen, aber wo das Wasser nicht hinkommt, erheben sich gewaltige Zyklone und begraben auch das noch fruchtbare Gelände unter Sand und Staub. Zu spät kommt nun die Einsicht. Unter Aufwendung von Millionen und Abermillionen werden Bewässerungskanäle gebaut und eine Aufforstung im allergrössten Massstab eingeleitet. – Solches bewirkt der Raubbau. Was eine relativ kleine Minderheit zu Grosskapitalisten und Geldfürsten gemacht, muss nun ein ganzes Volk büssen durch Abgaben von Steuern. – Auch bei uns wurde ähnlich gewirtschaftet und das Gesetz des Werdens missachtet. Nun sollen wir aber nicht weiterfahren mit Abholzen ganzer Wälder, nicht mehr Monokultur treiben, um das Land zu berauben und es aus seinem innersten Urgesetz herausreissen und die wahre, ewige Fruchtbarkeit vernichten. Zum Glück kann der Mensch die urewigen Gesetze nicht lange missachten und verlachen, sie laufen immer wieder und erfüllen sich ohne sein Zutun. Greift der Mensch in dieses wunderbare Räderwerk mit plumper Hand, gierigen Gedanken und Taten ein, dann kommt die Vergeltung. Sie heisst: Not, Elend und Tod.

Noch ist uns eine Frist zur Umkehr und zum Wiedergutmachen geschenkt. Wenn wir uns aber den Naturgesetzen nicht unterordnen, dann wird bald alle Erde eine Wüste sein. Sind wir jedoch guten Willens und betreuen wir die Erde wiederum nach den Erfahrungen der Menschen in alten Tagen und nach den in neuester Zeit erhärteten Beispielen, so können wir vieles, wenn auch nicht alles, wiedergutmachen.

Sicherlich braucht kein Mensch Hunger zu leiden, lebe er in welchem Lande er wolle, wenn er die uns von Gott gegebene Nahrung geniesst, kein anderes Wesen vergewaltigt und tötet. Es werden dann auch die Kriege aufhören; aber Geld- und Goldgier und Wuchergeist müssen endgültig verabschiedet werden.

Für mich gibt es im Augenblick in die Zukunft diesen klaren, geraden und schnell in Wirklichkeit zu setzenden Weg: Alles Land, die ganze urbare Erde gehöre den Schützern der Erde und kein Mann darf mit der Erde Geldgeschäfte machen. Freies Land und Mutterland soll es sein und bleiben in urewige Zeiten, dann erfüllt sich wieder das Gesetz wie es sein soll. Gute Mütter sorgen für ihre Kinder!

Mutter Erde gehöre den Müttern der Erde!

»Das Prinzip des Ackerbaues ist das der geordneten Geschlechtsverbindung. Erde und Müttern gehöre das Mutterrecht!«

»Nicht die Erde ahmt dem Weibe, sondern das Weib der Erde nach.« Der Samen nimmt des Bodens Natur an, nicht der Boden die des Samens. [Johann Jakob] Bachofen [...] und auch die Weisheit unserer Altvordern mögen uns den Weg zum Aufstieg und zur Neugeburt weisen.

Ich sprach bereits von den Zelgen und von einem Waldgesetz. In einer Gemeinde meiner engeren Heimat besteht noch heute ein altes Weinberggesetz, das ich ebenfalls als Beispiel anführen will. Darnach gehören die gesamten Weinberge der Gemeinde. Die einzelnen Parzellen werden alle drei Jahre durch das Los neu verteilt, so dass der Arme wie der Reiche einmal an die Reihe kommt, die sonnigsten Stücke zu erhalten. Damit ist der Raubbau sowie der Ausbeutung der einzelnen Gemeindeglieder, durch Aufkauf der wertvollsten Reben, vorgebeugt. Diese Anregungen können natürlich noch verbessert und der Zeit angepasst werden.

7. Innenkolonisation

»Der Zweck der tätigen Menschengilde
Ist die Urbarmachung der Welt,
Ob du pflügest des Geist's Gefilde
Oder bestellst das Ackerfeld.«

Friedrich Rückert

Das Wort »Vaterland« spielt bei so manchen heute massgebenden Menschen eine grosse Rolle, bei denen es angebrachter wäre, an dessen Stelle »Geldsäckel« zu setzen. Aber es spielt eine bedeutend andere Rolle bei jenen Menschen, die gezwungen sind, durch die zerfahrene Lage, in die uns eine verkehrte Geldpolitik gebracht hat, ihre Heimat, ihr Land, ihren Grund und Boden, aus dem sie seit Jahrhunderten herausgewachsen sind, mit Frau und Kindern zu verlassen, und hinauszuziehen in den Urwald und dort in Verhältnissen, die ihnen und ihrer Eigenart nicht entsprechen, eine neue Existenz aufbauen müssen. Und wenn sie sich dort ein neues »Vaterland« gegründet [haben], sind sie nicht dagegen gesichert, dass nicht auch wieder die Geldherrschaft den Rahm oben abnimmt.

Ich habe eine andere Lösung vorzuschlagen; für jene, die nicht aus freiem Willen und jungem Wandertrieb auswandern *wollen*, ist das Schweizerland noch für viele Generationen und für eine viel grössere Bevölkerung lange gross genug. Zum Ersten hülfe uns organisierte Wirtschaft und freies Land und zum Zweiten eine intensivere, schönere, bessere und menschenwürdigere Ausnutzung des Bodens. Nachstehende Tabelle hat ein tüchtiger

Mensch, der sich jahrelang mit diesen Problemen befasste, Herr Wüthrich aus Lenzburg, zusammengestellt. Es ist gedacht als Übergangslösung für jene, die noch nicht vegetarisch leben können und ist durchaus rationell und möglich:

Ernährung des Schweizervolkes durch eigene Erzeugnisse.

Flächeninhalt der Schweiz: 41'298 Quadratkilometer

Davon unproduktiv: 9'269 Quadratkilometer

Davon Wald: 9'262 Quadratkilometer

Davon Weidgebiet: 8'000 Quadratkilometer

Insgesamt: 26'351 Quadratkilometer

Somit verbleiben: 14'767 Quadratkilometer in Gärten, Baumgärten, Äckern, Wiesen und Weinbergen.

Auf 1 Bewohner fallen davon 36,91 Aren, die wie folgt ausgenutzt werden können:

2,5 Aren *für Gemüse und Beeren*. Die Durchschnittserträge würden reichlich für das ganze Jahr genügen.

2,0 Aren Kartoffeln zu 130 Kilogramm = 260 Kilogramm, macht pro Tag 712 Gramm.

6,0 Aren *diverses Obst*, 6 Hochstämme zu 60 Kilogramm Früchte = 360 Kilogramm. Pro Tag 1 Kilogramm.

8,0 Aren *Getreide* zu 20 Kilogramm Körnerertrag ergeben 160 Kilogramm. Bei 18,5 Aren 90prozentiger Ausmahlung erhält man 144 Kilogramm Mehl, wovon 110 Kilogramm für Brot bei einer Backausbeute von 140 Kilogramm pro 100 Kilogramm Mehl = 154 Kilogramm Brot ergeben, = 420 Gramm pro Tag. Die übrigen 34 Kilogramm Mehl sind für Kochmehl, Gries, Teigwaren, Flocken und Biscuits bestimmt.

10 Aren für Milchviehhaltung, wozu noch 3 Aren = 1/2 von 6 Aren Obstland als Unterkultur benutzt, ferner 6 Aren = ca. 1/3 von 20 Aren Weidegebiet (Alpen) kommen.

Insgesamt also 19 Aren.

1 Kuh benötigt durchschnittlich 72 Aren Land (!!) und ergibt pro Tag 8 Liter Milch, wovon 1 Liter für Aufzucht abgeht. Auf 1 Bewohner trifft es somit ¼ Kuh oder 1,75 Liter Milch. Davon werden 3/4 Liter als Frischmilch verbraucht und 1 Liter zu Butter und Käse verarbeitet. Die Heranzucht des Jungviehs wäre den Berggegenden zu überlassen, die dadurch eine bedeuten-

de Einnahmequelle hätten. Ferner wäre das gealpte Jungvieh viel gesünder und widerstandsfähiger als die in dumpfen Ställen des Flachlandes aufgewachsenen Tiere.

8,4 Aren verbleiben für Ölsamen, Gespinstpflanzen, Pferdehaltung, Hühnerzucht, Parks und Blumen.

Insgesamt 36,9 Aren.

Die Schweinemast würde vollständig aufgegeben. Die Abfälle aus den Gärten und Küchen werden kompostiert oder Hühnern verfüttert. Als Süssstoffe wären süsse Obstsäfte und Honig zu verwenden. Die Bienenzucht kann noch stark ausgedehnt werden.

Es gibt auch noch viel Ödland, das verbesserungs- und kulturfähig ist.

In sonnigen, geschützten Berglagen können bis weit hinauf Gemüse, Beeren, Kartoffeln und Getreide angebaut werden. Die hier gezogenen Erzeugnisse sind kräftiger, als die des Flachlandes, weil der Boden noch unverbraucht ist, daher einen grösseren Mineralgehalt aufweist. Ferner haben Hochanlagen bekanntlich eine bedeutend stärkere Einwirkung des Sonnenlichts als das flache Land.

Es wird heute sehr viel Obst zu Gärmost verarbeitet, der keinen Nährgehalt mehr hat, da der wertvolle Fruchtzucker durch die Gärung zerstört wird. Das Gleiche gilt auch vom vergorenen Wein. Durch Umstellung auf Süssmost und süssen Traubensaft lassen sich hier grosse Mengen für die Ernährung äusserst wertvoller Erzeugnisse erzielen. Die gesundheitsschädliche Schnapsproduktion, die zudem unsere Alkoholverwaltung finanziell schwer belastet, muss in diesem Zusammenhange ebenfalls erwähnt werden.

Im Hinblick auf die Gesundung des Körpers und der Seele, und damit der Mentalität eines Volkes, scheint es mir ganz richtig, dass wieder viel mehr Kleingütchen entstehen oder gebildet werden. Das gibt Bodenständigkeit, Heimatsinn, Familiensinn und alles, was damit zusammenhängt. Wer das schon zitierte Wort von dem *grossen Sinn* von Laotse verstehen kann, der versteht auch, wenn ich sage: Würden wir Innenkolonisation so treiben, dass ein jeglicher Mann mit seiner Familie ein kleines Gütchen hätte, wo er zu Hause wäre, dann kämen wir vorwärts zum Frieden. Aus dieser Grundlage heraus wüchsen dann die Fruchtbarkeit der Erde und die Friedfertigkeit der Menschen. Menschen, die ihre freien Stunden im Garten oder auf dem eigenen Stück Land verbringen, werden jeden Tag einmal still werden vor den Wundern der Natur.

Mit dem biologischen Landbau rücken wir auch dem Problem der Naturkatastrophen auf den Leib: Riesenüberschwemmungen und Wüstenbildungen, verursacht durch Raubbaumethoden, Kahlschläge und Monokulturen, und deren unausbleiblichen Folgen.

Abbildung 35 Ein Versuchsfeld für den Getreideanbau vor dem Gästehaus »Seeblick«.

8. Ein Versuch mit Weizen

Vor 50 Jahren gab es noch eine grosse Anzahl Bauern, die jedes Mal vor dem Säen im Kalender nachgesehen haben, in welchem Sternbild des Tierkreises oder Zeichen die Sonne und Mond standen. Sie taten das mehr aus Überlieferung, die sie von Vorfahren übernommen [hatten], als aus eigenem Wissen. Nach und nach, mit dem Fortschreiten des materiellen Zeitalters, wurde dies als Aberglaube erklärt. Als man dann dahin kam, wo Kunstdünger Trumpf wurde, und man durch diesen viel mehr Masse, viel mehr Doppelzentner herausholte, da wurde »das nach den Zeichen sehen« vollends als Humbug abgetan. Auch ich lehnte zunächst die alte

Überlieferung ab. Da kamen mir vor 15 Jahren, zufällig und ungewollt, Bücher über Sterne in die Hände; ich verfolgte diese Wissenschaft, hörte auch Vorträge darüber in Zürich und erkannte in ihr die Wissenschaft der Wissenschaften für den Landwirt. Wunder über Wunder der göttlichen Gesetze gingen mir auf; ich erkannte, dass das Werden auf der Erde gewissen Planeten, Tierkreiszeichen und dem Mond unterstellt ist, dass alles Kräfte von ihnen empfängt, aber auch, dass Kräfte durch sie nachteilig beeinflusst werden können. Unter dies Gesetz sind vor allem die Pflanzen gestellt. Sät, setzt oder schneidet man sie in Zeiten, wo diese Kräfte, auf die betreffende Art, harmonisch wirken, gedeihen sie besser, werden widerstandsfähiger, gesunder, mit einem Wort: harmonischer.

Weil der grösste Teil der heutigen Menschheit nur auf mess- und wägbare Werte eingestellt ist und alles feinstoffliche, *das doch das Eigentlichste wäre*, ablehnt, deshalb ist sie in eine ungeheure Disharmonie hineingekommen.

Als ich zu dieser Erkenntnis und Wissen gekommen war, fing ich wieder an, auf die »Zeichen« zu sehen. Eine Probe sollte mir zunächst den Beweis liefern und zwar mit einer Spalierrebe. Der Mutterstock wuchs auf dem Grund des Nachbars, davon zog ich ein[en] Triebschoss auf unsern Giebel herüber. Das nächste Jahr beschnitt ich diesen Trieb im »günstigen Zeichen« und achtete genau darauf, wann der Nachbar die Mutterrebe beschnitt, und siehe, er schnitt sie zufällig im ungünstigen Zeichen. Die Folge war: *Mein* Trieb blutete fast gar nicht, blühte 3 Wochen eher, die Trauben waren 3 Wochen eher reif und gaben einen viel grösseren Ertrag. Des Nachbars Rebe, also der Rebstock, von dem ich nur einen Trieb oder Abzweiger zu mir gezogen hatte, blutete fast drei Wochen lang ohne Aufhören, dadurch ging ihr und den werdenden Trauben viel Kraft verloren. Das Resultat bekräftigen die damals gemachten Photographien.

Dadurch bestärkt, machte ich im nächsten Jahre Versuche mit Weizen und wieder war der Erfolg überraschend. Es liegt mir nicht so sehr daran, Rekordernten herauszuholen, als vielmehr die richtigen, nahrungsgesetzlichen Kräfte für die Pflanzen zu vermitteln, damit sie als harmonische Wesen uns, indem wir sie als Nahrung zu uns nehmen, selber harmonisch, gesund an Leib und Seele erhalten.

Ich schnitt alles mit der Sichel (aus privater Liebhaberei), liess es gut austrocknen, auf beiden Seiten, um es dann, in nicht zu grossen Garben, noch einige Tage auf dem Felde aufzustellen, damit restlos alles dürr und reif sei. Jedermann wird wohl begreifen, dass dieses Korn und das daraus hergestellte Brot einen feinen Geruch und Geschmack haben muss und nährhaltig im höchsten Grad ist.

9. *Was haben die Sterne mit Landwirtschaft zu tun?*

Der im vorangehenden Abschnitt beschriebene Versuch nötigt mich, die Bedeutung des Einflusses der Gestirne auf das Wachstum der Pflanzen in Kürze zu erläutern.

Vor Zeiten, als der Mensch noch mit der Natur und ihren Kräften nahe verbunden war und die Schau des Ewigen hatte, wusste er auch um die Zusammenhänge aller sichtbaren und unsichtbaren Kräfte. Damals prägte er dafür Formen und drückte sie in Symbolen aus. Diese Symbole bedeuten alles Seiende und Werdende. Und weil *Alles* mit *Allem* in der Welt im Zusammenhang steht, so sind auch die Pflanzen in dies urewige Gefüge eingeschlossen und ordnen sich ein in diese ewigen Kräfte. Sichtbar für uns sind Form und Art, unsichtbar wirkt die Kraft in ihnen entsprechend den Planetenkräften, denen sie entspringen.

Jeder Mensch weiss um Ebbe und Flut, oder von der 28-tägigen Periode der Frau, beides hängt mit den Mondkräften zusammen. Man weiss, dass in den Bäumen und in den Pflanzen bei zunehmendem Monde die Säfte in die Höhe steigen und bei abnehmendem Monde in die Tiefe. Solches ist der monatliche Rhythmus, dann gibt es auch den Jahresrhythmus, der von der Sonne seinen Ursprung hat. Paracelsus hat aus dem Wissen dieser Dinge das Wissen um die Heilkraft der Pflanzen für Mensch und Tier gefolgert. Wie nach dieser Theorie ein jedes Organ des Menschen einem Sternbild des Tierkreises entspricht und durch dieses Zeichen regiert wird, muss es auch durch disharmonische Strahlungen gestört werden. Die Heilung geht am besten vor sich, wenn man die Pflanzen, die unter dem Einfluss des betreffenden Zeichens stehen, also durch die Kräfte dieses Zeichens gefördert werden und gedeihen, geniesst.

Unsere Landwirtschaft wird erst wieder zu rechter Blüte kommen, wenn wir diese urewigen Gesetze wieder erkennen lernen und versuchen, uns in sie einzuordnen.

Er kann Erfahrungen sammeln und kontrollieren. Gewiss soll er nicht phantasieren aber nirgends wie beim Bauern rächt es sich so sichtbar, wenn er das göttliche Wort nicht erkennt: »Erfülle zuallererst das Gesetz Gottes, dann wird dir das andere alles zufallen.«

Dahin gehört auch, dass wir das Wissen, das wir aus den Lehren der Sterne ziehen können, nicht verachten, sondern anwenden.

Vielleicht stehen auch wir Menschen unter Sterngesetzen. Doch ist die Schicksalsdeutung zu spekulativ.

Der Landwirt aber hat hier einen Angriffspunkt, um interessante und wichtige Erkenntnisse zu holen.

10. Nutzanwendungen aus dem Wirken der Sterne und etwas über Gemüse- und Gartenbau

Das Säen und Pflanzen soll im Einklang mit dem Strome des Saftes in der Pflanze geschehen, der bei zunehmendem Monde von der Erde weg, also hinauf in die Krone steigt, bei abnehmendem Monde der Erde zustrebt. Der Saft zieht sich dann also mehr in die unteren Teile, in die Wurzeln zurück. Ähnliche Wirkung, wenn auch lange nicht im selben Masse, hat der täglich auf- und untergehende Mond; aufsteigend fördert er den Saftstrom nach oben, absteigend wirkt er umgekehrt.

Davon ausgehend teilen wir auch unsere Arbeit ein. So wählen wir zum Beispiel zur Unkrautbekämpfung das letzte Mondviertel, ebenso zum Düngen, und zwar mit Vorteil den Nachmittag.

An Mondwechseltagen soll nie gesät werden, besonders Neumond ist ein ganz undankbarer Zeitpunkt.

Ein zweiter, wichtiger Faktor ist der Einfluss der Tierkreiszeichen, durch die der Mond läuft. Alles Leben, so auch jede Pflanze, hat ihren besonderen Rhythmus, ihre besondere Schwingungseigenart und gedeiht naturgemäss in dem oder den Zeichen am besten, die mit ihr am besten zusammenschwingen, harmonieren.

Wir unterscheiden fruchtbare, mittelfruchtbare und unfruchtbare Zeichen.

Fruchtbar: Widder, Krebs, Skorpion und Fische.

Mittelfruchtbar: Stier, Waage, Schütze und Steinbock.

Unfruchtbar: Zwilling, Löwe, Jungfrau und Wassermann.

So gedeihen wasserhaltige Gewächse wie Salat, Kürbis, Kohl, Gurken usw. sehr gut im Zeichen Krebs, auch Rüben und Kartoffeln (für letztere ist auch das Zeichen Steinbock gut).

Apothekergewächse und Gewürzkräuter, wie Zwiebeln, Mohn, Rettich, Senf etc. gedeihen vorzüglich, wenn der Mond im Zeichen Skorpion steht.

Für Getreide eignet sich gut das Zeichen Stier, auch Schütze, besonders für Hafer.

Das Zeichen ist ebenfalls günstig für die Behandlung von Obstbäumen und Laubbäumen, mit Ausnahme von Äpfeln und Reben, für die das Zeichen Jungfrau vorteilhafter ist; Steinobstbäume behandle man im Zeichen Schütze.

Erbsen, Bohnen und andere Hülsenfrüchte gedeihen sehr gut im Zeichen Waage, auch im Zeichen Zwillinge. Bohnen im Zeichen Krebs gepflanzt sollen wässerig werden, im Zeichen Steinbock hingegen zähe.

Für Blumen ist das Zeichen Waage günstig.

Allgemein günstig, besonders für Sumpf- und Wasserpflanzen, ist auch das Zeichen Fische, doch soll in feuchten Gegenden die Saat gerne faulen, wenn durch den täglichen Himmelsumschwung das Zeichen Fische aufsteigt.

Das Zeichen Widder gibt der Saat einen starken Antrieb, und sein Einfluss macht sich besonders im Frühjahr günstig bemerkbar; es eignet sich sehr gut für Triebbeetsaaten, ist aber im Allgemeinen ein fruchtbares Zeichen.

Ganz ungünstig sind Löwe und Wassermann, wovon letzterer besonders für wasserhaltige Gewächse sehr nachteilig ist.

Brennholz zu Neumond geschlagen ist viel schneller trocken, als solches zu Vollmond geschlagen.

Dauerobst soll in den drei letzten Tagen vor Neumond gepflückt werden. In den Zwischenzeiten, die nicht besonders gut zum Pflanzen und Säen sind, wird gehackt, gelockert, auch Boden vorbereitet für Aussaat und Verpflanzen etc. Selbstverständlich sind diese Einflüsse des Mondes nur ein Faktor unter vielen anderen, die man deshalb nicht etwa vernachlässigen oder ausser Acht lassen soll.

Unter die Fernkrafteinflüsse zu zählen wäre auch die Elektrizität der Luft, die auf verschiedene Weise unter der Erde den Pflanzen zugeführt werden soll.

Zu erwähnen wäre auch noch die Samenbehandlung durch besondere Licht- und elektrische Behandlung zur Stärkung der Keimkraft.

Die kosmischen Strömungen, die uns die uralte Erfahrungswissenschaft der Sterne aufzeigt, werden im biologisch geführten Betrieb bewusst angewandt. Man sät und verrichtet seine Arbeit draussen, also nicht willkürlich und nach eigenem Belieben, sondern ordnet sich willig in den Ablauf des kosmischen Alls ein. Das Zweckmässige dieses Verhaltens ist praktisch bewiesen.

Das Streben, die natürlichen Kräfte des Weltalls nutzbar zu machen, hat dazu geführt, dass man letzterdings Versuche mit verschiedenen Beleuchtungen macht.

Aus allem mag ersichtlich sein, dass das Hauptaugenmerk des biologischen Landbaues auf die harmonische Produktion, auf die natürliche Produktion gerichtet ist.

Es ist auch sehr wichtig, eine in drei Stufen zerfallende Fruchtfolge durchzuführen. Beim Feldbau ungefähr folgendermassen: in Neuland erstmals Kartoffeln oder andere Hackfrucht; im nächsten Jahr Weizen; im dritten Roggen, Gerste oder Hafer, in diese noch Gründüngung, die im Herbst wieder in den Acker eingepflügt wird. Darauf wiederum Kartoffeln etc.

Am wirksamsten ist die Bodenlockerung am Abend, etwa von 17 Uhr bis 21 Uhr vorzunehmen, da sich die Nitrate während der Nacht auf den Boden senken.

Die Reform auf dem Gebiete des Landbaues hat hierin schon viel gelernt, was auch schon von vielen Kleingärtnern und Landwirten praktiziert wird.

Um ganz einwandfreie Nahrungsmittel zu erhalten, müssen *wir beim Boden anfangen*. Man muss ihn auf ganz natürliche Weise bearbeiten und ihn reif werden lassen. Ebenso wichtig wie die Bearbeitung ist die Düngung. Nie dürfen wir Pflanzen direkt mit unvergorenem Dünger grossziehen, sondern alle Düngstoffe sollen erst kompostiert sein. Das Gemüse, das auf Komposterde gewachsen ist, ist das einwandfreieste und schmeckt hundertmal würziger, als dasjenige, das mit Jauche, Mist und allem möglichen Kunstdünger getrieben wurde.

Noch etwas über Gemüse:

1. Phosphorverbrauchend (aber stickstoffsammelnd) sind die Leguminosen (Schmetterlingsblütler).
   Die durch die vorhergegangene Kultur entzogenen Stoffe werden jeweils wieder ergänzt: Stickstoff durch Ammoniak, dem Kompost beigegeben; Phosphor erhalten wir durch Zugabe von Thomasmehl zum Kompost. – Magnesia kann man in dünner Lösung dem Giesswasser zusetzen. – Stickstoff wird am meisten gewürdigt, weil er das Gewebe aufschwemmt und dadurch üppiges Wachstum vortäuscht. Hier liegt es nun bei dem geborenen Gärtner, das harmonische Verhältnis zu finden. Der Stickstoff setzt nur da ein, wo die Pflanze nicht in der Lage ist, sich denselben selbst zu beschaffen. Durch fleissige Bodenlockerung kann man oft aus der Luft mehr Stickstoff anziehen, als man mit einer starken Beigabe von Ammoniak bewirken kann.
2. Stickstoffverbrauchend (phosphorsammelnd) sind Salat, Spinat, Mangold, überhaupt alle Blattgemüse und alle Kohlarten.
3. Stickstoff- und phosphorverbrauchend sind Kartoffeln, die Rübenarten, Rettiche, kurz alle Hackfrüchte.
4. Stickstoff-, phosphor- und magnesiumverbrauchend sind alle gemüseartigen Früchte wie Gurke, Tomate, Rosenkohl, alle Obst- und Beerenarten.

Hat man nicht selbst die nötige Erfahrung und Kenntnis, so kann man den Boden auf fehlende oder mangelhaft vorhandene Stoffe durch chemische Analysen untersuchen lassen oder selbst untersuchen.

Ich habe viel erlebt mit Menschen, die Schiffbruch erlitten und die dann ihr Heil auf dem Lande als Siedler suchen wollten. Das Traurigste war für mich immer die Feststellung, wie weltenfern solche Menschen dem wirklichen Leben der Natur geworden sind. Falsche Vorstellungen und unrichtige Bücher zeitigen erschreckende Früchte. Zugleich hat mich immer tief gefreut, dass es so viele gibt, die ihre Heilung da suchen, wo sie wirklich zu finden ist, wo sie wieder Menschen werden können, wenn sie guten Willens sind und wirklich arbeiten, hart arbeiten wollen. Denn Siedler werden, Bauer werden, heisst: Ein ganzer Mensch werden.

Empfehlenswerte Bücher:
Raoul Heinrich Francé: Das Leben im Ackerboden.
Raoul Heinrich Francé: Wege zur Natur.
Walter Rudolph: Der Kompost, Bedeutung, Bereitung und Anwendung.
Walter Rudolph: Der natürliche Landbau als Grundlage natürlichen Lebens.
Nikolai Alexandrowitsch Demtschinsky: Die Ackerbeetkultur.
Sigurd Svensson: Viehlose Landwirtschaft.
Heinrich Bauernfeind: Natur- und Kunstdüngung oder die Benützung der Erde-, Mineral- oder Aschenstoffe für die Gesunderhaltung aller Geschöpfe.
Friedrich Herr: Bodenfruchtbarkeit und neuzeitliche Bodenbearbeitung.
Julius Hensel: Brot aus Steinen.
Ewald Könemann: Bebauet die Erde.

11. Pflanzenkrankheiten und Schädlinge

Wenn wir heute eine Fachzeitschrift in die Hand nehmen, hat sie ganz sicher Besprechungen von chemischen Mitteln gegen pflanzliche Krankheiten und tierische Schädlinge, ebenso zahlreich wie Anpreisungen von allerlei Düngemitteln, deren Herkunft und Beschaffenheit für mich nicht einwandfrei sind.

Ebenso wie der biologische Landbau giftfrei ist, soll auch die Pflege und Haltung der Pflanze giftfrei sein oder werden. Die Krankheiten der Pflanzen kommen zum Grossteil wie bei Menschen aus denselben Ursachen: Aus der Nahrung. Menschen, die ihr Leben lang natürlich ernährt werden, das heisst deren Mutter wenigstens während der Schwangerschaft sich von reinen Gemüsen und Obst ohne giftenthaltende Stoffe ernährt, dann nachher von Muttermilch, später wieder rein aus Gemüsen und Obst lebten, die werden ganz sicher gegen Krankheiten, die von aussen kommen: Seuchen, Übertragung von Bazillen usw. entweder ganz immun oder doch viel weniger anfällig sein, und wenn sie dennoch krank werden, wird die Krankheit viel leichter verlaufen. Ebenso ist es mit der Pflanze.

Eine Pflanze, die im Treibbeet ohne Tierdünger und Kunstdünger gezogen wird, wird ganz selten einer Krankheit verfallen, sondern schnell und lustig drauflos wachsen. Durch dies gesunde Wachstum schafft sie sich dann selbst einen Schutz gegen Erdflöhe, Läuse und auch zum Teil gegen kleine Raupen. Anders verhält es sich mit den grossen Schädlingen, Engerlingen,

Maulwurfsgrillen und Mäusen. Die muss man natürlich zu vertilgen suchen, aber auch möglichst auf eine Art, die Gift ausschaltet. Denn Gift, das solche Tiere tötet, schadet ganz sicher auch der viel feiner gearteten Pflanzenwelt. Vor allem ist es sicher und nachgewiesen, dass das Spritzen von Bäumen und Reben mit Chemikalien sehr, sehr schädlich ist, nicht nur für die betreffenden Pflanzenarten selbst, sondern, was uns ja doch immer noch näher berührt, für die menschliche Gesundheit.

Solche Gifte wirken eben nicht akut, sondern langsam und schleichend. Wenn dann beim Menschen eine Krankheit ausbricht, denkt niemand daran, dass dieser Mensch schon längst damit trächtig ging, wie Dr. Maximilian Bircher-Benner sagt. Im biologischen Landbau wird man mehr und mehr danach trachten, auch Bäume wieder aus Kernen zu ziehen, denn dann sind sie viel gesünder und weniger anfällig für alle Schädlinge. Durch Aufklärung in Schulen müssen wir dafür sorgen, dass die jungen Menschen auf den *Gehalt* einer Frucht oder eines Gemüses achten lernen, nicht darauf, ob es ein Monstrum ist. Auch halte ich es für besonders wertvoll, dass richtige Schulgärten entstehen, wo jedes Kind unsere Pflanzenwelt in Natura kennen lernt und pflegen, säen und ernten und damit verbunden *Materialkunde* und *Liebe zur Natur* und deren *Gesetzen*, sowie *Achtung vor der Arbeit, die die Hände beschmutzt!*

Wenn wir dies erreichen könnten, hätten wir reichlich die Hälfte an Erzieherarbeit geleistet, die andere Hälfte käme dann von selbst. Besonders wichtig ist es auch, dass wir natürliche Feinde der Schädlinge schonen, ja deren Brut begünstigen, vor allem alle Singvögel, Igel, Dachse, Maulwürfe und sogar Füchse. Dann gehört zu jedem grösseren Garten oder Landgut ein Bienenhaus, dies ist schon häufig betont worden, was die Bienen für eine eminent wichtige Mission erfüllen.

Und wenn wir so viel Honig erzeugen könnten, dass die Zuckereinfuhr auf die Hälfte oder noch mehr einginge, wäre es für die Volksgesundheit von grossem unnennbarem Nutzen. Unablässig, unermüdlich soll jeder Gärtner und Bauer immer und immer sich gewissenhaft fragen: Kann ich es vor Gott verantworten, wie und was ich pflanze, was ich Menschenbrüdern zur Nahrung und Gesundheit biete? *Ist es Nahrung?* Ist es Heilmittel?

Der Bauer ist ja doch der Mensch, der innerst davon überzeugt ist, dass eine höhere Macht dazu gehört, seine Äcker und Gärten fruchtbar zu erhalten, als sein Mist und Kunstdünger, er weiss genau, wenn die Natur nicht hilft, dann ist alle seine Mühe umsonst. Und weil er das weiss, weiss er auch das andere: Wenn ihr meine Gesetze erkennt und darnach handelt und lebt, dann wird euch das andere (die Rentabilität) von selbst zufallen. Denn, wir sollen nicht unsere Arbeit auf Schätze sammeln einstellen, die heutige Zeit soll uns allen zur Genüge beweisen, dass dies falsch, ganz falsch ist. Kommt dann einmal ein Jahr, wo [eine] Schädlingsplage überhandnimmt, nehmen wir es hin wie Trockenheit, Dürre und nasse Jahre, tun unser Möglichstes, die Plage einzuschränken und dann werden wir doch nicht verhungern.

Die Juden befolgten vor einigen tausend Jahren noch die Gesetze, die ihnen verkündet worden waren, damals durften sie in jedem 7. Jahr weder säen noch ernten und *sie hatten dennoch genug zu essen! Bis* – bis Joseph im Dienste Pharaos ihnen durch Wucher (Zins) alles wegnahm, Geld, Vieh und Land! Und so ist es heute noch. Wir werden nur durch die Zinshörigkeit immer mehr dazu hingebracht, *alle* Mittel unbedenklich anzuwenden, die uns scheinbar höhere Erträge und Reichtum bringen. Innerlich ist alles taub und faul und darunter geht die ganze Volksgesundheit zugrunde. Besinnen wir uns also, ehe es zu spät ist, auch für uns und unsere Nachkommen.

Als sehr wirksam haben sich im biologischen Landbau folgende Mittel erprobt:

Lehmbrei: Beim Versetzen von Beeren, Gemüse, Sträuchern und Bäumen wird von gutem, reinem Lehm ein Brei gemacht und Wurzeln und auch Schnittstellen und wunde Stellen hineingetaucht oder angestrichen. Auch Spritzen mit ganz dünnem Lehmbrei auf Blätter und Zweige. Auch bei Menschen und Tieren hilft er wunderbar.

Kalk: streuen oder auch als Baumanstrich. Holzasche und Russ besonders gut, weil zugleich wachstumsfördernd und zu jeder Tageszeit anwendbar, ob trocken oder nass, nie schädlich. Besonders für Bohnen, die von den schwarzen Läusen befallen sind.

Tabakstaub für die Erdflöhe, auch Mehltau bei jungen Bäumen. Schmierseifenwasser ebenso. Dies sind alles für die menschliche Gesundheit unschädliche und doch wirksame Mittel. Dann halte ich die von den Anthroposophen hergestellten Mittel für *sehr* gut.

Ich betone zum Schluss nochmals, dass ich die besten Erfahrungen gemacht habe mit der richtigen Zusammensetzung der Erde. Vor allem muss man genug Kalkgehalt haben, dann auch andere Mineralstoffe dem Boden zusetzen, wenn sie fehlen, und alle Arten Gestein oder *Steinmehl.* Man soll nicht immer alle Steine und Steinchen aus Acker und Garten herauslesen, dies ist grundfalsch. Diese Steine geben beständig in feinsten Teilchen Kräfte ab, indem sie sich zersetzen und auch sonst wirken sie wärme- und kälteausgleichend, als Lockerer und Nässeausgleicher.

In den Treibbeeten wirkt auch *körniger* Sand sehr gut gegen Schwarzbeinigkeit und Kropf. Kohlhernie haben wir keine, bei vielen tausend kohlartigen Pflanzen keinen einzigen Strunk. Diese vom Boden verteilten und dann von den Pflanzen aufgenommenen Mineralkräfte übertragen sich dann auch auf die Menschen, besonders dadurch, wenn wir wieder dazu kämen, biologisch gezogenes Getreide als Vollkornbrot zu essen. Die richtige Bodenzusammensetzung, Raoul Heinrich Francé nennt es in seinem Buche den goldenen Schnitt im Acker, bewirkt eben dann auch *das Wunder,* dass unsere Nachkommen wieder gesunde Zähne, gesunde Knochen, Haare auf dem Kopf und gesundes Hirn und gesunde Gedanken haben.

Über die Giftigkeit der Tomaten

Wenn in Fachzeitschriften Angriffe auftauchen auf die von Vegetariern und Rohköstlern so sehr geschätzte Tomate, der Giftigkeit und noch Schlimmeres zugeschrieben wird, so soll man auch einmal unsere Ansicht darüber zu Worte kommen lassen. – Meine Erfahrungen gehen dahin, dass ich, da ich meinen Boden in das Gesetz des goldenen Schnittes sich einordnen lasse, aus ihm gesunde und vollwertige Nahrung ziehen kann. Alle meine Gemüseabnehmer bezeugen mir das und ich kann es durch schriftliche Zeugnisse der Hausfrauen beweisen, die mir einstimmig sagen, dass mein Gemüse im Geschmack wunderbar sei. Sollten aber anderweitig auf den Markt kommende Tomaten bei irgendjemand krankheitserregend wirken, so ist es, weil diese Tomaten mit krankheitserregenden Fäkalien oder mit Kunstdünger gedüngt wurden und die Pflanzen nicht jene Organe haben, die giftige Stoffe sofort ausscheiden können. Wie winzige Mengen solcher Gifte (zum Beispiel Leichengift) schon schädlich sind, wissen wir. So geniesst der Mensch dann mit den infizierten Pflanzen das Gift. Die Ursache aber ist nicht die Tomate an sich, sondern deren Disharmonie, hervorgerufen durch die unrichtige Düngung und den kranken Boden.

Dies sind keine leeren Behauptungen, sondern Schlussfolgerungen aus eigener Erfahrung. Ich habe mir zur Aufgabe gemacht, einen Weg zu finden, der allen Menschen wieder – so weit es menschenmöglich ist – zeigen soll, dass man nicht krank zu werden braucht und nicht krank sein muss, wenn man die Kraft und den guten Willen hat, unser innerstes Naturgesetz zu achten und darnach trachtet, es zu erfüllen. Es gibt diesen Weg, es fehlt nur noch, dass wir ihn auch gehen.

Ich lehne die Giftspritzerei der Obstbäume vollständig ab. Es kommt mir genau so vor, wie die allopathische »Gesundmachung« der Menschen. Ein Gift soll mit anderem ausgetrieben werden und am Ende ist der Mensch ein gefüllter Giftbecher, sein Körper speit Gift und seine Seele Disharmonie, Kampf und Krieg. Und so ist es mit den Bäumen, die mit Gift gespritzt werden, es wird so kommen wie mit den Reben; man hat sie 30 Jahre lang gespritzt, dann musste man sie ausreuten. Wenn wir unsere Äpfel und Birnen und Kirschen 30 Jahre gespritzt haben, wird nicht mehr viel Gutes übrigbleiben.

Ich versuche auf folgende Art den Schädlingen zu begegnen. Erstens durch möglichst ausgedehnten Vogelschutz und Hegen und Füttern der Vögel im Winter. Auch ist es mein Bestreben, nach und nach Hecken um mein Grundstück zu ziehen zu Nist- und Schutzgelegenheiten. Dann bin ich überzeugt, dass man nicht durch Ausrotten der Sträucher ein »sauberes« Anwesen schaffen soll, sondern dass gerade auch recht viel Sträucher aller Art dazugehören, damit das »Natürliche« zur Auswirkung kommt. Zur Düngung der Bäume brauchen wir seit 8 Jahren nur noch Kalk und Strassenabraum, für junge etwas Komposterde und dann, was die Hauptsache scheint: Wir lassen den Bäumen den natürlichen Dünger und Bodenschutz der eigenen Blätter, ebenso wird unter Bäumen nie geerntet, sondern alles Gras, das wächst, wird abgeschnitten und als Bodenbedeckung und Düngung belassen. Als Spritzmittel dienen Lehmwasser, Kräuterabsud und Steinschlamm. Wunden werden mit Lehmbrei bestrichen. Unsere Äpfel sind vielleicht etwas kleiner, dafür viel köstlicher im Geschmack und nie innen so voll brauner Tupfen wie solche, die mit Mist und Jauche überdüngt sind; auch faulen sie weniger und behalten bis zum Frühjahr ihr frisches und saftiges Fleisch. Bis alles Krankhafte sich an den alten Bäumen verloren hat, wird es eben einige Zeit dauern, aber gewiss ist es, dass so behandelte

Bäume viel weniger allen Schädlingen zum Opfer fallen, weil sie *gesunde* Kräfte und Säfte haben.

12. Verschiedene Gedanken und Erfahrungen

Im Tessin und anderwärts hatte ich Gelegenheit, über die natürliche Bodenbearbeitung Vorträge zu halten. Überall fand ich guten »Boden«. Natürlich auch Gegner, das ist nicht das richtige Wort – [sondern] Menschen, die noch gar nie über so etwas nachdachten oder es sogar als überflüssig und schädlich halten. Einer meinte sogar, ich propagiere eine Sache, die zum Zweck hätte, das gesamte Tierleben der Welt auszutilgen und wunderbare Gefühle, wie die eines fett werdenden Schweins, nicht zum Leben kommen zu lassen.

An solche Menschen ist es zwecklos, nur ein weiteres Wort zu verlieren. Es gibt aber genug Menschen, die gerne etwas darüber hören, wie sie viel ernten mit möglichst wenig Kosten.

Meine Erfahrungen in dieser Hinsicht haben sich eher übertroffen als nur erfüllt. Ich kann wirklich stolz sein auf meinen Weizen, Roggen, Gerste und Korn, auch ein kleiner Versuch mit Hafer hat bleistiftdicke Halme gebracht und der Sturm mochte ihn nicht zu bodigen. Die Ernte naht – schon ist die Gerste auf der Brügi, der Weizen wird gelb und gelber. Ich denke an die *neue Saat*.

Auf den Äckern, die Weizen trugen, pflüge ich sogleich nach der Ernte oberflächlich und egge dann zweimal, das letzte Mal kurz vor dem Säen. Ich baue alsdann entweder Roggen, Gerste oder Hafer. Auf Kartoffeln folgt Weizen. Ich finde es vorteilhaft, dass der Same tief in die Erde kommt und gut und gewissenhaft bedeckt wird. Zum Ersten kommt er dann schneller, sicherer und gleichmässiger. Zweitens können die Vögel nicht viel schaden (wir wollen nämlich sehr viele Singvögel, die wir wegen des Obstes pflegen). Für die Getreidesaat ist ein Flug Finken von 50 Stück nicht gerade erwünscht. Ich habe aber bemerkt, dass, wenn der Keimling tief genug sitzt, sodass sie beim Ausziehenwollen des Korns nichts ausrichten, sie bald nicht mehr kommen. Was sie aber abreissen, wächst bald wieder nach. Ist die Wintersaat schon etwas grösser und hat man unterdessen gedroschen, so werfen wir alle kurzen Abfälle vom Dreschen auf die Saaten. Das hält warm und düngt zugleich, und ein Auswintern ist nicht zu befürchten. Setzt der Winter spät ein, so hacke man zwischen den Reihen nochmals leicht durch. Dann überlassen wir alles getrost dem rauen Gesellen Winter, ob er ein Leichentuch webt oder keines, mein Weizen erfriert mir nicht und stockt so lustig drauflos, dass es eine Freude ist.

Etwas muss ich noch bemerken: Wir Schweizer sollten nicht zu spät im Herbst säen. Ich nahm mir auch schon meine Richtlinien aus dem Stern-Kalender und ich bin sehr gespannt auf die Forschungen, die gemacht werden auf diesem Gebiet. Nach Jahren lachen wir vielleicht nicht mehr über die Alten, die zuerst nachgesehen haben, welches Zeichen am Himmel ist.

Es herrscht manchmal eine grosse Ratlosigkeit wegen frühem oder spätem Säen; desgleichen wegen mehr oder weniger sonniger oder schattiger Standorte. Ich will versuchen, einige Erfahrungen in kurze Worte zusammenzufassen. Eine Regel sagt: Gertrud sät Zwiebeln und Kraut! Gertrud soll nach alten Überlieferungen die Frau gewesen sein, die den ersten Garten schuf, also anfing, von dem mehr ackermässig betriebenen Anbau von Feldfrüchten und Gemüsen zum feineren, gepflegteren Garten überzugehen. Mir ist stark bewusst, dass jene Menschen in Urtagen noch die Weisheit als Wissen hatten, die innere Schau. Aus diesem inneren Wissen hat sie dann Zwiebeln und Kraut gesät.

»Zwiebeln«, das sind nach meiner Ansicht alle knollenartigen Pflanzen, die wohlverstanden dem jeweiligen Klima angepasst sind oder entspringen, also bei uns zum Beispiel Zwiebeln, Knoblauch, Rübli, Randen, Rettiche, Petersilienwurzel usw.

»Kraut«, hierunter verstand man damals noch nicht so hoch gezogene Gemüse wie heute. Es ist zum Beispiel bekannt, dass man in den Pfahlbauten Säcklein fand mit Meldesamen, was darauf schliessen lässt, dass Melde damals auf Feldern als Gemüse angebaut wurde. Der Nachfahr der Melde ist die Gartenmelde und der Spinat von der mehr kriechenden Melde; die Formen der beiden Samen sind genau gleich. Zum krautigen Gemüse, das man im März noch ins Freie säen kann, zählen weiter: Mangold, Salate, Löwenzahn, Sauerampfer, Zichorien, Lattich, Bohnenkraut, Thymian (Basilikum und Majoran kommen zu dieser Zeit in den Kasten). Weiter sät man frühe Erbsen und Kefen. Das wäre im grossen Ganzen das Frühlingsgemüse.

Ende April, anfangs Mai kann man beginnen, die Buschbohnen (Höckerli) und Mitte Mai die Stangenbohnen zu setzen. Die Bohnen sind die empfindlichsten Pflanzen von allen Gemüsen, die man als allgemeine Volksnahrung ansprechen kann. Sie verlangen windgeschützte, sonnige Lage, ganz lockeren und humusreichen Boden und sind sehr kälte- und nassempfindlich. Man soll sie nie in grossen Komplexen zusammensetzen, da die Staude ringsum viel Licht und Luft braucht; am besten setzt man sie im Verband, in Reihen mit andern Gemüsearten dazwischen, hierzu eignen sich Kohlarten etc.

Will man selber Bohnensamen züchten, so darf man nicht verschiedene Sorten nahe beieinander setzen, weil sie sehr leicht bastardisieren.

Kartoffeln setzt man nicht vor Mitte April, weil sie sonst bei einem der häufigsten Maifroste erfrieren und nachher die Ernte beeinträchtigt wird; sie schlagen nach einem solchen Erfrieren nochmals aus, sind aber stark im Wachstum behindert. Erfrorene Bohnen, Tomaten und Gurken gehen vollständig zugrunde. Es ist zu betonen, dass zu frühes Säen und Setzen bei nachher einsetzender Schlechtwetterperiode einen so grossen Wachstumsstillstand bewirkt, dass die später ausgesetzten Pflanzen sehr oft die ersten überholen. Ein solcher Wachstumsstillstand ist dann fast nicht mehr einzuholen. Deshalb ist es auch von grosser Bedeutung, dass die Setzlinge nicht in kalte, tote Erde kommen, sondern in reife, gare Komposterde; sind sie dann älter und stärker geworden, so suchen sie sich in der näheren und ferneren Umgebung die Wachstumsbedingungen aus. Dieses ist dann nicht Stillstand, sondern Entwicklung. – Den ganzen Mai bis Mitte Juni säe ich an günstigen Tagen Bohnen, setze Kabis, Kohl, Kohlrabi, Blumenkohl, Rosenkohl, Lauch und Sellerie aus. Karotten werden nochmals gesät (Rübli für den Winter), Rettiche für den Sommer. Ende Juni folgen Endiviensalat, Ende Juli Pariser Silberzwiebeln und Winterrettich, anfangs August Wintersalat, Winterkresse, Nüsslisalat, Spinat, Lattich, Löwenzahn, Ampfer und Zichorie. Im September kann nochmals dasselbe gesät werden.

Mein *Garten* ist nicht, wie es hierzulande sonst üblich ist, im Herbst in guter Ordnung, umgegraben und kahl, sondern es stehen da in guter Ordnung Zwiebeln, Nüsslisalat, Sauerampfer, Zichorien, Salat und Lattich und bis in den Dezember hinein noch die ganz späten Kohlarten. Im Treibkasten habe ich bei trockenem Wetter die Endivien eingeschlagen, sodass wir bis im Frühling, wenn die ersten jungen Kräuter kommen, immer Grünes essen können. Über Sellerie wäre noch zu sagen, dass man keine Knollen bekommt, wenn man nicht im März, am ersten günstigen Tag, die Kastenaussaat macht. Dann, sobald die Pflänzchen die zweiten Blätter bekommen, werden sie, ebenfalls im Kasten, pikiert, um anfangs oder gegen Mitte Mai ins Freiland gesetzt zu werden.

Einwintern. Hierzu möchte ich nur einige Angaben für den Hausgebrauch machen. Alle Knollengewächse halten sich über Winter bis in den Mai in einer Kiste oder einem Fass, die man in den Boden verpackt hat. Was man bis Dezember oder Januar braucht, wird im Keller in Sand eingeschlagen, Kartoffeln dürfen nicht unter zwei Grad minus und nicht über 10 Grad plus gelagert werden, wenn sie tadellos bleiben sollen.

Den Lauch lässt man stehen und holt ihn an frostfreien Tagen in einer Menge, die für 2 bis 3 Wochen reicht. Sellerie wird im Garten in einer Mischung aus halb Erde und halb Torfmull bis etwa 2 Zentimeter über das Herzblatt eingeschlagen.

Bohnen gedörrt. Sie schmecken am besten, wenn man sie ganz jung pflückt, abfädelt, in leicht kochendes Salzwasser legt, das man dreimal zum Sieden (aufwellen) bringt und sie abgetropft auf ein Sieb (Hürdlein) ausbreitet und in den warmen Ofen schiebt. Die Hitze muss ausprobiert werden. Der Ofen darf nicht zu heiss sein, jedoch muss die Wärme so stark sein, dass die Bohnen in etwa 12 Stunden gut sind (klingeldürr), da sonst ein Gärungsprozess eintritt, der sie vernichtet. Diese getrockneten Bohnen sind eine willkommene Abwechslung des Winterspeisezettels.

Äpfel pflücken und lagern

Äpfel, die man einlagern will, sollten beim Pflücken wie rohe Eier behandelt werden. Bei der einmaligen Durchlese nimmt man die kleineren zur Süssmostbereitung, die faulenden scheidet man unnachsichtlich aus. Die Äpfel schütten wir vorerst in grossen Haufen in einer Kammer oder ähnlichem Raum auf, um sie dann nach sechs Wochen nochmals sorgfältig auszulesen. In diesen sechs Wochen vollzieht sich ein Nachreifeprozess und man erkennt ganz genau an Farbe, Form und Glanz und an eventuellen Stellen, die man mehr gefühlsmässig erfasst, welche Äpfel sofort verbraucht werden müssen, entweder nochmals zu Most oder zum Essen. Will man haltbare und prima Ware haben, so muss man einfach jeden einzelnen Apfel prüfen. Es ist eine grosse Arbeit, aber ich glaube, wenn wir uns alle dazu erziehen würden und der Käufer dieses einsähe, bekämen wir auch einen gerechten Lohn für unsere Mühe. Ein grosser Übelstand ist es, dass die Frauen in den

Städten so wenig Warenkenntnisse besitzen. Man dreht diesen eigenen Mangel dann dahin um, dass der Bauer schuld daran sei, wenn die Äpfel nicht halten. Wenn die Hausfrauen beim ersten besten Händler schon Ende September für ein paar Rappen weniger die »schönsten Winteräpfel« kaufen, die dann natürlich nicht ihre Zeit aushalten, dann ist ihre Unkenntnis ihnen eben zum Schaden ausgeschlagen, da der Händler aus Profitsucht diese zu seinem Vorteil ausbeutet. *Winteräpfel* sollte man nie vor Mitte November bis auf Dezember einkaufen! Ich habe schon oft aus Bauernmund den Ausspruch gehört: »Ja, die Städter können ja nicht warten bis das Obst reif ist, und wenn ich noch etwas verkaufen will, muss ich es auch unreif abpflücken – sonst komme ich zu spät.« Das alles sind Dinge, die viel Schuld daran tragen, dass sich kein Vertrauen mehr findet zwischen dem Erzeuger auf dem Lande und dem Verbraucher in der Stadt. Anstatt die Gehirne mit Algebra etc. vollzustopfen, könnten die Schulen in diesen Dingen einen grossen Volksdienst leisten, wenn sie hier endlich einmal mehr Klarheit brächten und die Frauen und Mädchen in der Warenkunde unterweisen würden. Überhaupt wäre es sehr zu wünschen, dass wieder der Bauer und der Konsument in direkte Verbindung kämen, ein Verhältnis, das zu beidseitiger Zufriedenheit ausschlagen würde. Durch den umwegigen Lauf der Ware, die erst durch 3 bis 4 Hände geht, bevor sie an den Verbraucher gelangt, ist die Verantwortungslosigkeit ins Unermessliche gestiegen. Kenne ich meinen Abnehmer, dem ich jedes Jahr meine Ware bringen kann, dann bringe ich ihm eben nur das Beste, um ihn mir als zufriedenen Kunden zu erhalten, wie es in früheren Zeiten war.

Getreide: Hafer, Sommergerste, Sommerroggen sät man im *März*. Wintergerste, Roggen und Dinkel (Korn) anfangs September; Winterweizen im September/Oktober. Je früher man säen kann, desto eher ist die Möglichkeit zum Hacken und Häufeln gegeben, sodass sich auf den Winter schon alles gut bestockt, es ist dann gar keine Gefahr der Auswinterung (Erfrieren).

Der Garten als Spender der Gesundheit

Schon die Alten pflanzten Kraut und betrachteten es als sehr gesundheitsbringend. Das Sprichwort sagt: Wer schwach ist, esse Kraut! So werden damals die Frauen und Mütter viele Wildkräuter beim Haus angepflanzt haben, um dem zeitraubenden Suchen zu entgehen und um ihre Familie bei Gesundheit zu erhalten.

Heute sind wir ja viel weiter. Was ist nicht alles gezüchtet worden und wird in den Gärten jeder Bauernfrau angetroffen! Als ich noch klein war, pflanzten wir Kraut, Bohnen, Kabis, Rübli, Räben, Zwiebeln, Schnittlauch, Ysop und Pfefferkraut und heute ist die Auswahl in unserm Garten viermal so gross. – Leider ist mit den zunehmenden Arten und Hochzüchtungen ein grosser Übelstand eingetreten, der droht, alle Heilkräfte der Pflanzen zu vernichten; es ist die Frischdüngung der Gemüse mit Mist, Jauche und Kunstdünger.

Früher wusste man mit Bestimmtheit, dass Gemüse gesundheitsfördernd sei, heute ist es oft und oft der Fall, dass Ärzte den Genuss von Gemüse als krankheitserregend verbieten. Nun muss man sich fragen, wie ist dies möglich? Wo liegt die Ursache? Die Ursache liegt nicht direkt an der Pflanze, sondern ist in der Nahrung derselben zu suchen. Bei der Pflanze ist es genauso wie beim Tier, sie baut sich aus verabreichter Nahrung auf. Geben wir ihr die Nahrung wie Mist und Jauche, so sind derartige Stoffe nachher in ihr enthalten und machen uns krank. Genau, nur nicht so akut, wie wenn irgendwo Brunnenwasser durch Jauche vergiftet wird.

In Königsfelden brach vor Jahren eine Typhusepidemie aus. Ursache: frisch gedüngtes Gemüse. Um nun die allein gesundheitsfördernden Eigenschaften der Gemüse und auch des Obstes wieder zurückzuerobern, hat man angefangen, auf biologischer (lebensgesetzlicher) Grundlage Land- und Gartenbau zu treiben.

Wie viel mehr Freude als bis jetzt wird uns so der Garten spenden, wenn alles so wunderbare Kräfte bringt und auch die Arbeit selbst ist für uns segenbringend an Leib und Seele. Wenn man Frischköstler oder Vegetarier ist, so bekommt man so oft von andern Menschen zu hören, dass gerade diejenigen, die die neue Ernährungsweise angenommen hätten, schlecht aussähen. Dass das sehr oft nicht anders sein kann, hat meiner Ansicht nach folgende Ursachen:

Die meisten Menschen, die zur Ernährungsreform kamen, waren schon lange vorher krank, ja vielleicht schon so krank, dass sie von den Ärzten aufgegeben wurden. Kommt nun die Ernährungsumstellung dazu, so gewinnt vorerst das Aussehen auch nicht viel, weil die Heilwirkung der neuen Nahrung zuerst das alte Gift ausscheidet und alles, was der Körper durchmacht, ist im Gesicht zu sehen. Und weil alte Leiden lange brauchen, bis sie geheilt sind, das heisst bis die Grundursachen beseitigt sind, so kann das gute Aussehen nicht von heute auf morgen kommen. Bekanntlich braucht der Mensch 7 Jahre, bis er alle Zellen neu aufgebaut hat.

Eine weitere, nicht unbedeutsamere Ursache liegt darin, dass heute die sogenannte reine Kost noch alles andere ist als *rein!* Die heutigen Kulturböden sind gerade so verseucht wie unsere Körper. Dadurch sind Früchte und Gemüse mehr oder weniger krank.

13. Näheres über Dünger und Kompostbildung

Ist ein neuer Mensch gezeugt, dann zieht das junge Leben aus dem Körper der Mutter alle notwendigen Säfte und Kräfte, die es neu braucht, um möglichst nach dem Lebensgesetz seinen Körper bauen zu können. Dies selbst auf Kosten des Notwendigen, das die Mutter braucht, selbst wenn das mütterliche Wesen an einigen oder allen Stoffen Mangel leidet oder sogar abstirbt. Nicht nur dies allein! Die Neuschöpfung vollbringt noch ganz anderes: Weil sie aus ihrer Urteil-seienden Art herauswirkt und die grosse Vernunft noch in ihr wirksam ist und mit allen Mitteln versucht vollkommen – harmonisch – göttlich zu werden, will sie auch mit allen Mitteln verhüten, Aufbaustoffe aufzunehmen, die ihr nicht zusagen, die sie krank machen.

Ich kann hierzu ein Beispiel anführen: Eine trächtige Ponystute wurde von einem tollwütigen Hunde gebissen, so dass sie selbst toll wurde und ich schon den Befehl geben wollte, das arme Tier abzutun, um seine Leiden zu beenden. Da entschloss ich mich, erst die Geburt des werdenden Lebens abzuwarten. Und siehe, das Füllen, von der tollwütigen Stute geworfen und gesäugt, blieb vollkommen gesund und entwickelte sich prächtig. Es hatte somit die Wutgifte nicht angenommen in seine Aufbaustoffe. Die Mutterstute aber musste abgetan werden, sie war unheilbar – verloren.

Eine Tante schrieb mir, als ich noch ein Kind war, ins Album:

»Wenn Deine Eltern Dir was untersagen,
Dann folge ihnen, ohne sie ›Warum‹ zu fragen!«

Ich habe aber mein Leben lang »Warum« gefragt und werde noch länger »Warum« fragen.

Und dieses Warumfragen hat mich jedenfalls doch weiter gebracht – wenigstens denke, fühle und tue ich nicht mehr dasselbe, wie ich es in meiner Jugend getan, gedacht und gefühlt habe; ich habe für mich die Überzeugung, dass mein heutiger Zustand dem Zustande des Gesunden und Harmonischen schon näher ist als vor Jahren, da mein Körper eine einzige sieche Wunde war und ich mir täglich den Tod wünschte.

Eines der vielen »Warum« war folgendes: Warum muss man als schwangere Frau so oft das Essen erbrechen und lebt die erste Zeit der Schwangerschaft beständig in einem seekrankheitsähnlichen Zustand? Meine Lebenserfahrungen haben mich zu folgenden Schlüssen gebracht: Da das Neuwerdende im Mutterleibe die Tendenz hat, vollkommen gesetzmässig zu werden, so weist es alles zurück, was ihm nicht zusagt. Alle Organe der Mutter sind in dieser Zeit nur darauf eingestellt, das neue Leben zu erhalten und aufzubauen, die Mutter selber kommt erst in zweiter Linie oder überhaupt nicht in Frage. Aus meiner Erfahrung kann ich mitteilen: Damals, als ich noch Alles-Esserin (Fleisch-Esserin) war, hatte ich furchtbare Zeiten während den Schwangerschaften. Bis zum dritten, fünften Monat blieb mir keine einzige Nahrung im Magen – *nur die unreifen Äpfel, die ich heimlich vom Baume stahl!* Das brachte mein Warum-Fragen zu der Lösung und Überzeugung: zum Nur-Äpfel-Essen! Zum Nur-Früchte-Essen! Also zur vegetabilischen Ernährungsweise. Die Folge war, dass ich keine Minute mehr Unwohlsein, keinen Lebensüberdruss, kein Krank- und Müdesein zu spüren hatte, und, dass ich neben meiner schweren Bauernarbeit den Haushalt besorgen konnte bis zur letzten Stunde; dass ich das Kind, bei vorwiegend Rohkost, *neunzehn Monate* stillte. Dieser grosse Umschwung mit mir hat mich wiederum zu neuem »Warum« geführt.

Unser Körper ist mit fünf Sinnen versehen. Diese fünf Sinne, wenn man auf sie achten wollte, würden dafür sorgen, dass nichts vom Körper aufgenommen würde, was ihm schädlich ist. Und nun vom Beispiel an der Menschen-Mutter zur Nutzanwendung an der anderen Mutter, an der Erde! Da setzen wir denn also, statt Nahrung, Dünger.

Was wurde bis jetzt als Dünger gebraucht? Alle Abfälle und Verwesungsstoffe, die es überhaupt gibt: frische Jauche, Mist, die verschiedenen chemischen Produkte, Kehricht etc.

Landwirtschaft und Gärtnerei sind alsgemach auch in das Tempo hineingerutscht, in das Tempo der Geschwindigkeitsrekorde. Diese beiden Erwerbszweige, zu ihrer Ehre sei es gesagt, waren die letzten, die sich dem Rekordteufel verschrieben, und nur die Frage um Sein oder Nichtsein hat sie gezwungen, nachzugeben und chemische Düngmittel für rasches und üppiges Wachstum anzuwenden.

Aus früherer Zeit weiss ich schon, dass wir alle drei Jahre unseren sogenannten »Schorrmist« (alle die Abfälle eines Jahres) wieder auf denselben Acker bringen mussten, und zwar auf den Kartoffelacker. Man musste diesen Mist ganz spärlich mit einem kleinen Schäufelchen verteilen. Die Reben bekamen überhaupt nie Dünger. Das Jaucheloch war bei allen Leuten sehr klein und die Frauen trugen die Jauche in Gelten (Zubern) auf dem Kopf in den Acker – ebenfalls sehr spärlich. Und doch reichten die Erträge von einem Jahr zum andern.

Ich erinnere mich noch, dass der Dorfschreiner der erste war, der Chilesalpeter anwandte für sein Getreide, und dass ihm dann alles umfiel, weil zu geil getrieben. Die übrigen Bauern haben sich alle dagegen gewehrt, bis die Landpreise in die Höhe gingen und sie neugekauftes Land nicht mehr bar bezahlen konnten, sondern jährliche Zinsen bezahlen mussten. Das war der Anfang zur Überdüngung, zur Ausbeutung des Bodens, zum Raubbau für unsere Generation.

Vor Jahrhunderten war es der *zehnte Teil*, den man an Steuern und Abgaben entrichtete, heute ist es sogar die Hälfte und mehr des Ertrages. Nun müssen wir uns fragen, woher kam es, dass die Preise des Landes in die Höhe gingen, und wo gingen sie in die Höhe? Sie gingen dort in die Höhe, wo mehr Menschen wohnen wollten, wo sich Industrie ansiedelte. Wären sie nur so gestiegen, als bessere Produktepreise durch besseren Absatz es bedingten, es wäre nicht so schlimm geworden, denn es hätte sich die Waage gehalten. Aber hier schob sich der Spekulant dazwischen, jener Parasit, der aus dem Schweiss und dem Blut der andern lebt. Dieser Parasit ist es, der unsere Landwirtschaft aus der gesunden Wirtschaftsweise in den Raubbau hineingetrieben hat. Er hat auch den verwerflichsten, ungesundesten Mitteln gerufen, die die sogenannte Fruchtbarkeit und Ertragsfähigkeit des Bodens steigern sollten. Das hat ein bis drei Jahrzehnte gedauert und nun rächt sich die Natur an ihren Erzeugnissen: Die Pflanzen und Bäume werden krank und der Mensch wird krank von dieser Nahrung. Jene Behauptung, früher sei man nicht so alt geworden wie heute und die Krankheiten seien ebenso dagewesen, ist nicht stichhaltig. So viel wissen doch alle Älteren unter uns, dass es vor 50 Jahren nicht so viel Krankenhäuser, Irrenhäuser, Siechenhäuser, Altersversorgungsheime und Kinderbewahrungsanstalten etc. gab wie heute, und immer müssen noch neue gebaut werden.

Und warum ist dies nötig? Weil *sie den Mut nicht aufbringen*, die *Ursachen* zu ergründen. Jeder, der es wirklich gut mit sich selbst, seiner Familie, seinen Nachkommen vor allem, seinem ganzen Volke meint, der fange doch endlich an, die *Ursachen* zu ergründen. Und Ursachen ergründen heisst doch wahrhaftig, bis dorthin gehen, wo es anfängt. Landwirte und Gärtner, die es wirklich ernst nehmen, müssen doch zugeben, dass es so ist. Jede Pflanze, die sie ziehen, besteht in ihrem Aufbau, in ihrer Wesenheit und Verkörperung aus *den* Stoffen, die sie als Nahrung aufnimmt; also wenn sie Mist, Jauche und Kunstdünger geben, dann besteht sie aus diesen Stoffen! Dann ist sie nicht mehr harmonisch – gesund, sondern schon krank, aus ihrem *eigentlichen Gesetz* herausgefallen und wir, die wir sie als Nahrung geniessen, werden ebenfalls krank. Das sind nun mal Tatsachen, die sich nicht ableugnen lassen. Für uns fragt es sich nun: Gibt es einen Weg zurück oder vielmehr: Gibt es einen Weg hinaus und vorwärts? Ich sage: ja! *Es gibt einen Weg vorwärts zur Gesundheit.* Dieser Weg heisst: Einordnung in die göttlichen oder Naturgesetze. Lernen und lehren wir an den Schulen diese Gesetze! Erkennen und lernen wir uns selbst wieder einordnen in dieselben, dann werden wir noch eine schöne sonnige Zeit erleben und unsere Kinder in Gesundheit blühen sehen. Dies fängt beim Dünger an. Mein Dünger, der *natürliche* Dünger, der naturgesetzliche Dünger heisst: dreijährige Komposterde, Gründüngung und Mineralien in Form von gemahlenen Steinen.

Wer ein *geborener* Landbebauer ist, der wird dies einsehen. Bei diesem Berufe (Berufung) ist es eben am allerwichtigsten, dass nur solche ihn ausüben, die dazu berufen sind, alle andern sollten die Hände davon lassen, denn einer, der nicht dazu berufen ist, kann ein Handwerk oder einen Beruf nie gewissenhaft ausführen, weil es nur etwas Angelerntes ist und nicht von innen heraus Wachsendes, in grosser, eigener Verantwortung Werdendes. Besinne sich jeder darauf, dass er mit jedem kleinsten Tun mitschuldig wird, alles Unglücks, aller Krankheit, alles Verbrechens, ja der Ungerechtigkeit und dadurch des Krieges, dann wird er wissen, was er zu tun hat!

Im biologischen Landbau wird nicht eigentlich *die Pflanze* gedüngt, sondern *der Boden wird in den Zustand der Reife, der Gare gebracht* und zwar nicht, während die Pflanze wächst, sondern *vorher*, und dieselbe wird nun in diese *reine*, reife Erde gesetzt oder gesät. Dann wächst sie von Anfang an aus dem *Gesetzmässigen* heraus, auch reift sie in der von der Natur *gesetzmässigen Zeit*, was sehr, sehr wichtig ist.

Grundlegende Regeln für biologische Düngung: *Kompost*, hauptsächlich für Gemüse; *Gründüngung und Bodenbedeckung*, für Ackerland; Urgestein (Mineralien), für alles Land.

Die Zusammensetzung des Komposthaufens

Für den Gärtner im Grossen und den Kleingartenbesitzer ist der Komposthaufen die Grundlage eines gesunden, kräftigen und rentablen Gemüsebaues. Darum ist es sehr wichtig zu wissen, wie dieser Kompost zusammen- und aufgesetzt wird. In erster Linie ist einem Einwand zu begegnen, der immer und immer wieder kommt: Mein Garten ist klein, Platz für einen Kompost habe ich nicht!

Ich sage: Je kleiner der Garten, desto kleiner der Kompost. Es muss in jedem Garten dazu Platz sein. Alles andere ist unnatürlich und Raubbau. Wollen wir wieder natürlich leben, so müssen wir von unten anfangen und alle Faktoren miteinbeziehen. Nur so kann der Boden und können wir selber auch gesund werden. Denn unsere Gesundheit ist doch der Zweck und das Ziel unseres Gartenbaues. Wir müssen einmal Schluss machen mit dem Prinzip, andere für uns die schlechte Arbeit machen zu lassen, dazu gehört auch die Zubereitung des Dungs. Auch gibt es zur Anlage des Komposthaufens kein genaues Schema. Jeder muss die Grösse und die Zusammensetzung nach und nach durch Gefühl und Einleben lernen. Man muss eben 2 bis 3 Jahre Lehrzeit rechnen, bis man mit seinem Garten so richtig in Einklang ist. *Rezepte, wo man nur alles ablesen und nachmachen kann, gibt es für den biologischen Garten nicht.* Es gibt nur einen denkenden, einfühlenden, mit den Naturgesetzen sich nach und nach einig werdenden Menschen.

Nun also: Aus meiner langjährigen Erfahrung kann ich sagen: Der Komposthaufen gehört *über* der Erde frei gelagert, auch nicht in Zement oder sonstige Einfassung. Dagegen hinter ein Gebüsch, das ihn gegen das Haus und sonstige Sicht etwas verbirgt. Es sollten mit der Zeit 3 Haufen sein. Der jüngste, wo man immer den neuen Abfall von Haus und Garten hinbringt und jedes Mal leicht mit der Erde oder Gras bedeckt. Dann den zweiten, der aus halbjährigem ersten erst richtig im Rechteck aufgesetzt wird, damit alles gut durcheinanderkommt und der dritte, der der Reife entgegen geht und 2 bis 3 Jahre alt sein soll. Jeder wird 2 bis 3 mal durchgeschaufelt jährlich und immer in rechteckiger Würfelform aufgesetzt, damit es für schönheitsdurstige Augen sich harmonisch einfügt in Garten und Umgebung. Im Kompost soll enthalten sein: alles was zum Aufbau der Pflanze nötig ist: alle Abfälle, auch Fäkalien, Laub, Stroh, Gras, Abraum des Gartens; gemahlenes Steinmehl, Erde zu 2/3 des Ganzen, alles immer gleichmässig geschichtet in loser Art, *nicht einstampfen*, weil Luftzutritt ein Hauptfaktor ist. Komposterde heisst: Erde, die mit allen vergorenen Aufbaustoffen gesättigt ist.

Packung warmer Kästen ohne tierischen Dünger, durch mehrjährige Erprobung geprüft

Zur Packung warmer Kästen kann man an Stelle tierischen Düngers mit bestem Erfolg auch minderwertiges Wiesenheu und Emd (Grummet) verwenden.

Der Kasten wird völlig geleert. Zuunterst kommt eine dünne Schicht Laub als Isolierung gegen die Erde. Darauf wird das Heu oder Emd in mehreren Lagen gleichmässig in den Kasten gebracht. Jede Lage wird reichlich angegossen und angetreten. Besonders an den Rändern und unter den Stegen ist sorgfältig zu packen, weil es dort sonst einsinkt. Begossen wird mit kaltem Wasser, nur die letzte Lage kann man, der besonderen Erwärmung wegen, warm überbrausen. Dann wird geprüft, ob die Feuchtigkeit genügend eingedrungen ist. Die gesamte Heupackung soll zusammengetreten ca. 50 Zentimeter betragen. Darauf kommt ca. 10 bis 15 Zentimeter tief gute Gartenerde. Man füllt die Erde vorteilhaft in zwei Schichten auf. Dazwischen hinein kommt Torfmull, den man mit der zweiten Schicht Erde durch Unterrechen vermischt. Dann deckt man den Kasten mit Fenstern; nachts, sowie bei kaltem Wetter ausserdem noch mit Strohmatten. Nach etwa 4 Tagen hat sich genügend Wärme entwickelt. Die Temperatur ist immer zu beobachten: 16 bis 18 Grad Celsius genügen zur Aussaat. Man bringt nun 5 bis 10 Zentimeter gesiebte, mit Sand vermischte Gartenerde (schöne Komposterde) in den Kasten. Darauf wird gesät. – Zum Bedecken der Saat verwende man eine recht leichte Mischung von gesiebter Erde, Torfmull und Sand. Die Kästen sind stets gut auf die Wärme zu kontrollieren. Es kommt vor, dass sich das Heu in den ersten Tagen nach der Packung bis auf 50 Grad Celsius erhitzt, weshalb man am besten mit der Aussaat etwa eine Woche wartet und auch nach der Aussaat die Kästen sorgfältig kontrolliert und durch eventuelles Lüften auf der vorgeschriebenen Temperatur hält.

Sowie der Samen aufgeht, sind die Strohmatten am Tag wegzunehmen, damit die Pflanzen Licht haben.

Das gilt, solange die Aussentemperatur 0 Grad Celsius ist.

Begossen wird vormittags, damit die Pflanzen zur Nacht wieder trocken sind. Gelüftet wird immer gegen Windrichtung, das heisst, dass der Wind von hinten kommt und nicht zur Öffnung hereinbläst.

Als Packmaterial wird auch noch Stroh, Schilf und Laub empfohlen.

14. Vom Brot und sonstigen Wirtschaftssorgen

Frühwind

Die Brotfrage als Gesundheitsfrage

Harmonie! Jeder Mensch, ob gebildet oder ungebildet, empfindet etwas von dem, was dieses Wort auslöst. Wo findet man Harmonie? Im grossen Weltgeschehen, das ausserhalb der Macht der Menschen steht, ist sie vollkommen. Alles was unter der Herrschaft der heutigen Menschheit steht, ist disharmonisch: Die grossen Staaten, die Völker untereinander, das Volk unter sich, die Gemeinde, die Familie, der Einzelmensch, alles ist disharmonisch. Warum ist er, die »Krone der Schöpfung«, nicht harmonisch? Weil bei ihm alles krank ist. Ein gesunder Körper bedingt eine gesunde Seele. Unter Gesundheit stelle ich mir eben etwas ganz anderes vor, als das, was im Volke als gesund gilt. Gott schuf den Menschen ihm zum Bilde: Gottes Ebenbild, gesund, leuchtend von Sonne, strahlend vor Liebe, tönend von Harmonie. Als Gott den Menschen schuf, sagte er: Nährt euch von den Früchten des Feldes! In dem Masse, wie heute unsere Ernährung von den *natürlichen Früchten* des Feldes abweicht, in dem Masse sind ganze Völker krank, und ist es der Einzelmensch. Ob 6'000 Jahre verflossen sind oder Äonen, seit diese göttlichen Taten und Worte bestehen, das ist nicht das Wesentliche, sondern dass sie *Gottes Gesetz waren und sind!* Wollen wir wieder gesund werden, so müssen wir dieses Gesetz zu erfüllen suchen.

Das tägliche Brot! Damals waren es rohe Getreidekörner, heute ist's eine entwertete, von aller Sonnenenergie entblösste, durch menschliche »Kunst« verdorbene, schwammige Masse! Nun wird man verwundert fragen: Ja, sollen wir anfangen, Körner zu kauen und uns den Wilden und Tieren gleichsetzen? Das wäre vielleicht das Beste. Doch gibt es einen Mittelweg für uns; wir können uns nur langsam wieder an die natürlichen, wunderbaren Früchte gewöhnen, aber es ist möglich, dass unsere Nachkommen zum Körnerkauen wieder Zähne haben werden.

Schrot- oder Vollkornbrot ist für uns die gegebene Lösung, und zwar sollte es nach dem Rezept von Dr. Maximilian Bircher-Benner, ohne Salz und Hefe, oder nur wenig, gebacken werden. Befolgten wir die Lehren dieses Gelehrten und Arztes, so würden wir mit grosser Verwunderung wahrnehmen, wie wir uns täglich mehr jenem Bilde nähern. Seinen Büchern verdanke ich viel, und ich möchte sie jeder Frau zur Anschaffung empfehlen.

Zahnarzt Flückiger in Konolfingen (Bern) gebührt das grosse Verdienst, uns auf die Bedeutung des Brotes für die Volksgesundheit noch besonders aufmerksam gemacht zu haben. Im *Schweizerischen Beobachter* hat er endlich die Zeitschrift gefunden, mittels der er zum ganzen Schweizervolke sprechen und ihm sagen konnte, dass das weiche Schwarz- oder Weissbrot den Blutstrom des Schweizervolkes schädigt. Das weiche Brot regt den Speichelfluss nicht an. Flückiger hat nachgewiesen, dass in jenen Walliser Dörfern, in denen die Leute noch das alte, hartgebackene Brot essen, die Einwohner noch bis zu 100 Prozent gute Zähne haben, während überall da, wo Weissbrot und weiches Schwarzbrot gegessen wird, die Qualität der Zähne schlecht ist. Daher sagt Dr. Flückiger, eine *Brotreform* müsse kommen, und er empfiehlt das schwedische Knäckebrot, wie es auch in der Schweiz schon hergestellt wird. Es ist fast ganz wasserfrei und monatelang haltbar. Zusammen mit der Nussbutter »Nussa« bildet es ein wunderbares Nahrungsmittel.

Das Brot, das wir backen, ist nicht so hart wie Knäckebrot, hat aber auch eine recht feste Rinde, die zum guten Kauen und Einspeicheln zwingt. Auch das Innere ist kein Schwamm, mit dem die Zähne nichts anzufangen wissen, sondern eher körnig – kernig zu nennen.

Um meine Meinung zum neuen Volksbrot befragt, das seit 1. Januar 1937 von allen Schweizer Bäckern gebacken wird, sagte ich Folgendes: Endlich ein Anfang – dieser längst fällige, notwendige Fortschritt! Was hat es gebraucht, bis unsere Forderung, ein billiges Vollbrot zu schaffen, Gehör fand! Nun ist es so weit – (wenn auch *noch nicht hefefrei!*) und das minderwertige Brot, das schwammige Weissbrot, muss teurer bezahlt werden. Der Weizen muss 100 Prozent ausgemahlen werden – grob – und das Brot sollte *ohne* Hefe ausgebacken werden, um jede Gärung im Magen zu vermeiden. Deutschland hat verordnet, dass die Hitlerjugend mindestens 50 Prozent solches Brot bekommt! Die Aufregung vieler Leute, die bei der Einführung des neuen Brotes zu konstatieren war, ist meist auf deren Unwissenheit zurückzuführen. Es heisst auch etwa: Nun müssen die Ärmeren schwarzes Brot essen, und die Reichen, die es vermögen, können sich weiter das Weisse leisten. Heilige Einfalt! Als ob die Farbe eine Rolle spielte – und nicht der Gehalt und Nährwert! Ich weiss von vielen Reichen, die nicht so dumm sind, wie das auf die Farbe eingestellte Volk. Sie ziehen das billige, wertvollere Schwarzbrot vor. – Ich kann euch nur raten: Gebt dem Weissbrot den Abschied und nehmt das schwarze, es ist weit gesünder in jeder Beziehung. Für die Verdauung, die Knochen und vor allem für die *Zähne*. Da es auch weit gehaltiger ist, braucht man davon keine Riesenschollen zu essen, bis man genug hat. Das Weissbrot ist ein richtiges Mangelbrot.

Nach meiner Ansicht war es ein taktischer Fehler, das neue Brot »Volksbrot« zu nennen. Das Wort »Volk« hat in unserer Zeit vom vielen Gebrauch und Missbrauch einen schlechten Klang bekommen. – Unter Volk stellen sich gewisse Leute »Pöbel« vor. Man hätte das neue Brot darum vielleicht besser »Kraftbrot, Gesundheitsbrot« oder so ähnlich genannt. Bäcker und Käufer wissen vielleicht noch nicht, wie ein gutes Schwarzbrot beschaffen sein sollte. Die Bäcker vor allem könnten noch viel zur Vervollkommnung dieses wichtigen Lebensmittels beitragen. Im Allgemeinen wird es viel zu wenig gebacken und auch zu salzig gemacht. Vollmehl enthält eben selbst Salze, die das Weissmehl nicht hat, deshalb darf nicht gesalzen werden wie bei Weissbrot. Wo das neue Brot weich und schwammig oder versalzen geliefert wird, reklamiere man unnachsichtlich – der Bäcker muss natürlich auf diesem, für ihn vielfach neuen Gebiet noch Erfahrungen sammeln.

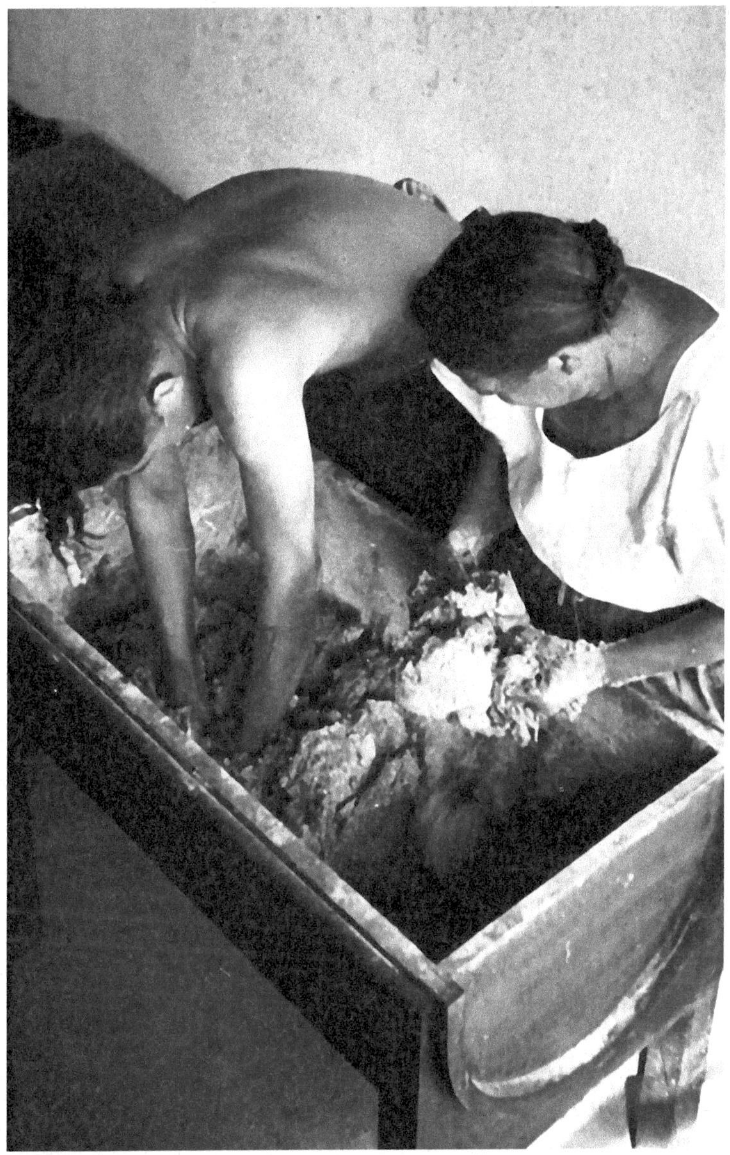

Abbildung 36 Mina Hofstetter beim Kneten von Brotteig.

15. Warum ich mein Brot selbst backe

Grossmutter und Mutter haben immer selbst gebacken. So sehr ich sie darum beneidete, nie durfte ich mithelfen. Doch erlaubten sie mir zuzusehen und etwa dies und das herbeizutragen. Mit regstem Interesse folgte ich allen ihren Zubereitungen und Handgriffen.

Als der Krieg ausbrach, hatte ich bereits 5 Kinder, oft mangelte es uns an Brot und Geld. Zwei Sprichwörter sind bekannt: »Not lehrt beten«, und »Hilf dir selbst, so hilft dir Gott«. Ich hatte auf unserem im Jahre 1915 übernommenen Hofe in Stuhlen bei Ebmatingen Weizen gebaut. Davon begann ich, nach Dr. Maximilian Bircher-Benners Angaben, Schrotbrot zu backen. Es war aber insofern umständlich, weil nicht jeder Müller mir dieses Mehl mahlte, wie ich es haben wollte. Heute mahlen wir selbst. Wir schafften uns eine Schrotmühle von Rauschenbach (Diamant) an. Mit dieser Mühle mahlen wir seither unser Getreide selbst, eines zu 97 Prozent und eines zu 75 Prozent, und unsere Kinder und Enkel müssen nicht mehr vergeblich um Brot bitten.

Unser Brot ist aus biologisch gezogenem Getreide gebacken, daher hochgradig vollwertig und gesundheitsfördernd, ist ausgezeichnet zum Aufbau von Knochen und Zähnen und wirkt auf den Stoffwechsel günstig ein. Hier mein Rezept:

75 Prozent Roggen und 25 Prozent Weizen werden kurz vor dem Kneten gemahlen, damit nicht Duftstoffe verloren gehen. Das Mehl wird in die Mulde geschüttet. In der Mitte mache ich eine Grube, gebe die in Wasser aufgelöste, oder am Abend vorher angesetzte Hefe hinein. Ein Gramm auf ein Kilo Mehl und ganz wenig Salz. Alles wird mit so viel Wasser geknetet, bis ein fester Teig entsteht. Das Kneten besorge ich in drei Zeiten, wie ich es bei meiner Grossmutter und Mutter so oft beobachtete. Erst wird mit offenen, gespreizten Fingern alles gut durcheinandergemengt, dann fange ich an, mit zugreifenden Fäusten richtig zu kneten, bis alles so glatt ist, dass der Teig sich von selbst von den Fingern löst. Auch wird nachgeprüft, ob bis auf den Grund alles gut gemengt ist, die Mulde wird sauber gekratzt und der Teig in drei bis vier grossen Teilen schön glatt bearbeitet, ähnlich wie Fastnachtküchli auf dem Brette. Nun wird das Ganze in der Mulde mit einem Tuche zugedeckt, etwa zwei Stunden bleiben gelassen. Danach fange ich an, je nach Grösse der Formen, die Brote glatt zu rollen. Ich brauche die For-

men, um den Platz im Ofen besser auszunützen. Man kann aber die Brote ganz gut auch auf dem Ofenboden selbst backen. Den Ofen heize ich je nach Grösse der Reiswellen mit 2 bis 3 Stück (100jähriger Bauernofen). Erst backe ich aber noch für etwa 15 Personen Wähen (Obst- oder Gemüse-, Käse- und Eierkuchen), mache hiernach mit kleinem Reisig etwas Oberhitze, lasse die Gluten »verwähren« und räume den Ofen aus.

Mir ist es bei dieser ganzen Arbeit darum zu tun, Gesundheit in meine Familie zu bringen, aber auch gesundes Brot jenen zu bieten, die mein Produkt kaufen. Der Bauer soll sich wieder voll und ganz seiner hohen von Gott gestellten Aufgabe bewusstwerden: Verantwortung im höchsten Sinne zu tragen für die Volksgesundheit. Erst dann ist er seines wunderbaren Berufes wert.

Wollen wir dieses Ziel erreichen: Gesundheit des Volkes im Ganzen und des Einzelmenschen, so müssen wir zurück zum Uranfange und allumfassend werden.

So darf auch die Getreide-, und die damit in engem Zusammenhange stehende Brotfrage, nicht nur auf Spezial- oder Teilgebieten gelöst werden. Sie, die zu den wichtigsten Problemen im Sein der Völker, wie des Einzelmenschen, zählt, berührt das Leben in seiner ganzen Tragweite. Denn:

»Was kein Verstand der Verständigen sieht,
Das fühlet in Einfalt ein kindlich Gemüt.«

Diese Worte gaben mir den Mut, mein Buch zu verfassen. Es ist nicht müssiges Schreiben um Geld oder Gunst, sondern mit Herzblut errungenes Gut, durch 30jährigen Existenzkampf, in körperlichen und seelischen Leiden erworbenes Wissen und Können. Möge es zum Segen aller werden im Heimatland und darüber hinaus für alle Menschen!

»Besser als in tausend Reden Worte, ohne Sinn verschwendet,
Ist *ein* Wort, voll tiefen Sinns, das dem Hörer Frieden spendet.
Magst du in der Schlacht besiegen tausendmal zehntausend Krieger,
Was das eigene Ich bezwungen, ist der grösste Held und Sieger.«

Buddha.

16. Ein fester Getreidepreis und mehr noch

Der Schweizerbauer versteht leider vom Wesen des heutigen Geldes wenig oder nichts und erkennt daher seinen wahren Feind auch nicht. Er lässt sich Steuern abnehmen, die dann als Prämien und als »garantierte Getreidepreise« einigen wenigen zukommen, und er denkt nicht daran, dass er *alles,* was er verkauft, gegen *Geld* hingibt. Das Geld aber gibt die Schweizerische Nationalbank in den Verkehr, und zwar bald viel und bald wenig. Wenn die Bank viel Geld in das Land hinausgehen lässt, so erhält auch der Bauer viel davon für seine Erzeugnisse, so wie zum Beispiel von 1914–1918. Wenn aber die Nationalbank das Geld wieder einzieht oder die Hortung nicht unterbindet, so erhält der Bauer immer weniger und weniger Geld, oder, mit anderen Worten, er muss immer mehr Produkte hingeben, um die gleiche Geldsumme zu erhalten. In der *Schweizerischen Allgemeinen Volkszeitung* (Zofingen) habe ich unter dem Titel »Aus meinem volkswirtschaftlichen Kopfrechnungsbuch« folgendes über die Not der Bergbauern gelesen:

Im Kanton Uri liegt ein schönes Tal, das Meiental. Wer einmal über den Sustenpass ging, kennt es. Dort leben insgesamt 206 Leute, eingeschlossen 40 Schulkinder, eingeschlossen auch die ganz Kleinen und die ganz Alten, ferner viele Unheilbare, zwei Idioten und ein ganz Blinder, also dass von den 206 Einwohnern für Arbeit und Erwerb nur etwa 140 Menschen in Betracht kommen. Diese 140 Menschen haben laut einer Aufstellung durch zuverlässige Leute 25'000 Franken Zins Jahr für Jahr zu zahlen. Das macht auf den Kopf der Arbeitenden 178 Franken oder 50 Rappen täglich. Der gleiche Berichterstatter schreibt, dass für die Leute zum eigenen Gebrauch nur 50 Rappen täglich verbleiben.

Zins und Lohn: Wie fast immer, so scheinen sie sich auch hier in den Arbeitsertrag der Bauern zu teilen. Doch ist das Verhältnis hier *noch schlimmer.* Denn wir dürfen nicht vergessen, dass diese 50 Rappen, die von den Meientalern zur Beschaffung der dringendsten Lebensbedürfnisse ausgegeben werden müssen, auch wieder zu einem gewissen Teil – durchschnittlich zur Hälfte – für die Zinsen hingegeben werden, die in den Warenpreis eingerechnet werden mussten. Was der bekannte Kantonsmitbürger der Meientaler, ein gewisser Wilhelm Tell, diesem Völklein durch seinen Schuss gerettet hat, ist heute zu einer Zinserpressungsmaschine ausgewachsen.

Die Gessler haben sich vermehrt wie Stechmücken, aber die Tells – wo sind sie geblieben?

Die besondere Notlage der Schuldenbauern erhellt der folgende Bericht eines Lehrers aus dem *Berner Oberland.* Er schreibt:

»In unserer Gemeinde beträgt das Grundsteuerkapital etwas über acht Millionen Franken; die Hypothekarkasse und andere Kassen haben vier Millionen zu fordern. So beträgt der *Zins jährlich über 200'000 Franken.*«

Und nun folgt eine Stelle, die blitzartig die Ursache der heutigen, besonders grossen Not beleuchtet: »Um diesen Zins zu bezahlen, mussten die Leute in den Jahren 1917–1920 ungefähr 100 Kühe verkaufen, jetzt aber 200 bis 220« (1934–35 etwa 300 bis 350!). Und wenn viele Kühe verkauft werden müssen, muss auch viel Fleisch gegessen werden, heute 3 mal mehr als vor hundert Jahren!

Wieso ist diese Stelle aufschlussreich? Nun, wenn man in einem Jahr doppelt so viel Vieh verkaufen muss, als im andern, um die *gleiche* Summe an Zinsen zu erlegen, dann kann man schon in eine recht bedrängte Lage kommen! Und man muss sich die Lage recht vorstellen, wie sie sich entwickelt hat.

Als 1914 der Krieg ausbrach und die Preise infolge der Geldvermehrung immer höher und höher kletterten, da fanden in den Jahren 1914–20 Erbteilungen statt wie immer; es wurden wohl auch Heimwesen und Grundstücke verkauft. Die *Preise stiegen bei allen Handänderungen.* Das lag in der Natur der Dinge. Nicht selten wurden auch die Preise absichtlich höher angesetzt, oder zum Mindesten doch die Grundsteuerschatzung, um nach aussen hin bei Kreditbedarf mit dem höheren Wert der Liegenschaft Eindruck zu machen. Dann ist man drinn im Kummet! Die Frage ist nun, wie man fährt? Und nun ists *bei uns* so gekommen, dass von 1920 ab die Geldmenge – die Nachfrage also – vermindert und die Preise wieder gesenkt wurden. Man nennt dies Spiel der Geldleute mit den Bauern *Deflation.* In einigen Ländern hat man mit der Deflation später eingesetzt, in andern wieder gar nicht (allerdings in wenigen), und je nachdem kamen die Bauern später oder auch gar nicht in die »Notlage«, alles billig hingeben zu müssen, während die Zinsen die gleichen blieben.

In welcher Weise sich dies im Meiental auswirkt, zeigt die folgende Überlegung. Es kann sie *jeder* Bauer, Gewerbetreibende und Handelsmann auch für sich machen – sie stimmt leider überall.

Wenn eine Schuld zu ihrer Verzinsung im Jahre 1920 den Verkauf von *durchschnittlich* 100 Einheiten in Waren irgendwelcher Art erforderte, so brauchte sie

		von bäuerlichen Produkten sogar:
1921 deren	112 Einheiten	109 Einheiten
1922 deren	136 Einheiten	154 Einheiten
1923 deren	136 Einheiten	152 Einheiten
1924 deren	132 Einheiten	141 Einheiten
1925 deren	134 Einheiten	141 Einheiten
1926 deren	138 Einheiten	154 Einheiten
1927 deren	140 Einheiten	164 Einheiten

Mit anderen Worten: Der schweizerische Schuldner muss, bei genau demselben Zinsfuss und genau demselben Betrage, doch jedes Jahr mehr und mehr Erzeugnisse seines Fleisses hinlegen, um seine Zinsen zu bezahlen. Nun verkauft dazu noch der Älpler die Produkte der schweizerischen Landwirtschaft, Zuchtvieh, Käse und Milchprodukte, und letztere gehören im Ausland im Allgemeinen zu den Luxuswaren des Mittel- und Bauernstandes. Sie sinken daher bei einer allgemeinen Geldverminderung (Deflation) und dem daraus folgenden Preisfall (Krise) in *ganz besonderem Masse*, weil hier zuerst gespart wird. Wenn man dann seine Zinsen aus dem Verkauf von Käse oder Zuchtvieh herausschlagen muss, so kann man, wie der Berichterstatter aus dem Berner Oberland bemerkt hat, nicht nur 140 Kühe verkaufen, wo man 1919 hundert verkaufte, sondern eben 200 bis 220, weil sie im Preis stärker als die Waren im Durchschnitt sanken. Und da die Älpler andere Waren kaufen *müssen* – Waren, die nicht so stark gesunken sind wie Zuchtvieh und Käse – so wird die Not der Bergbauern noch einmal verschärft.

Wer trägt an der höheren Belastung der Bauern heute die grösste Schuld? Es sind nicht die »Verhältnisse«, nicht das Ausbleiben des Fremdenverkehrs, nicht die Lawinen und nicht das Wetter, sondern es ist der *allgemeine Preisfall seit 1920*, der naturgemäss Viehzüchter und Milchproduzenten stärker treffen musste als andere Stände.

Als im Jahre 1919 der allgemeine Geldrückzug und damit der Preissturz in einem internationalen Rundbrief (»Memorandum«) empfohlen wurde, und als auch der schweizerische Bauernsekretär diesen Rundbrief an die europäischen Regierungen unterzeichnete, da schrieb der »Kopfrechner« der *Schweizerischen Allgemeinen Volkszeitung*: »Mit seiner Unterschrift hat Dr. Laur seine Zustimmung zur Auswucherung der Schweizer Pächter und Schuldenbauern gegeben. Wenn die sinkenden Preise kommen sollten, so mögen sich die verganteten Pächter und Schuldenbauern bei ihrem Führer bedanken.«

Dr. Ernst Laur hat sich damals heftig gegen eine derartige Ansicht gewehrt – aber wo stehen wir jetzt?

Wie aber dieser *allgemeine Preisfall* zustande kam, wurde bereits angedeutet: Das Geld wurde durch die Nationalbank zurückgezogen, vermindert (oder privat gehamstert!) und dafür musste der Bauer immer mehr Produkte hergeben für das gleiche Geld. Der gleichen, lieben Zeitung entnehme ich auch die folgenden Zahlen, die zeigen, wie die Geldmenge und vor allem die Geldverminderung auf die Preise wirkte. Die Millionen der privaten Hamsterung bei *sinkenden Preisen* lassen sich nur schätzen; ihnen kommt eine noch grössere Bedeutung zu, denn sie erreichte während den letzten Krisenjahren nach bundesrätlichen Angaben die Hälfte aller ausgegebenen Noten. Damit ist auch erwiesen, dass es der Nationalbank nicht möglich ist, den Geldumlauf des Landes zu regeln, wie es laut Gesetz ihre Aufgabe wäre.

	Noten	Grosshandelspreise:	Kleinhandelsindex:
1914	335 Millionen	100	100
1915	406 Millionen	—	113
1916	430 Millionen	—	131
1917	536 Millionen	—	163

1918	**733 Millionen**	**—**	**204**
1919	908 Millionen	—	222
1920	933 Millionen	—	224
1921	925 Millionen	197	200
1922	818 Millionen	168	164
1923	875 Millionen	180	164
1924	850 Millionen	176	169
1925	798 Millionen	163	168
1926	769 Millionen	148	162
1927	799 Millionen	147	160

Der »Kopfrechner« unserer *Volkszeitung* schreibt dazu: »Wie man sieht, wird die Notenvermehrung oder -verminderung von einer entsprechenden Erhöhung oder Senkung des Preisstandes im Grosshandel und schliesslich, wenn auch langsamer, im Kleinhandel (Lebenskosten) begleitet.« (Von 1914–21 fehlen uns die Grosshandelsziffern). Eine Ausnahme macht das letzte Jahr. Der Notenstand stieg, aber der Preisstand ging zurück.

Die Nationalbank, die seit Jahren den Zusammenhang zwischen der Notenmenge und den Preis- und Geldwertschwankungen kennt, erklärt sich die Sache so: »Die Zunahme des Notenumlaufs erfuhr bald durch die Ausserkurssetzung der Uniongoldmünzen fremden Gepräges, die zum Teil gegen Noten umgetauscht wurden, eine starke Steigerung; die auf diese Weise ausgegebenen Noten kamen in der Folgezeit nur langsam und spärlich zur Bank zurück.« Und dann sagt die Nationalbank, dass sie wohl vielerorts gehamstert worden seien anstelle der Goldmünzen, die man abgeliefert habe.

Also, der Notenstand ist zwar gestiegen, aber dafür ist weniger Gold im Lande gewesen, und die Noten liefen nicht alle um, sondern blieben im Strumpf. Diese Erklärung der Nationalbank zeigt, dass der scheinbare Widerspruch zwischen Notenstand und Preisstand erklärbar wäre. Wir sehen daraus, dass nicht der Bund, sondern die Schweizerische Nationalbank eine Preisgarantie für das Getreide machen könnte, und nicht bloss für das Getreide, sondern überhaupt für die Gesamtheit aller Erzeugnisse. Sie *könnte* es, und *sie allein* vermöchte damit die Krisen, die Absatzstockungen, die

Arbeitslosigkeit und auch die Zollschranken zu beseitigen. Sie müsste das Geld in einer Menge in den Verkehr setzen, dass seine Kaufkraft, sein Wert gegenüber den Produkten unserer Arbeit, derselbe bliebe. Sie müsste also unsere Geldversorgung nach dem Prinzip der *Index*währung verwalten, wie sie heute von allen namhaften Nationalökonomen wie Irving Fisher, Gustav Cassel usw. gefordert wird. Und endlich müsste sie für einen dauernden Geldumlauf sorgen: Das Geld dürfte nie streiken können, sich nie verstecken dürfen ohne Schaden. Wir brauchen ein Geld mit Umlaufzwang, von welchem Irving Fisher sagt, dass es eine Wirtschaft in drei Wochen aus der Krise führen könnte und wie es einsichtige Bauernführer der Schweiz, wie zum Beispiel Nationalrat Andreas Gadient, bereits mehrfach verlangte[n]. Geld, das die Arbeit vom Frondienst des Zinses befreit! Unser heutiges Geld hat gegenüber den Waren den Vorzug der Unverbindlichkeit und kann dadurch den Zins erpressen. Wir müssen es auf die Rangstufe der Arbeit und der Waren hinunterdrücken durch eine Hamstersteuer, die den Hamsterer und Spekulanten treffen soll. Das Geld ist ja unser wichtigstes Verkehrsmittel, von dessen flottem Zirkulieren so ungeheuer viel abhängt – darum soll es auch mit einem »Standgeld« behaftet werden, wie ein Eisenbahnwagen, wenn er „»übersteht«.

17. Volkswirtschaftliches im Allgemeinen

Was haben die grössten Menschen, die je gelebt, getan? Wodurch lebt ihr Andenken durch Jahrtausende fort? Haben sie nach Ehre und Ruhm gestrebt? Sie taten einfach ihre Pflicht.

Still und verborgen war ihr Wirken. *Sie haben sich selbst überwunden.* Wenn die Männer, die berufen sind, unser Volk zu regieren, nicht dazu kommen, sich selbst zu überwinden, wird niemals Segen fliessen aus ihren Taten! Was ist es, das die Selbstüberwinder kennzeichnet? Es ist die Liebe! Die Liebe zum Nächsten, die Liebe zum Volke. Liebe in Tätigkeit gebiert aber nicht Hass und Neid, bewirkt nicht Repressalien, Zollschikanen und Grenzen gleich Gespenstern.

Als ich ein Kind war, erzählte uns die Grossmutter von Hungersnöten, der Grossvater von der ersten Eisenbahn in der Schweiz, die er bauen half, und sie sagten: Nun kommt eine bessere Zeit, nun gibt es keine Hungersnot mehr, denn die Eisenbahn wird schnell von einem Erdteil zum andern Brot bringen, wenn die Ernte fehlschlägt. Oh, ihr lieben Alten, ob eurer Einfalt! Könntet ihr heute, im Zeitalter der Flugtechnik, einen Blick tun auf die Brotversorgung der Länder – ihr würdet die Hände zusammenschlagen! Jenseits des Meeres verbrennen sie für viele Millionen Franken Weizen, »um den Preis zu halten«, in einem andern Erdteil gehen Millionen Menschen am Hunger zugrunde. Die Ursachen? Künstlich gezüchteter Völkerhass, Ausbeutung durch das Geld, Zollschranken. Schauen wir einmal die Welt von oben an, als Flieger! Wo sind die Grenzen? Sie existieren nur in der Einbildung und sind gemacht aus Gewinnsucht, Hass und Neid! Was ist aber der Mensch, der jenseits unseres Grenzstriches wohnt, anderes als der Nächste? Dass *diese* Denkart sich ausbreitet, dafür kann niemand besser sorgen und wirken als die Frau, die Mutter. Sie ist die wahre Erzieherin, die eigentliche Zeugerin der guten Gedanken für das ungeborene Geschlecht und hat es so in ihrer Macht, alle diese grossen Dinge zu erreichen.

Einige Streiflichter möchte ich noch auf unsere Sorge werfen: die Brotversorgung im eigenen Lande. Seit dem grossen Kriege haben einsichtige Männer den Bauernstand immer wieder ermahnt, mehr Getreide zu pflanzen; es wurde nicht oder nur in geringem Umfange befolgt. Nun zahlt der Bund sogar Prämien. Was sind diese in Wirklichkeit? Woher stammen sie und wohin fliessen sie? Sie stammen aus Steuern, die das arbeitende Volk erst zahlen muss, und sie fliessen zum grossen Teil in die Taschen der besser gestellten Landwirte.

Diese Prämien sind in Wirklichkeit *Almosen*, im wahrsten Sinne des Wortes. Nach meiner Ansicht sollte eine Arbeit wie die des Bauern *so* bezahlt werden, dass man ihm nicht gnädig noch einen Zuschuss aus dem allgemeinen Volkseinkommen geben muss, um den Ertrag seiner Produkte zu erhöhen.

Warum im Allgemeinen die Arbeit des Bauern so gering bezahlt wird und warum die Bauern sich nie geschlossen für eine Besserung ihrer Lage einsetzten, hat folgende Ursachen: In den meisten Ländern, auch in der Schweiz, gibt es Grossbauern ohne Schulden, Grossbauern mit Schulden, Mittelbauern und Kleinbauern (Schuldenbauern). Die Grossbauern ohne Schulden halten durch dick und dünn alle wirtschaftlichen Krisen und alle Elementarschäden aus, und bei ihnen *rentiert* die Arbeit immer, weil sie keine Zinsen hinlegen müssen und weil sie ihren Arbeitern relativ kleine Löhne bezahlen, weil sie sie ständig beschäftigen können. Ihre Arbeiter finden sich mit kleinen Löhnen ab, weil sie dafür auch in Krisenzeiten nicht zu den Arbeitslosen gehören. Die Grossbauern mit Hypothekenschulden gehören zu denen, die in Krisenzeiten ab und zu unter den »Hammer« kommen.

In der Schweiz haben wir ca. 45 Prozent Mittelbauern (1937), diese können auf Grund ihrer wirtschaftlichen Sicherheit meistens obenaus schwingen, alle guten Konjunkturen ausnützen, beziehen alle Arten Staatsprämien und machen vielfach Geldheiraten. Nebenbei sind sie oft noch Händler und Makler und können mit auf solche Weise erworbenem Gelde ihre Höfe und Ställe füllen. Das sind die, von denen die Arbeiterbevölkerung dann sagt: Den Bauern wachst alles im Schlafe! Ich gehöre nun zu der letzten Kategorie, zu den Schuldenbauern. Um genau zu sein, muss man sagen, dass es hier noch Unterkategorien gibt: Solche, bei denen das Heimwesen ganz, und solche, bei denen es teilweise verschuldet ist, ferner Nebenerwerb treibende und nur bauernde.

Ich will hier ein Beispiel anführen: Ich kaufe heute einen Bauernhof für 40'000 Franken, mit 10'000 Franken Anzahlung, welches Geld ich mir gegen Bürgschaft leihen muss. Die restlichen 30'000 Franken werden durch Hypotheken beschafft. So muss ich jährlich mindestens 2'500 Franken an Zinsen und Amortisationen bezahlen. Nehmen wir den Ausnahmefall von 30 Jahren ununterbrochen guten Zeiten (was in Wirklichkeit sich nie ereignen wird), so wird es möglich sein, in diesen Jahren meiner Vollkraft, die Schulden auf 15'000 Franken herunterzubringen. Bei meinem Tode sind sechs Kinder da. Eines übernimmt nun den Hof. Die abbezahlten 25'000 Franken sind nun in den Augen der Erben Vermögen; wer den Hof übernimmt und bewirtschaftet, hat deshalb den fünf andern diese Summe, abzüglich seines Anteils, auszuzahlen. Damit ist der Hof wieder neu verschuldet. Dieser Vorgang wiederholt sich alle 20 bis 30 Jahre. Eine Anzahl Menschen, *»ehrliche Arbeiter«* ihr Leben lang, sind ewig dem Frondienst des Zinses verfallen. Es gibt auch Ausnahmen, solche nämlich, welche Menschen, die durch Glücksfälle oder durch guten Nebenverdienst Einkünfte erzielen, die Abzahlung grösserer Schulden gestatten. Landflucht ist die Folge der Zinsfron in der Volkswirtschaft.

Dies verschiedenartige Bild, das die Landwirtschaft bietet, ist zum grössten Teil schuld, dass alle Nichtlandwirte an deren Notlage zweifeln. Sogar die Rentabilitätserhebungsstelle des Bauernverbandes in Brugg, die es sich zur Pflicht macht, wahrheitsgetreue Buchhaltungen als Belege aufzuführen und damit der Bauernsame sehr viel hilft, wird noch oft bezichtigt, nicht der Wahrheit und den Tatsachen entsprechend zu berichten.

Wir brauchen Menschen, die sich selbst überwinden. Solange wir noch Freude haben, wenn es uns besser geht als dem Nächsten, dem Bruder, solange wir denken, wenn es nur dem Schweizer gut geht, was scheren uns die Deutschen, die Russen, was kümmern uns die Neger oder Inder, solange sind wir nicht auf dem Wege zur Harmonie. *Einmal* müssen wir uns unbefriedigt fühlen, nicht restlos glücklich sein können, wenn noch im hintersten Winkel der Erde ein Mensch ein seiner unwürdiges Dasein zu führen gezwungen ist.

Sind wir zu solchen Gedanken gekommen, so ist es eine Kleinigkeit, die Menschen zu treffen, die den Übelständen abhelfen, soweit es in der Menschen Macht liegt. Menschenwerk hat uns Not gebracht, und Menschenwerk können wir ändern. Doch wir trauen uns so wenig zu, Gutes zu vollbringen, und warten immer auf den lieben Gott, dass er es tue. Wenn wir der Liebe Raum geben, dann werden Wunderkräfte in uns lebendig, die nicht Wundertaten vollbringen, sondern einfach die *Erfüllung* der Gottesgesetze!

Möge uns das aufsteigende neue Europa unserem erfühlten Idealzustande und der Gerechtigkeit näherbringen!

Anhang: Ratschläge

Notizen und Kurzberichte über einen Kurs von Frau Mina Hofstetter in Stuhlen-Ebmatingen (Lehrstätte »Biologischer Landba«) über das Thema: »Biologischer Gartenbau«

1. Bodenkunde

Der Boden, die Grundlage der menschlichen Existenz, ist auch der Standort der Pflanze, ihre Nahrungsquelle. Es ist deshalb von Bedeutung, zu wissen, wie ein Boden beschaffen ist und sein soll. Wichtig ist das Wissen um das Leben im Boden, denn dieses gibt uns die Richtlinien und Anhaltspunkte für die Bodenbearbeitung. Der Boden ist nicht etwas Totes, zufällig Daliegendes, ist nicht Dreck. Jeder Kulturboden ist im Gegenteil voller Leben und dieses Leben ist von ganz bestimmten Gesetzen abhängig, denen wir gerecht werden müssen. Der Boden ist im Laufe der Zeiten entstanden durch die Arbeit der Natur: Verwitterung, Eiszeiten, Abtragung und Anschwemmung, Frost, Hitze, Wasser, Steinschläge, Moränenablagerung, Tätigkeit der Urpflanzen. Die geschilderten Vorgänge geben noch kein fertiges Bild von der Entstehung des Bodens. Eine Ackererde besteht aus mineralischen Bestandteilen, Wasser, Luft, Bakterien, mikroskopischen Pflanzen. Der Boden ist ein feiner, lebendiger Organismus. Im Boden ist grandioses, mannigfaltiges Leben. In einem Quadratfuss Boden sind schätzungsweise 15 Milliarden Lebewesen. In einem Fingerhut voll Erde sind 40'000 Fadenwürmer. Diese Bodenflora (Edaphon) ist von grosser Wichtigkeit für den Umsatz der Nährstoffe.

Humus ist eine Menge verwester oder noch in Auflösung begriffener Pflanzenreste.

Torfmull ist sozusagen reiner Humus. Ohne Humus kein guter Boden. Im Humus ist der Sitz der aktivsten Bodenflora. Humus hält das Wasser fest, Nährstoffe bleiben an ihm »kleben«, macht den Boden locker und warm.

Bester Boden ist eine glückliche Mischung von Mineralien und Humus mit entsprechender Unterlage. *Goldener Schnitt:* Mineralien verhalten sich zum Humus wie der Humus zur Gesamtmenge.

Einteilung der Bodenarten:

Humusboden, Tonboden, Lehmboden, Sandboden, Kalkboden, Steinboden, je nachdem [ein] einzelner Bestandteil vorherrscht. Sind zwei Bestandteile auffallend vertreten, so nennt man beide in einem Zug, etwa humosen Sandboden, lehmigen Humusboden usw.

Humusboden: Moorboden, typisch, schwarz, leicht, warm, feucht, oft sauer, wenig Nährstoffe, kann gut verbessert werden.

Tonboden: das Gegenteil von Humusboden, kalt, schwer, nass, nicht gut zu bearbeiten, für Pflanzen ungünstig. Mit viel Mühe und Aufwand kann er gut gemacht werden.

Lehmboden: Ist besser, Lehm ist mit Sand vermischter Ton. Lehmboden kann zum besten Boden gemacht werden, für Gemüse 1a. Lettenböden! Lehm-Sand-Humus.

Sandboden: Ausgesprochener Sandboden ist ungünstig, arm an Nährstoffen, ist gut, wenn Ton- und Humusbeimengung.

Kalkboden: trocken, Wasser versickert, Düngerfresser, ungünstig. Ton jedoch mit Kalk 1a.

Steinboden: Kommt nicht in Frage. Steine wärmen zwar, Wärmeausgleich in der Nacht.

2. Bodenbearbeitung

Bodenschichtung: Von Bedeutung ist nicht nur der alleroberste Teil des Bodens, einen Spatenstich tief, die Ackerkrume, sondern auch der Untergrund. Beide liegen stets auf einer undurchdringlichen Gesteinsunterlage. Je nach der Dicke der Krume und des Untergrundes haben wir eine grosse oder geringe Bodenmächtigkeit. Viel hängt von der Beschaffenheit des Untergrundes ab. Er ist das Stoffreservoir und spielt eine ausschlaggebende Rolle im Wasserhaushalt (Obstbau, Tiefwurzel). Je tiefer die Krume, desto besser.

Bindigkeit des Bodens: Je toniger ein Boden, desto bindiger. Humus, Sand, Kalk vermindern die Bindigkeit. Sehr bindige Böden sind schlecht. Bei Trockenheit Verhärtung und Verkrustung, bei Regenwetter fliessen sie zusammen. Ein Boden ist umso besser in seiner Struktur, je mehr er krümelt.

Wasserversorgung: Sie hängt ab von den Niederschlägen, der Kapazität, von der Beschaffenheit des Untergrundes, der Kapillarität und von der Verdunstung. Unter Kapazität ist die Eigenschaft des Bodens verstanden, Wasser festzuhalten. Je mehr Humus und Ton, umso bessere Bodenkolloide. Die Beschaffenheit des Untergrundes ist durch die Höhe des Grundwasserstandes von Bedeutung. Stauendes Wasser: Säuerung. Kapillarität: Der Boden ist von vielen feinen »Röhren« durchzogen, in denen das Wasser ständig an die Oberfläche steigt. Die Güte dieses Röhrensystems hängt von der Bodenbeschaffenheit ab. Verdunstung an der Oberfläche kann verhindert werden durch oberflächliches Zerstören der Röhren, also durch Hacken (»Offenhalten des Bodens«) oder durch die Bodenbedeckung.

Zweck der Bodenbearbeitung ist, einen gewissen Zustand des Bodens herbeizuführen, den Zustand der *Bodengare:* Die Bodengare wird herbeigeführt durch den Frost und die Tätigkeit der Bodenflora, also tun wir in erster Linie, was diese Bodenflora fördert, ihre Tätigkeit anregt. Dies ist nicht das Umstechen und tiefgreifende Pflügen bei jeder Gelegenheit, während einer

Vegetationsperiode. Kein Boden sollte vom Frühling bis zum Eintritt der Fröste umgegraben werden. So erreichen wir wohl eine momentane Durchlüftung und Lockerung des Bodens, aber wir vernichten einen Teil der Bodenflora, wir bringen die Kleinlebewesen der Oberfläche, die sich an Licht, Wärme und Luft gewohnt sind, in kältere, luftarme und dunklere Verhältnisse und umgekehrt. Solche Böden bleiben trotz eifriger Wühlarbeit zähe und tot. Mit dem Eintritt der Fröste hört die Bodentätigkeit auf und dann ist es Zeit, dem Frost durch scholliges Umgraben eine grössere Angriffsfläche zu geben. Unsere Bodenbearbeitung beschränkt sich auf das Lockern der Oberfläche während den Kulturen und vor einer neuen Kultur, also wir hacken und kräueln so oft wie möglich, immer nach Regengüssen oder während einer Trockenperiode. Diese Bodenbearbeitung ersetzt beinahe eine Düngung.

Rigolen: Rigolen heisst, den Boden auf eine grössere Tiefe »aufbrechen«, 50, 60 bis 80 Zentimeter tief. Das Rigolen ist da zu empfehlen, wo wir Wiese in Acker verwandeln wollen, bei einem Boden, wo seit Jahrzehnten nur flachwurzelnde Gräser, Rasen, gebaut wurde. Ein solcher Boden ist fest und deshalb ist eine einmalige, gründliche Tiefenlockerung zu empfehlen. Bei Äckern und Gärten aber erzielen wir den gewünschten Effekt ohne dieses Rigolen. Wenn rigolt werden muss (bei bindigen und tonigen Böden ist es angebrachter als bei leichten Böden), so soll es so geschehen, dass der Rasen abgeschält und kompostiert wird und der untere Spatenstich (bei zwei Spatenstiche tief rigolen) nicht an die Oberfläche kommt. Wer der Sache nicht sicher ist, lässt sich am besten von einem Gärtner beraten.

Bodenbedeckung: Sie sollte so oft und wo immer möglich angewendet werden. Dass die Gartenbauer noch nicht auf dieses probate Mittel der Bodenbearbeitung gekommen sind! Ersetzt die Bodenbedeckung doch die mechanische Bearbeitung zu einem guten Teil. Die Bodenbedeckung ist aber nicht nur ein Schutz vor zu intensiver Sonnenstrahlung, sie bewirkt auch die Bodengare unter der Decke. Unter der Bodenbedeckung bleibt die Erde krümelig und feucht, auch bei Trockenheit oder nach Regengüssen. Sie bewirkt einen guten Wasserhaushalt des Bodens. Sie düngt zugleich und führt dem Boden Humus zu. Sie lässt das Unkraut weit weniger aufkommen und ist zugleich ein Schutz gegen Schädlinge, indem sich diese an der Decke gütlich tun und die jungen Pflanzen eher stehen lassen. Für die Bodenbedeckung eignet sich alles leicht verwesliche, Stroh, Gras (ohne Samen), Laub, Stroh auch halbverrottet usw. Keine Hobelspäne und kein Sägemehl! Kein frischer Torfmull, erst verluften lassen oder frieren machen. Nachher 1a. Die Bedeckung ist in erster Linie wichtig während der wärmeren Zeit und wird praktisch so ausgeführt, dass eine dünne Schicht des Materials den Boden gleichmässig deckt. Die Bodenbedeckung kann bei allen Pflanzungen angewendet werden, indem wir erst den Boden bedecken und nachher pflanzen oder zuerst pflanzen und die Materialien zwischen die Reihen bringen. Der Bio-Landbau empfiehlt daher wo immer möglich die Reihenpflanzung und die Reihensaat. Auch Saaten dürfen bedeckt werden.

3. Bodenverbesserung

Stets müssen wir überlegen, ob eine beabsichtigte Verbesserung auch wirtschaftlich sei. Man lasse sich von Fachleuten beraten, dünge nach biologischen Grundsätzen mit Kalk, Humus und Mineralien. Man drainiere, mache Wasserleitungen, bearbeite den Boden nach oben erwähnten Angaben. Das Anwenden von allen Bio-Faktoren und das Abgehen von den schlechten Methoden ist eine Verbesserung. Letzten Endes heisst Verbesserung ja nur Gesundmachen des Bodens und dem Zustande des goldenen Schnittes näherbringen. Die Natur selbst ist unsere beste Gehilfin, wir sollen sie in unseren Bestrebungen nur unterstützen. Bis wir einen guten Boden haben, vergehen Jahre und bis wir einen völlig gesunden Naturboden haben vielleicht ein Jahrzehnt, nachdem Jahrzehnte eine Mist- und Jauchewirtschaft getrieben wurde.

4. Landwirtschaft ohne Vieh

Der Bauer wird ohne Viehhaltung ein gewaltiges Stück freier. Anstatt jahraus-jahrein, morgens früh und abends spät, sonntags wie werktags sein Vieh besorgen zu müssen, kann er sich nun in freien Stunden auch anderen Dingen widmen. Er hat nun auch seinen Feierabend, seinen Sonntag, muss nicht immer im Gestank sein und nicht nur Sklave des Tieres. Das ganze Kapital, das er in den Tieren investiert hatte, wird frei. Statt 20, 30, 40 Jucharten Land genügen ihm nun 5, 10, 15 Jucharten, je nach Umständen. Der Bauer kann also seinen »Besitz« verkleinern, was für ihn eine Verminderung der Schuldenlast bedeutet. Statt nur von Milch-, Fleisch- und Obstpreisen abhängig zu sein, bringt er nun eine Vielheit von Produkten auf den Markt. Er kann sich auch besser selbst versorgen.

Bei allgemeiner Anwendung wird die Umstellung nach und nach eine vollständige Veränderung des Landschaftsbildes bewirken. Acker neben Acker, Garten neben Garten, saubere Dörfer, ähnlich wie in Japan, wo das ganze Land ein Garten ist. Japan könnte seine gewaltigen Volksmassen gar nicht ernähren, wenn es Viehwirtschaft betriebe. Diesbezüglich können wir von den Asiaten noch lernen. Wir erkennen, dass die heutigen Düngemethoden schädlich sind, die heutige Ausnützung des Bodens eine Sünde ist. Die Ernährungsreform bringt die Lösung, das Vieh wird lästig und überflüssig.

Zu alledem ist unbedingt notwendig die Schaffung einer gerechten Wirtschaftsordnung, damit uns nicht immer und immer wieder durch Währungspfuschereien und Spekulantenraubzüge die Früchte unserer Arbeit entrissen werden.

Abbildung 37 Die Pflege des Komposts, der auf Stuhlen anstelle von Kunst- oder Viehdünger eingesetzt wurde, war arbeitsintensiv.

5. Düngung

Jedermann ist es klar, dass man einen Boden nicht fortwährend ausnützen kann, ohne die entzogenen Stoffe wieder zu ersetzen. Wir wollen nun sehen, wie dieser Ersatz der Stoffe auf natürliche Art und Weise gegeben werden kann, im Gegensatz zu den heute üblichen Methoden der Mist-, Jauche- und Kunstdüngerwirtschaft. Kompost ist Mengedünger, der aus verschiedenen Stoffen zusammengesetzt ist, im Besondern eine Vermischung von Erde mit organischen Substanzen. Kompost ist der idealste Dünger, der Universaldünger. Um den Kompost richtig einschätzen zu können, untersuchen wir erst die heutige Düngemethode. Die älteste Form der Düngung war wohl die Zufuhr von Stalldünger. Man wurde so die lästigen Abfälle bei der Viehhaltung los und zugleich merkte man, wie das Wachstum der Pflanzen ein viel rascheres und stärkeres wurde. Diese Wirkung beruht in erster Linie auf dem hohen Gehalt an Stickstoff, den jeder Stalldünger hat, auch menschliche Fäkalien. Dieser Dünger verursacht in den Pflanzen Wachstumsstörungen in dem Sinn, als er die Pflanze zwingt, ein grosszelliges, schwammiges Gewebe zu bilden, ganz im Gegensatz zu den in natürlicher Umgebung gewachsenen Pflanzen. Die Pflanze ist eben in der Lage, Luxuskonsum zu treiben, wenn sie von einem Nährstoff zu viel findet. Diese faulenden, unvergorenen Stoffe verseuchen den Boden und bewirken auch, dass die Pflanze unvollkommene Stoffe aufnimmt. Hätten die Menschen von heute noch Instinkt, sie müssten mit der Nase und dem Gaumen, den Riech- und Geruchsorganen daraufkommen. Die Kuh, das Rind, macht auf der Wiese einen grossen Bogen um den Platz, wo es etwas fallen gelassen hat. Der Mensch aber geht hin, jaucht sein Gemüse und geniesst anderntags auf dem Tisch davon. Warum halten die Gemüse so schlecht (auch Konservengemüse)? Warum fällt das Gemüse unheimlich zusammen beim Kochen? Woher [kommt der] oft üble Geruch beim Dämpfen und Kochen? In der neueren Zeit der technischen Entwicklung und der Industrialisierung verfiel der Mensch auch noch der zum Teil schädlichen Kunstdüngemethode. Bei diesen künstlichen Handelsdüngern handelt es sich zum Teil um stark konzentrierte Salze, die eine ätzende, wasseranziehende Eigenschaft besitzen. Diese Wirkung kann so stark sein, dass die Pflanze dabei verdurstet. Diese ätzenden Salze vernichten die wunderbar feinen Kleinlebewesen des Bodens, die wir aber unbedingt brauchen. Die Folge ist ein Zähwerden des

Bodens, eine Verkrustung. Das Kunstdüngen mit stark konzentrierten Salzen hat aber nicht nur eine schlechte Wirkung auf den Boden, sondern auch auf die Pflanze selbst. Das Wasser löst die Salze und diese gelangen mit dem Wasser in die Pflanze. Das Wasser wird von der Pflanze wieder verdunstet, die Salze bleiben zurück, ziehen neues Wasser an sich. Die Folge ist ein unharmonisches Wachstum, ein minderwertiges Produkt. So wenden wir diese Kunstdünger schliesslich meistens zu unserem Nachteil an, handle es sich um Chilesalpeter und Kalisalze oder um auf synthetischem Wege hergestellte Düngemittel. Ein weiterer Nachteil vieler Kunstdünger ist, dass sie meist nur einen Nährstoff enthalten, währenddem die Pflanze deren viele braucht.

Alle diese schlechten Eigenschaften finden wir in einem guten, reifen Kompost nicht. Er enthält alle Aufbaustoffe der Pflanze in idealster Form, auch den wichtigen Humus. Ein guter Kompost enthält ebenso viel an Nährstoffen wie der Mist, vielleicht mehr, aber in anderer, besserer Form. Reifer, völlig verrotteter Kompost ist eine erdige Masse, die bei richtiger Feuchtigkeit angenehm durch die Finger rieselt. Es sind keine Bestandteile mehr erkennbar. Er hat einen feinen Erdgeruch und ist ein reines Produkt der Natur. Wir können alles kompostieren, was verfault, alle Abfälle aus Haus und Garten, Kehricht, Strassenabraum, Grabenaushub, Rasen, Laub, Stroh, Fäkalien, Jauche, Mist, zum Teil auch Kunstdünger. Nicht in den Kompost gehören kranke Pflanzenteile, wie Kohlstrünke mit Kohlhernie etc. Der Komposthaufen soll möglichst im Schatten gelegen sein und nicht zu gross. Luft muss Zutritt haben und beim Anlegen sollte nicht zu viel von einem Material zusammenkommen. Öfters Umarbeiten, im Jahr 3 bis 4 mal. Sehr gut sind Beigaben von Holzasche und Kalk. Auch Thomasschlacke und unentleimtes Knochenmehl können Verwendung finden. Von schärferen Kunstdüngern in grösseren Mengen ist abzuraten. Auch die Verwendung von Kalk erheischt Vorsicht. Am besten verwendet man den gewöhnlichen gemahlenen Kalkstein, den einfach-kohlensauren Kalk in kleinen Mengen. Zu viel Kalk im Kompost treibt den Stickstoff aus. Im richtigen Masse trägt er aber zur rascheren Umsetzung bei und bindet schädliche Säuren. Der wertvolle verrottete Kompost soll gewöhnlich nur während der Vegetationszeit den Pflanzen direkt gegeben werden. Saaten damit zudecken. Rillen für die Setzlinge damit ausfüllen und ihn zwischen die Pflanzen geben und leicht einhaken. Ansprüche der Pflanzenart berücksichtigen. Viele Pflanzen möchten am liebsten im Kompost stehen, andere haben keinen nötig.

Gründüngung: Eine Pflanzenklasse, die Leguminosen, haben die Fähigkeit, mit Hilfe von Knöllchenbakterien den Stickstoff der Luft direkt zu assimilieren. Dies machen wir uns zunutze, indem wir solche Pflanzen zwecks Düngung anpflanzen, ohne einen weiteren Nutzen von ihnen zu haben. Solche Pflanzen sind: Erbsen, Wicken, Bohnen, Lupinen, Serradella. Sie werden so angebaut, dass das gleiche Feld noch in der gleichen Vegetationsperiode eine Kultur tragen kann und gewöhnlich vor einer Kultur, die viel Stickstoff verlangt, zum Beispiel Kohlgewächse, Spinate, Salate, auch Gurken und Sellerie. Die Pflanzen werden in ihrer grössten Entwicklung im Sommer bodeneben abgeschnitten und einfach als Bodenbedeckung obenauf liegen gelassen. Die Masse wird rasch vertrocknen und sich an der Oberfläche auch rasch zersetzen. Zugleich bringt sie den darunter liegenden Boden in einen Zustand, dass ohne weiteres gepflanzt oder gesät werden kann. Es wird also während der Vegetation nichts eingegraben oder untergepflügt. Anders im Spätherbst: Das ganze wird oberflächlich untergegraben oder eingepflügt (gestraucht). Die Masse zersetzt sich bis zum Frühjahr. Mit der Gründüngung erreichen wir also eine Stickstoffdüngung, aber zugleich auch eine Anreicherung des Bodens an Humus. Die Wurzeln, die tief in den Boden eindringen (Lupinen) sterben nach dem Schnitt ab und hinterlassen Luft und Humuskanäle.

Andere Düngungsverfahren

Der natürlich-biologische Landbau erlaubt die vorsichtige Anwendung von einigen Kunstdüngern.

Thomasschlacke: Sie ist ein Aschenprodukt der Eisenhochöfen, enthält Kalk, Phosphorsäure und wenig Stickstoff. Das Thomasmehl hat eine milde und anhaltende Wirkung und darf deshalb in angemessenen Mengen direkt aufs Land gebracht werden. Am besten geschieht dies während des Winters, bei Windstille. Streuen auf den Schnee ist zu empfehlen. Thomasmehl kann auch in den Kompost gebracht werden, aber nur handvollweise.

Unentleimtes Knochenmehl, Hornspäne und -mehl: Beide Dünger sind milde und anhaltend in der Wirkung. Der erstere ein Phosphorsäuredünger, der letztere ein Stickstoffdünger. Zu beachten ist, unentleimtes Knochenmehl zu verwenden. Das entleimte ist zu stark in der Wirkung. Beide Dünger dürfen direkt aufs Land gebracht werden (zu jeder Zeit) oder dem Kompost beigefügt werden. Alle anderen Kunstdünger sollen nicht aufs Land gebracht werden und nur vorsichtig dem Kompost beigefügt werden.

Kalkung: Kalk ist für den Boden enorm wichtig, wichtiger Nährstoff, regt die Bodentätigkeit an, neutralisiert Säuren, lockert. Jeder Boden wird nach und nach kalkarm. Also Ersatz. Man verwende den kohlensauren Kalk, den gemahlenen Kalkstein. Anhaltend in der Wirkung, nicht so stürmisch wie Ätzkalk, den man lieber nicht anwenden sollte. Kalken zu jeder Zeit. Auch Bäume intensiv, besonders Steinobst und Birnen (Aprikosen Ausnahme). Doch soll man auch in der Kalkung Mass halten. Zu viel Kalk frisst den Dünger auf, bewirkt zu rasche Umsetzung. Starke Kalkung verlangt auch Düngung. Dünger verlangt Kalk.

Asche: Holzasche: Kalilieferant, speziell Buchenholz. Direkt aufs Land oder in den Kompost, nicht zu viel auf einmal, schmiert sonst. Russ kann auch verwendet werden, sogar Kohlenasche, haben jedoch nur geringen Nährwert, lockern aber. Nur handvollweise verwenden. Sehr dankbar für Asche sind Kartoffeln (beim Stecken etwas Asche zur Mutterknolle), auch Sellerie und Tomaten.

Steinmehldüngung: Fein gemahlenes Urgestein enthält alle mineralischen Bausteine der Pflanze. Anhaltende Wirkung. Unter Umständen wertvolle Verbesserung des Bodens. Auch zum Beimischen in den Kompost 1a. Parallele: Fruchtbarkeit des Flussschlammes, des angeschwemmten Marschlandes, der Nil.

Brache: Die Brache ist nicht mehr *zu empfehlen*. Das Brachfeld darf aber nicht einfach dem Schicksal überlassen werden, es muss von Unkraut freigehalten werden und der Boden muss »offen« bleiben. Dafür ist Gründüngung zu empfehlen.

Weitere Faktoren zur Betrachtung: Das Wasser bringt Nahrung aus der Luft und gelöste Nährstoffe von unten, aus den Tiefen der Erde. In der Luft ist Ammoniak, das der Regen der Erde zuführt. Bei jedem Blitz entsteht durch Oxidation des Stickstoffs Salpetersäure, die während des Gewitters ebenfalls den Boden erreicht. Vielleicht deshalb sind die Kulturen nach Gewittern oft so erfrischt. Das Wasser dringt aber auch in die Erde ein, oft bis in grosse Tiefen, löst mineralische Stoffe und bringt sie aufsteigend wieder an die Oberfläche, deshalb ein stetiger Ersatz gewisser Stoffe aus den

Tiefen. Bewässerung ist Düngung, Bodenbearbeitung ist Düngung, vernünftiges Wirtschaften (steter Fruchtwechsel) ist Düngung. In einer windstillen Lage gedeiht vieles besser, denn die Winde nehmen in diesem Falle die wichtige, aus dem Boden aufsteigende Kohlensäure nicht fort.

Im Übrigen soll man nicht zu viel verlangen von der Natur, sondern sie unterstützen in ihren Bestrebungen. Lieber etwas weniger Quantität, dafür mehr Qualität. Friedrich Schiller: Dass der Mensch zum Menschen werde, stift er einen ewgen Bund gläubig mit der frommen Erde, seinem mütterlichen Grund.

Abbildung 38 Die Mischkulturen im Gartenbau waren nicht nur arbeitsintensiv, sondern auch ein Ort sozialer Begegnungen.

6. Allgemeines und Details über Gemüsebau

Nachdem wir uns nun ziemlich eingehend mit den Grundlagen des Bio-Landbaues befasst haben, behandeln wir den eigentlichen Gemüsebau auch nur kurz, in der Meinung, jeder Kursteilnehmer verfüge über gewisse eigene Erfahrungen.

Unsere Gemüse müssen vollwertige, reingezogene Produkte sein, Produkte, die nicht besudelt wurden durch Jauchegüsse, die nicht im Mist gestanden haben oder durch Kunstdünger zu ganz abnormalen Gebilden aufgetrieben wurden. Der Unterschied zwischen biologischen Gemüsen und andern ist oft ein ganz enormer (Tomaten, Gurken, Rübli etc.!). Das gleiche Volumen biologisches Gemüse hat ein grösseres Gewicht, was ganz einfach seinen höheren Gehalt an wertvollen Stoffen beweist. (So hat zum Beispiel Mina Hofstetter auch immer das höchste Hektolitergewicht beim Getreide, in einer Gegend, wo noch viel Getreide gepflanzt wird.) Biologisches Gemüse ist auch weit bekömmlicher, verursacht keine Blähungen und Verdauungsstörungen, stinkt nicht beim Kochen. Bio-Gemüse wird von unserem Organismus aufgenommen als etwas Wesensverwandtes und Wertvolles. Dies kurz über die Wichtigkeit des biologischen Gemüsebaues.

Der Gemüsebau ist schon sehr alt. Die Bibel weist viele Stellen auf, die den gartenmässigen Anbau von Gewächsen erwähnen. Von den Römern übernehmen ihn die Mönche der Klöster. Der Klosterhof war gewöhnlich ein Garten. Die Mönche sind also die Pioniere des Gemüsebaues; von ihnen haben ihn die immer sesshafter werdenden Stämme übernommen. Und wir sehen, wie Gemüse neben Hafermus, schwarzem Brot und Milch während Jahrhunderten die einfache aber gesunde Nahrung des Volkes bilden. So war es, bis im letzten Jahrhundert der bekannte Materialismus einriss und sich eine protzige, zum Teil sehr oberflächliche Wissenschaft, mit einem Justus von Liebig an der Spitze, auf den Katheder setzte. Dieser verdanken wir die Eiweisstheorie und die Wertschätzung der Nahrung nach Kalorien berechnet. Jede Nahrung wurde auf Kalorien, Eiweissgehalt und Stärke, Fett und Zucker untersucht – und siehe da, die Gemüse schnitten sehr schlecht ab. Die armen Gemüse, die den Chemikern in die Hände gefallen waren.

Schliesslich war man so weit, in den Schulen zu lehren: Nahrhaft ist, was viel Eiweiss, Fett und Kohlehydrate enthält, mit Tabellen zum Auswendiglernen. Ich erinnere mich noch gut an unsere Sekundarschule, wie da als nahrhaftestes Fleisch, Eier, Milch, Käse und Brot figurierten und wie dann die Überlegung angestellt wurde, wie man am billigsten möglichst viele Einheiten aufnehmen könne. Mit den Gemüsen, teils auch mit den Früchten, wusste man nichts anzufangen, denn sie enthielten ja zum grössten Teil nur Wasser und unverdauliche Zellulose. Wozu sich also den Bauch mit wertlosem Plunder vollstopfen und dem Nahrhaften den Platz versperren. Ich muss gestehen, dass mir jene Tabelle damals schon einen Knacks versetzte, denn ich konnte einfach nicht begreifen, warum meine Lieblinge, die Früchte und Gemüse, so himmeltraurig abschnitten, wo sie doch so gut waren, so saftig und aromatisch. Man musste also, um wachsen zu können und bei Kräften zu bleiben, von jener kräftigen Kost haben und das grösste Glück war je, viel Fleisch, Eier, Käse und Milch zu haben, dazu eine zünftige Scholle weissen Brotes, möglichst oft auch nahrhafte Schokolade und am Morgen von dem wunderbaren Kakao. So ungefähr lautete unsere Ernährungslehre. Solches lehrt man noch heute in den Schulen!

Es war für mich dann direkt eine Offenbarung, als mir Reformschriften in die Hände fielen. Jetzt wurde mir vieles klar, da lagen ja die Antworten auf der Hand. Jetzt wusste ich, warum ich von je her an Verstopfung litt, warum ich zur Arbeit oft keine Lust hatte, das Gesicht voll Säuren und Pickel hatte, wusste auch, warum mir und andern die Zähne im Mund zerfielen und noch über vieles ging mir ein Licht auf. Kein Mensch sagte uns etwas von unentbehrlichen Nährsalzen und krankheitsverhindernden Vitaminen, von der reinigenden und belebenden *Wirkung der Pflanzenfasermasse auf den Darm. Niemand sagte uns, der stärkste Mensch komme mit 60 Gramm Eiweiss im Tag aus, oder 40 Gramm genügten, wenn die Ernährung eine mineralreiche sei.* Niemand sagte uns, dass wir krank werden von der säureüberschüssigen »kräftigen« Kost, die zudem noch unsern Verdauungsapparat in ein Gärloch und in einen Fäulnisherd verwandelt. Niemand sagte uns, dass gerade dieser verkochte Todesfrass unsere Lebenskräfte vergifte, und dass wir uns in diesem Zustand gegenseitig das Leben verbittern können. Es ist das einfachste und beste, unsern Speisezettel gründlich zu revidieren. Iss roh, so wirst du froh, iss kalt, so wirst du alt. (Kalt will nicht heissen Icecream).

Um erfolgreich Gemüse bauen zu können, heisst es vertraut sein mit den Eigentümlichkeiten und den Anforderungen der einzelnen Gemüsearten. Versuchen wir, diese Arten etwas zu gruppieren und wir werden sehen, dass Gruppen von Gemüsearten ungefähr die gleichen oder ähnliche Anforderungen stellen. Zu diesem Zweck halten wir uns an *die sogenannte Trachtenwirtschaft.*

Der zünftige Gemüsebauer hält sich ungefähr an die vier Trachten. Er überlegt ungefähr so: Um den Boden und die Düngergaben möglichst rationell auszunützen, pflanzt er nacheinander Pflanzen mit verschiedenen Ansprüchen. Zuerst die Gemüse *erster Tracht*, die viel Nahrung verlangen, also erhält der Boden eine Volldüngung. Im zweiten Jahr ist immer noch genug Nahrung vorhanden für andere Gemüse, die Gemüse *zweiter Tracht*, also höchstens mit Kunstdünger etwas nachhelfen. Im dritten Jahr ist für gewisse Pflanzen immer noch genug da; die Gemüse *dritter Tracht* machen die geringsten Ansprüche, also höchstens eine Kunstdüngergabe und etwas flüssigen Kopfdung (Jauche). *Vierter Tracht* sind jene Pflanzen, die ausdauernd sind und längere Zeit den gleichen Platz beanspruchen.

Diese Trachtenwirtschaft führe ich nur an, weil sich mit deren Hilfe die Ansprüche der einzelnen Gemüse am besten feststellen lassen, die Gruppierung leichter ist. Im Übrigen wissen wir, was von einer Volldüngung zu halten ist und was Kunstdünger und Jauchegüsse bedeuten.

Gemüse erster Tracht sind: Blattgemüse; Kohlarten, Kabis, Wirz, Blumenkohl, Oberkohlrabi, Rosenkohl, Salate, Spinate. Fruchtgemüse; Tomaten, Auberginen, Gurken, Kürbis, Kartoffeln.

Das Mittel zwischen erster und zweiter Tracht halten Sellerie und Lauch.

Gemüse zweiter Tracht will »altgedüngten Boden«, so hat die zünftige Gärtnerei herausgefunden: Wurzelgemüse; Karotten, Randen, Bodenräben, Herbsträben, Schwarzwurzeln, Pastinaken, Rettich, Fenchel (Knollen) (alle bevorzugen lockern leichtern Boden). Diverse einjährige Küchenkräuter wie Basilikum, Dill, Kerbel, Majoran, Bohnenkraut, Petersilie und Schnittlauch.

Gemüse dritter Tracht sind die Leguminosen; Bohnen und Erbsen, Zwiebelgewächse.

In die vierte Tracht wird alles Ausdauernde zusammengenommen, ausdauernde Küchenkräuter; Majoran, Bohnenkraut, Estragon, Melisse, Salbei, Eiskraut usw., auch Beeren, Rhabarber, Stachys usw.

Obstbau

Hier fassen wir uns sehr kurz. Wichtig ist die Feststellung, dass auch auf diesem Gebiet viel gesündigt wird, mit der unseligen Spritzerei und gewissen Düngemethoden. Auch beim Schnitt halten wir uns nicht lange auf. So viele Gartenbauschulen, so viele Pomologen, fast ebenso viele Methoden des Schnittes.

Die Pflanzung: Ein schönes Volkssprüchlein sagt: Auf jeden leeren Raum pflanze einen Baum. Das ist Unsinn. Der leere Raum muss denn doch noch verschiedene Eigenschaften aufweisen, bevor er einem Baum passt. Dann wieder besteht die Ansicht, man müsse den Boden gut vorbereiten, er müsse strotzen vor Dünger, ein grosses Pflanzloch müsse ausgehoben werden. Der Baum muss in tiefgelockerten Boden zu stehen kommen. Das sind die landläufigen Ansichten. Mit diesen räumt der neue Obstbau auf. Entweder taugt der Boden für die betreffende Obstart oder er taugt nicht. Den Boden vorher zu durchwühlen, umzukehren, stark zu düngen, hat keinen Sinn. Ein grosses Pflanzloch ist nicht nötig. Eine Düngergabe ausser Kompost und vielleicht noch Kalk braucht der junge Baum auch nicht. Ein junges Bäumchen in den Mist hineinzustellen, ist eine Vergewaltigung der Pflanze. Dann besteht die Ansicht, eine schöne Krone, grosse Krone, gut ausgebildetes Wurzelsystem mit viel Faserwurzeln sei Bedingung. Der neue Obstbau, speziell die Richtung Rudolf Richter ist da durch Erfahrung und Erprobung zu ganz andern Schlüssen gekommen. Der junge Baum soll weder mit einem grossen Wurzelsystem mit Faserwurzeln, noch mit einer ausgebildeten Krone gepflanzt werden, sondern der junge Lebenskandidat soll in seiner Entwicklung ganz radikal reduziert werden, um seine Kräfte wieder zu sammeln, um dann mit Naturgewalt wieder losziehen und sich entwickeln zu können. Über den Boden, die Grundlage, müssen wir einiges erwähnen. Wichtiger als die Frage nach der Beschaffenheit eines Bodens ist die Frage: Wie stark, wie mächtig ist ein Boden? Wie dick ist die Erdschicht? Wir wollen nicht, dass die Wurzeln infolge zu hohen Grundwassers ersticken. Ausgesprochene Sandböden sind für den Obstbau zu trocken und zu nährstoffarm. Moorböden sind in der Regel sauer und auch nährstoffarm. Sehr schwere Böden sind zu kalt und zu dicht, sie müssen durchlässig sein. Die guten Böden für den Obstbau sind auch die guten Böden für den Gemüsebau, lehmig-humose (sandige) Böden. Die einzelnen Obstarten stellen betreffs Bodenmächtigkeit etwas verschiedene Ansprüche. Beeren- und Zwergobst ist zufrieden mit einer Mächtigkeit von 40 bis 50 Zentimetern, Hasel und Quitte 50 bis 60 Zentimetern, Aprikose und Pfirsich 60 bis 70 Zentimetern, Pflaume, Walnuss, Apfel 80 bis 100 Zentimetern, Kirsche und Birne 100 Zentimetern und mehr.

Das *Pflanzmaterial* muss kerngesund sein. Wie Krone und Wurzeln beschaffen sind, ist weniger wichtig. Der junge Baum soll frei sein von Ungeziefer, soll keine Wunden und kranke Stellen aufweisen. Die Veredlungsstelle muss gut verwachsen sein. Eine gute Ware soll auch sortenecht sein.

Die Pflanzung soll man wenn immer möglich im Frühling vornehmen. Die Wurzeln und Kronenäste auf gut fingerlange Stummel zurückschneiden. Saubere und glatte Schnitte! Kein grosses Pflanzloch. Wurzelstummel wenn möglich in einen Lehmbrei tauchen. Keinen Mist! Nicht tief pflanzen! Veredlungsstellen nicht in den Boden. Alles gut andrücken. Der Baum darf unter keinen Umständen »hohl stehen«. Ein so gepflanzter Baum wird im nächstfolgenden Jahr sich kaum gross hervortun im Wachsen. Wohl aber in den folgenden Jahren, denn wir haben ihn gezwungen, mehrere mächtige, in alles eindringende Pfahlwurzeln zu bilden, die nun ihrerseits die gute Entwicklung und die Gesundheit des Baumes garantieren.

Hochstamm 1,8 bis 2,4 Meter ist bis heute überall da angepflanzt, wo der Boden darunter noch anderweitig genutzt wird. Pflanzabstände 10 Meter. Nachteile: Erdwärme geht verloren. Lange Entwicklung, 10 bis 15 Jahre bis zur Ernte.

Halbstamm 1,2 bis 1,6 Meter, Ernte bequemer, Abstand 8 Meter.

Buschbaum ist zu empfehlen. Abstand 5 Meter, braucht keinen Pfahl. Erdwärme. Zeitigere Erträge.

Allgemeines über die Behandlung

Düngung: In erster Linie kein Mist, keine Jauche und kein Kunstdünger. Auf diese Sachen verzichtet der Baum gern. Es sind ja gerade die Dinge, die ihn anfällig machen für Krankheiten. Unsere Düngemittel sind Kompost, Asche, Kalk, Thomasmehl. Diese Dünger bringen wir mit Vorteil dahin, wo die Krone aufhört (Kronentraufe), also nicht an den Stamm. Auch diese Dünger nur in angemessenen Gaben.

Bodenbearbeitung: Boden nicht mehr schürfen nach dem richtigen Anwachsen. Dadurch zerstören wir immer wieder feine Wurzeln. Wir lassen Rasen unter den Bäumen.

Bewässerung: Beim Fruchtansatz ist es wichtig, dass der Baum keine Trockenheit leide. Ältere Bäume finden in der Tiefe genug Feuchtigkeit. Bei Trockenheit ist ein Begiessen von Spalierbäumen meist unerlässlich.

Gegen Krankheiten und Schädlinge steht uns ein wahres Universalmittel zur Verfügung, der Lehm. Alle Wunden dürfen wir mit Lehm verstreichen, auch Wunden, die vom Ausschneiden von Krebs und Frostplatten herrühren. Lehm heilt. Mit Lehmwasser dürfen wir die Bäume bespritzen. Die Schädlinge fliehen ihn. Wir brauchen kein Karbolineum, Kupfer-, Schwefel-, Arsenikpräparate. Für die Bespritzung in grünem Zustande eignet sich auch sehr gut ein Absud von Katzenschwanz (Schachtelhalm), den wir kalt spritzen. In unbelaubtem Zustand können wir auch Tabaklauge oder Schmierseife verwenden. (Gegen Stachelbeermehltau). Gegen tierische Schädlinge beugen wir am besten durch das Sauberhalten von Stämmen und Ästen vor, indem wir sich ansiedelnde Flechten und Moose abkratzen und abbürsten, ohne den Stamm zu verletzen. Leimringe anlegen, faulende Früchte auflesen. Mumien ablesen. Anbringen von Nistkästen für die Vögel. Frösche, Kröten, Eidechsen schonen.

Der Schnitt: Ich persönlich habe mich noch nicht für eine bestimmte Methode des Schnitts entscheiden können. Jedenfalls müssen wir auslichten, damit Licht hineinkommt (Oeschbergergrundsatz). Wir müssen alles dürre Holz entfernen, desgleichen die Räuber (Wasserschosse). Im Übrigen ist die Form nicht die Hauptsache, sondern die Fruchtbarkeit und die Qualität des Obstes. In unserem neuen Obstbau wäre es zum Beispiel sehr leicht, von Anfang an nach Oeschbergergrundsätzen zu verfahren. Ich besitze jedoch über diese neue Methode nicht genügend Erfahrung, als dass ich dazu raten könnte. Beim Spalierobstbau ist das Schneiden wichtig. Wir müssen hier die Organe des Baumes kennen. Wir müssen auch wissen, dass es einen Schnitt gibt, um auf die Form, einen, um auf Holzwachstum, und einen, um auf Blüte und Frucht zu wirken. Beim Spalier geht es nicht ohne Schneiden. Nur zu empfehlen für Hauswände. Beim Schnitt Sorten berücksichtigen, nicht alle tragen an gleich altem Holz. Um den Baumgarten richtig pflegen zu können, sollte man einen Obstbaukurs mitmachen, um im Besondern das Pfropfen und Okulieren lernen zu können, ich kann mir das Beschreiben ersparen.

Neuerdings sind Standardsorten aufgestellt worden, was den Sortenwirrwarr etwas steuern soll. Über die einzelnen Pflanzen ist noch zu erwähnen:

Apfel: Humos-lehmigen Boden. Nicht zu trocken. Wird 60 Jahre alt. Unterlagen: Holz-, Paradies- und Splitapfel.

Birne: Tiefgründigen, lockeren Boden. 80 Jahre. Holz verwertbar. Kleine Formen auf Quitte und Schlehdorn.

Quitte: Heimat Italien. Nährstoffreichen, warmen Boden, warme Lage. 25 Jahre. Zwei Formen: birnen- und apfelförmige.

Süsskirsche: Aus der wilden Kirsche entstanden. Standort: frei und erhöht. Kräftige, trockene Erde. Kein stauendes Wasser! 50 Jahre. Kopulation auf wilde Kirsche in Kronenhöhe. Nicht pflanzen, wo schon ein Kirschbaum stand. Holz 1a. Solitärkirschen oft unfruchtbar.

Sauerkirsche: Weniger anspruchsvoll. 40 Jahre. Vermehrung auf Sauerkirsche, nicht auf Süsskirsche.

Pflaume: Fallen oft aus Samen echt.

Zwetschgen: 35 Jahre. Kopulation in Kronenhöhe auf Säumlinge.

Pfirsiche: Kräftigen, warmen Lehmboden. 20 Jahre Spalier. Okulation auf St. Julienpflaume.

Aprikosen: Anspruchsvoller als Pfirsich. Nicht viel Kalk! 20 Jahre. Veredlung auf St. Julienpflaume. Aprikosen und Pfirsiche fallen auch echt aus Samen.

Walnüsse: Heimat Persien. Tiefgründiges, mildes Erdreich. Kein hohes Grundwasser. Frostempfindlich. 100 Jahre. Vermehrung aus Samen, die einer Vorbehandlung bedürfen.

Wein: Können nicht näher darauf eingehen. Andere Länder, andere Sorten, andere Methoden. Schnitt im Zeichen Löwe bei wachsendem Mond. Am strengen Spalier Schnitt auf zwei oder drei Augen. Moderne Spritzerei ist ein Unfug, desgleichen das Düngen. Die Rebe wird dadurch verwöhnt, ist anfällig für Krankheiten (Mehltau etc.). Das Wurzelwerk des Weinstocks entwickelt sich nötigenfalls so stark, dass hinreichend Nahrung gefunden wird. Kalidüngung ist verwerflich, wohingegen Kalk die Trauben süsser macht.

Beerenobst: Stellen keine grossen Ansprüche. Für sie gilt alles bisher Gesagte. *Johannis- und Stachelbeeren*: Unter die roten Johannisbeeren schwarze setzen zur Fernhaltung von Ungeziefer, sehr dankbar für Kompost. Thomasmehl, Asche, Kalk. Vermehrung: Teilung, Wurzelschnittlinge.
Sommer, Anhäufelung der Büsche. Veredlung: im frühen Frühjahr, Kopu-

lation oder Geissfuss in Kronenhöhe. Schnitt: altes Holz auslichten. Tragen am einjährigen Holz.
Himbeere: Keine grossen Ansprüche, kalkliebend. Weit genug pflanzen. Reihenabstand 1,5 bis 2 Meter. Erstes Jahr scharfer Rückschnitt, nachher altes Holz. Pflanzung im Herbst. Vermehrung: Teilung, Wurzelschnittlinge.

Erdbeere: Gloire d'Orléans, Rügen, Wädenswiler. Aussaat im Frühjahr. Pikieren und Verpflanzen. Liefern im gleichen Jahr noch Erträge.

Ananaserdbeere: Vermehrung: Ausläufer von 2 jährigen Pflanzen im August. Pflanzung im September. Sorten: Madame Moutôt, Hohenzollern, Albert von Sachsen, Rotkäppchen, Laxtons Nobel, Späte von Leopoldshall.

7. Einwintern von Gemüse und Obst

Alle Knollengewächse halten sich am besten über den Winter bis in den Mai in einer Kiste oder einem Fass, das man in den Boden verpackt hat. Was man bis Dezember und Januar braucht, tut man im Keller in den Sand. Kartoffeln dürfen nicht unter +2 Grad und nicht über +10 Grad gelagert werden, wenn sie tadellos bleiben sollen.

Den Lauch lässt man stehen und holt ihn an frostfreien Tagen in einer Menge, die für etwa 2 bis 3 Wochen ausreicht und bewahrt ihn in Erde eingeschlagen an der Hauswand auf, so dass man ihn täglich leicht erreichen kann.

Sellerie wird im Garten in einer Mischung aus halb Erde und halb Torfmull bis etwa 2 Zentimeter über das Keimblatt eingeschlagen.

Kohl kann man im Garten entweder mit dem Kopf nach oben oder nach unten einschlagen, doch so, dass der ganze Kopf in der Erde ist, und mit einer 5 Zentimeter dicken Schicht darüber hinaus zugedeckt wird.

Bohnen schmecken am besten, wenn ganz jung gepflückt, abgefädelt in leicht kochendes Salzwasser gebracht, das man dreimal zum Sieden bringt (aufwellen) und abgetropft auf einem Sieb gut aus[ge]breitet (Hürdlein) in den warmen Ofen zum Trocknen gebracht. Die Hitze muss ausprobiert werden. Der Ofen darf nicht zu heiss sein, jedoch muss die Wärme so kräftig sein, dass die Bohnen in etwa 12 Stunden gut sind, da sonst ein Gärungsprozess eintritt, der sie vernichtet.

Äpfel, die man einlagern will, sollten beim Pflücken wie rohe Eier behandelt werden. Sie werden einmal durchgelesen, wobei man die kleinen zur Süssmostbereitung nimmt. Man schüttet sie zuerst in grosse Haufen auf, um sie dann nach sechs Wochen ein zweites Mal sorgfältig auszulesen. In diesen sechs Wochen vollzieht sich ein Gärungsprozess und man sieht an Form, Farbe und Glanz und an eventuellen Stellen, die man mehr gefühlsmässig erkennt, welche Äpfel sofort verbraucht werden müssen und welche sich halten werden. Winteräpfel sollte man nie vor Mitte November bis auf den Dezember einkaufen. Ich habe schon oft aus Bauernmund den Ausspruch gehört: »Ja, die Städter können nicht warten, bis das Obst reif ist und wenn ich noch etwas verkaufen will, muss ich's unreif pflücken, sonst komme ich zu spät«. Das sind alles Dinge, die viel schuld sind, dass man kein Vertrauen mehr zwischen dem Erzeuger auf dem Lande und dem Verbraucher in der Stadt festigt. Überhaupt wäre es zu wünschen, dass wieder der Bauer und der Konsument in direkte Verbindung kämen.

8. Die Saat

Sameneinkauf ist Vertrauenssache. Um beim Einkauf sicher zu gehen, ist es oft besser, man bezahle ein paar Rappen mehr bei einem seriösen Gärtner und Fachmann. Der Samen soll aufbewahrt werden an einem trockenen, luftigen, nicht zu warmen Ort. Nicht aller Same ist gleich keimfähig. Die Keimfähigkeit liegt meist zwischen 2 und 5 Jahren, nachher haben wir mit grossen Ausfällen zu rechnen. Ist man sich über die Keimkraft des Samens nicht im Klaren, so macht man die Keimprobe. Der Ort, wo wir hinsäen, es sei nun Freibeet, Freiland oder Saatkistchen, soll möglichst fein und luftig und auch wasserdurchlässig sein. Die Erde muss vollständig verrottet sein, es dürfen noch viel weniger als im gewöhnlichen Land halbverfaulte Sachen an die feinen Würzelchen kommen, sonst riskieren wir, dass die Saat schon bald nach dem Aufgehen krank wird.

Säen ist eine vornehme Arbeit. Im Mittelalter hatte man besondere Sämänner, von denen man annahm, und wohl mit Recht, dass sie direkt bestimmt seien für das Säen. Es ist nicht gleichgültig, wer sät und wann gesät wird. Denn auch der Same ist etwas Lebendiges, ist etwas Empfindliches. Im Zorne, in der Aufregung, in der Angst Gesätes gerät nicht wie solches, das wir in der Ruhe und Zufriedenheit der Seele säten. Bei der Saat sollen auch noch andere Faktoren berücksichtigt werden, so das Wetter und die kosmischen Einflüsse des Mondes und des Tierkreises. Das Säen will geübt sein. Womöglich mit der Hand säen.

Im Bio-Landbau ist man dazu gekommen, möglichst alles in Reihen zu säen (in Rillen). Die Vorteile der Reihensaat sind diese: Es ist nachher zwischen den Reihen eine bessere Bearbeitung möglich, man kann die Bodenbedeckung eventuell erneuern, es besteht die Möglichkeit, Zwischenpflanzungen zu machen und wer sich nicht gewohnt [ist] zu säen, sät auf diese Weise weniger zu dicht oder zu dünn. Die Rillen, in die wir säen, können zudem mit Kompost zugedeckt werden und damit ist bereits auch gedüngt. Es empfiehlt sich, die Saat leicht anzudrücken. Der Same soll ungefähr doppelt so stark zugedeckt werden, als er gross ist. Im Allgemeinen wird zu tief gesät. Die Saat nicht vertrocknen lassen, nachdem sie einmal gründlich feucht geworden ist, es darf die Sonne nicht prall darauf scheinen. Freilandbeete, die stark der Sonne ausgesetzt sind, müssen bedeckt werden. Die Freibeetfenster schattieren. Wenn wir gut aufpassen, fressen die Vögel auch nicht alles.

9. Das Treibbeet

An Stelle des früher verwendeten Pferdemistes nehmen wir Heu. Minderwertiges Heu oder Emd (Krummet) kann dazu dienen. Zuunterst kommt eine dünne Schicht Laub als Isolierung gegen die Erde. Darauf wird das Heu oder Emd lose und gleichmässig, damit sich später nicht Schimmelherde bilden, gebreitet. Dies geschieht lagenweise. Jede Lage wird reichlich begossen und angetreten. Besonders an den Rändern und unter den Stegen ist sorgfältig zu packen, weil es sonst dort einsinkt. Gegossen wird mit kaltem Wasser, nur die letzte Schicht kann man der bessern Erwärmung wegen warm überbrausen. Dann wird geprüft, ob die Feuchtigkeit gut eingedrungen ist. Die gesamte Heupackung soll zusammengetreten etwa 50 Zentimeter betragen. Darauf kommen ca. 10 bis 15 Zentimeter gute Gartenerde, die man vorteilhaft in zwei Schichten auffüllt. Dazwischen kommt Torfmull, den man mit der zweiten Schicht Erde durch Unterrechen vermischt. Dann deckt man den Kasten mit Fenstern und nachts sowie bei kaltem Wetter ausserdem mit Strohmatten und Brettern. Nach etwa vier Tagen hat sich eine genügende Wärme entwickelt. Die Temperatur ist immer zu beobachten! 15 bis

16 Grad Celsius genügen zur Aussaat. Man bringt nun noch 5 bis 10 Zentimeter gesiebte, mit Sand und Torfmull vermischte Gartenerde (schöne Komposterde) in den Kasten. Die Kästen sind stets auf ihre Temperatur hin zu prüfen. Es kommt vor, dass sich das Heu in den ersten Tagen nach der Packung bis zu 50 Grad erhitzt, weshalb am besten mit der Aussaat etwa eine Woche gewartet wird. Auch nach der Aussaat muss die Temperatur sorgfältig beobachtet werden und durch eventuelles Lüften reguliert werden. Als Packmaterial lässt sich neben Heu auch Stroh, Schilf, Laub und Wollstaub verwenden.

Zur Herstellung der Frühbeete empfiehlt es sich, Holz, oder wenn man etwas Dauerhafteres verwenden will, Holzzement zu verwenden. Ganz aus Zement hergestellte Frühbeete sind jedenfalls zu kalt und zerstören die günstigen Ausstrahlungen der Erde. Zu Holzzement nimmt man 1 Teil Zement, 4 Teile Zementschotter und Sand gemischt, der keinerlei Verunreinigungen durch Lehm haben soll, und 5 Teile Sägespäne. Auf 1 Sack Zement kommen dann noch 2 Kilogramm Wasserglas. Der Platz soll nach Osten, Südosten oder Süden liegen. Dahinter eine Wand oder Mauer nach Norden und trockener Untergrund. Es gibt feste und bewegliche Frühbeete; letztere müssen aus stabileren Materialien gefertigt sein, da sie sonst unter dem Herumtransportieren sehr leiden. Durch Unterlegen von Ziegelsteinen kann man sie nach Bedarf erhöhen. Ist der Untergrund wenig trocken, so kann man überhaupt oberirdisch anlegen. Masse: Höhe der Rückwand ca. 80 Zentimeter, Gefälle des Fensters etwa 5 Prozent, Höhe der Vorderwand also 4 Zentimeter weniger. Die Fenster müssen immer ein Gefälle haben, damit das Wasser abfliessen kann, da sich ausser dem äusseren Regen auch unter dem Glas Kondenswasser sammelt. Die Fenster sollen 40 bis 50 Zentimeter über dem Erdboden sein. Die durch Zwischenleisten unterteilten Fenster haben ein Ausmass von ca. 1,00 x 1,60 Meter. Eisenspannen soll man nicht verwenden, da sie als gute Wärmeleiter schnell abkühlen und sich an ihnen Wassertropfen bilden. Es ist ratsam, auf gute Beschläge zu achten, da hierdurch die Haltbarkeit sehr verlängert wird. Bei den Fensterstegen müssen Rinnen angebracht sein, damit kein Wasser in den Kasten fliessen kann. Man nimmt gerne 4 Fenster für einen Kasten. Wer die Kosten nicht scheut, nehme als Fenstermass 0,80 x 1,60 Meter mit einer einzigen grossen Glasscheibe. Beim Bau eines Holzkastens nimmt man Kiefernpfosten von 8 bis 10 Zentimetern im Quadrat und 3 bis 5 Zentimeter starke Kiefernbretter. An der Vorderseite bringt man für je zwei Fenster etwas überstehende Lattenstücke an, die das Abrutschen der Fenster verhindern. Als Auflage für die Fenster kommt innen an der Rückwand eine Leiste. Die Holzteile sollen nicht mit Karbolineum in die Erde eingelassen werden, da dieses giftige, stark ätzende Dämpfe bildet. Stattdessen verwende man Steinkohlenteer oder Leinöl, das man dann zweimal mit Ölfarbe anstreicht. Rundum füllt man den umgebenden Raum mit viel Laub und Heu. Zum Schattieren nimmt man Jute, welche auf Holzrahmen befestigt wurde. Die Deckläden, aus Bretten zusammengenagelt, sollen 20 Zentimeter länger als die Fenster und mit einer Stossfuge versehen sein. Zum Decken gehören auch Strohmatten.

Anfang Februar beginnt man mit den Vorarbeiten. Der Kasten und die Fenster werden nachgesehen. Die Fensterrahmen werden alle zwei Jahre neu gestrichen.

Mitte Februar werden auch die Samen bestellt nach dem Katalog einer verlässlichen Firma. Die günstige Temperatur zur Aussaat ist 15 bis 16 Grad Celsius. Auch über der Erde empfiehlt es sich, einen Umschlag aus altem Laub und Heu zu machen bis an den Rand des Kastens. Dieser Umschlag kann später wieder entfernt werden. Ende März wird dann das Frühbeet wie oben beschrieben angelegt. Jetzt werden die meisten Samen gesät, bis auf Sellerie, der bereits drei Wochen früher ausgesät sein muss, da er sehr langsam keimt. Man kann ihn in einem flachen Kistchen, bei dem gut für Wasserabzug gesorgt ist und das an einer warmen Stelle der Stube aufgestellt wird, säen. Zur Aussaat im Kasten werden in 6 bis 12 Zentimeter Abstand, je nach Grösse des Samens, mit einer dreikantigen Leiste, die schräg zum Körper an einem Stiel befestigt ist, Rillen gedrückt. Die Tiefe derselben richtet sich nach der Grösse des Samens. Dieser soll nur in der eigenen Dicke mit Erde bedeckt sein. Durch das Festdrücken erreicht man, dass die Feuchtigkeit dorthin emporsteigt und so den Samen beim Keimen begünstigt. Ganz feinen Samen vermischt man beim Säen mit Sand, damit er nicht zu dicht zu liegen kommt. Bei hellem Samen kann man die Erde vorher etwas begiessen, damit man ihn besser sieht. Lauch unten im Kasten säen, weil es dort feuchter ist. Solche Samen, die viel, oder solche, die wenig Wasser brauchen oder es kühl haben wollen, nebeneinander säen, wegen des späteren gemeinsamen Giessens und Lüftens. Die Fenster anfangs mit Matten tags bedeckt lassen, erst wenn der Samen aufgegangen ist wegnehmen. Bei 22 Grad und mehr lüften zwecks allmählicher Abhärtung und als Schutz gegen das Geilwerden. Immer gegen die Windrichtung und bei Windstille wechselseitig lüften. Von Morgen bis Mittag giessen und zwar nicht zu viel und nicht zu wenig, bei kühler Temperatur lauwarm. Auch sonst zum Giessen nur gestandenes Wasser verwenden. Anfangs beim Giessen die Erde auf Feuchtigkeit prüfen; oft hat die Erde eine täuschend trockene Färbung, ist aber gleich unter der Oberfläche genügend feucht und umgekehrt. Das Schattieren der Fenster ist abhängig von Sonne und Wind. Es kann auch zu grosse Wärme entstehen, wenngleich auch die Sonne nur durch die Wolken sticht. Nachts mit Stroh- oder Schilfmatten oder Brettern decken.

Am ersten Sätag, zum Beispiel 15. März, welches Datum sich aber je nach der örtlichen Witterung verschieben kann, kommen Kohl, Salat, Radieschen, Lauch, Kresse, Petersilie und auch noch Sellerie in Betracht. Am nächsten Sätag, ungefähr Ende März, wieder Radieschen und die übrigen Kohlarten, ferner empfindliche Küchenkräuter (Majoran, Basilikum) und Tomaten. Thymian wird ins Freie gesät. Am dritten Sätag, ca. Ende April, Radieschen und nochmals Gemüse nach Bedarf.

Um jedem Pflänzchen gleich von Anfang an genügend Raum zu bieten, werden sie sorgfältig auseinandergesetzt. Diese Verrichtung wird Pikieren genannt. Dabei werden die Wurzeln zur Kräftigung zu etwa einem Drittel oder gar bis zur Hälfte gekürzt. Dies bewirkt, dass sich mehr freie Würzelchen bilden, die dann beim endgültigen Aussetzen das Erdreich besser zu halten vermögen, da sie mit einem guten Wurzelballen besser anwachsen. Rüben und Karotten muss man an ihrem Aussaatort lassen und darf sie daher nicht zu dicht säen. Zu dicht stehende werden ausgezogen und fortgeworfen. Beim Pikieren muss man darauf achten, dass die Wurzeln senkrecht in die Erde kommen und die Erde dabei angedrückt wird. Die pikierten Pflanzen werden über die ersten Tage feucht und schattig gehalten. Der Kasten bleibt geschlossen, wenn es nicht einige Tage warm ist.

Zur Kultur des Salates im Treibbeet nimmt man die Sorten: Böttners Treib und Maikönig. Diese werden in 4 bis 6 Wochen fertig. Die Aussaat geschieht Ende Februar. Haben die Pflänzchen drei Blätter, so werden sie in 25 Zentimeter Abstand gesetzt. Noch besseren Salat erzielt man, wenn man schon im September bis Oktober in kalten Kästen oder Freiland sät und die

Pflänzchen luftig kühl bei immer gleichmässiger Temperatur überwintert. Dies geschieht in frostfrei gehaltenen Kasten dicht unter Glas. An schönen Tagen wird gelüftet. Ab November kann man nachsäen, diese Pflanzen gelingen aber nicht mehr so gut. Man kann bei Salat Radieschen, Rettiche, Schnittsalat, Gurken dazwischensetzen; Melonen oder Bohnen folgen lassen. Nicht mit kaltem Wasser und nur mit der Brause giessen.

Radieschen nicht zu eng säen und reichlich giessen. Von Februar bis April alle 14 Tage säen und dann August bis Oktober in kalten Kasten.

Karotten wollen sandige Erde. Es ist vorteilhaft, den Samen vor der Aussaat anzukeimen. Der Samen kommt zu diesem Zweck 4 bis 5 Tage vor der Aussaat mit der gleichen Menge Sand in warmes Wasser von 25 Grad Celsius und bleibt bis zur Aussaat bei gleicher Wärme auf dem Ofen. Der Kasten bleibt bis zur Keimung geschlossen und wird dunkel gehalten. Zu dicht stehende Pflanzen werden verzogen und im Übrigen der Kasten luftig gehalten. Bei der Aussaat durchdringend angiessen, später gleichmässig giessen und nicht zu feucht halten. Man nimmt dazu nicht zu warme Packung und zwar wird der Kasten Ende Januar bis Anfang Februar in Reihen von 15 bis 20 Zentimetern Abstand angesät. Ende August bis anfangs September kann in einen kalten Kasten gesät werden. Der Kasten wird dann mit Eintritt der Winterkälte mit Brettern und Laub gedeckt. Mitte Februar kommt die Deckung weg, Fenster darauf, der Kasten wird mit einem Umschlag versehen und lauwarmes Giesswasser verwendet.

Bei Gurken wird nur 3 bis 5jähriger Samen verwendet, 1 bis 2jähriger geht ins Kraut. Bei der Anzucht in Papptöpfen wird der Topf zur Hälfte mit guter Erde gefüllt und 1 bis 2 Kerne hingegeben. Wenn die Pflanzen bis zum Topfrand reichen, wird mit Erde aufgefüllt. Mit drei Blätter werden die Pflanzen ausgepflanzt. Die Anzucht geschieht am besten Ende Januar, Anfang Februar und die Anlage im Frühbeet im März. Es wird auf Hügel gepflanzt, 1 bis 2 Pflanzen unter Fenster. Begossen wird wie bei Salat und nie am Abend. Oberhalb des vierten Blattes werden die Pflanzen gestutzt und später nur zu dichte Ranken ausgeschnitten. Sie verlangen viel Sonne und nur Schutz vor Verbrennung bei viel Feuchtigkeit. Trocken gehaltene Pflanzen werden von der schädlichen Roten Spinne befallen.

Unter die Fehler und Schädlinge fallen zuvorderst die Drahtwürmer und Erdflöhe, welche bei trockenen Kästen auftreten. Man begiesst dagegen reichlich und streut Asche. Das Schwarzbeinigwerden der Pflanzen tritt bei zu grosser Feuchtigkeit auf. Die Kohlhernie, Bildung von Knoten oberhalb der Wurzeln, die immer grösser werden und zuletzt mit einer übelriechenden dunklen Masse gefüllt sind und verfaulen (wobei die Sporen des Pilzes in den umgebenden Boden treten), wurde hier bei biologischem Landbau nicht beobachtet. Die Kohlhernie fällt wohl mit dem Gebrauch von frischem, schlecht verrottetem und tierischem Mist sowie Gülle zusammen.

10. Einführung in die Bienenzucht

Die Bienen werden als die Poesie der Landwirtschaft bezeichnet. Ihr Vorkommen und ihre Zucht und Pflege ist in ferne und fernste Zeiten zurückzuverfolgen. In der Mitte des vorigen Jahrhunderts wurden die beweglichen Waben, die Kunstwabe und die Honigschleuder erfunden.

Die Biene spendet nicht nur den Honig, sondern sie besorgt auch die Übertragung des Blütenstaubes und somit die Befruchtung der Blüten, insbesondere der Obstblüten. Es ist nachgewiesen, dass die meisten Stein- und Kernobstblüten sich nicht selbst befruchten können. Es müssen Pollen von anderen Blüten auf ihre Narbe gebracht werden, wenn eine Fruchtung zustande kommen soll. Durch eine besondere Einrichtung sucht die Natur die Selbstbefruchtung der Blüten, die einer Inzucht gleichkommt, zu verhindern. Es gibt verschiedene Fremdbestäubung, die Windblütler, Tanne, Haselnuss, Getreide etc. werden durch den Wind bestäubt, dann die Insektenblütler, Obstbäume etc. werden zu 80 bis 100 Prozent durch die Bienen bestäubt. Die Biene ist wie kein anderes Insekt zu dieser Arbeit eingerichtet. Sie ist allein blütenstetig, das heisst, sie besucht bei einem Ausflug nur die gleiche Pflanzenart. Ihr Körper ist mit einem Haarpelz bekleidet, an welchen die besuchte Blüte ihre Pollen abgibt und die Biene trägt diese auf die Stempel jener Blüten von gleicher Art. So wird sie zum Liebesboten unter den Blumen und die Blumen geben ihr dafür den Nektar, den Göttertrank. Es ist nachgewiesen, dass, wo auf grosse Entfernungen keine Bienenstände sind, keine richtige Befruchtung der Bäume stattfindet. So hat man in Amerika beim Anlegen grosser Plantagen in der ersten Zeit grosse Misserfolge gehabt, bis erkannt wurde, dass die Biene fehlt. Auf Grund dieser Beobachtungen erhielten dann die Bienenzüchter bei grossen Plantagen Prämien. Auch wurden schon Versuche gemacht, indem man in einzelnen Bäumen einige Zweige mit feiner Gaze einhüllte, sodass keine Insekten zu den Blüten gelangen konnten; die eingehüllten Zweige trugen keine oder nur sehr verkrüppelte Früchte und die andern reichlich. Der Niedergang der Bienenzucht wäre also auch der Ruin des Obstbaues.

Für eine erfolgreiche Bienenzucht sind die Trachtverhältnisse der betreffenden Gegend in erster Linie massgebend. Bei der Einrichtung eines Bienenstandes ist vor allem die Platzfrage ein wichtiger Punkt. Am besten eignet sich ein windgeschützter, sicherer Ort auf eigenem Grund und Boden. Er soll in der Nähe der Wohnung sein. Scharfem Windzug ausgesetzte Plätze eignen sich nicht. Auch ist es gut, wenn man von den Nachbarn ziemlich Abstand hat, wegen der eventuell vorkommenden Stiche. Man soll klein anfangen, am besten mit zwei Völkern, höchstens vier, bis man einige Erfahrung hat.

Am besten stellt man die Kästen zuerst ins Freie und baut dann erst ein Haus, wenn man sicher dabeibleibt. Man soll sich nicht von Aussichten auf grossen Verdienst leiten lassen, es gibt viel Fehljahre. Zu den persönlichen Vorbedingungen gehört vor allen Dingen Lust und Liebe zu den Bienen. Wer die Bienenzucht nur des Verdienstes [wegen] betreiben will, wird viele Enttäuschungen erleben. Aber nicht jeder, der Lust und Liebe hat, ist geeignet zur Bienenzucht, denn die Biene hat bekanntlich einen Stachel, und viele Leute können das Bienengift nicht ertragen. Wer nach jedem Bienenstich von Atemnot, Herzaffekten, Erbrechen usw. befallen wird, eignet sich nicht zum Bienenzüchter. Anfängliches Anschwellen der Stichstellen kann sich verlieren, denn mit der Zeit wird auch der Anfänger gegen Bienengift immun. Vor allen Dingen verlangt die Bienenzucht praktische Leute, die kleine Reparaturen und Hilfsgeräte selber besorgen können. Ausreichende Kenntnis der Theorie und Praxis sind nötig. Das kann durch Lehrbücher und Bienenzeitungen erworben werden, aber am besten ist, man lerne und beobachte bei einem Nachbarn. Dann ist noch der Besuch von Kursen und Standbesichtigungen sehr zu empfehlen. Eine einzelne Biene könnte trotz ihres hochentwickelten Körpers mit seinen Organen für sich allein nicht existieren. Ihr Leben, ihr Nestbau, ihre Überwinterung und ihre Fortpflanzung sind nur durch das harmonische Zusammenwirken einer sehr grossen Zahl von Individuen möglich, die zu einer Familie, einem Volk eng verbunden sind. Ein gut überwintertes Volk besitzt etwa 2 Kilogramm Bienen und da eine Biene durchschnittlich ein Zehntelgramm wiegt, so sind dies etwa Zwanzigtausend. Schwarmbienen sind etwas schwerer, da sie sich vor dem Schwärmen mit Honig füllen. Während des Frühlings und Sommers legt die Königin täglich etwa Tausend Eier. Im Volk werden während dieser Zeit mehr Bienen geboren als durch Tod abgehen. Infolgedessen wächst das Volk rasch und es erreicht im Juni gewöhnlich die grösste Entwicklung. Man rechnet in dieser Zeit auf ein mittelstarkes Volk etwa Vierzigtausend. In seltenen Fällen kann sich diese Zahl verdoppeln. Es gibt drei Arten von Bienen in einem Volk. Am weitaus zahlreichsten sind die Arbeitsbienen. In ihrer Mitte lebt als weibliches Geschlechtstier eine Königin. Von Ende April bis Mitte August finden wir in jedem Bienenstand auch die männlichen Tiere, die Drohnen, welche etwa den zehnten bis zwanzigsten Teil der Bewohner ausmachen. Die drei Bienenwesen sind in Form und Grösse voneinander verschieden. Die Arbeitsbienen sind 15 Millimeter lang, die Königin ist 18 bis 22 Millimeter und eine Drohne fast ebenso lang, aber wesentlich dicker. Die Entwicklung vom Ei bis zur Biene ist auch verschieden. Bei der Königin 16 Tage, bei der Arbeiterin 21 und bei der Drohne 24 Tage. Die Arbeitsbiene entsteht aus einem befruchteten Ei, ebenso die Königin, die Drohne dagegen aus einem unbefruchteten. Sobald im Stock das Brutgeschäft begonnen hat, mehrt sich die Volkszahl; wird diese so gross, dass der Platz im Stock nicht mehr ausreicht, dann entstehen im Volk die Schwärmgedanken. Die alte Königin geht mit einem Teil der Bienen nach der Aufzucht von jungen Königinnen aus dem Korb und sucht sich irgendwo ein anderes Heim. Es gibt bei den Waben sogenannte Arbeitszellen und Drohnenzellen. Letztere sind grösser. Dann gibt es eine besondere Art von Zellen, die Weisel- oder Königinzellen. Sie sind eiförmig nach unten gerichtet und etwa 25 Millimeter lang. Im Februar beginnt die Eiablage auf ein paar Zellen, welche sich kugelförmig ausdehnen. Im Bienenvolk besteht eine planmässige Arbeitsteilung; Zellen putzen, Füttern der alten Larven, Füttern der jungen Larven, Wabenbau, Reinigen des Stockes, Wachthalten, Sammeln usw., was jeweils von ganz bestimmten Bienen besorgt wird. Die Bienen haben ein sehr gutes Orientierungsvermögen. Gute Trachtpflanzen für die Bienenweide: Schneeglöcklein, Huflattich, Weiden, Haselnuss, Pappel, Ulme, Buchs, Eibe, Kirschen, Löwenzahn; Obstbäume; Rosskastanien, Linden, Ackersenf, Mohn, Goldrute, Malve; Ehrenpreis; Klee, Ziest, Thymian, Heidekraut, Efeu

u. a. Wie wir Menschen, so werden auch die Bienen von Krankheiten befallen und verfolgt; die gefürchtetste ist die bösartige Faulbrut. Wenn sie auf einem Stand ausgebrochen [ist], ist fast unfehlbar der ganze Stand verloren. Dann gibt es noch die gutartige Faulbrut, Sackbrut, Stein- und Kalkbrut, ferner die Ruhr, welche im Winter häufig auftritt. Schmarotzerkrankheiten sind die Nosema (Sporen im Darm) und die Milbenseuche. Zu den Bienenschädlingen zählt man die Spinnen, Bienenläuse, Buckelfliegen, Wachsmotten, Totenkopffalter, Wespen, Hornissen, Ameisen, Mäuse und Dachs, unter den Vögeln Spechte, Kohlmeisen, Rotschwänzchen, Fliegenschnäpper. Zu den Bienenwohnungen wäre noch zu bemerken, dass es sogenannte Kalt- und Warmwaben, Hoch- und Breitwaben, Hinter- und Oberlader gibt. Hier ist hauptsächlich der sogenannte Schweizer Blätterstock gebräuchlich. Das schweizerische Bienenrecht enthält verschiedene Paragraphen über Nachbarrecht, Eigentumsrecht (hauptsächlich wegen Schwärmen), Haftpflicht, Seuchen (diese müssen sofort bei Entdeckung der zuständigen Behörde gemeldet werden). Dann sind im Lebensmittelgesetz verschiedene Artikel über Honig und Kunsthonig festgelegt. Unter Honig ist reiner Bienenhonig verstanden. Ausländischer muss als solcher verkauft werden. Mischungen von inländischem mit ausländischem werden wie letzterer behandelt. Kunsthonig muss als solcher bezeichnet werden.

Abbildung 39 Mina Hofstetter, das »Haupt des Clans« auf Stuhlen, 1945.

1948_Naturgesetzlicher Gartenbau[298]

Zur Lösung einer neuen Boden- und Ernährungspolitik

Wir stehen am Ende des furchtbarsten Mordens, der sinnlosesten Vernichtung. Millionen von Toten, von körperlich, seelisch und geistig Verletzten, von hungernden und frierenden Menschen stehen wir gegenüber. Sie mahnen uns, die Verschonten, zur Erfüllung unserer Aufgabe: die zerfahrene Welt wieder in Ordnung zu bringen.

Die Aufgaben sind gross und greifen in jedes Lebensgebiet. Ernste Besinnung auf die Ursachen und Wirkungen gehören zum Ausgang jedes neuen Beginnens. Der heutige Mensch empfindet ergriffen, dass über allem menschlichen Denken das göttliche Gesetz, das Naturgesetz steht. Je tiefer wir Menschen der wirtschaftlichen Versklavung, der Jagd nach der Rendite verfallen, desto mehr verlassen wir das Naturgesetz. Deshalb erachten wir es als unumgänglich, dass der Neuaufbau, die Neuordnung, im Einklang mit demselben durchgeführt wird.

Drei Aufgaben möchten wir aus dem grossen Fragenkomplex herausgreifen und unsern Beitrag zu deren Lösung weitergeben. Sie heissen:

Keine hungernden Menschen mehr!

Gesunde Nahrung durch gesunden Boden!

Gesundung der Menschen durch gesunde Nahrung!

Keine hungernden Menschen mehr!

Der Hunger ist praktisch besiegt! Wenn wir trotzdem noch hungernde Menschen auf dem Erdball haben, so sind wir Menschen daran schuld. Die Technik hat uns die Möglichkeit zur Konservierung der Nahrungsmittel gegeben, und das Transportproblem wäre ebenfalls gelöst. Es fehlt nur noch an der menschlichen Nutzbarmachung einerseits, der Selbsthilfe und der Überwindung der unvernünftigen zwischenstaatlichen Handelspolitik (Zoll- und Währungspolitik) anderseits.

Wie ein Volk sich innerhalb seiner Grenzen vor dem Hunger schützen kann, zeigte die Rückkehr zum Acker- und Gartenbau bei uns in der Schweiz während dieser Kriegsjahre. Der Anbau wurde gegenüber 1934 von 183'000 Hektaren auf 360'000 Hektaren im Jahre 1943 und nachher noch darüber hinaus erweitert, bei einer Gesamtkulturlandfläche von 1'101'307 Hektaren.

Auch an der Schweizer Landesausstellung 1939 in Zürich wurde durch folgende Zahlenangaben auf die gewaltigen Vorteile der Ackerwirtschaft gegenüber der Viehwirtschaft eindrücklich aufmerksam gemacht:

1 Hektare *gemüsebaulich* ausgenützte Fläche beschäftigt 5 Mann, ernährt 15 Mann, erzeugt 16'960'565 Kalorien jährlich.

1 Hektare rein *landwirtschaftlich* ausgenützte Fläche beschäftigt 0,19 Mann, ernährt 2 Mann, erzeugt 2'526'853 Kalorien jährlich.

Demzufolge ernährt die gemüsebaulich ausgenützte Fläche siebeneinhalbmal mehr Menschen als der nur landwirtschaftlich ausgenützte Boden. Zudem erfordert der Gemüsebau ungefähr sechsundzwanzigmal mehr Arbeitskräfte als die Landwirtschaft. Was die Fettgewinnung anbetrifft, liefert 1 Hektare bei Viehhaltung 1,5 Doppelzentner Butter, bei Ölpflanzung aber 6 Doppelzentner Öl jährlich. Die Rückkehr zum Acker- und Gartenbau bringt uns somit ein grosses Stück der Gesundung und der Überwindung von Hunger und Arbeitslosigkeit näher.

Die Schaffung einer Internationalen Währungs- und Zollunion würde den Freihandel bringen und dadurch die sofortige Belieferung notleidender Gebiete durch das ausgebaute Transportwesen ermöglichen, das während des Krieges fantastische Leistungen zu Gunsten des Krieges vollbrachte. Die Freihandelsfrage, die in den Köpfen der vernünftig denkenden Menschen eine wichtige und zeitgemässe Forderung ist, benötigt aber noch viel Kraft, um gelöst zu werden.

Gesunde Früchte, gesunde Nahrung aus gesundem Boden

Diese Forderung ist die dringendste und viel zu wenig erkannte Frage der Gegenwart. Der Begründer der Agrikulturchemie, Prof. Freiherr Justus von Liebig prägte schon 1866 folgenden erkenntnisreichen Satz: »Das ist das grosse Geheimnis, dass der Mensch, aus Erde geschaffen, wenn er seine Fortdauer sichern will, die Erde, welche ihm die wichtigsten Elemente seines Leibes geliefert hat, in der rechten Weise pflegen muss, und dass die Verletzung dieses grossen Gesetzes in der mannigfaltigsten Weise sich an seinen Kindern und Nachkommen rächt, bis ins tausendste Glied.«

Unsere moderne Landwirtschaft hat es mit chemischen und technischen Hilfsmitteln zu überaus grossen Erträgnissen gebracht. Qualitätsernten der letzten Jahre haben dem Bebauer unseres Bodens Eifer und Anreiz gegeben, im Hinblick auf das im Mittelpunkt stehende Ergebnis immer mehr aus dem bebauten Land herauszuwirtschaften. Selbst an unseren landwirtschaftlichen Schulen und Versuchsanstalten, sowie durch Fachblätter und Kurse werden wir Bauern wohl auf die Produktion grosser Erträge, weniger aber auf die biologische Qualität dieser Produkte aufmerksam gemacht. Damit ist die Gefahr vorhanden, dass wir dem Raubbau verfallen. Durch einseitige, wie übertriebene künstliche Düngung haben wir pflanzliche und tierische Schädlinge hochgezüchtet, indem wir diesen günstige Lebensbedingungen in Form schwächlicher, widerstandsunfähiger Pflanzungen boten. Derart ist uns eine grossangelegte Schädlingsbekämpfung mit allen möglichen chemischen Produkten als Notwendigkeit aufgezwungen worden. Die logische Folge ist, dass auch Tier und Mensch ihrer ursprünglichen, gesunden und aufbauenden Nährstoffe beraubt werden. Krankheiten und Leiden aller Art entstehen immer häufiger, wenn nicht rasch erkannt wird, dass die gepflegte, naturgesetzlich (biologisch) gedüngte Ackererde gleichsam das Fundament einer körperlich gesunden Menschheit ist. Wege zur Gesundung des Bodens führen nur über die naturgesetzliche Bodenbewirtschaftung, das heisst über den biologischen Landbau. Durch die Wiedergesundung der ausgebeuteten Erde erhalten wir wieder gesunde, vollwertige Pflanzen und Früchte.

Gesunde Menschen durch gesunde Nahrung

Hugo Hertwig, der bekannte Arzt, schrieb vor Jahren: »Es kann keinem Zweifel mehr unterliegen, dass die Pflanze für Europa, zumal wenn wir in die Zukunft blicken, immer mehr der entscheidende Ernährungsfaktor wird, sodass wir alle Ursache haben, uns ihr wildes und kultiviertes Wachstum, das von so vielen Faktoren beeinflusst wird, zu überlegen.«

Alle unsere Nahrung kommt letzten Endes aus der Pflanze, weil auch das Tier aus der Pflanze lebt, daher muss der einsichtige Mensch seinen Beziehungen zu ihr, seinen Pflichten der Natur gegenüber, neue vermehrte Aufmerksamkeit schenken. Er muss wissen, dass er von der Pflanze als Nahrung und Heilkraft nicht mehr bekommen kann, als er durch Pflege und Arbeit an ihr aufwendet, wobei auf die Dauer die Arbeit aus Liebe zur Sache mehr wert ist als die Arbeit aus Gewinnsucht, die nur auf Raubbau, sowohl an der Erde wie an der Pflanze hinausläuft, auf Raubbau, der sich rächt durch die Verarmung der Nahrung an lebenserhaltenden Elementen, wodurch allerhand Kulturkrankheiten entstehen wie Krebs, Tuberkulose, Kretinismus, Nervenleiden usw.

Biologischer Landbau ist eine aussichtsreiche Art der Bearbeitung und Bebauung des Bodens, eine Abkehr von gewissenloser Ausbeutung der Natur zum eigenen Schaden. Er dient der Neuordnung unserer Beziehungen zur Mutter Erde. Er fördert die Erkenntnis einer gottgewollten, ja religiösen Einstellung und Verantwortung gegenüber Erde und Tier, auf dass sie, die Mutter Erde, uns segnen könne mit gesunden und gesunderhaltenden, gesundmachenden Früchten, anstatt uns zu strafen mit Hunger, Seuchen und Krieg.

»Wir sind hier auf dieser Erde, um sie anzubauen, um die Wüste zu verwandeln in ein Paradies, in ein Paradies, das für Gott und Gottes Bundesgenossen eine würdige Wohnstätte sei.« (Ainyahita 9'000 Jahre vor Christus)

Was ist naturgesetzlicher oder biologischer Gartenbau?

Um zu verstehen, was lebensgesetzlicher Landbau und lebensgesetzlich gezogenes Gemüse ist, muss man unbedingt ganz enge Beziehungen zum Boden, zur Pflanze, also zur Natur haben. Menschen, deren Tage und Nächte nur vom Lampenlicht erhellt sind, statt von Sonne, Mond und Sternen, haben keine Beziehung zum Boden, zur Pflanze. Sie kennen das Lebensgesetz, das Naturgesetz gleich Gottesgesetz leider nicht mehr.

Es genügt nicht, einige biologische Lehrbücher gelesen zu haben oder einige Wochen und Monate auf dem Lande zu leben oder schliesslich ein paar Gartenbeete in der freien Zeit zu bebauen, um dieses Gesetz wieder kennen zu lernen. Nein, da heisst es: ringen ohne Ruh' und Unterlass, jahrelang, jahrzehntelang, Tag und Nacht, Sommer und Winter, bei Sonne, Regen, Schnee und Kälte. Beobachtungen aus allem, täglich, stündlich an Boden und Pflanze, um zu versuchen, Ursachen und Wirkungen auf die Spur zu kommen.

Mir hat am meisten Raoul Heinrich Francé, der grosse Biologe, zu der Kenntnis der tiefen Zusammenhänge verholfen. Will ich nun lebensgesetzlich gezogenes Gemüse haben, so muss mein Boden sich einfach diesem Gesetz einordnen, und erst, wenn diese Einordnung stattgefunden hat, was immerhin ein paar Jahre dauert, dann kann ich mit gutem Gewissen von biologischen Erzeugnissen reden. Um der heiligen Sache der Gesundheit aller Menschen willen dürfen wir nicht Kompromisse schliessen. Es geht diesmal auf's Ganze. Wehe dem, der aus reiner Profitsucht wieder Kompromisse macht, bis überhaupt kein Unterschied mehr ist, ob mit Gülle (Jauche), Mist, Kunstdünger gezogenes oder *sogenanntes* biologisches Gemüse: »dungloses« Gemüse und was der irreführenden Bezeichnungen mehr sind. Die Profitgier und Zinsknechtschaft sind allein schuld daran, dass der Bauer vom Lebensgesetz abkam. Nun, da die ganze Menschheit bis zu 95 Prozent krank ist, heisst es: Entweder wir leben wieder lebensgesetzlich, von natürlichen Früchten, Nüssen und Gemüsen – und werden gesund, oder wir gehen allesamt zugrunde.

Durch meine Erfahrungen habe ich herausgefunden, dass zwei- bis dreijährige Komposterde (nicht Kompost, der aussieht wie ein Misthaufen), die einzige reine Lösung ist, die die Pflanzen gesund aufbauen kann. Komposterde stinkt nicht, hat keine undefinierbare Farbe und Zusammensetzung, ist auch nicht so, dass man den Ursprung der verschiedenen Dinge, die dem Komposthaufen einverleibt werden, erkennen kann, sondern ist schöne, feinkrümelige, gesunden Erdgeruch ausströmende Erde. Sie ist nicht klumpig, pappig oder speckig, sondern rieselt einem ganz lose durch die Hände und fühlt sich sammetartig an. Was daraus hervorgeht, ist dann schönes, tadelloses Gemüse. Auch auf chemischem Wege lässt sich die richtige Zusammensetzung prüfen; desgleichen ob die Erde mehr Basen oder Säuren enthält.

»Biologisch-dynamisch« nennt sich die Landwirtschaft, die nach Rudolf Steiners Lehren geht. Die Grunderkenntnisse sind dieselben, die ich auch bejahe. Hingegen kann ich zwei Dinge nicht bejahen. Es sind dieses die Voraussetzung der Viehzucht und die »besonderen« Präparate. Wenn man weiss, dass Vegetarismus allein zur Gesundheit führt, ist es lebensgesetzlich widersinnig, Tiere in Ställe zu sperren und zu Sklaven zu machen, und die Menschen wiederum zu Sklaven dieser Tiere. Die Theoretiker dieser Lehre sind jedenfalls zum allerwenigsten Stallknechte und Tierbetreuer gewesen, sonst müsste ihnen ihr Feingefühl von selbst sagen, in welcher Weise sie in die Unnatur und Widersinnigkeit hineingeraten sind. Auch werden sie die unaussprechlichen Leiden der Tiere nicht zehn Jahre aushalten, ohne dass es ihr Gewissen belasten würde. Wenn man die Kräuter und Unkräuter, die der Herrgott wachsen lässt, in den Kompost hinein verarbeitet, und sie sich lebensgesetzlich wieder einordnen lässt, in den Ring des Lebens, so ist es jedenfalls biologischer, als wenn man sie in Form von Präparaten mit geheimnisvollen Zeremonien in den Kompost tut. Eine heilige Zeremonie allein ist: lebensgesetzlicher Landbau.

Alle Menschen, die ein Interesse an der eigenen Gesundheit haben und sich verpflichtet fühlen, die allerersten Grundlagen unseres Erdenlebens naturgesetzlich durchzuführen, sollten sich zusammentun. Man könnte dann durch Untersuchungen, die dem Einzelnen nicht möglich sind, die äusserst wichtige Angelegenheit einwandfrei beobachten und schliesslich die Betriebe, die sich dieser Kontrolle unterwerfen, in allen Reformzeitschriften bekanntgeben. Ich glaube das wäre allen zum Segen.

Die denkenden Menschen von heute haben erkannt, dass es an ihnen selbst liegt, gegen Schäden und Krankheiten in Volk und Einzelmensch sich zu wehren. Sie haben auch erkannt, dass sie die Ursachen dieser Schäden und Leiden suchen müssen, wenn sie wirklich erfolgreich dagegen kämpfen wollen. Eigentlich ist es immer besser, nicht gegen das Schlechte zu kämpfen, sondern vielmehr das einmal erkannte Gute einfach zu tun. Dadurch hört das Schlechte von selber auf.

Auf dem Gebiete der Landwirtschaft hat eine für die menschliche Gesundheit verhängnisvolle Tendenz eingerissen. Natürlich! Je mehr der Kapitalismus sich des Bauern bemächtigt hat, indem er Besitzer des Landes wurde und einen um den andern zinspflichtig machte, desto mehr musste der Bauer darauf sehen, mehr Produkte aus seinem Lande herauszubringen, um neben den Zinsen noch sein Leben zu fristen. Es muss hier auch gleich bemerkt werden, dass ein Teil der Bauern auch aus reiner Geldgier ihr Land zum Höchstertrag getrieben haben. Nun fragen wir: Mit was für Mitteln war das möglich? Das war nur mit künstlichen Mitteln möglich. Einesteils mit intensiver Jauchewirtschaft und andernteils mit Kunstdünger. Jeder Bauer weiss, dass Vieh auf frischgedüngten Wiesen nicht frisst. Warum? Weil es instinktmässig weiss, dass es seiner Gesundheit schadet und zwar, je natürlicher das Vieh noch ist. Das heisst: Je mehr es auf der Weide und nicht im Stall aufwuchs, desto mehr wird dieses Vieh natürlich empfinden und frisch gedüngtes Futter verschmähen. Alte Bauern sagten schon vor mehr als zwanzig Jahren: Ihr werdet sehen, je mehr Kunstdünger gebraucht wird, desto kränker wird unser Viehstand und die vielen Notschlachtungen beweisen diese Voraussage! Jeder weiss auch: Wenn ein Kind von einer Wiese, die mit Kunstdünger gedüngt wurde, Sauerampfer isst, kann es sich vergiften.

Abbildung 40 Anders als viele Veganer:innen befürwortete und praktizierte Mina Hofstetter die Rückführung der menschlichen Fäkalien in den Stoffkreislauf mittels einer sorgfältigen, zwei bis drei Jahre dauernden Kompostierung.

Neuere Forschungen haben ergeben, dass die Stoffe des Kunstdüngers, zum Beispiel Kali, in der Pflanze nicht verändert werden, sondern sie gehen ganz unverändert im Futter des Viehs oder im Gemüse in den Organismus über und werden dort im Blut entdeckt. Wenn eine grössere Dosis von solchen Giften tödlich wirkt (wie durch Genuss von kunstgedüngtem Sauerampfer), so können auch viele kleine Mengen, die sich im Organismus ansammeln, wenn auch nicht tödlich, so aber doch krankheitserregend wirken. Ärzte, wie Dr. Maximilian Bircher-Benner, haben diese Erkenntnis bestätigt und diese hat dazu geführt, dass man anfing, wieder auf natürliche Art Gemüse, Getreide, Kartoffeln und Obst zu ziehen. Das nennt man biologischen Land- und Gartenbau.

Zwanzigjährige Erfahrungen bestätigen, dass dies uns wieder Gesundheit bringt für Pflanzen, Bäume und Früchte, damit auch für uns Menschen. Acker und Garten sind fruchtbar geblieben, obschon die »Fachleute« mir im Anfang sagten: In zehn Jahren wächst auf deinem Land nichts mehr! Auf die Dauer ist es genau umgekehrt!

Nun wird man fragen: Worauf beruhen Ursachen und Wirkungen des biologischen Landbaues?

Der bereits erwähnte Forscher der Biologie, Raoul Heinrich Francé sagt: »Wenn irgend im Ackerboden die richtige Gare ist, und der Boden gesund und fruchtbar ist, dann sind im Boden verschiedene Kräfte im Gesetz des *goldenen* Schnittes verteilt, das heisst, der Boden ist harmonisch-schön, gut.« Mit frischem Mist, Jauche und Kunstdünger gedüngter Boden ist nicht im Gesetz des goldenen Schnittes, ist nicht gesund!

Wir düngen mit 2 bis 3-jähriger Kompost-Erde, hergestellt aus allen Abfällen von Garten und Feld, Küche, Strasse, Fäkalien. Dieser gut reif gewordene Kompost birgt keine Gefahr in sich, dass etwa die so sehr verbreitete Wurmplage des Menschen überhandnähme. Seit wir auf diese Art unser Land düngen, sind die Würmer bei den Kindern vollständig verschwunden. Dann wird ferner auf grossen Flächen mit Gründüngung (Stickstoffsammler) und Bodenbedeckung *mit organischen!* Stoffen gedüngt. Letzteres ist überhaupt sehr wichtig, weil es die Bodengare befördert, die Feuchtigkeit regelt und sehr stark das Giessen erspart.

Wenn Raoul Heinrich Francé sagt, dass in der Zusammensetzung des reifen, garen Bodens das Gesetz des goldenen Schnittes wirksam sei, so nimmt er uns wohl den Vorhang weg vom Geheimnis des Werdens gesunder Menschennahrung. Es wird also möglich sein, diesen goldenen Schnitt rechnerisch nachzuweisen. Mir gehen diese Eigenschaften ab. Ich kann dagegen dieses Gesetz erfühlen. Ich habe nicht versucht, das Gesetz in meinem Boden zu machen, sondern es werden zu lassen. Das will ich mit Worten klarzulegen versuchen.

Wenn ein kranker Mensch gesund werden will, so fängt er nach unserer Ansicht an zu fasten, oder er lässt alle krankmachenden Nahrungsmittel weg, als da sind: Fleisch, Käse, Eier, Weissbrot, Alkohol und wie sie alle heissen, also *vornehmlich alles Säurebildende.* Nun ist unser Boden ebenso krank wie der Mensch. Übersäuert! Übernährt! Einseitig verhätschelt mit unvergorenen Fäkalien und Kunstdünger. Deshalb muss es uns nicht wundern, wenn die Pflanzen, die darauf wachsen, auch krank sind, übersäuert, und uns nicht gesund erhalten können. Obwohl Sonne, Luft und Regen viel verbessert haben an dem, was der Mensch verdorben, alles konnten diese Kräfte nicht restlos beseitigen. Der Bauer von heute und gestern, er sieht den Boden stets nur als Standort seiner Pflanzen an und nicht als wichtigen Nährfaktor. Er gab der Pflanze die Nahrung in Form von Dünger. Wie dieser Dünger beschaffen ist, wissen wir. *Wir lehnen ihn ab!* Aus Ekel und aus Gesundheitsrücksichten. Unser Idealdünger ist der Kompost, die Kompost-Erde.

Die Erde, die man gewöhnt war, als eine tote Masse zu betrachten, ist eben etwas ganz anderes, sie ist ein lebender Organismus mit Millionen und Abermillionen Lebewesen. Wenn man unter dem Mikroskop eine Messerspitze voll Erde ansieht, wird man eine Wunderwelt von verschiedenen kleinsten lebenden Tierchen finden. Das sind unsere Arbeiter ohne Lohn! Wenn die nicht wären, dann hörte das grosse Leben über der Erde bald auf. Und ist es so, dass jene tausenderlei verschiedenen Mikroben alle ihre ihnen vom goldenen Gesetz diktierte Heimat haben, und, stört man sie darin und bringt sie durch zu tiefes Pflügen und Umgraben an einen ungünstigen Ort, so sterben sie ab. Wenn man die tieflebenden nach oben bringt, so können sie es nicht ertragen, und die, welche oben leben, sterben unten. Dann wird der Boden unwirksam und tot! Wollen wir garen, reifen Boden haben, aus dem die Pflanze alle ihr nötige Nahrung herausziehen kann, so dürfen wir nicht das Unterste zuoberst kehren, sondern nur wühlen und immer wieder wühlen. Die Düngung, also den Kompost, nicht eingraben, sondern obenaufstreuen! Denn die jungen Sämlinge benötigen feinsten Boden für ihre feinen Würzelchen. Wenn sie grösser werden und in die Tiefe gehen, suchen sie dann selbst die gröbere Nahrung. Ein anderer Faktor ist das Bedecken des Bodens. Jeder, der schon einmal ein Gärtlein bebaute, hat diese Erfahrung gemacht: Im Frühling, wenn er umgrub und alles so fein wie möglich zerkrümelte, ansäte und einrechte, wurde die Erde nach dem ersten Regen fest, manchmal fast wie eine Zementplatte, mit Rissen. Man hat daran folgendes gelernt, wie ich oben schon sagte: Die Mikroben sterben im Sonnenlicht. Deshalb bedecken wir das neuangesetzte Beet mit irgendeiner organischen Substanz: Heu, Stroh, Gras, Laub etc. Wie werden wir uns nun wundern über das Leben, das sich jetzt entfaltet.

Zuerst sehen wir, wie die Regenwürmer, diese Könige der Erde und Vorarbeiter, von unserem Gras ganze Häufchen in die Erde hineinziehen. Was bedeutet das? Dadurch, dass sie ihre grossen Gänge machen, durchlüften sie die Erde. Mit dieser Luft dringt erst recht Leben in die übrigen kleinen Helfer in unser[em] Reich. Dann frisst der Regenwurm das Gras und gibt es als feinsten Humus wieder ab. Somit ist er unser allererster Düngerfabrikant, wie es kein einziger Chemiker fertigbrächte. Eine weitere Beobachtung kann man machen. So heiss nun auch die Sonne brennt, der mit organischen Substanzen bedeckte Boden wird nicht mehr hart, sondern bleibt im Gegenteil immer etwas feucht und erübrigt so das viele Giessen. Dadurch, dass wir den Lebewesen des Bodens eine gute Heimat schaffen, bereiten sie uns den garen Boden, und die Ausdünstung des Untergrundwassers geht nun nicht mehr in die Luft durch die Sprünge, sondern setzt sich als Tau unter der Bodenbedeckung fest und die feinen Saugwürzelchen der Pflanzen finden täglich ihr Labsal. Ist die erste Bedeckung völlig aufgefressen, so lacht man und gibt eine neue. Sind die Pflanzen hoch genug, so häufelt man sie und gibt die letzte Bedeckung. Nachher fangen dann die Pflanzen von selbst an, den Boden mit ihren Blättern zu bedecken.

Ich glaube, dass der Mensch, und vor allem der kranke Mensch, gar nicht weiss, was die Erde, die heilige Mutter Erde, uns alles offenbaren kann, wenn wir anfangen, sie zu betreuen, wenn wir Neuschöpfer werden und Helfer des ewigen Schöpfers. Im Frühling, wenn der Schnee geschmolzen ist und wir uns im Sonnenschein auf die Erdschollen setzen, wie strömt sie uns Kraft und neues Leben zu. Wie sagt sie mit jedem Krümchen: Ich bin da und bleibe ewig jung. Wir dürfen nun dies Krümchen hegen und pflegen, dass aus seinem Nährbusen eine Rose, ein Apfel sich gestalte, und damit haben wir die ganze Herrlichkeit der Welt erschlossen bekommen. Darum rate ich dir, kleines Menschlein, bist du krank, so lege dir ein Gärtlein an und du wirst täglich neue Wunder erleben und gesunden, wenn du bei der reinen Nahrung bleibst.

Der Boden, seine naturgesetzliche Behandlung und Düngung

Bodenkunde

Der Boden, die Grundlage der menschlichen Existenz, ist auch der Standort der Pflanze, ihre Nahrungsquelle. Es ist deshalb von Bedeutung, zu wissen, wie ein Boden beschaffen ist und sein soll. Wichtig ist das Wissen um das Leben im Boden, denn dieses gibt uns die Richtlinien und Anhaltspunkte für die Bodenbearbeitung. Der Boden ist nicht etwas Totes, zufällig Daliegendes, ist nicht Dreck. Jeder Kulturboden ist im Gegenteil voller Leben

Abbildung 41 Mina Hofstetter und ihre jüngste Tochter Elisabeth auf Stuhlen, oberhalb des Greifensees.

und dieses Leben ist von ganz bestimmten Gesetzen abhängig, denen wir gerecht werden müssen. Der Boden ist im Laufe der Zeiten entstanden durch die Arbeit der Natur: Verwitterung, Eiszeiten, Abtragung und Anschwemmung, Frost, Hitze, Wasser, Steinschläge, Moränenablagerung, Tätigkeit der Urpflanzen. Die geschilderten Vorgänge geben noch kein fertiges Bild von der Entstehung des Bodens. Eine Ackererde besteht aus einem Gemenge von mineralischen und organischen Bestandteilen sowie Wasser, Luft, Bakterien und mikroskopischen Pflanzen. Der Boden ist ein feiner, lebendiger Organismus. Im Boden ist grandioses, mannigfaltiges Leben. In einem Quadratfuss Boden sind schätzungsweise 15 Milliarden Lebewesen. In einem Fingerhut voll Erde sind 40'000 Fadenwürmer. Diese Bodenflora (Edaphon) ist von grosser Wichtigkeit für den Umsatz der Nährstoffe.

Humus ist ein mit mineralischen Bestandteilen teils chemisch, teils mechanisch verbundenes Gemenge von pflanzlichen und tierischen Resten, die verwest oder noch in Auflösung begriffen sind.

Torfmull ist sozusagen reiner Humus. Ohne Humus kein guter Boden. Im Humus ist der Sitz der aktivsten Bodenflora. Humus hält das Wasser fest, Nährstoffe bleiben an ihm »kleben«. Er macht den Boden locker und warm.

Bester Boden ist ein günstiges Verhältnis von Mineralien und Humus mit entsprechender Unterlage. Goldener Schnitt: Mineralien verhalten sich zum Humus wie der Humus zur Gesamtmenge.

Einteilung der Bodenarten

Humusboden, Tonboden, Lehmboden, Sandboden, Kalkboden, Steinboden, je nachdem [ein] einzelner Bestandteil vorherrscht. Sind zwei Bestandteile auffallend vertreten, so nennt man beide in einem Zug, etwa humosen Sandboden, lehmigen Humusboden usw.

Humusboden: Moorboden, typisch, schwarz, leicht, warm, feucht, oft sauer, wenig Nährstoffe, kann gut verbessert werden.

Tonboden: das Gegenteil von Humusboden, kalt, schwer, nass, nicht gut zu bearbeiten, für Pflanzen ungünstig. Mit viel Mühe und Aufwand kann er gut gemacht werden.

Lehmboden: ist besser, Lehm ist mit Sand vermischter Ton. Lehmboden kann zum besten Boden gemacht werden, für Gemüse vorzüglich Lettenboden mit Humus; Lehm-Sand-Humus.

Sandboden: ausgesprochener Sandboden ist ungünstig, arm an Nährstoffen, ist gut, wenn Ton- und Humusbeimengung.

Kalkboden: trocken, Wasser versickert, Düngerfresser, ungünstig, Ton mit Kalk jedoch ausgezeichnet.

Steinboden: Steine wärmen, Wärmeausgleich in der Nacht.

Bodenbearbeitung

Bodenschichtung. Von Bedeutung ist nicht nur der alleroberste Teil des Bodens, einen Spatenstich tief, die Ackerkrume, sondern auch der Untergrund. Beide liegen stets auf einer mehr oder weniger undurchdringlichen Gesteinsunterlage. Je nach der Dicke der Krume und des Untergrundes haben wir eine grosse oder geringe Bodenmächtigkeit. Viel hängt von der Beschaffenheit des Untergrundes ab. Er ist das Stoffreservoir und spielt eine ausschlaggebende Rolle im Wasserhaushalt (Obstbau, Tiefwurzel). Je tiefer die Krume, desto besser.

Bindigkeit des Bodens. Je toniger ein Boden, desto bindiger. Humus, Sand, Kalk vermindern die Bindigkeit. Sehr bindige Böden sind schlecht. Bei Trockenheit zeigen sie Verhärtung und Verkrustung, bei Regenwetter fliessen sie zusammen. Ein Boden ist umso besser in seiner Struktur, je mehr er krümelt.

Wasserversorgung. Sie hängt ab von den Niederschlägen, der Kapazität der Ackerkrume, von der Beschaffenheit des Untergrundes, das heisst von seiner Wasserdurchlässigkeit, beziehungsweise Kapillarität, und von der Verdunstung.

Unter Kapazität des Bodens versteht man seine Fähigkeit, Wasser festzuhalten. Dabei spielen die sogenannten Bodenkolloide eine besonders grosse Rolle. Je mehr Humus und Ton, desto mehr Bodenkolloide und damit eine grössere Kapazität. Die Beschaffenheit des Untergrundes ist in Bezug auf die Höhe des Grundwasserstandes von Bedeutung. Undurchlässiger Untergrund hat sich stauendes Wasser und damit eine Versäuerung des Bodens zur Folge. Die Kapillarität: Die feinen Zwischenräume, welche in jedem Boden vorhanden sind, bilden eine Art »Röhrensystem«, deren »Röhren« wie Kapillaren wirken, in welchen das Grundwasser vermöge ihrer Saugwirkung aufsteigt. Je feiner diese Röhren, desto grösser die Saughöhe.

Verdunstung an der Oberfläche kann verhindert werden durch oberflächliches Zerstören der Röhren, also durch Hacken (»Offenhalten des Bodens«) oder durch die Bodenbedeckung.

Zweck der Bodenbearbeitung ist, einen gewissen Zustand des Bodens herbeizuführen, den Zustand der Bodengare. Die Bodengare wird herbeigeführt durch den Frost und die Tätigkeit der Bodenflora. Also tun wir in erster Linie, was diese Bodenflora fördert, ihre Tätigkeit anregt. Dies erreichen wir nicht durch Umstechen und tiefgreifendes Pflügen während ein und derselben Vegetationsperiode, bei jeder Gelegenheit. Vom Frühling bis zum Frosteintritt sollte kein Boden umgegraben werden. Wir würden dadurch wohl den Boden momentan durchlüften und lockern; aber wir vernichten dabei einen wesentlichen Teil der Bodenflora, indem wir die Kleinlebenwesen der Oberfläche, die an Licht, Wärme und Luft gewohnt sind, in die kältere, luftarme und dunkle Tiefe bringen und umgekehrt. Trotz eifriger Wühlarbeit bleibt ein derart »bearbeiteter« Boden zähe, kalt und tot. Mit dem Eintritt der Fröste hört die Bodentätigkeit auf und dann ist es Zeit, dem Frost durch scholliges Umgraben eine grössere Angriffsfläche zu geben. Vom Frühling bis zum Frost aber beschränkt sich unsere Bodenbearbeitung auf das *Lockern* der Oberfläche während den Kulturen und vor einer neuen Kultur. Wir hacken und kräueln so oft wie möglich, immer nach Regengüssen oder während einer Trockenperiode. Diese Bodenbearbeitung ersetzt beinahe eine Düngung.

Rigolen. Rigolen heisst, den Boden auf eine grössere Tiefe »aufbrechen«, 50, 60 bis 80 Zentimeter tief. Das Rigolen ist da zu empfehlen, wo wir Wiese in Acker verwandeln wollen, bei einem Boden, wo seit Jahrzehnten nur flachwurzelnde Gräser, Rasen, gebaut wurde. Ein solcher Boden ist fest und deshalb ist eine einmalige, gründliche Tiefenlockerung zu empfehlen. Bei Äckern und Gärten aber erzielen wir den gewünschten Effekt ohne dieses Rigolen. Wenn rigolt werden muss (bei bindigen und tonigen Böden ist es angebrachter als bei leichten Böden), so soll es so geschehen, dass der Rasen abgeschält und kompostiert wird und der untere Spatenstich (bei zwei Spatenstiche tief rigolen) nicht an die Oberfläche kommt. Wer der Sache nicht sicher ist, lässt sich am besten von einem Gärtner beraten.

Bodenbedeckung. Sie sollte so oft und wo immer möglich angewendet werden. Dass die Gartenbauer noch nicht auf dieses probate Mittel der

Bodenbearbeitung gekommen sind! Ersetzt die Bodenbedeckung doch die mechanische Bearbeitung zu einem guten Teil. Die Bodenbedeckung ist aber nicht nur ein Schutz vor zu intensiver Sonnenbestrahlung. Sie fördert auch die Bodengare unter der Decke. Unter der Bodenbedeckung bleibt die Erde krümelig und feucht, auch bei Trockenheit oder nach Regengüssen. Sie bewirkt einen guten Wasserhaushalt des Bodens. Sie düngt zugleich und führt dem Boden Humus zu. Sie lässt das Unkraut weit weniger aufkommen und ist zugleich ein Schutz gegen Schädlinge, indem sich diese an der Decke gütlich tun und die jungen Pflanzen eher stehen lassen. Für die Bodenbedeckung eignet sich alles leicht Verwesliche, Stroh, Gras (ohne Samen), Laub, Stroh auch halbverrottet usw. Keine Hobelspäne und kein Sägemehl! Kein *frischer* Torfmull, erst verlüften oder frieren lassen. Dann aber eignet er sich vorzüglich. Die Bedeckung ist in erster Linie wichtig während der wärmeren Zeit und wird praktisch so ausgeführt, dass der Boden mit einer dünnen Schicht des Materials gleichmässig belegt wird. Die Bodenbedeckung kann bei allen Pflanzungen angewendet werden, indem wir erst den Boden bedecken und nachher pflanzen oder zuerst pflanzen und die Materialien zwischen die Reihen bringen. Der Bio-Landbau empfiehlt daher wo immer möglich die Reihenpflanzung und die Reihensaat. Auch Saaten dürfen bedeckt werden, aber nur dünn.

Bodenverbesserung

Stets müssen wir überlegen, ob eine beabsichtigte Verbesserung auch wirtschaftlich sei. Man lasse sich von Fachleuten beraten, dünge nach biologischen Grundsätzen mit Urgestein, Humus und Mineralien. Man drainiere, mache Wasserleitungen, bearbeite den Boden nach oben erwähnten Angaben. Das Anwenden von allen Biofaktoren und das Abgehen von den schlechten Methoden ist eine Verbesserung. Letzten Endes heisst Verbesserung ja nur Gesundmachen des Bodens und dem Zustande des goldenen Schnittes näherbringen. Die Natur selbst ist unsere beste Gehilfin, wir sollten sie in unsern Bestrebungen nur unterstützen. Bis wir einen guten Boden haben, vergehen Jahre und bis wir einen völlig gesunden Naturboden haben, vielleicht ein Jahrzehnt, nachdem Jahrzehnte eine Mist- und Jauchewirtschaft getrieben wurde.

Landwirtschaft ohne Vieh

Der Bauer wird ohne Viehhaltung ein gewaltiges Stück freier. Anstatt jahraus-jahrein, morgens früh und abends spät, sonntags wie werktags sein Vieh besorgen zu müssen, kann er sich nun in freien Stunden auch anderen Dingen widmen. Er hat nun auch seinen Feierabend, seinen Sonntag, muss nicht immer im Gestank und nicht nur Sklave des Tieres sein. Das ganze Kapital, das er in den Tieren investiert hatte, wird frei. Statt 20, 30, 40 Jucharten Land genügen ihm nun 5, 10, 15 Jucharten, je nach Umständen. Der Bauer kann also seinen »Besitz« verkleinern, was für ihn eine Verminderung der Schuldenlast bedeutet. Statt nur von Milch-, Fleisch- und Obstpreisen abhängig zu sein, bringt er nun eine Vielheit von Produkten auf den Markt. Er kann sich auch besser selbst versorgen.

Bei allgemeiner Anwendung wird die Umstellung nach und nach eine vollständige Veränderung des Landschaftsbildes bewirken. Acker neben Acker, Garten neben Garten, saubere Dörfer, ähnlich wie in Japan, wo das ganze Land ein Garten ist. Japan könnte seine gewaltigen Volksmassen gar nicht ernähren, wenn es Viehwirtschaft betriebe. Diesbezüglich können wir von den Asiaten noch lernen. Wir erkennen, dass die heutigen Düngemethoden schädlich sind, die heutige Ausnützung des Bodens eine Sünde ist. Die Ernährungs[re]form bringt die Lösung, das Vieh wird überflüssig.

Zu alledem ist unbedingt notwendig die Schaffung einer gerechten Wirtschaftsordnung, damit uns nicht immer und immer wieder durch Währungspfuschereien und Spekulantenraubzüge die Früchte unserer Arbeit entrissen werden.

Düngung

Jedermann ist es klar, dass man einen Boden nicht fortwährend ausnützen kann, ohne die entzogenen Stoffe wieder zu ersetzen. Wir wollen nun sehen, wie dieser Ersatz der Stoffe auf natürliche Art und Weise gegeben werden kann, im Gegensatz zu den heute üblichen Methoden der Mist-, Jauche- und Kunstdüngerwirtschaft.

Kompost ist ein Gemengedünger, der aus verschiedenen Stoffen zusammengesetzt ist, im Besonderen eine Vermischung von mineralischer Erde mit organischen Substanzen. Kompost ist der idealste Dünger, der Universaldünger. Um den Kompost richtig einschätzen zu können, untersuchen wir zuerst die heutige Düngemethode.

Die älteste Form der Düngung war wohl die Zufuhr von Stalldünger. Man wurde so die lästigen Abfälle der Viehhaltung los und zugleich merkte man, wie das Wachstum der Pflanzen ein viel rascheres und stärkeres wurde. Diese Wirkung beruht in erster Linie auf dem hohen Gehalt an Stickstoff, den jeder Stalldünger und auch die menschlichen Fäkalien aufweisen. Dieser Dünger verursacht in den Pflanzen Wachstumsstörungen in dem Sinne, als er die Pflanze dazu führt, ein grosszelliges, schwammiges Gewebe zu bilden, ganz im Gegensatz zu den auf natürlicher Grundlage gewachsenen Pflanzen. Die Pflanze ist eben in der Lage, Luxuskonsum zu treiben, wenn sie von einem Nährstoff zu viel findet. Diese faulenden, unvergorenen Stoffe verseuchen den Boden und bewirken auch, dass die Pflanze unvollkommene Stoffe aufnimmt. Hätten die Menschen von heute noch Instinkt, sie müssten mit der Nase und dem Gaumen daraufkommen. Die Kuh, das Rind machen auf der Wiese einen grossen Bogen um den Platz, wo Kot fallen gelassen wurde. Der Mensch aber geht hin, jaucht sein Gemüse und geniesst anderntags bei Tische davon. Warum halten die Gemüse so schlecht (auch Konservengemüse)? Warum fällt das Gemüse unheimlich zusammen beim Kochen? Woher oft der üble Geruch beim Dämpfen und Kochen? In der neueren Zeit der technischen Entwicklung und der Industrialisierung verfiel der Mensch auch noch der zum Teil schädlichen Kunstdüngermethode. Bei diesen künstlichen Handelsdüngern handelt es sich zum Teil um stark konzentrierte Salze, die eine ätzende, wasseranziehende Eigenschaft besitzen. Diese Wirkung kann so stark sein, dass die Pflanze dabei verdurstet. Diese ätzenden Salze vernichten vor allem aber die wunderbar feinen Kleinlebewesen des Bodens, die unbedingt notwendig sind. Die Folge ist ein Zähwerden des Bodens, eine Verkrustung. Das Dunstdüngen mit stark konzentrierten Salzen hat aber nicht nur eine schlechte Wirkung auf den Boden, sondern auch auf die Pflanze selbst. Das Wasser löst die Salze und sie gelangen mit dem Wasser in die Pflanze. Das Wasser wird von der Pflanze wieder verdunstet, die Salze bleiben zurück, ziehen neues Wasser an sich. Die Folge ist ein unharmonisches Wachstum, ein minderwertiges Produkt. So wenden wir diese Kunstdünger schliesslich meistens zu unsrem Nachteil an, handle es sich um Chilesalpeter und Kalisalze oder um auf synthetischem Wege hergestellte Düngemittel. Ein weiterer Nachteil vieler Kunstdünger ist, dass sie nur *einen* oder doch nur *wenige* Nährstoffe enthalten, währenddem die

Pflanze deren *viele* braucht, von denen manche allerdings nur in kleinen Spuren, jedoch immer im richtigen Verhältnis zu den »Hauptnährstoffen« vorhanden sein müssen. Wird dieses richtige Verhältnis durch einseitige Düngung zerstört, so wird dadurch auch der Aufbau eines vollkommen gesunden Pflanzenkörpers verunmöglicht.

Alle diese schlechten Eigenschaften des Kunstdüngers finden wir in einem guten, reifen Kompost nicht. Er enthält alle Aufbaustoffe der Pflanze in idealster Form, auch den wichtigen Humus. Ein guter Kompost enthält mehr Nährstoffe als der Mist. Reifer, völlig verrotteter Kompost ist eine erdige Masse, die bei richtiger Feuchtigkeit angenehm durch die Finger rieselt. Es sind von blossem Auge keine einzelnen Bestandteile mehr erkennbar. Er hat einen feinen Erdgeruch und ist ein reines Produkt der Natur. Wir können alles kompostieren, was verfault, alle Abfälle aus Haus und Garten, Kehricht, Strassenabraum, Grabenaushub, Rasen, Laub, Stroh, Fäkalien, Jauche, Mist, zum Teil auch Kunstdünger. Nicht in den Kompost gehören kranke Pflanzenteile, wie Kohlstrünke mit Kohlhernie etc. Der Komposthaufen soll möglichst im Schatten gelegen und nicht zu gross sein. Luft muss Zutritt haben und beim Anlegen sollte nicht zu viel vom gleichen Material zusammenkommen. Öfteres Umarbeiten, im Jahr 3 bis 4 mal. Sehr gut sind Beigaben von Holzasche und Urgestein. Auch Thomasschlacke und unentleimtes Knochenmehl können Verwendung finden. Von schärferen Kunstdüngern in grösseren Mengen ist abzuraten. Auch die Verwendung von Kalk erheischt Vorsicht. Am besten verwendet man den gewöhnlichen gemahlenen Kalkstein, den einfach-kohlensauren Kalk in kleinen Mengen. Zu viel Kalk im Kompost treibt den Stickstoff aus. Im richtigen Masse trägt er aber zu rascheren Umsetzung bei und bindet schädliche Säuren. Der wertvolle verrottete Kompost soll gewöhnlich nur während der Vegetationszeit den Pflanzen direkt gegeben werden. Saaten damit zudecken. Rillen für die Setzlinge damit ausfüllen und ihn zwischen die Pflanzen geben und leicht einhacken. Ansprüche der Pflanzenart berücksichtigen. Viele Pflanzen möchten am liebsten im Kompost stehen, andere haben keinen nötig.

Gründüngung. Eine Pflanzenklasse, die Leguminosen, haben die Fähigkeit, mit Hilfe von Knöllchenbakterien den Stickstoff der Luft direkt zu assimilieren. Dies machen wir uns zunutze, indem wir solche Pflanzen zwecks Düngung anpflanzen, ohne einen weitern Nutzen von ihnen zu haben. Solche Pflanzen sind: Erbsen, Wicken, Lupinen, Serradella. Sie werden so angebaut, dass das gleiche Feld noch in der gleichen Vegetationsperiode eine Kultur tragen kann und gewöhnlich vor einer Kultur, die viel Stickstoff verlangt, zum Beispiel Kohlgewächse, Spinate, Salate, auch Gurken und Sellerie. Die Pflanzen werden in ihrer grössten Entwicklung im Sommer bodeneben abgeschnitten und einfach als Bodenbedeckung obenauf liegen gelassen. Die Masse wird rasch vertrocknen und sich an der Oberfläche auch rasch zersetzen. Zugleich bringt sie den darunter liegenden Boden in einen Zustand, dass ohne weiteres gepflanzt oder gesät werden kann. Es wird also während der Vegetation nichts eingegraben oder untergepflügt. Anders im Spätherbst: Das ganze wird *oberflächlich* untergegraben oder eingepflügt (gestraucht). Die Masse zersetzt sich bis zum Frühjahr. Mit der Gründüngung erreichen wir also eine Stickstoffdüngung, aber zugleich auch eine Anreicherung des Bodens an Humus. Die Wurzeln, die tief in den Boden eindringen (Lupinen) sterben nach dem Schnitt ab und hinterlassen Luft und Humuskanäle.

Andere Düngeverfahren

Der natürlich-biologische Landbau erlaubt die vorsichtige Anwendung von einigen Kunstdüngern.

Thomasschlacke. Sie ist ein Aschenprodukt der Bessemerbirne, enthält Kalk, Phosphorsäure und wenig Stickstoff. Das Thomasmehl hat eine milde und anhaltende Wirkung und darf deshalb in angemessenen Mengen direkt aufs Land gebracht werden. Am besten geschieht dies während des Winters, bei Windstille. Streuen auf den Schnee ist zu empfehlen. Thomasmehl kann auch in den Kompost gebracht werden, aber nur handvollweise.

Unentleimtes Knochenmehl, Hornspäne und -mehl. Beide Dünger sind milde und anhaltend in der Wirkung. Der erstere ein Phosphorsäuredünger, der letztere ein Stickstoffdünger. Man soll unentleimtes Knochenmehl verwenden. Das entleimte ist zu stark in der Wirkung. Beide Dünger dürfen direkt aufs Land gebracht (zu jeder Zeit) oder dem Kompost beigefügt werden.

Kalkung. Kalk ist für den Boden enorm wichtig, wichtiger Nährstoff, regt die Bodentätigkeit an, neutralisiert Säuren, lockert. Jeder Boden wird nach und nach kalkarm. Also Ersatz. Man verwende den kohlensauren Kalk, den gemahlenen Kalkstein. Anhaltend in der Wirkung, nicht so stürmisch wie

Ätzkalk, den man lieber nicht anwenden sollte. Kalken zu jeder Zeit. Auch Bäume intensiv, besonders Steinobst und Birnen (Aprikosen Ausnahme). Doch soll man auch in der Kalkung Mass halten. Zu viel Kalk frisst den Dünger auf, bewirkt zu rasche Umsetzung. Starke Kalkung verlangt auch Düngung. Dünger verlangt Kalk.

Asche, Holzasche. Kalilieferant, speziell Buchenholz. Direkt aufs Land oder in den Kompost, nicht zu viel auf einmal, schmiert sonst. Russ kann auch verwendet werden, sogar Kohlenasche, hat nur geringen Nährwert, lockert aber. Nur handvollweise verwenden. Sehr dankbar für Asche sind Kartoffeln (beim Stecken etwas Asche zur Mutterknolle), auch Sellerie und Tomaten.

Urgesteindüngung. Fein gemahlenes Urgestein enthält *alle* mineralischen Bausteine der Pflanze. Anhaltende Wirkung. Unter Umständen wertvolle Verbesserung des Bodens. Auch vorzüglich zum Beimischen in den Kompost. Parallele: Fruchtbarkeit des Flussschlammes, des angeschwemmten Marschlandes (des Nils).

Brache. Die Brache ist nicht zu empfehlen. Das Brachfeld darf nicht einfach dem Schicksal überlassen werden, es muss von Unkraut freigehalten werden und der Boden muss »offen« bleiben. An Stelle der Brache ist Gründüngung zu empfehlen.

Weitere Faktoren zur Beachtung. Das Wasser bringt Nahrung aus der Luft und gelöste Nährstoffe von unten, aus den Tiefen der Erde. In der Luft ist Ammoniak, das der Regen der Erde zuführt. Bei jedem Blitz entsteht durch Oxydation des Stickstoffes Salpetersäure, die während des Gewitters ebenfalls den Boden erreicht. Vielleicht deshalb sind die Kulturen nach Gewittern oft so erfrischt. Das Wasser dringt aber auch in die Erde ein, oft bis in grosse Tiefen, löst mineralische Stoffe und bringt sie aufsteigend wieder an die Oberfläche, deshalb ein stetiger Ersatz gewisser Stoffe aus den Tiefen. Bewässerung ist Düngung, Bodenbearbeitung ist Düngung, vernünftiges Wirtschaften (steter Fruchtwechsel) ist Düngung. In einer windstillen Lage gedeiht vieles besser, denn die Winde nehmen die wichtige, aus dem Boden aufsteigende Kohlensäure mit sich fort.

Im Übrigen soll man nicht zu viel verlangen von der Natur, sondern sie unterstützen in ihren Bestrebungen. Lieber etwas weniger Quantität, dafür mehr Qualität. Friedrich Schiller: Dass der Mensch zum Menschen werde, stift er einen ew'gen Bund gläubig mit der frommen Erde, seinem mütterlichen Grund.

Abbildung 42 Mina Hofstetter, 1960er-Jahre

Allgemeines und Détails über Gemüsebau

Nachdem wir uns nun ziemlich eingehend mit den Grundlagen des Bio-Landbaues befasst haben, behandeln wir den eigentlichen Gemüsebau auch nur kurz, in der Meinung, jeder Kursteilnehmer verfüge über gewisse eigene Erfahrungen.

Unsere Gemüse müssen vollwertige, reingezogene Produkte sein, Produkte, die nicht besudelt wurden durch Jauche, die nicht im Mist gestanden haben oder durch Kunstdünger zu ganz abnormalen Gebilden aufgetrieben wurden. Der Unterschied zwischen biologischen Gemüsen und andern ist oft ein ganz enormer (Tomaten, Gurken, Rübli etc.!). Das gleiche Volumen biologisches Gemüse hat ein grösseres Gewicht, was ganz einfach seinen höheren Gehalt an wertvollen Stoffen beweist. Biologisches Gemüse ist auch weit bekömmlicher, verursacht keine Blähungen und Verdauungsstörungen, stinkt nicht beim Kochen. Bio-Gemüse wird von unserem Organismus aufgenommen als etwas Wesensverwandtes und Wertvolles. Dies kurz über die Wichtigkeit des biologischen Gemüsebaues.

Der Gemüsebau ist schon sehr alt. Die Bibel weist viele Stellen auf, die den gartenmässigen Anbau von Gewächsen erwähnen. Von den Römern übernahmen ihn die Mönche der Klöster. Der Klosterhof war gewöhnlich ein Garten. Die Mönche sind also die Pioniere des Gemüsebaues: Von ihnen haben ihn die immer sesshafter werdenden Stämme übernommen. Und wir sehen, wie Gemüse neben Hafermus, schwarzem Brot und Milch während Jahrhunderten die einfache, aber gesunde Nahrung des Volkes bilden. So war es, bis im letzten Jahrhundert der bekannte Materialismus einriss und sich eine protzige, zum Teil sehr oberflächliche Wissenschaft auf den Katheder setzte. Dieser verdanken wir die Eiweisstheorie und die Wertschätzung der Nahrung nach Kalorien berechnet. Jede Nahrung wurde auf Kalorien, Eiweissgehalt und Stärke, Fett und Zucker untersucht – und siehe da, die Gemüse schnitten sehr schlecht ab. Die armen Gemüse, die den Chemikern in die Hände gefallen waren.

Schliesslich war man so weit, in den Schulen zu lehren: Nahrhaft ist, was viel Eiweiss, Fett und Kohlehydrate enthält, mit Tabellen zum Auswendiglernen.

Um erfolgreich Gemüse bauen zu können, heisst es vertraut sein mit den Eigentümlichkeiten und den Anforderungen der einzelnen Gemüsearten.

Versuchen wir diese Arten etwas zu gruppieren und wir werden sehen, dass Gruppen von Gemüsearten ungefähr die gleichen oder ähnliche Anforderungen stellen. Zu diesem Zweck halten wir uns an die Trachtenwirtschaft.

Die Trachtenwirtschaft

Ein guter Gemüsebauer hält sich ungefähr an die vier Trachten. Er überlegt ungefähr so: Um den Boden und die Düngergaben möglichst rationell auszunützen, pflanzt er nacheinander Pflanzen mit verschiedenen Ansprüchen. Zuerst die Gemüse

erster Tracht, die viel Nahrung verlangen. Also erhält der Boden eine Volldüngung mit Kompost. Im zweiten Jahr ist immer noch genug Nahrung vorhanden für andere Gemüse, die Gemüse

zweiter Tracht, mit Asche, Russ oder Steinmehl etwas nachhelfen. Im dritten Jahr ist für gewisse Pflanzen immer noch genug da. Denn die Gemüse

dritter Tracht machen die geringsten Ansprüche.

Vierter Tracht sind jene Pflanzen, die ausdauernd sind und längere Zeit den gleichen Platz beanspruchen.

Diese Trachtenwirtschaft führe ich nur an, weil sich mit deren Hilfe die Ansprüche der einzelnen Gemüse am besten feststellen lassen, die Gruppierung leichter ist. Im Übrigen wissen wir, was von einer Volldüngung zu halten ist und was Kunstdünger und Jauchegüsse bedeuten.

Gemüse erster Tracht sind: Blattgemüse: Kohlarten, Kabis, Wirz, Blumenkohl, Oberkohlrabi, Rosenkohl, Salate, Spinate. Fruchtgemüse: Tomaten, Auberginen, Gurken, Kürbis, Kartoffeln.

Das Mittel zwischen erster und zweiter Tracht halten Sellerie und Lauch.

Gemüse zweiter Tracht will »altgedüngten Boden«, so hat die Gärtnerfachwelt herausgefunden: Wurzelgemüse: Karotten, Randen, Bodenräben, Herbsträben, Schwarzwurzeln, Pastinaken, Rettich, Fenchel (Knollen) (alle bevorzugen lockern, leichten Boden). Diverse einjährige Küchenkräuter wie Basilikum, Dill, Kerbel, Majoran, Bohnenkraut, Petersilie und Schnittlauch.

Gemüse dritter Tracht sind die Leguminosen: Bohnen und Erbsen, Zwiebelgewächse.

In die vierte Tracht wird alles Ausdauernde zusammengenommen, ausdauernde Küchenkräuter: Majoran, Bohnenkraut, Estragon, Melisse, Salbei, Eiskraut usw., auch Beeren, Rhabarber, Stachys usw.

Obstbau

Hier fassen wir uns sehr kurz. Wichtig ist die Feststellung, dass auch auf diesem Gebiete viel gesündigt wird, mit der unseligen Spritzerei und gewissen Düngemethoden. Auch beim Schnitt halten wir uns nicht lange auf. So viele Gartenbauschulen, so viele Pomologen, fast ebenso viele Methoden des Schnittes.

Der neue Obstbau, speziell die Richtung Rudolf Richter ist da durch Erfahrung und Erprobung zu ganz andern Schlüssen gekommen. Der junge Baum soll weder mit einem grossen Wurzelsystem mit Faserwurzeln, noch mit einer ausgebildeten Krone gepflanzt werden, sondern der junge Lebenskandidat soll in seiner Entwicklung ganz radikal reduziert werden, um seine Kräfte wieder zu sammeln, um dann mit Naturgewalt wieder losziehen und sich entwickeln zu können. Über den Boden, die Grundlage, müssen wir einiges erwähnen. Wichtiger als die Frage nach der Beschaffenheit eines Bodens ist die Frage: Wie stark, wie mächtig ist der Boden? Wie dick ist die Erdschicht? Wir wollen nicht, dass die Wurzeln infolge zu hohen Grundwassers ersticken. Anderseits sind ausgesprochene Sandböden für den Obstbau zu trocken und zu nährstoffarm. Moorböden sind in der Regel sauer und auch nährstoffarm. Sehr schwere Böden sind zu kalt und zu dicht, sie müssen durchlässig sein. Die guten Böden für den Obstbau sind auch die guten Böden für den Gemüsebau, lehmig-humose (sandige) Böden. Die einzelnen Obstarten stellen betreffs Bodenmächtigkeit etwas verschiedene Ansprüche. Beeren- und Zwergobst sind zufrieden mit einer Mächtigkeit von 40 bis 50 Zentimetern, Hasel und Quitte 50 bis 60 Zentimetern, Aprikose und Pfirsich 60 bis 70 Zentimetern, Pflaume, Walnuss, Apfel 80 bis 100 Zentimetern, Kirsche und Birne 100 Zentimetern und mehr.

Das Pflanzmaterial muss kerngesund sein. Wie Krone und Wurzeln beschaffen sind, ist weniger wichtig. Der junge Baum soll frei sein von Ungeziefer, soll keine Wunden und kranke Stellen aufweisen. Die Veredlungsstelle muss gut verwachsen sein. Eine gute Ware soll auch sortenecht sein.

Die Pflanzung soll man wenn immer möglich im Frühling vornehmen. Die Wurzeln und Kronenäste auf gut fingerlange Stummeln zurückschneiden. Saubere und glatte Schnitte! Kein grosses Pflanzloch. Wurzelstummel wenn möglich in einen Lehmbrei tauchen. Keinen Mist! Nicht tief pflanzen! Veredlungsstellen nicht in den Boden. Alles gut andrücken. Der Baum darf unter keinen Umständen »hohl stehen«. Ein so gepflanzter Baum wird im nächstfolgenden Jahr sich kaum gross hervortun im Wachsen. Wohl aber in den folgenden Jahren, denn wir haben ihn gezwungen, mehrere mächtige, in alles eindringende Pfahlwurzeln zu bilden, die nun ihrerseits die gute Entwicklung und die Gesundheit des Baumes garantieren.

Hochstamm 1,8 bis 2,4 Meter ist heute überall da angepflanzt, wo der Boden darunter noch anderweitig genutzt wird. Pflanzabstände 10 Meter. Nachteile: Erdwärme geht verloren. Lange Entwicklung, 10 bis 15 Jahre bis zur Ernte.

Halbstamm 1,2 bis 1,6 Meter. Ernte bequemer, Abstand 8 Meter.

Der Buschbaum ist zu empfehlen, er braucht keinen Pfahl. Abstand 5 Meter. Erdwärme. Zeitigere Erträge.

Allgemeines über die Behandlung

Düngung. In erster Linie kein Mist, keine Jauche und kein Kunstdünger. Auf diese Sachen verzichtet der Baum gern. Es sind ja gerade die Dinge, die ihn anfällig machen für Krankheiten. Unsere Düngemittel sind Kompost, Asche, Urgestein, Thomasmehl! Diese Dünger bringen wir mit Vorteil dahin, wo die Krone aufhört (Kronentraufe), also nicht an den Stamm. Auch diese Dünger nur in angemessenen Gaben.

Bodenbearbeitung. Den Boden nach dem richtigen Anwachsen nicht mehr schürfen. Dadurch zerstören wir immer wieder die Wurzeln. Wir lassen Rasen unter den Bäumen wachsen.

Bewässerung. Für den Fruchtansatz ist es wichtig, dass der Baum keine Trockenheit leide. Ältere Bäume finden in der Tiefe genug Feuchtigkeit. Bei Trockenheit ist ein Begiessen von Spalierbäumen meist unerlässlich.

Gegen Krankheiten und Schädlinge steht uns ein wahres Universalmittel zur Verfügung, der Lehm. Alle Wunden dürfen wir mit Lehm verstreichen, auch Wunden, die vom Ausschneiden von Krebs und Frostplatten herrühren. Lehm heilt. Mit Lehmwasser dürfen wir die Bäume bespritzen. Die Schädlinge fliehen ihn. Wir brauchen kein Karbolineum, keine Kupfer-, Schwefel-, Arsenikpräparate. Für die Bespritzung in grünem Zustande eignet sich auch sehr gut ein Absud von Katzenschwanz (Schachtelhalm), den wir kalt spritzen. In unbelaubtem Zustand können wir auch Tabaklauge oder Schmierseife verwenden. (Gegen Stachelbeermehltau). Gegen tierische Schädlinge beugen wir am besten durch das Sauberhalten von Stämmen und Ästen vor, indem wir sich ansiedelnde Flechten und Moose abkratzen und abbürsten, ohne den Stamm zu verletzen. Leimringe anlegen, faulende Früchte auflesen. Mumien ablesen. Anbringen von Nistkästen für die Vögel. Frösche, Kröten, Eidechsen schonen.

Der Schnitt. Ich persönlich habe mich noch nicht für eine bestimmte Methode des Schnitts entscheiden können. Jedenfalls müssen wir auslichten, damit Licht hineinkommt.

Aprikosen. Anspruchsvoller als Pfirsich. Nicht viel Kalk! 20 Jahre. Veredlung auf St. Julienpflaume. Aprikosen und Pfirsiche fallen auch echt aus Samen.

Walnüsse. Heimat Persien. Tiefgründiges, mildes Erdreich. Kein hohes Grundwasser. Frostempfindlich. 100 Jahre. Vermehrung aus Samen, die einer Vorbehandlung bedürfen.

Wein. Auf den Weinbau können wir hier nicht näher eingehen. Andere Länder, andere Sorten, andere Methoden. Schnitt in den ersten Tagen nach Vollmond. Am strengen Spalier Schnitt auf zwei oder drei Augen. Moderne Spritzerei ist ein Unfug, desgleichen das Düngen. Die Rebe wird dadurch verwöhnt und anfällig für Krankheiten (Mehltau etc.). Das Wurzelwerk des Weinstocks entwickelt sich nötigenfalls so stark, dass hinreichend Nahrung gefunden wird. Kalidüngung ist verwerflich, wohingegen Kalk und Steinmehl die Trauben süsser machen.

Beerenobst. Stellt keine grossen Ansprüche. Es gilt alles bisher Gesagte.

Johannis- und Stachelbeeren: Unter die roten Johannisbeeren schwarze setzen zur Fernhaltung von Ungeziefer. Sehr dankbar für Kompost, Thomasmehl, Asche, Kalk. Vermehrung: Teilung, Wurzelschnittlinge. Sommer, Anhäufelung der Büsche. Veredlung: im frühen Frühling, Kopulation oder Geissfuss in Kronenhöhe. Schnitt: altes Holz auslichten. Tragen am einjährigen Holz.

Himbeere. Keine grossen Ansprüche, kalkliebend. Weit genug pflanzen. Reihenabstand 1,5 bis 2 Meter. Erstes Jahr scharfer Rückschnitt, nachher altes Holz ausschneiden. Pflanzung im Herbst. Vermehrung: Teilung, Wurzelschnittlinge.

Monats-Erdbeere. Rügen, Baron Lobmacher. Aussaat im Frühjahr. Pikieren und Verpflanzen. Liefern im gleichen Jahr noch Erträge.

Ananas-Erdbeere. Vermehrung: Ausläufer von 2jährigen Pflanzen im August. Pflanzung im September. Sorten: Madame Moutôt, Hohenzollern, Albert von Sachsen, Rotkäppchen, Laxtons Nobel, Späte von Leopoldshall.

(Oeschbergergrundsatz): Wir müssen alles dürre Holz entfernen, desgleichen die Räuber (Wasserschosse). Im Übrigen ist die Form nicht die Hauptsache, sondern die Fruchtbarkeit und die Qualität des Obstes. In unserem neuen Obstbau wäre es zum Beispiel sehr leicht, von Anfang an nach Oeschbergergrundsätzen zu verfahren. Ich besitze jedoch über diese neue Methode nicht genügend Erfahrung, als dass ich dazu raten könnte. Beim Spalierobstbau ist das Schneiden wichtig. Wir müssen hier die Organe des Baumes kennen. Wir müssen auch wissen, dass es einen Schnitt gibt, um auf die Form, einen, um auf Holzwachstum, und einen, um auf Blüte und Frucht zu wirken. Beim Spalier geht es nicht ohne schneiden. Er ist nur zu empfehlen für Hauswände. Beim Schnitt Sorten berücksichtigen, nicht alle tragen an gleich altem Holz. Um den Baumgarten richtig pflegen zu können, sollte man einen Obstbaukurs mitmachen, um im Besonderen das Pfropfen und Okulieren lernen zu können. Das Beschreiben dieser Dinge kann ich mir ersparen.

Neuerdings sind Standardsorten aufgestellt worden, was den Sortenwirrwarr etwas steuern soll.

Über die einzelnen Pflanzen ist noch zu erwähnen:

Apfel. Humus-lehmiger Boden. Nicht zu trocken. Wird 60 Jahre alt. Unterlagen: Holz-, Paradies- und Splitapfel.

Birne. Tiefgründiger, lockerer Boden. 80 Jahre. Holz verwertbar. Kleine Formen auf Quitte und Schlehdorn.

Quitte. Heimat Italien. Nährstoffreicher, warmer Boden, warme Lage. 25 Jahre. Zwei Formen: birnen- und apfelförmige.

Süsskirsche. Aus der wilden Kirsche entstanden. Standort: frei und erhöht. Kräftige, trockene Erde. Kein stauendes Wasser! 50 Jahre. Kopulation auf wilde Kirsche in Kronenhöhe. Nicht pflanzen, wo schon ein Kirschbaum stand. Holz prima.

Sauerkirsche. Weniger anspruchsvoll. 40 Jahre. Vermehrung auf Sauerkirsche, nicht auf Süsskirsche.

Pflaume. Fallen oft aus Samen echt.

Zwetschgen. 35 Jahre. Kopulation in Kronenhöhe auf Sämlinge.

Pfirsiche. Kräftiger, warmer Lehmboden. 20 Jahre. Spalier. Okulation auf St. Julienpflaume.

Einwinterung von Gemüse und Obst

Alle Knollengewächse halten sich am besten über den Winter bis in den Mai in einer Kiste oder einem Fass, das man in den Boden verpackt hat. Was man bis Dezember und Januar braucht, legt man im Keller in Sand.

Kartoffeln dürfen nicht unter plus 2 Grad und nicht über plus 10 Grad gelagert werden, wenn sie tadellos bleiben sollen.

Den Lauch lässt man stehen und holt ihn an frostfreien Tagen in einer Menge, die für etwa 2 bis 3 Wochen ausreicht und bewahrt ihn in Erde eingeschlagen an der Hauswand auf, so dass man ihn täglich leicht erreichen kann.

Sellerie wird im Garten in einer Mischung aus halb Erde und halb Torfmull bis etwa 2 Zentimeter über das Keimblatt eingeschlagen.

Kohl kann man im Garten entweder mit dem Kopf nach oben oder nach unten einschlagen, doch so, dass der ganze Kopf in der Erde ist und mit einer 5 Zentimeter dicken Schicht darüber hinaus zugedeckt wird.

Bohnen schmecken am besten, wenn man sie ganz jung pflückt, abfädelt, in leicht kochendem Salzwasser dreimal zum Sieden bringt (aufwellen) und abtropfen lässt, auf einem Sieb (Hürdlein) gut ausgebreitet, werden sie in den warmen Ofen zum Trocknen gebracht. Die Hitze muss ausprobiert werden. Der Ofen darf nicht zu heiss sein, jedoch muss die Wärme so kräftig sein, dass die Bohnen in etwa 12 Stunden trocken sind, da sonst ein Gärungsprozess eintritt, der sie vernichtet.

Äpfel, die man einlagern will, sollten beim Pflücken wie rohe Eier behandelt werden. Sie werden einmal verlesen, wobei man die kleinen zur Süssmostbereitung nimmt. Man schüttet sie dann in grosse Haufen auf, um sie nach sechs Wochen ein zweites Mal sorgfältig auszulesen. In diesen sechs Wochen vollzieht sich ein Gärungsprozess und man sieht an Form, Farbe und Glanz und an eventuellen Stellen, die man mehr gefühlsmässig erkennt, welche Äpfel sofort verbraucht werden müssen und welche sich halten werden. Winteräpfel sollte man nie vor Mitte November bis Dezember einkaufen. Ich habe schon oft aus Bauernmund den Ausspruch gehört: »Ja, die Städter können nicht warten, bis das Obst reif ist und wenn ich noch etwas verkaufen will, muss ich's unreif pflücken, sonst komme ich zu spät.« Das sind alles Dinge, die viel daran schuld sind, dass kein Vertrauen herrscht zwischen dem Erzeuger auf dem Lande und dem Verbraucher in der Stadt. Überhaupt wäre es zu wünschen, dass wieder der Bauer und der Konsument in direkte Verbindung kämen.

Die Saat

Sameneinkauf ist Vertrauenssache. Um beim Einkauf sicher zu gehen, ist es oft besser, man bezahle ein paar Rappen mehr bei einem seriösen Gärtner und Fachmann. Der Samen soll an einem trockenen, luftigen, nicht zu warmen Oft aufbewahrt werden. Nicht aller Same ist gleich keimfähig. Die Keimfähigkeit dauert meist 2 bis 5 Jahre. Nachher haben wir mit grossen Ausfällen zu rechnen. Ist man sich über die Kraft des Samens nicht im Klaren, so macht man die Keimprobe. Die Erde, in welche wir säen, sei sie im Freibeet, Freiland oder Saatkistchen, soll möglichst fein und luftig und auch wasserdurchlässig sein. Sie muss vollständig verrottet sein, es dürfen noch viel weniger als im gewöhnlichen Land halbverfaulte Sachen an die feinen Würzelchen kommen, sonst riskieren wir, dass die Saat schon bald nach dem Aufgehen krank wird.

Säen ist eine vornehme Arbeit. Im Mittelalter hatte man besondere Säemänner, von denen man annahm, und wohl mit Recht, dass sie direkt bestimmt seien für das Säen. Es ist nicht gleichgültig, wer sät und wann gesät wird. Denn auch der Same ist etwas Lebendiges, ist etwas Empfindliches. Im Zorne, in der Aufregung, in der Angst Gesätes gerät nicht wie solches, das wir in der Ruhe und Zufriedenheit der Seele säen. Bei der Saat sollen auch noch andere Faktoren berücksichtigt werden, so das Wetter und die kosmischen Einflüsse des Mondes (und des Tierkreises). Das Säen will geübt sein. Womöglich mit der Hand säen.

Im Bio-Landbau ist man dazu gekommen, möglichst alles in Reihen zu säen (in Rillen). Die Vorteile der Reihensaat sind diese: Es ist nachher zwischen den Reihen eine bessere Bearbeitung möglich, man kann die Bodenbedeckung eventuell erneuern, es besteht die Möglichkeit, Zwischenpflanzungen zu machen, und wer nicht gewohnt ist zu säen, sät auf diese Weise weniger zu dicht oder zu dünn. Die Rillen, die wir säen, können zudem mit Kompost zugedeckt werden und damit ist bereits auch gedüngt. Es empfiehlt sich, die Saat leicht anzudrücken. Der Same soll ungefähr doppelt so stark zugedeckt werden, als er gross ist. Im Allgemeinen wird zu tief gesät. Die

Saat nicht vertrocknen lassen, nachdem sie einmal gründlich feucht geworden ist, es darf die Sonne nicht prall darauf scheinen. Freilandbeete, die stark der Sonne ausgesetzt sind, müssen bedeckt werden, die Freibeetfenster sind zu schattieren. Wenn wir gut aufpassen, fressen die Vögel auch nicht alles.

Abbildung 43 Mina Hofstetter bei der Reihensaat von Getreide in den 1920er-Jahren.

Das Treibbeet

An Stelle des früher verwendeten Pferdemistes nehmen wir eine Packung Heu. Minderwertiges Heu oder Emd (Krummet) kann dazu dienen. Zuunterst kommt eine dünne Schicht Laub als Isolierung gegen die Erde. Darauf wird das Heu oder Emd lose und gleichmässig, damit sich später nicht Schimmelherde bilden, gebreitet. Dies geschieht lagenweise. Jede Lage wird reichlich begossen und angetreten. Besonders an den Rändern und unter den Stegen ist sorgfältig zu packen, weil das Heu sonst dort einsinkt. Gegossen wird mit kaltem Wasser, nur die letzte Schicht kann man, der bessern Erwärmung wegen, warm überbrausen. Dann wird geprüft, ob die Feuchtigkeit gut eingedrungen ist. Die gesamte Heupackung soll zusammengetreten etwa 50 Zentimeter betragen. Darauf kommen ca. 10 bis 15 Zentimeter gute Gartenerde, die man vorteilhaft in zwei Schichten auffüllt, wobei nach der ersten Schicht Torfmull eingebracht wird, den man mit der zweiten Schicht Erde durch Unterrechen vermischt. Dann deckt man den Kasten mit Fenstern und nachts sowie bei kaltem Wetter ausserdem mit Strohmatten und Brettern. Nach etwa vier Tagen hat sich eine genügende Wärme entwickelt. Die Temperatur ist immer zu beobachten! 15 bis 16 Grad Celsius genügen zur Aussaat. Man bringt nun noch 5 bis 10 Zentimeter gesiebte, mit Sand und Torfmull vermischte Gartenerde (schöne Komposterde) in den Kasten. Die Kästen sind stets auf ihre Temperatur hin zu prüfen. Es kommt vor, dass sich das Heu in den ersten Tagen nach der Packung bis zu 50 Grad erhitzt, weshalb am besten mit der Aussaat etwa eine Woche zugewartet wird. Auch nach der Aussaat muss die Temperatur sorgfältig beobachtet und durch eventuelles Lüften reguliert werden. Als Packmaterial lässt sich neben Heu auch Stroh, Schilf, Laub und Wollstaub verwenden.

Zur Herstellung der Frühbeete empfiehlt es sich, Holz oder, als etwas Dauerhafteres, Holzzement zu verwenden. Ganz aus Zement hergestellte Frühbeete sind jedenfalls zu kalt und zerstören die günstigen Ausstrahlungen der Erde. Zu Holzzement nimmt man 1 Teil Zement, 4 Teile Zementschotter und Sand gemischt, sowie 5 Teile Sägespäne. Der Sand soll rein, ohne Verunreinigung durch Lehm oder Erde sein. Auf einen Sack Zement nimmt man ausserdem 2 Kilogramm Wasserglas. Der Platz für das Frühbeet soll nach Osten, Südosten oder Süden liegen, dahinter eine Wand oder

Mauer nach Norden und trockener Untergrund. Es gibt feste und bewegliche Frühbeete. Letztere müssen aus stabileren Materialien gefertigt sein, da sie sonst unter dem Herumtransportieren sehr leiden. Durch Unterlegen von Ziegelsteinen kann man sie nach Bedarf erhöhen. Ist der Untergrund wenig trocken, so kann man überhaupt oberirdisch anlegen. Masse dafür: Höhe der Rückwand ca. 60 Zentimeter, Gefälle des Fensters etwa 5 Prozent, Höhe der Vorderwand also 7 Zentimeter weniger. Die Fenster müssen immer ein Gefälle haben, damit das Wasser abfliessen kann, da sich ausser dem äusseren Regen auch unter dem Glas Kondenswasser sammelt. Die Fenster sollen 20 bis 30 Zentimeter über dem Erdboden sein. Die durch Zwischenleisten unterteilten Fenster haben ein Ausmass von ca. 1.00 auf 1.50 Meter. Eisenspannen soll man nicht verwenden, da sie als gute Wärmeleiter schnell abkühlen und sich an ihnen Wassertropfen bilden. Es ist ratsam, auf gute Beschläge zu achten, da hierdurch die Haltbarkeit der Fenster sehr verlängert wird. Bei den Fensterstegen müssen Rinnen angebracht sein, damit kein Wasser in den Kasten fliessen kann. Man nimmt gerne 4 Fenster für einen Kasten. Wer die Kosten nicht scheut, nehme als Fenstermass 0.80 auf 1.50 Meter mit einer einzigen grossen Glasscheibe. Beim Bau eines Holzkastens nimmt man Kiefernpfosten von 8 bis 10 Zentimetern im Quadrat und 3 bis 5 Zentimeter starke Kiefernbretter. An der Vorderseite bringt man gemeinsam für je 2 Fenster etwas überstehende Lattenstücke an, die das Abrutschen der Fenster verhindern. Als Auflage für die Fenster dient innen an der Rückwand eine Leiste. Die Holzteile sollen nicht mit Karbolineum in die Erde eingelassen werden, da dieses giftige, stark ätzende Dämpfe bildet. Stattdessen verwende man Steinkohlenteer oder Leinöl, das man dann zweimal mit Ölfarbe anstreicht. Aussen füllt man rund um den umgebenden Raum mit viel Laub und Heu auf. Zum Schattieren nimmt man Jute, welche auf Holzrahmen befestigt wurde. Die Deckläden, aus Brettern zusammengenagelt, sollen 20 Zentimeter länger als die Fenster und mit einer Stossfuge versehen sein. Zum Decken gehören auch Strohmatten.

Anfang Februar beginnt man mit den Vorarbeiten. Der Kasten und die Fenster werden nachgesehen. Die Fensterrahmen werden alle zwei Jahre neu gestrichen.

Mitte Februar werden auch die Samen bestellt nach dem Katalog einer verlässlichen Firma. Die günstigste Temperatur zur Aussaat ist 15 bis

16 Grad Celsius. Auch über der Erde empfiehlt es sich, einen Umschlag aus altem Laub und Heu zu machen bis an den Rand des Kastens. Dieser Umschlag kann später wieder entfernt werden. Ende März wird dann das Frühbeet wie oben beschrieben angelegt. Jetzt werden die meisten Samen gesät, bis auf Sellerie, der bereits drei Wochen früher ausgesät sein muss, da er sehr langsam keimt. Man kann ihn in ein flaches Kistchen, bei dem gut für Wasserabzug gesorgt ist und das an einer warmen Stelle der Stube aufgestellt wird, säen. Zur Aussaat im Kasten werden in 6 bis 12 Zentimeter Abstand, je nach Grösse des Samens, mit einer dreikantigen Leiste, die schräg zum Körper an einem Stiel befestigt ist, Rillen in die Erde gedrückt. Die Tiefe derselben richtet sich nach der Samengrösse. Dieser soll nur in der eigenen Dicke mit Erde bedeckt sein. Durch das Festdrücken erreicht man, dass die Feuchtigkeit dorthin emporsteigt und so den Samen beim Keimen begünstigt. Ganz feinen Samen vermischt man beim Säen mit Sand, damit er nicht zu dicht zu liegen kommt. Bei hellem Samen kann man die Erde vorher etwas begiessen, damit man ihn besser sieht. Lauch unten im Kasten säen, weil es dort feuchter ist. Solche Samen, die viel, oder solche, die wenig Wasser brauchen oder kühl haben wollen, nebeneinander säen, wegen des späteren gemeinsamen Giessens und Lüftens. Die Fenster tagsüber anfangs mit Matten bedeckt lassen. Erst wenn der Samen aufgegangen ist, die Matten wegnehmen. Bei 22 Grad und mehr lüften zwecks allmählicher Abhärtung und als Schutz gegen das Geilwerden. Bei Wind immer gegen die Windrichtung, bei Windstille wechselseitig lüften. Von morgens bis mittags giessen und zwar nicht zu viel und nicht zu wenig, bei kühler Temperatur lauwarm. Auch sonst zum Giessen nur gestandenes Wasser verwenden. Anfangs beim Giessen die Erde auf Feuchtigkeit prüfen; oft hat die Erde eine täuschend trockene Färbung, ist aber gleich unter der Oberfläche genügend feucht und umgekehrt. Das Schattieren der Fenster ist abhängig von Sonne und Wind. Es kann auch zu grosse Wärme entstehen, wenngleich die Sonne nur durch die Wolken sticht. Nachts mit Stroh- oder Schilfmatten oder Brettern decken. Am ersten Säetag, z. B. 15. März, welches Datum sich aber je nach der örtlichen Witterung verschieben kann, kommen Kohl, Salat, Radieschen, Lauch, Kresse, Petersilie und auch noch Sellerie in Betracht. Am nächsten Säetag, ungefähr Ende März, wieder Radieschen und die übrigen Kohlarten, ferner empfindliche Küchenkräuter

(Majoran, Basilikum) und Tomaten. Thymian wird ins Freie gesät. Am dritten Säetag, ca. Ende April, Radieschen und nochmals Gemüse nach Bedarf.

Um jedem Pflänzchen gleich von Anfang an genügend Raum zu bieten, werden sie sorgfältig auseinandergesetzt. Diese Verrichtung wird Pikieren genannt. Dabei werden die Wurzeln zur Kräftigung zu etwa einem Drittel oder gar bis zur Hälfte gekürzt. Dies bewirkt, dass sich mehr freie Würzelchen bilden, die mehr Aufbaustoffe zuführen können und beim endgültigen Aussetzen das Erdreich besser zu halten vermögen, weshalb Pflanzen mit einem guten Wurzelballen kräftiger werden und besser anwachsen. Rüben und Karotten muss man an ihrem Aussaatort lassen und darf sie daher nicht zu dicht säen. Zu dicht stehende werden ausgezogen und auf den Kompost geworfen. Beim Pikieren muss man darauf achten, dass die Wurzeln senkrecht in die Erde kommen, das heisst nicht umgebogen werden und dass die Erde leicht an die Wurzeln angedrückt wird. Die pikierten Pflanzen werden über die ersten Tage feucht und schattig gehalten. Der Kasten bleibt geschlossen, wenn das Wetter nicht einige Tage warm ist.

Zur Kultur des Salates im Triebbeet nimmt man die Sorten: Böttners Treib und Maikönig. Diese werden in 4 bis 6 Wochen genussfertig. Die Aussaat geschieht Ende Februar. Haben die Pflänzchen drei Blätter, so werden sie in 25 Zentimeter Abstand gesetzt. Noch besseren Salat erzielt man, wenn man schon im September bis Oktober in kalten Kästen oder Freiland sät und die Pflänzchen luftig kühl bei immer gleichmässiger Temperatur überwintert. Dies geschieht in frostfrei gehaltenen Kästen dicht unter dem Glas. An schönen Tagen wird gelüftet. Ab November nachgesäte Pflanzen gelingen nicht mehr so gut. Man kann bei Salat Radieschen, Rettiche, Schnittsalat, Gurken dazwischensetzen; Melonen oder Bohnen folgen lassen. Nicht mit kaltem Wasser und nur mit der Brause giessen.

Radieschen nicht zu eng säen und reichlich giessen. Von Februar bis April alle 14 Tage, dann wieder ab August bis Oktober in kalten Kasten säen.

Karotten wollen sandige Erde. Es ist vorteilhaft, den Samen vor der Aussaat anzukeimen. Der Samen kommt zu diesem Zwecke 4 bis 5 Tage vor der Aussaat bei gleicher Wärme auf den Ofen. Der Kasten bleibt nach der Aussaat bis zur Keimung geschlossen und wird dunkel gehalten. Zu dicht stehende Pflanzen werden verzogen und im Übrigen der Kasten luftig gehalten. Bei der Aussaat durchdringend giessen, später gleichmässig giessen und nicht zu feucht halten. Man nimmt nicht zu warme Packung und zwar wird der Kasten Ende Januar bis Anfang Februar in Reihen von 15 bis 20 Zentimetern Abstand angesät. Ende August bis anfangs September kann in einen kalten Kasten gesät werden. Der Kasten wird dann mit Eintritt der Winterkälte mit Brettern und Laub gedeckt. Mitte Februar werden an Stelle der Deckung wieder die Fenster aufgesetzt, der Kasten mit einem Umschlag versehen und lauwarmes Giesswasser verwendet.

Bei Gurken wird nur 3 bis 5jähriger Samen verwendet, 1 bis 2jähriger geht ins Kraut. Bei der Anzucht in Papptöpfen wird der Topf zur Hälfte mit guter Erde gefüllt und 1 bis 2 Kerne hineingegeben. Sobald die Pflanzen bis zum Topfrand reichen, wird mit Erde gefüllt. Mit 3 Blättern werden die Pflanzen ausgepflanzt. Die Anzucht geschieht am besten Ende Januar, Anfang Februar und die Anlage im Frühbeet im März. Es wird auf Hügel gepflanzt, 1 bis 2 Pflanzen unter 1 Fenster. Begossen wird wie bei Salat und nie am Abend. Oberhalb des vierten Blattes werden die Pflanzen gestutzt und später nur zu dichte Ranken ausgeschnitten. Gurken verlangen viel Feuchtigkeit und Sonne, und nur Schutz vor Verbrennung. Trocken gehaltene Pflanzen werden von der schädlichen Roten Spinne befallen.

Fehler und die dabei auftretenden Schädlinge und Krankheiten der Pflanzen in der Treibbeetkultur sind:

In zu trockenen Kästen erscheinen in erster Linie Drahtwürmer und Erdflöhe. Als Gegenmittel dienen reichliches Giessen und Streuen von Asche. Das Schwarzbeinigwerden der Pflanzen tritt bei zu grosser Feuchtigkeit auf. Die Kohlhernie, Bildung von Knoten oberhalb der Wurzeln, die immer grösser werden und zuletzt mit einer übelriechenden dunklen Masse gefüllt sind und verfaulen (wobei die Sporen des Pilzes in den umgebenden Boden treten), wurde hier bei biologischem Landbau nicht beobachtet. Die Kohlhernie fällt wohl mit dem Gebrauch von frischem, schlecht verrottetem und tierischem Mist sowie Jauche zusammen.

Nutzanwendungen aus dem Wirken der Sterne im Gemüse- und Gartenbau

Das Säen und Pflanzen soll im Einklang mit dem Strome des Saftes in der Pflanze geschehen, der bei zunehmendem Monde von der Erde weg, also hinauf in die Krone steigt, bei abnehmendem Monde der Erde zustrebt. Der Saft zieht sich dann also mehr in die unteren Teile, in die Wurzeln zurück. Ähnliche Wirkung, wenn auch lange nicht im selben Masse, hat der täglich auf- und untergehende Mond; aufsteigend fördert er den Saftstrom nach oben, absteigend wirkt er umgekehrt.

Davon ausgehend, teilen wir auch unsere Arbeit ein. So wählen wir zum Beispiel zur Unkrautbekämpfung das letzte Mondviertel, ebenso zum Düngen, und zwar mit Vorteil den Nachmittag.

An Mondwechseltagen soll nie gesät werden, besonders Neumond ist ein ganz undankbarer Zeitpunkt.

Ein zweiter, wichtiger Faktor ist der Einfluss der Tierkreiszeichen, durch die der Mond läuft. Alles Leben, so auch jede Pflanze, hat ihren besonderen Rhythmus, ihre besondere Schwingungseigenart und gedeiht naturgemäss in dem oder den Zeichen am besten, die mit ihr am besten zusammenschwingen, harmonieren.

Wir unterscheiden fruchtbare, mittelfruchtbare und unfruchtbare Zeichen.

Fruchtbar: Widder, Krebs, Skorpion und Fische.

Mittelfruchtbar: Stier, Waage, Schütze und Steinbock.

Unfruchtbar: Zwilling, Löwe, Jungfrau und Wassermann.

So gedeihen wasserhaltige Gewächse wie Salat, Kürbis, Kohl, Gurken usw. sehr gut im Zeichen Krebs, auch Rüben und Kartoffeln (für letztere ist auch das Zeichen Steinbock gut).

Apothekergewächse und Gewürzkräuter wie Zwiebeln, Mohn, Rettich, Senf, etc. gedeihen vorzüglich, wenn der Mond im Zeichen Skorpion steht.

Für Getreide eignet sich gut das Zeichen Stier, auch Schütze, besonders für Hafer.

Dieses Zeichen ist ebenfalls günstig für die Behandlung von Obstbäumen und Laubbäumen, mit Ausnahme von Äpfeln und Reben, für die das Zeichen Jungfrau vorteilhafter ist; Steinobstbäume behandle man im Zeichen Schütze.

Erbsen, Bohnen und andere Hülsenfrüchte gedeihen sehr gut im Zeichen der Waage, auch im Zeichen Zwillinge. Bohnen im Zeichen Krebs gepflanzt sollen wässerig werden, im Zeichen Steinbock hingegen zähe.

Für Blumen ist das Zeichen Waage günstig.

Allgemein günstig, besonders für Sumpf- und Wasserpflanzen, ist auch das Zeichen Fische, doch soll in feuchten Gegenden die Saat gerne faulen, wenn durch den täglichen Himmelsumschwung das Zeichen Fische aufsteigt.

Das Zeichen Widder gibt der Saat einen starken Antrieb, und sein Einfluss macht sich besonders im Frühjahr günstig bemerkbar; es eignet sich sehr gut für Triebbeetsaaten, ist aber im Allgemeinen ein fruchtbares Zeichen. Zeichen.

Ganz ungünstig sind Löwe und Wassermann, wovon letzterer besonders für wasserhaltige Gewächse sehr nachteilig ist.

Brennholz zu Neumond geschlagen ist viel schneller trocken, als solches zu Vollmond geschlagen. Dauerobst soll in den drei letzten Tagen vor Neumond gepflückt werden.

In den Zwischenzeiten, die nicht besonders gut zum Pflanzen und Säen sind, wird gehackt, gelockert, auch Boden vorbereitet für Aussaat und Verpflanzen etc. Selbstverständlich sind diese Einflüsse des Mondes nur ein Faktor unter vielen anderen, die man deshalb nicht etwa vernachlässigen oder ausser Acht lassen soll.

Unter die Fernkrafteinflüsse zu zählen wäre auch die Elektrizität der Luft, die auf verschiedene Weise unter der Erde den Pflanzen zugeführt werden soll.

Zu erwähnen wäre auch noch die Samenbehandlung durch besondere Licht- und elektrische Behandlung zur Stärkung der Keimkraft.

Die kosmischen Strömungen, die uns die uralte Erfahrungswissenschaft der Sterne aufzeigt, werden im biologisch geführten Betrieb bewusst angewandt. Man sät und verrichtet seine Arbeit draussen, also nicht willkürlich und nach eigenem Belieben, sondern ordnet sich willig in den Ablauf des kosmischen Alls ein. Das Zweckmässige dieses Verhaltens ist praktisch bewiesen.

Das Streben, die natürlichen Kräfte des Weltalls nutzbar zu machen, hat dazu geführt, dass man letzterdings Versuche mit verschiedenen Beleuchtungen macht.

Aus allem mag ersichtlich sein, dass das Hauptaugenmerk des biologischen Landbaues auf die harmonische Produktion, auf die natürliche Produktion gerichtet ist.

Es ist auch sehr wichtig, eine in drei Stufen zerfallende Fruchtfolge durchzuführen. Beim Feldbau ungefähr folgendermassen: in Neuland erstmals Kartoffeln oder andere Hackfrucht; im nächsten Jahr Weizen; im dritten Roggen, Gerste oder Hafer, in diese noch Gründüngung, die im Herbst wieder in den Acker eingepflügt wird. Darauf wiederum Kartoffeln etc.

Am wirksamsten ist die Bodenlockerung am Abend, etwa von 17 Uhr bis 21 Uhr vorzunehmen, da sich die Nitrate während der Nacht auf den Boden senken.

Die Reform auf dem Gebiete des Landbaues hat hierin schon viel gelernt, was auch schon von vielen Kleingärtnern und Landwirten praktiziert wird.

Um ganz einwandfreie Nahrungsmittel zu erhalten, müssen *wir beim Boden anfangen*. Man muss ihn auf ganz natürliche Weise bearbeiten und ihn reif werden lassen. Ebenso wichtig wie die Bearbeitung ist die Düngung. Nie dürfen wir Pflanzen direkt mit unvergorenem Dünger grossziehen, sondern alle Düngstoffe sollen erst kompostiert sein. Das Gemüse, das auf Komposterde gewachsen ist, ist das einwandfreieste und schmeckt hundertmal würziger, als dasjenige, das mit Jauche, Mist und allem möglichen Kunstdünger getrieben wurde.

etwas über Gemüse:

1. Phosphorverbrauchend (aber stickstoffsammelnd) sind die Leguminosen (Schmetterlingsblütler).
2. Die durch die vorhergegangene Kultur entzogenen Stoffe werden jeweils wieder ergänzt: Stickstoff durch Ammoniak, dem Kompost beigegeben; Phosphor erhalten wir durch Zugabe von Thomasmehl zum Kompost. – Magnesia kann man in dünner Lösung dem Giesswasser zusetzen. – Stickstoff wird am meisten gewürdigt, weil er das Gewebe aufschwemmt und dadurch üppiges Wachstum *vortäuscht*. Hier liegt es nun bei dem geborenen Gärtner, das harmonische Verhältnis zu finden. Der Stickstoff setzt nur da ein, wo die Pflanze nicht in der Lage ist, sich denselben selbst zu beschaffen. Durch fleissige Bodenlockerung kann man oft aus der Luft mehr Stickstoff anziehen, als man mit einer starken Beigabe von Ammoniak bewirken kann.
3. Stickstoffverbrauchend (phosphorsammelnd) sind Salat, Spinat, Mangold, überhaupt alle Blattgemüse und alle Kohlarten.

4. Stickstoff- und phosphorverbrauchend sind Kartoffeln, die Rübenarten, Rettiche, kurz alle Hackfrüchte.
5. Stickstoff-, phosphor- und magnesiumverbrauchend sind alle gemüseartigen Früchte wie Gurke, Tomate, Rosenkohl, alle Obst- und Beerensorten.

Hat man nicht selbst die nötige Erfahrung und Kenntnis, so kann man den Boden auf fehlende oder mangelhaft vorhandene Stoffe durch chemische Analysen untersuchen lassen oder selbst untersuchen.

Ich habe viel erlebt mit Menschen, die Schiffbruch erlitten und die dann ihr Heil auf dem Lande als Siedler suchen wollten. Das Traurigste war für mich immer die Feststellung, wie weltenfern solche Menschen dem wirklichen Leben der Natur geworden sind. Falsche Vorstellungen und unrichtige Bücher zeitigen erschreckende Früchte. Zugleich hat mich immer tief gefreut, dass es so viele gibt, die ihre Heilung da suchen, wo sie wirklich zu finden ist, wo sie wieder Menschen werden können, wenn sie guten Willens sind und wirklich arbeiten, hart arbeiten wollen. Denn Siedler werden, Bauer werden, heisst: ein ganzer Mensch werden.[299]

Abbildung 44 1988 übergab Werner Hofstetter den Betrieb an Judith Aebli und Daniel Liechti, die neben dem Gemüsebau seither auch Schafe halten.

Anhang

Editorische Richtlinien

Bei den in dieser Edition publizierten 60 Texten handelt es sich um bisher unveröffentlichte Briefe, Postkarten und Manuskripte sowie um Artikel, die Mina Hofstetter in Zeitungen und Zeitschriften oder als Broschüren veröffentlicht hatte. Wenn der Text bei der Erstpublikation Illustrationen enthielt, wird in einer Fußnote darauf hingewiesen, reproduziert werden die Abbildungen hier aber nicht. Die Herkunft des Textes wird immer in der ersten Fußnote kenntlich gemacht. Kopien der Briefe, Manuskripte, Artikel und Broschüren, die sich in Archiven und Bibliotheken in Kanada, Schweden, Deutschland und der Schweiz befinden, können im Archiv für Agrargeschichte (AfA) konsultiert werden.

Die Originaltexte wurden nur geringfügig bearbeitet. Kleinere Eingriffe wurden vorgenommen, um den Lesefluss und das Verständnis zu fördern. So wurden abgekürzte Namen nach Möglichkeit ausgeschrieben (beispielsweise: Anna Helene Askanasy-Mahler statt AHA), falsch oder unterschiedlich geschriebene Namen wurden korrigiert resp. vereinheitlicht (beispielsweise: Andreas Grisch statt Gries oder Ewald Könemann statt Könermann). Alle Personen, die in den Quellen und Texten von Mina Hofstetter sowie in der Einleitung erwähnt werden, verfügen über einen Eintrag im AfA-Online Portal »Personen und Institutionen«, das weiterführende Informationen enthält (https://www.histoirerurale.ch/pers). Abkürzungen haben wir aufgelöst. Heute noch geläufige Abkürzungen wie usw. oder etc. wurden unverändert beibehalten.

Orthographie und Interpunktion wurden sanft den heutigen Konventionen angepasst. Groß- und Kleinschreibungen haben wir, wo beide korrekt sind, gemäß der Originalschreibweise übernommen.

Bei Texten, die in der Zeitschrift TAO erschienen, wurde die sogenannte *neue ortografi* unverändert beibehalten. Wörter, die in den unveröffentlichten Texten von Hand durchgestrichen waren, wurden weggelassen. Eine eckige Klammer mit drei Punkten [...] bedeutet, dass ein Wort oder eine

Textpassage nicht entziffert werden konnte oder dass die folgende Textpassage nicht überliefert ist. Hin und wieder wurden zur Förderung des Leseflusses im Original fehlende Wörter in eckigen Klammern hinzugefügt. Wörter, die in den Originaltexten kursiv, fett, gesperrt, unterstrichen oder durch Großbuchstaben hervorgehoben wurden, sind in der vorliegenden Edition einheitlich kursiv gesetzt. Zahlen wurden gemäß der Originalversion übernommen. Und das deutsche ß, das in einzelnen Texten verwendet wurde, die in Periodika in Deutschland erschienen, wurde als Doppel-S transkribiert.

Die Texte in dieser Edition enthalten höchstens zwei Gliederungsebenen. Die in den Originalbeiträgen, insbesondere den drei Broschüren, vorhandenen weiteren Abstufungen, wurden durch Kursivierung der Überschriften kenntlich gemacht.

Die in den Originaltexten vorhandenen Fußnoten wurden kenntlich gemacht und in eckigen Klammern in den Lauftext integriert. Sämtliche Fußnoten in dieser Edition sind also vom Herausgeber eingefügt worden; sie beschränken sich aber auf Hinweise formaler Art wie der Herkunft der Texte.

Alle in dieser Edition veröffentlichten Texte von Mina Hofstetter sind zu ihrer Identifikation mit einer Überschrift versehen worden, die, falls vorhanden, weitgehend der Überschrift des Originalbeitrages entspricht. So wurde bei den in Periodika publizierten Artikeln in der Regel der von der damaligen Redaktion stammende Titel übernommen, aber der heutigen Rechtschreibung angepasst und, wo nötig, mit einer Zusatzinformation versehen – beispielsweise mit einer Nummer, wenn es sich um Serienbeiträge handelte, die unter einem Sammelbegriff wie »Rundbrief« publiziert worden waren. Der genaue Titel, unter dem der Artikel publiziert worden ist, wird bei den Textnachweisen im Anhang aufgeführt.

Die Originalbeiträge sind, wenn überhaupt, ganz unterschiedlich gezeichnet worden. Bei den unveröffentlichten Briefen und Manuskripten wurden die von der Autorin selbst gewählten Bezeichnungen übernommen. Weil die Bezeichnung der Autorin in den veröffentlichten Texten jedoch kaum je von Mina Hofstetter selbst bestimmt worden war, haben wir den Namen der Autorin bei allen bereits publizierten Texten weggelassen – auch weil er in den Originalbeiträgen zuweilen falsch geschrieben war.

Presseberichte zu Mina Hofstetter 1923–1967

1923

Anonym: Die vier Nixen im Greifensee, in: Oberländer Tagblatt. Tagblatt der Stadt Thun, 15. Februar 1923, S. 3–4.

Anonym: Die Nixen im Greifensee, in: Der Bund, 16. Februar 1923, S. 3.

Anonym: Die Nixen im Greifensee, in: Grütlianer, 23. Februar 1923, S. 4.

1928

Laur, Ernst: Die Arbeit der Bäuerinnen an der SAFFA, in: Schweizerische Bauernzeitung, Oktober 1928, S. 39.

1928

Könemann, Ewald: Eine Frau als Pionier im biologischen Acker- und Pflanzenbau. Eine Feldbesichtigung bei Frau Hofstetter-Ehnert in Ebmatingen, Kant. Zürich, in: Bebauet die Erde, Band 4, 1928, Heft 10/11, S. 200–202.

1934

H. L.: Die Bäuerin, in: Ringiers Unterhaltungsblätter, Nr. 32, 11. August 1934, S. 1020–1021.

1936

Pirchan, Anna Maria: Die Schweizerin Minna Hofstetter-Lehner, ein weiblicher Pionier landwirtschaftlichen Faches, in: […].

1937

Die neuen Ziele der Frau von heute, in: Der Morgen, Beilage des Wiener Tag, 7.6.1937.

1938

Hift-Schnierer: Irma, Eine Frau schafft ein Mustergut, in: Die Frau in Leben und Arbeit, 10. Jg., Nr. 2, Februar 1938, S. 7–9.

1941

Anonym: Von Büchern. Zum biologischen Landbau. »Mutter Erde«, in: Schweizer Frauenblatt, 23, 1941, Heft 23, S. 4.

1942

Klein, Georgette: Neues Bauerntum, altes Bauernwissen. Ein Buch über naturgesetzlichen Landbau. Von Mina Hofstetter, in: Schweizer Frauenblatt, 24, 1942, Heft 7, S. 2–3.

1945

Seelig, Carl: Eine Bäuerin, die eigene Wege geht. Der Lebensroman und Lebenstraum von Frau Mina Hofstetter in Ebmatingen, in: Schweizerisches Familien-Wochenblatt, Nr. 41, 7. April 1945.

1947

Anonym: »Die Frau und der Friede«, in: Schweizer Illustrierte Zeitung, Nr. 41, 8. Oktober 1947, S. 3.

1947

A. G.: Ein Frauen-Weltkongress für den Frieden, in: Luzerner Neueste Nachrichten, 20. Oktober 1947, S. 1–2.

1953

Heim, Arnold: [Manuskript einer Buchbesprechung von Mina Hofstetters »Neues Bauerntum, Altes Bauernwissen«], 19. Januar 1953.

1954

Anonym: Hofstetter-Lehner Mina, in: Schweizerisches biographisches Archiv, Bd. 4, Zürich/Vaduz 1954.

1954

Anonym: Neuer Landbau, in: Die Tat, 27. März 1954, S. 14.

1955

Tanner, M.: Mina Hofstetter, Pionierin für den viehlosen Landbau, in: Schweizer Frauenblatt, 37, 1955, Heft 42, S. 6–7.

1964

Zimmermann, Werner und die Gesinnungsfreunde der »Volksgesundheit«: Mina Hofstetter achtzig jährig, in: Volksgesundheit, Nr. 4, April, 1963.

Quellen und Literatur

Archivinstitutionen

Archiv für Agrargeschichte, Bern

Mina Hofstetter, Archivbestand AfA 703

Mina Hofstetter, Personendossier Nr. 378

Archiv zur Geschichte der Schweizerischen Frauenbewegung (Gosteli-Stiftung), Worblaufen

Archivbestand Mina Hofstetter-Lehner, AGoF 626

ETH-Bibliothek, Hochschularchiv, Zürich

Arnold Heim, Korrespondenz, Hs 494a:40.4.12

Gothenburg University Library, Göteborg

KvinnSam, Gothenburg University Library: Elin Wägner Papers, A 48a Ela:8: Correspondence Anna Helene Askanasy with Mina Hofstetter, 1938"

KvinnSam, Gothenburg University Library: Elin Wägner Papers, A 48a Ela:8: Correspondence Anna Helene Askanasy with Elin Wägner, 1935–1947.

KvinnSam, Gothenburg University Library: Elin Wägner Papers, A 48a Ela:8: Correspondence Elin Wägner with Mina Hofstetter, 1938–1945.

KvinnSam, Gothenburg University Library: Elin Wägner Papers, A 48a Ela:8: Correspondence Anna Helene Askanasy with Mina Hofstetter.

KvinnSam, Gothenburg University Library: Elin Wägner Papers, A 48a Ela:8: Correspondence Elin Wägner with Anna Helene Askanasy, 1938–1944.

KvinnSam, Gothenburg University Library: Elin Wägner Papers, A 48a Ela:8: Correspondence Anna Helene Askanasy with Ellen Hoerup etc.

KvinnSam, Gothenburg University Library: Elin Wägner Papers, A 48a Ela:8: Correspondence Anna Helene Askanasy with Flory Gate, 1938.

KvinnSam, Gothenburg University Library: Flory Gate Papers, A 48b, volym 7: Correspondence Flory Gate with Mina Hofstetter, 1938–1949.

KvinnSam, Gothenburg University Library: Flory Gate Papers, A 48b, volym 7: Protocols from WOWO congress in Geneva 1935.

KvinnSam, Gothenburg University Library: Flory Gate Papers, A 48b, volym 7: Documents from WOWO on Bodenreform/Land reform.

KvinnSam, Gothenburg University Library: Flory Gate Papers, A 48b, volym 7: Documents from WOWO in Bratislava 1937.

KvinnSam, Gothenburg University Library: Flory Gate Papers, A 48b, volym 7: Documents from WOWO meetings in Luzern 1938.

KvinnSam, Gothenburg University Library: Flory Gate Papers, A 48b, volym 7: WOWO Canada Branch.

KvinnSam, Gothenburg University Library: Flory Gate Papers, A 48b, volym 7: WOWO Vienna Branch.

KvinnSam, Gothenburg University Library: Flory Gate Papers, A 48b, volym 7: Vienna Call Club.

KvinnSam, Gothenburg University Library: Flory Gate Papers, A 48b, volym 7: WOWO Congress Salzburg.

KvinnSam, Gothenburg University Library: Flory Gate Papers, A 48b, volym 7: Notes re settlement in Canada.

KvinnSam, Gothenburg University Library: Flory Gate Papers, A 48b, volym 7: Publications Mina Hofstetter.

KvinnSam, Gothenburg University Library: Flory Gate Papers, A 48b, volym 7: WOWO General information.

London School of Economics and Political Science, Women's Library Archives, London

Papers of AH Askanasy: GB 106 7AHA

Papers of Teresa Billington-Greig: Women's Organisation for World Order Branch Canada: GB 106 7TBG/2/X/04

National Library of Ireland, Dublin

Sheehy Skeffington Papers, Ms 24.166

Österreichische Nationalbibliothek, Wien

Teilnachlass Alois Weywar, Cod. Ser. n. 56279 HAN MAG.

Schweizerisches Bundesarchiv, Bern

Eidgenössische Forschungsanstalt für Agrikulturchemie und Umwelthygiene Liebefeld-Bern: Zentrale Ablage (1975–1995), Dossier E7256-01#2013/219#64*, Az. 200.4-10, Biologische und biologisch-dynamische Düngung: Typoskript »Grundsätzliches über Bodenfruchtbarkeit und Düngung« von Leo Gisiger, Korrespondenz, Versuchsresultate, 1937–1967.

Schweizerisches Literaturarchiv, Schweizerische Nationalbibliothek, Bern

Schweizerischer Schriftstellerverein, Dossier SLA-SSV-2-27-3

Schweizerisches Sozialarchiv, Zürich

Nachlass Fritz Schwarz, Ar 162

Staatsarchiv Zürich, Zürich

Volkswirtschaftsdirektion, Dossier Z 33.148

Zürcherischer landwirtschaftlicher Kantonalverein, Dossier Z 956.240

Obergericht, YY 10.129

Bezirksgericht Uster, Z 807.99

Vancouver Holocaust Memorial Centre, Vancouver

Anna Helen (née Mahler) Aszkanazy collection :

Helen Anna Mahler Askanasy (1958): My recollections. Book I, II, III, translated by Anuschka Elkei and Uma Kumar, https://collections.vhec.org/Detail/objects/9347

Helen Anna Mahler Askanasy (1958): My Recollections, Book IV, https://collections.vhec.org/Detail/objects/9348

Helen Anna Mahler Askanasy (1958): Meine Erinnerungen. Buch I, II, III, https://collections.vhec.org/Detail/objects/9346). (Dieses Manuskript ist 2022 (teilweise) als Book on demand publiziert worden: Anna Helen Mahler-Aszkanazy, Wir tanzten auf dem Vulkan. Mein Leben in Wien 1893–1938, 676 Seiten, danzig & unfried, Wien 2022.)

Periodika und Sammelbände, in denen Texte von Mina Hofstetter publiziert wurden

Bebauet die Erde [existierte von 1925 bis 1943 und von 1950 bis 1959; 1925/26 amtierte Walter Rudolph, 1926/27 Walter Berning und von 1927 bis 1943 sowie von 1950 bis 1959 von Ewald Könemann herausgegeben und redigiert. Erschien vom April 1958 bis August 1959 als »Neuer Landbau vereinigt mit Bebauet die Erde« und ging danach in der 1958 gegründeten Zeitschrift »Organischer Landbau« auf.]

Freiwirtschaftliche Zeitung [Herausgegeben vom Schweizer Freiland-Freigeld-Bund; heisst von 1917–1921: Die Freistatt, 1922: Freigeldler und von 1923–1940 Freiwirtschaftliche Zeitung.]

Gesundheit, Frische, Lebensfreude. Ein Wegweiser zur naturgemässen Lebensweise, Zürich 1931, [Herausgegeben anlässlich der 1. Kollektiv-Ausstellung »neuzeitliche Ernährung« an der HYSPA, 1. Schweizerische Ausstellung für Gesundheitspflege und Sport in Bern, 24. Juli bis 20. September 1931.]

TAO (ab 1927: TAU [Monatsblätter für Verinnerlichung und Selbstgestaltung; herausgegeben von Werner Zimmermann, TAO-Verlag Solothurn, ab 1926 Verlag Rudolf Zitzmann.]

Schweizer Frauenblatt [Organ des Bundes Schweizerischer Frauenvereine 1922–1964]

Schweizer Garten [Gegründet 1931, Organ des Verbands deutschschweizerischer Gartenbauvereine]

Vegetarische Presse [Konkurrenzorgan der Vegetarischen Warte, die 1933 verboten wurde; die Vegetarische Presse hingegen durfte nach 1933 zensuriert weiter erscheinen. Die Vegetarische Warte erschien von 1895–1932 als Zeitschrift des Vegetarier-Bundes, 1897 hatte sie auch die Vegetarische Rundschau übernommen.]

Volksgesundheit, Die [Obligatorisches Organ des Schweizerischen Vereins zur Hebung der Volksgesundheit. Ab 1941: Schweizerischer Verein für Volksgesundheit.]

Wendepunkt, Der [Gegründet 1923 von Maximilian Bircher-Benner, der bis 1932 auch die Redaktion besorgte; von 1932 bis zur Aufgabe der Monatsschrift amtierte Ralph Bircher als Redaktor.]

Bibliografie

Literatur bis 1967

Berlepsch, Hermann A. v.: Die Alpen in Natur- und Lebensbildern. Leipzig o. J.

Bircher, Max Edwin: Landbau als Vorposten der Gesundheit, in: Wendepunkt, 10, 1949, S. 312–317.

Bircher, Ralph: Dänischer Phönix, in: Wendepunkt, 4, 1946, S. 103–110.

Bircher, Ralph: Düngung und Gesundheit. Einige neue Ergebnisse exakter Experimentalforschung, in: Wendepunkt, 9, 1951, S. 285–290.

Bircher, Ralph: Grünland- und Eiweissberichte. Kompostgarten für Diätpatienten, in: Wendepunkt, 7, 1949, S. 218–227.

Bircher, Ralph: Grünland- und Eiweissberichte. Szenenwechsel im organischen Land- und Gartenbau, in: Wendepunkt, 6, 1950, S. 189–193.

Bircher, Ralph: Sir Albert Howard, n: Wendepunkt, 1, 1947, S. 14–15.

Bircher, Ralph: Wertvolle Schriften auf dem Wege zum neuen Land- und Gartenbau, in: Wendepunkt, 6, 1948, S. 188–195.

Bircher-Benner, Max / Schwantje, Magnus: Aufklärung über den Vegetarismus. Zürich o. J.

Demtschinsky, Nikolai Alexandrowitsch: Die Ackerbeetkultur. Ihre Grundlagen, Methoden und neuesten praktischen Ergebnisse. Berlin 1911.

Döblin, Hans-Egon: Einführung in die Getreide-Umpflanz-Technik auf Grund eigener Versuche und Beobachtungen. 2. Aufl. Berlin-Wilmersdorf 1928.

Fischer, Paul: Bauer, wach' auf! Der Kampf der Bauern gegen die Macht des Geldes. Erfurt/Bern 1922.

Flückiger, Gottlieb: Lehren aus dem Maul- und Klauenseuchezug 1937/39, in: Schweizer Archiv für Tierheilkunde SAT, 82, 1940, Heft 3, S. 93–112.

Francé, Raoul H. : Das Edaphon. Untersuchungen zur Ökologie der bodenbewohnenden Mikroorganismen. München 1913.

Francé-Harrar, Annie: Zurück zum Humus – und warum?, in: Wendepunkt, 10, 1950, S. 327–332.

Galliker, Anton: Durch richtige Ernährung zur Gesundheit. Ein ernstes Wort über die Zusammenhänge von Nahrung und Gesundheit. Die Bedeutung der gärfreien Obstverwertung. Mit einem Vorwort von Maximilian Bircher-Benner. Zug-Oberwil 1927.

Gesell, Silvio: Die natürliche Wirtschaftsordnung durch Freiland und Freigeld. 2. Aufl. Berlin 1916.

Harrison, Ruth: Tiermaschinen. Die neuen landwirtschaftlichen Fabrikbetriebe. München 1965.

Häusle, Paul: Der Bauernhof am Greifensee, in: Werner Zimmermann / Mina Hofstetter / Gadon Krebs / Paul Häusle / Edouard Bertholet: Mutter Erde. Weckruf und praktische Anleitung zum biologischen Landbau, Zielbrücke-Thielle, 1941, S. 21–26.

Hof, Erwin: Rohkost,in: TAO, Oktober/November 1924, S. 2–39.

Könemann, Ewald: Fiehloser Ackerbau – natürliche Bodenbearbeitung, in: TAO, 11, 1925, S. 1–20.

Könemann, Ewald: Eine Frau als Pionier im biologischen Acker- und Pflanzenbau. Eine Feldbesichtigung bei Frau Hofstetter = Ehnert [sic] in Ebmatingen, Kant. Zürich, in: Bebauet die Erde 4 (1928) 10/11, S. 200–202.

Landmann, Friedrich: Reine Mutterschaft. Beiträge zur geschlechtlichen Aufklärung und zur Versittlichung des ehelichen Lebens. Oranienburg 1920.

Lüthi, Hermann: Gedanken über Pflanzenernährung, in: Wendepunkt, 4, 1951, S. 123–127.

Lüthi, Hermann: Gedanken über Pflanzenernährung, in: Wendepunkt, 5, 1951, S. 156–158.

M. A. [Martens, Anna]: Der biologische Land- und Gartenbau, in: Volksgesundheit, 1, 1933, S. 17.

Martens, Anna: Der biologische Land- und Gartenbau als Fundament der Volksgesundheit, in: Volksgesundheit, 8, 1932, S. 142–144.

Martens, Anna u. Schwager, Hans: Der neue Land-, Obst- und Gartenbau. Gesunde Lebensgestaltung durch biologisch gezogene Nahrungsmittel. Leitfaden für Gärtner und Laien. Gettenbach bei Gelnhausen 1933.

Meyenburg, Konrad von: Grundsätzliches zur Kritik der Rentabilitätsberechnungen des Schweizer Bauernsekretariats, in: Zeitschrift für schweizerische Statistik und Volkswirtschaft 63 (1927), S. 433–466.

Prout, John: Lohnender Ackerbau ohne Vieh. Beschreibung eines zwanzigjährigen Betriebes. 4. Aufl. Berlin 1901.

Rudolph, Walter: Der Gehalt macht's. Gedanken über herkunft und wertigkeit der paradieskost, in: TAO, Oktober/November 1924, S. 39–43.

Rudolph, Walter: Der natürliche Landbau als Grundlage des natürlichen Lebens. Erfahrungen und Erkenntnisse. Ein grün-goldener Tatweiser für die neue Zeit. Horben-Freiburg 1925 (Landbauers Sammlung ursprünglicher Natur-Gesetze, 1).

Rusch, Hans Peter: Kunstdünger oder nicht?, in: Wendepunkt, 8, 1950, S. 250–256.

Rusch, Hans Peter: Naturwissenschaft von Morgen. Vorlesungen über Erhaltung und Kreislauf lebendiger Substanz. Küsnacht-Zürich 1955.

Schwager, Hans: Gedanken aus der Diskussion an der Delegiertentagung in Rapperswil über den biologischen Land- und Gartenbau, Iin: Volksgesundheit, 15, 1932, S. 269–272.

Schwager, Hans: Gedanken aus der Diskussion an der Delegiertentagung in Rapperswil über den biologischen Land- und Gartenbau, in: Volksgesundheit, 16, 1932, S. 285–287.

Surya [Georgievitz-Weitzer, Demeter]: Moderne Rosenkreuzer oder Die Renaissance der Geheimwissenschaften. Berlin 1907.

Svensson, Sigurd: Viehlose Landwirtschaft. Ein Zukunftsausblick sittlicher und wirtschaftlicher Natur. Dresden/Leipzig 1916 [1911] (Bibliothek für Volks- und Weltwirtschaft, 10).

Wägner, Elin: Bondkvinnan som födde en lära [Die Bauersfrau, die eine Lehre gebar], in: Idun 1/1941; Neudruck in: Helena Forsäs-Scott (Hrsg.): Vad tänker du mänsklighet? [Was denkst Du, Menschheit?]

Waerland, Ebba: Die Waerland-Bewegung, in: Wendepunkt, 5, 1946, S. 139–146.

Zimmermann, Werner / Hofstetter, Mina / Krebs, Gadon / Häusle, Paul / Bertholet, Edouard: Mutter Erde. Weckruf und praktische Anleitung zum biologischen Landbau. Zielbrücke-Thielle, 1941.

Zimmermann, Werner: Lichtwärts. Ein Buch erlösender Erziehung. Bern 1922.

Zimmermann, Werner: Weltvagant: Erlebnisse und Gedanken. Bern 1921.

Literatur ab 1968

Albrecht, Jörg: Vom »Kohlrabi-Apostel« zum »Bionade-Biedermeier«. Zur kulturellen Dynamik alternativer Ernährung in Deutschland. Baden-Baden 2022.

Andrews, Maggie / Muggeridge, Anna: Reading the silences: Trudie Denman and the women's movement in the first half of the twentieth century, in: Women's History Review, 2024. Online unter: https://doi.org/10.1080/09612025.2024.2329454 [27.03.2024].

Auderset, Juri / Moser, Peter: Geschichte des Fleisches und des Fleischkonsums in der Schweiz seit dem 19. Jahrhundert. Ein Forschungsbericht, AfA-Working Paper Nr. 08, Archiv für Agrargeschichte. Bern 2023.

Auer, Elisabeth: Elin Wägner in Österreich. Roskilde 2006 (Kleine Schriften von Zönk, 17).

Auer, Elisabeth: Mütter, Väter und Amazonen. Elin Wägners Weg zu Väckarklocka über Österreich und die Schweiz. Roskilde 2009 (Kleine Schriften von Zönk, 23).

Bach, Diana / Scheidegger, Werner: Die weiblichen Wurzeln des Bio-Landbaus. Ein Leben für das Gleichgewicht zwischen Mensch und Natur, Mann und Frau. Maria Müller-Bigler (1894–1969): Pionierin des organisch-biologischen Bio-Landbaus und der ganzheitlichen Frauenbildung. Meilen 2020.

Barlösius, Eva: Naturgemässe Lebensführung. Zur Geschichte der Lebensreform um die Jahrhundertwende. Frankfurt/M./New York 1997.

Barton, Gregory A.: The Global History of Organic Farming. Oxford 2018 (Food Security, 11).

Bartsch, Hellmut: Erinnerungen eines Landwirts. Mit Ergänzungen zu »Rudolf Steiners Landwirtschaftlicher Impuls und seine Entfaltung 1924–1945«. Stuttgart 1978.

Baumann, Max: Biologische Landwirtschaft vor hundert Jahren: die Pionierin Mina Hofstetter-Lehner, in: Brugger Neujahrsblätter 130, 2020, S. 76–81.

Baumann, Werner / Moser, Peter: Bauern im Industriestaat. Agrarpolitische Konzeptionen und bäuerliche Bewegungen in der Schweiz 1918–1968, 518 Seiten, Zürich 1999.

Becker, Alexander: Kann man Wissen konstruieren?, in: Claus Zittel (Hrsg.): Wissen und soziale Konstruktion. Berlin 2002, S. 13–25 (Wissenskultur und gesellschaftlicher Wandel, 3).

Berton, Alberto / Bevilacqua, Piero: La storia del biologico. Una grande avventura. Milano 2023.

Besson, Yvan : Les fondateurs de l'agriculture biologique : Albert Howard, Rudolf Steiner, Maria & Hans Müller, Hans Peter Rusch, Masanobu Fukuoka. Paris 2011.

Bigalke, Bernadett: Lebensreform und Esoterik um 1900. Die Leipziger alternativ-religiöse Szene am Beispiel der Internationalen Theosophischen Verbrüderung. Würzburg 2016 (Diskurs Religion, 9).

Bind, Rudi / Hurter, Ueli: Biodynamisch! Geburtsstunde der biodynamischen Landwirtschaft am Ausgangspunkt der Ökobewegung. Dornach 2023.

Bivar, Venus: Organic Resistance: The Struggle over Industrial Farming in Postwar France. Chapel Hill 2018.

Blum, Iris: Monte Verità am Säntis. Lebensreform in der Ostschweiz 1900–1950. St. Gallen 2022.

Boencke, Engelhard: Welche Wissenschaft für den Oekolandbau?, in: Ökologie & Landbau 116/4 (2000), S. 55–58.

Bouchard, Romeo : Les champs de bataille. Histoire et défis de l'agriculture biologique au Québec. Montréal 2014.

Conford, Philip: The Development of the Organic Network. Linking People and Themes, 1945–1995. Edinburgh 2011.

Conford, Philip (Hrsg.): The Organic Tradition. An Anthology of Writings on Organic Farming, 1900–1950. Bideford 1988.

Conford, Philip: The Origins of the Organic Movement. Edinburgh 2001.

Dhamotharan, Mohan / Gerber, Alexander: Das bäuerliche und das wissenschaftliche Wissenssystem im Ökologischen Landbau. Möglichkeiten und Grenzen einer Verständigung, in: Der Kritische Agrarbericht (1998), S. 177–182.

Dittmer, Nicole C.: Monstrous Women and Ecofeminism in the Victorian Gothic, 1837–1871. Lanham/Boulder/New York/London 2023.

Eichenberger, Ursina: Ökologie und Selbstbestimmung. Das Forschungsinstitut für ökologischen Landbau (Oberwil, CH) 1970–1984 im Kontext der ökologischen Alternativbewegung. Lizenziatsarbeit Universität Zürich 2012.

Esseiva, Renato: Eine Winterthurer Philantropin: Julie Bikle (1871–1962) und ihre Ermittlungsstelle für Vermisste (1914–1919), in: Erika Hebeisen, Peter Niederhäuser, Regula Schmid (Hrsg.): Kriegs- und Krisenzeit. Zürich während des Ersten Weltkriegs, Zürich 2024, S. 99–109.

Etingoff, Kim: Sustainable development of organic agriculture. Historical perspectives. Oakville 2017.

Farkas, Reinhard: Alternative Landwirtschaft/Biologischer Landbau, in: Diethart Kerbs u. Jürgen Reulecke (Hrsg.): Handbuch der deutschen Reformbewegungen 1880–1933. Wuppertal 1998, S. 301–313.

Fleck, Ludwik: Entstehung und Entwicklung einer wissenschaftlichen Tatsache. Einführung in die Lehre von Denkstil und Denkkollektiv. Mit einer Einleitung herausgegeben v. Lothar Schäfer und Thomas Schnelle. Frankfurt/M. 1999 [1935].

Froger-Olsson, Lise : Elin Wägner, une pionnière de la prise de conscience écologique, in : Nordiques, 38, 2019, S. 111–128.

Fritzen, Florentine: Gemüseheilige. Eine Geschichte des veganen Lebens. Stuttgart 2016.

Fritzen, Florentine: Gesünder leben. Die Lebensreformbewegung im 20. Jahrhundert. Stuttgart 2006.

Germann, Pascal: Wie kam das Jod ins Salz? Eine Präventionsgeschichte (1820–1930), in: Schweizer Zeitschrift für Ernährungsmedizin, 5, 2017, S. 14–17.

Gradskova, Yulia: The Women's International Democratic Federation, the Global South and the Cold War. Defending the Rights of Women of the »Whole World«?. London 2022.

Graf, Ursula: Methoden des biologischen Landbaues – Versuch einer vergleichenden Darstellung, in: Schweizerische Landwirtschaftliche Monatshefte, 1973, S. 299–309.

Harding, Sandra: Das Geschlecht des Wissens. Frankfurt/M./New York 1994.

Harms, Antje: Von linksradikal bis deutschnational. Jugendbewegung zwischen Kaiserreich und Weimarer Republik. Frankfurt/M. 2021 (Geschichte und Geschlechter, 76).

Harwood, Jonathan: The forgotten history of intercropping, in: Plants People Planet, 2024. Online unter: https://doi.org/10.1002/ppp3.10502 [27.03.2024].

Hauser, Julia: A Taste for Purity. An Entangled History of Vegetarianism. New York 2023.

Hauser, Julia: Ernährung im Zeichen der Reinheit: Verflochtene Debatten über Vegetarismus in Europa, den USA und Indien (ca. 1850–1957), in: Geschichte der Gegenwart, 2024. Online unter: https://geschichtedergegenwart.ch/ernaehrung-im-zeichen-der-reinheit-verflochtene-debatten-ueber-vegetarismus-in-europa-den-usa-und-indien-ca-1850-1957/ [27.03.2024].

Helmstädter, Axel: Okkulte Medizin im 20. Jahrhundert: Pharmakotherapie nach Demeter Georgievitz-Weitzer, genannt Surya (1873–1949), in: Gesnerus 68/2, 2011, S. 198–217.

Hobson, Barbara: Frauenbewegung für Staatsbürgerrechte – Das Beispiel Schweden, in: Feministische Studien 2/96, 1996, S. 18–34.

Hofmann, Michèle: Sonnenbäder, Obst, Gemüse und Alkoholabstinenz. Pädagogisierung des »gesunden Lebens« in Schweizer Landerziehungsheimen zu Beginn des 20. Jahrhunderts, in: Andrea De Vincenti, Norbert Grube, Michèle Hofmann, Lukas Boser (Hrsg.): Pädagogisierung des »guten Lebens«. Bildungshistorische Perspektiven auf Ambitionen und Dynamiken im 20. Jahrhundert. Bern 2020 (Schriftenreihe Bibliothek am Guisanplatz, 78), S. 243–270.

Ingold, Niklaus: Lichtduschen. Geschichte einer Gesundheitstechnik 1890–1975. Zürich 2015 (Interferenzen – Studien zur Kulturgeschichte der Technik, 22).

Inhetveen, Heide: Ökologischer Landbau, in: Stephan Beetz, Kai Brauer u. Claudia Neu (Hrsg.): Handwörterbuch zur Ländlichen Gesellschaft. Leverkusen 2003.

Inhetveen, Heide: Das Labor im Garten. Pionierinnen des ökologischen Landbaus und ihre Gärten, in: Heidrun Hubenthal u. Maria Spitthöver (Hrsg.): Frauen in der Geschichte der Gartenkultur, Bd. 1. Kassel 2002, S. 65–83.

Inhetveen, Heide: Gekonnte Griffe und fundierte Reflexionen, in: Patrick Meyer-Glitza u. Helena Rytkönen (Hrsg.): Landwirtschaft und Kunst als Ort des Lernens. Dokumentation Landwirtschaft und Kunst 2001. Kassel 2001, S. 35–54.

Inhetveen, Heide: Wer war L. Kolisko? »Pionierinnen des Landbaus« – unbekannte Grössen in der Agrargeschichte, in: Der Kritische Agrarbericht, 1998, S. 246–253.

Inhetveen, Heide / Schmitt, Mathilde: Pionierinnen des Landbaus. Uetersen 2000.

Inhetveen, Heide / Schmitt, Mathilde / Spieker, Ira: Passion und Profession. Pionierinnen des ökologischen Landbaus. München 2021.

Inhetveen, Heide / Schmitt, Mathilde / Spieker, Ira: Pionierinnen des Ökologischen Landbaus. Herausforderungen für Geschichte und Wissenschaft, in: Bernhard Freyer (Hrsg.): Ökologischer Landbau der Zukunft. Beiträge zur 7. Wissenschaftstagung zum ökologischen Landbau. Wien 2003, S. 427–430.

Inhetveen, Heide / Schmitt, Mathilde / Spieker, Ira: Die Gärten der Frauen. Biodiversität aus Sicht der ruralen Geschlechterforschung, in: Georgia Augusta 1 (2002a), S. 73–78.

Inhetveen, Heide / Schmitt, Mathilde / Spieker, Ira: Wegbereiterinnen und Wegbegleiterinnen. Frauen im Ökologischen Landbau in: Lebendige Erde 6 (2002b), S. 12–17.

Isler, Simona: Perspektiven auf Arbeit in der schweizerischen Frauenbewegung um 1900. Symmetrische Geschichtsschreibung als Instrument der Gegenwartsanalyse, in: Historische Anthropologie, 28, 2020, Heft 1, S. 95–110.

Jacobeit, Wolfgang /, Kopke, Christoph: Die biologisch-dynamische Wirtschaftsweise im KZ. Die Güter der »Deutschen Versuchsanstalt für Ernährung und Verpflegung« der SS von 1939 bis 1945. Berlin 1999.

Jurtschitsch, Aurelia: Bio-Pioniere in Österreich. Vierundvierzig Leben im Dienste des biologischen Landbaus. Wien/Köln/Weimar 2010 (Grüne Reihe, 21).

Jurtschitsch, Aurelia: Biographisch – biologisch. Subjektive und objektive Zugänge zur Biowelle in Österreich. Dissertation Universität Wien 1987 u. 1990 (3 Bde.).

Keck, Laura-Elena: Europäische Fleisch- gegen asiatische Pflanzenesser? Der russisch-japanische Krieg in der vegetarischen Presse, in: Themenportal Europäische Geschichte, 2023. Online unter: https://www.europa.clio-online.de/essay/id/fdae-131500 [27.03.2024].

Keck, Laura-Elena: Lebensreform und Ernährung in der Schweiz, in: Schweizer Zeitschrift für Ernährungsmedizin, 5, 2017, S. 6–9.

Keller, Evelyn Fox: Liebe, Macht und Erkenntnis. Männliche oder weibliche Wissenschaft?. München/Wien 1986.

Koepf, Herbert H. / Bodo, Plato von: Die biologisch-dynamische Wirtschaftsweise im 20. Jahrhundert. Die Entwicklungsgeschichte der biologisch-dynamischen Landwirtschaft. Dornach 2001.

Kurzmeyer Roman: Viereck und Kosmos. Künstler, Lebensreformer, Okkultisten, Spiritisten in Amden, 1901–1912: Max Nopper, Josua Klein, Fidus, Otto Meyer-Amden. Zürich 1999.

Landwehr, Achim: Das Sichtbare sichtbar machen. Annäherungen an »Wissen« als Kategorie historischer Forschung, in: ders. (Hrsg.): Geschichte(n) der Wirklichkeit. Beiträge zur Sozial- und Kulturgeschichte des Wissens. Augsburg 2002, S. 61–89 (Documenta Augustana, 11).

Lehmann, Iris: Wissen und Wissensvermittlung im ökologischen Landbau in Baden-Württemberg in Geschichte und Gegenwart. Weikersheim 2005 (Sozialwissenschaftliche Schriften zur Landnutzung und ländlichen Entwicklung, 62).

Leitschuh, Heike: Belächelt, bekämpft, begehrt. Mit Bio-Pionier Ulrich Walter durch fünf Dekaden. Stuttgart 2021.

Lepore, Jill: Historians Who Love Too Much: Reflections on Microhistory and Biography, in: The Journal of American History, 88, 2001, No. 1, S. 129–144.

Leppänen, Katarina: Elin Wägner's Alarm Clock. Ecofeminist Theory in the Interwar Era. Lexington Books 2008.

Leppänen, Katarina: Rethinking Civilization in a European Feminist Context. History, Nature, Women in Elin Wägner's Väckerklocka. Göteborg 2005.

Leppänen, Katarina: At Peace with Earth. Connecting Ecological Destruction and Patriarchal Civilisation, in: Journal of Gender Studies, 13 (1) 2004, S. 37–47.

Lindholm, Margaretha: Elin Wägner och Alva Myrdal. En dialog om kvinnorna och samhället [Elin Wägner und Alva Myrdal: Ein Dialog über Frauen und Gesellschaft]. Uddevalla 1992.

Linse, Ulrich: Ralph Bircher in den 1950er und 1960er Jahren: Von den »Zivilisationsschäden« zur Umweltkrise – Perspektiven einer alternativen »Lebenswissenschaft« aus konservativem Geiste, in: Wolff Eberhard (Hrsg.): Lebendige Kraft. Max Bircher-Benner und sein Sanatorium im historischen Kontext. Baden 2010, S. 166–188.

Lockeretz, William (Hrsg.): Organic Farming. An International History. Wallingford 2007.

Luckmann, Thomas: Grundformen der gesellschaftlichen Vermittlung des Wissens: Kommunikative Gattungen, in: Friedhelm Neidhardt, M. Rainer Lepsius u. Johannes Wiss (Hrsg.): Kultur und Gesellschaft. Opladen 1986, S. 191–211 (KZSS, Sonderheft 27).

Luckmann, Thomas: Von der alltäglichen Erfahrung zum sozialwissenschaftlichen Datum, in: Ilja Srubar u. Steven Vaitkus (Hrsg.): Phänomenologie und soziale Wirklichkeit. Entwicklung und Arbeitsweisen. Opladen 2003, S. 13–26.

Mittelstrass, Holger (Hrsg.): Mit Wurzeln und Weitblick. Zur Geschichte der Ökologischen Agrarwissenschaften in Witzenhausen / With Roots and Vision. Regarding the History of Organic Agricultural Sciences in Witzenhausen. Kassel 2022.

Moser, Peter: Bäuerinnen – einst Dreh- und Angelpunkt der Arbeiten auf den Bauernhöfen. Veränderungen in den Geschlechterverhältnissen auf den bäuerlichen Familienbetrieben im 19./20. Jahrhundert, AfA-Working Paper Nr. 09, Archiv für Agrargeschichte. Bern 2023. Online unter: https://www.histoirerurale.ch/afa/index.php/de/publikationen [07.03.2024].

Moser, Peter: »Motor-Kultur« statt »Dampf-Unkultur«. Zur Entstehungs- und Rezeptionsgeschichte von Konrad von Meyenburgs Bodenfräse, in: Ferrum. Die Personen der Technik. Technology's Workforce, 91, 2019, S. 66–76. Online unter: https://www.histoirerurale.ch/afa/index.php/de/publikationen [07.03.2024].

Moser, Peter: Partizipation ohne Integration? Das gesellschaftspolitische Engagement der Bäuerinnen Elizabeth Bobbett und Augusta Gillabert-Randin in der Schweiz und in der Republik Irland, in: Norbert Franz et.al (Hrsg.): Identitätsbildung und Partizipation im 19. und 20. Jahrhundert. Luxemburg im europäischen Kontext (Études Luxembourgeoises, Bd. 12). Frankfurt am Main 2016, S. 101–130. Online unter: https://www.histoirerurale.ch/afa/index.php/de/publikationen [07.03.2024].

Moser, Peter: Die Agrarproduktion: Ernährungssicherung als Service public, in: Wirtschaftgeschichte der Schweiz im 20. Jahrhundert, herausgegeben von Patrick Halbeisen, Margrit Müller u. Béatrice Veyrassat. Basel 2012, S. 568–630.

Moser, Peter / Gosteli, Marthe : Une paysanne entre ferme, marché et associations. Textes d'Augusta Gillabert-Randin 1918–1940, ed. Tome I de la série Etudes et sources de l'histoire rurale / Studien und Quellen zur Agrargeschichte, 326 Seiten. Baden 2005. Online unter: https://www.histoirerurale.ch/afa/index.php/de/publikationen [07.03.2024].

Moser, Peter: Züchten – säen – ernten. Agrarpolitik, Pflanzenzucht und Saatgutwesen in der Schweiz 1860–2002. Baden 2003. Online unter: https://www.histoirerurale.ch/afa/index.php/de/publikationen [07.03.2024].

Moser, Peter: Am Anfang eine zarte Pflanze, in: Bioterra, 171, 1997, S. 3–6.

Mühlethaler, Jacques : »La paysanne au travail« ou l'art des relations publiques, in : Peter Moser, Marthe Gosteli (Hrsg.) : Une paysanne entre ferme, marché et associations. Textes d'Augusta Gillabert-Randin 1918–1940, ed. Tome I de la série Etudes et sources de l'histoire rurale / Studien und Quellen zur Agrargeschichte, 326 Seiten. Baden 2005, S. 311–317.

Nattermann, Ruth: Internationaler Feminismus und Humanitarismus nach dem Ersten Weltkrieg. Akteurinnen der Women's International League for Peace and Freedom im Spannungsfeld von Internationalismus, Nationalismus und faschistischer Herrschaft in Europa, in: Themenportal Europäische Geschichte, 2022. Online unter: https://www.europa.clio-online.de/essay/id/fdae-112845 [07.03.2024].

Niederhauser, Rebecca: »Sich bei Gemüse und Obst amüsieren und im Wasser toastieren«? Lebensreformerischer Vegetarismus in Zürich, in: Schweizerisches Archiv für Volkskunde, 107, 2011, S. 1–34.

Olbrich-Majer, Michael: 100 Jahre biodynamische Forschung. Wissenschaft von Beginn an – Versuch eines Rückblicks, in: Lebendige Erde, 74/6 (2023), S. 38–43.

Paull, John: Biodynamic Agriculture: The Journey from Koberwitz to the World, 1924–1938, in: Journal of Organic Systems, 6/1 (2011), S. 27–41.

Paull, John: Ernesto Genoni. Australia's pioneer of biodynamic agriculture, in: Journal of Organics, 1/1 (2014), S. 57–81.

Paull, John: A History of the Organic Agriculture Movement in Australia, in: Bruno Mascitelli u. Antonio Lobo (Hrsg.): Organics in the Global Food Chain. Ballarat 2013, S. 37–61.

Paull, John: Ileen Macpherson. Life and Tragedy of a Pioneer of Biodynamic Farming at Demeter Farm and a Benefactor of Anthroposophy in Australia, in: Journal of Organics, 4/1 (2017), S. 29–56.

Paull, John: The Global Growth and Evolution of Organic Agriculture, in: Jatindra Nath Bhakta u. Sukanta Rana (Hrsg.): Research Advancements in Organic Farming. New York 2023, S. 1–17.

Paull, John: The Pioneers of Biodynamics in Great Britain: From Anthroposophic Farming to Organic Agriculture (1924–1940), in: Journal of Environment Protection and Sustainable Development, 5/4 (2019), S. 138–145.

Paull, John: The Pioneers of Biodynamics in USA. The Early Milestones of Organic Agriculture in the United States, in: American Journal of Environment and Sustainable Development, 6/2 (2019), S. 89–94.

Peuker, Birgit: Alternativen in der Landwirtschaft – Ideologie oder Utopie?, in: Momentum Quarterly, Zeitschrift für Sozialen Fortschritt, 3, 2014, No. 2, S. 93–106.

Pfeiffer, Ehrenfried: Aus der Entstehungszeit der biologisch-dynamischen Arbeit, in: Lebendige Erde, 1971, S. 45–49.

Polanyi, Michael: Implizites Wissen. Frankfurt/M. 1985.

Riney-Kehrberg, Pamela: Women in Agriculture, in: Jeannie Whayne (Hrsg.), The Oxford Handbook of Agricultural History, Oxford 2024.

Reulecke, Anne-Katrin: »Die Nase der Lady Hester«. Überlegungen zum Verhältnis von Biographie und Geschlechterdifferenz, in: Hedwig Röckelein (Hrsg): Biographie als Geschichte. Tübingen 1993, S. 117–142 (Forum Psychohistorie, 1).

Rigault, Annie : 100 % bio et coopératif. Comment l'idée a germé de créer la première coop de producteurs bio. Valence 2021.

Rindlisbacher, Stefan: Lebensreform in der Schweiz (1850–1950). Vegetarisch essen, nackt baden und im Grünen wohnen. Berlin 2022.

Rindlisbacher, Stefan: Nackte Körper für den Frieden? Die Europäische Union für Freikörperkultur, in: Themenportal Europäische Geschichte, 2022. Online unter: https://www.europa.clio-online.de/essay/id/fdae-112651 [07.03.2024].

Rindlisbacher, Stefan: Jugendzeitschriften zwischen Wandervogel und Lebensreform (1904–1924), in: Aline Maldener, Clemens Zimmermann (Hrsg.): Let's historize it! Jugendmedien im 20. Jahrhundert. Köln 2018, S. 37–60.

Rindlisbacher, Stefan: Popularisierung und Etablierung der Freikörperkultur in der Schweiz (1900–1930), in: Schweizerische Zeitschrift für Geschichte, 65, 2015, Heft 3, S. 393–413.

Rindlisbacher, Stefan / Locher, Eva: Abstinente Jugendliche im Höhenrausch. Nüchternheit, Leistung und gesunder Lebensstil in der Schweizer Abstinenz- und Lebensreformbewegung (1885–1978).,in: Body Politics, 6, 2018, Nr. 10, S. 79–108.

Rupp, Leila: World of Women. The Making of an International Women's Movement. Princeton 1997.

Rusch, Hans Peter: Auf der Suche nach neuen Wegen auf dem Feld der Bodenforschung. Ausgewählte Schlüsseltexte vom geistigen Gründer der organisch-biologischen Landbaumethode im deutschsprachigen Raum, aufgearbeitet von Helga Wagner. Kevelaer 2020.

Schaumann, Wolfgang / Siebeneicher, Georg E. / Lünzer, Immo: Geschichte des ökologischen Landbaus. Bad Sürkheim 2002 (SOEL-Sonderausgabe, 65).

Schiebinger, Londa: Frauen forschen anders. Wie weiblich ist die Wissenschaft. München 2000.

Schmitt, Mathilde / Inhetveen, Heide / Spieker, Ira: Agrarpionierinnen. Herausforderungen für die Wissenschaftsgeschichte des Ökologischen Landbaus, in: Ursula Paravicini, Maren Zempel-Gino (Hrsg.): Dokumentation Wissenschaftliche Kolloquien 1999–2002. Niedersächsischer Forschungsverbund für Frauen / Geschlechterforschung in Naturwissenschaften, Technik und Medizin. Hannover 2003, S. 167–180.

Schwab, Andreas: Zeit der Aussteiger. Eine Reise zu den Künstlerkolonien von Barbizon bis Monte Verità. München 2021.

Schwab, Andreas: Monte Verità – Sanatorium der Sehnsucht. Zürich 2003.

Schwab, Andreas, Lafranchi Claudia (Hrsg.): Sinnsuche und Sonnenbad. Experimente in Kunst und Leben auf dem Monte Verità. Zürich 2001.

Spieker, Ira: Erfühlen – Beobachten – Erkennen. Mina Hofstetter: Aneignung und Vermittlung von Wissen in der Frühphase des biologischen Landbaus, in: Ursula Paravicini, Maren Zempel-Gino (Hrsg.): Dokumentation Impulse zur Wissenschaftsentwicklung. Hannover 2004, S. 141–159.

Stark, Irene: Mehr als Bio-Gemüse! 35 Jahre Agrico. Basel 2015.

Steiner, Dorothea: Dem fremden kleinen Gast ein Plätzlein decken. Julie Bikle und die Beherbergung deutscher Kinder in der Schweiz, 1919–1924. Zürich 2016.

Steiner, Regula: Spuren des Biolandbaus. Wie verschiedene Anbaumethoden in der Landschaft sichtbar werden. München 2009.

Tam, Annatina: Die Anfänge der Schweizer Lebensmittelindustrie von 1850 bis 1910, in: Schweizer Zeitschrift für Ernährungsmedizin, 5, 2017, S. 21–23.

Treitel, Corinna: Eating Nature in Modern Germany. Food, Agriculture and Environment, c.1870 to 2000. Cambridge 2017.

Vogt, Gunter: Entstehung und Entwicklung des ökologischen Landbaus im deutschsprachigen Raum. Bad Dürkheim 2000 (Ökologische Konzepte, 99).

Vogt, Gunter: Ökologischer Landbau im Dritten Reich, in: Zeitschrift für Agrargeschichte und Agrarsoziologie, 38/2 (2000), S. 161–180.

Weber, Beat: Von der »naturgemässen Lebensweise« zum »lebensgesetzlichen Landbau«. Lebensformen und biologischer Landbau in der Schweiz in der ersten Hälfte des 20. Jahrhunderts. Lizenziatsarbeit Universität Bern 1999.

Wobbe, Theresa: Mathilde Vaerting (1884–1977). »Es kommt alles auf den Unterschied an (…) der Unterschied ist das Grundelement der Macht.«, in: Barbara Hahn (Hrsg.), Frauen in den Kulturwissenschaften von Lou Andreas-Salomé bis Hannah Arendt, S. 123–135.

Williams, John Alexander: Turning to Nature in Germany. Hiking, Nudism, and Conservation, 1900–1940. Stanford 2007.

Wilmers, Annika: Pazifismus in der internationalen Frauenbewegung 1914–1920. Handlungsspielräume, politische Konzeptionen und gesellschaftliche Auseinandersetzungen. Essen 2008.

Winistörfer, Karin: Biobäuerin der ersten Stunde. Mina Hofstetters viehloser biologischer Landbau (1915–1950). Lizentiatsarbeit Universität Bern 2001.

Winter, Martin: Ernährungskulturen und Geschlecht. Fleisch, Veganismus und Konstruktion von Männlichkeiten. Bielefeld 2023 (Kulturen der Gesellschaft, 56).

Wistinghausen, Almar von: Erinnerungen an den Anfang der biologisch-dynamischen Wirtschaftsweise. Vom landwirtschaftlichen Auftrag Rudolf Steiners und von seinen Schülern. Darmstadt 1982.

Wistinghausen, Almar von: Wir haben es gewagt. Lebensbericht eines Pioniers der Biologisch-Dynamischen Wirtschaftsweise. Frankfurt/M. 1993 (Reprint 2018).

Wolff, Eberhard (Hrsg.): Lebendige Kraft. Max Bircher-Benner und sein Sanatorium im historischen Kontext. Baden 2010.

Zentrum Möschberg (Hrsg.): Biologischer Landbau. Illusion oder Chance? Ein Bild des »anderen Weges« in der Landwirtschaft von den Anfängen bis heute. Grosshöchstetten 1993.

Personenverzeichnis

A

B

C

D

E

F

G

H

I

J

K

L

M

N

O

Informationen zu diesen Personen sind im Online-Portal "Personen und Institutionen" des Archivs für Agrargeschichte zugänglich: https://www.histoirerurale.ch/pers

Abbildungsverzeichnis

Angegeben werden Herkunft und/oder Copyright

1 Archiv für Agrargeschichte, Bern

2 Max Baumann, Stilli

3 Max Baumann, Stilli

4 Archiv für Agrargeschichte, Bern

5 Archiv für Agrargeschichte, Bern

6 Archiv für Agrargeschichte, Bern

7 Archiv für Agrargeschichte, Bern

8 Archiv für Agrargeschichte, Bern

9 Archiv zur Geschichte der Schweizerischen Frauenbewegung (Gosteli-Stiftung), Worblaufen

10 Volksgesundheit, April 1940

11 KvinnSam, Gothenburg University Library

12 Bild: Paul Senn (1901–1953). Copyright: Gottfried Keller Stiftung, Bern

13 Archiv für Agrargeschichte, Bern

14 KvinnSam, Gothenburg University Library

15 Jennifer Roosma, Vancouver

16 KvinnSam, Gothenburg University Library

17 KvinnSam, Gothenburg University Library

18 Archiv für Agrargeschichte, Bern

19 Staatsarchiv Zürich

20 Staatsarchiv Zürich

21 Archiv zur Geschichte der Schweizerischen Frauenbewegung (Gosteli-Stiftung), Worblaufen

22 Archiv für Agrargeschichte, Bern

23 Archiv zur Geschichte der Schweizerischen Frauenbewegung (Gosteli-Stiftung), Worblaufen

24 Archiv für Agrargeschichte, Bern

25 Archiv für Agrargeschichte, Bern

26 Archiv für Agrargeschichte, Bern

27 Archiv für Agrargeschichte, Bern

28 Archiv für Agrargeschichte, Bern

29 Archiv für Agrargeschichte, Bern

30 Archiv für Agrargeschichte, Bern

31 Luzerner Neueste Nachrichten 20.10.1947

32 Archiv für Agrargeschichte, Bern

33 Archiv für Agrargeschichte, Bern

34 Archiv für Agrargeschichte, Bern

35 Archiv für Agrargeschichte, Bern

36 Archiv für Agrargeschichte, Bern

37 Archiv für Agrargeschichte, Bern

38 Archiv für Agrargeschichte, Bern

39 Archiv für Agrargeschichte, Bern

40 Archiv für Agrargeschichte, Bern

41 Archiv für Agrargeschichte, Bern

42 Archiv zur Geschichte der Schweizerischen Frauenbewegung (Gosteli-Stiftung), Worblaufen

43 Archiv für Agrargeschichte, Bern

44 Judith Aebli, Maur

Verzeichnis der Texte von Mina Hofstetter

Anmerkungen

1 Riney-Kehrberg, Pamela: Women in Agriculture, in: Jeannie Whayne (Hrsg.), The Oxford Handbook of Agricultural History, Oxford 2024.

2 Vgl. Moser, Peter/Gosteli, Marthe : Une paysanne entre ferme, marché et associations. Textes d'Augusta Gillabert-Randin 1918–1940, ed. Tome I de la série Etudes et sources de l'histoire rurale / Studien und Quellen zur Agrargeschichte, 326 Seiten, Baden 2005 [https://www.histoirerurale.ch/pdfs/Augusta_Gillabert_Randin_ISBN%203-03919-012-1.pdf].

3 Die in der WOWO aktiven Frauen verstanden sich als Ökofeministinnen und Teil jener „zweiten Frauenbewegung", die in der historischen Forschung gerade entdeckt wird. Zur WOWO vgl. https://www.histoirerurale.ch/pers/personnes/Women%27s_Organisation_for_World_Order_(WOWO),_AfA2593.html. Wenn in der historischen Forschung bislang von der „zweiten Frauenbewegung" oder von „Ökofeministinnen" die Rede war, ging es in der Regel um Aktivistinnen, die sich ab den 1960er Jahren für frauenpolitische und ökologische Anliegen zu engagieren begannen. Zum Quellenbegriff der „zweiten Frauenbewegung" vgl. Anna Helene Askanasy-Mahler, There must be a second Women's Movement, Communication Nr. 3, Women's Organisation for World Order, Branch Canada, 16.5.1946, in: Papers of Teresa Billington-Greig: Women's Organisation for World Order Branch Canada: GB 106 7TBG/2/X/04.

4 Die Unterlagen, die wir 1997 in Werner Hofstetters Umfeld sicherstellen konnten, befinden sich im Archivbestand Mina Hofstetter-Lehner, AGoF 626, im Archiv zur Geschichte der Schweizerischen Frauenbewegung (Gosteli-Stiftung), Worblaufen. Die seither bei Privaten identifizierten Quellen sind im Archiv für Agrargeschichte in Bern der Forschung zugänglich.

5 Moser Peter: Bäuerinnen – einst Dreh- und Angelpunkt der Arbeiten auf den Bauernhöfen. Veränderungen in den Geschlechterverhältnissen auf den bäuerlichen Familienbetrieben im 19./20. Jahrhundert, AfA-Working Paper Nr. 09, Archiv für Agrargeschichte, Bern 2023. Online: https://www.histoirerurale.ch/afa/index.php/de/publikationen [07.03.2024].

6 Gästebuch, in: Archivbestand Mina Hofstetter-Lehner, AGoF 626:1:122, in: Archiv zur Geschichte der Schweizerischen Frauenbewegung (Gosteli-Stiftung), Worblaufen.

7 Wenn in diesem Band auf Texte von Mina Hofstetter verwiesen wird, dann immer auf die Version in der vorliegenden Edition. Hier also: Mina Hofstetter, 1938_Reiseplan nach Skandinavien, S. 114.

8 Mina Hofstetter, 1928_Brot. Die monopolfreie Lösung der Getreidefrage durch die Frau, S. 199.

9 Vgl. bspw. Abbildungen 7–10.

10 Mina Hofstetter, 1933_Gesunde und vollwertige Nahrung, S. 161.

11 Anna Helen Mahler-Aszkanazy: Wir tanzten auf dem Vulkan. Mein Leben in Wien 1893–1938, Wien 2022, S. 555.

12 Nicht aufgenommen haben wir lediglich den Text, der von Mina Hofstetter 1931 in der Broschüre »Biologischer Landbau« veröffentlicht worden ist, weil sie den Text in identischer Form kurz zuvor in der Zeitschrift TAU schon einmal veröffentlicht hatte. Vgl. dazu: Mina Hofstetter, 1931_Viehlose Landwirtschaft, S. 130.

13 Vgl. auch Verzeichnis der Presseberichte zu Mina Hofstetter 1923–1967 (im Anhang).

14 Georgette Klein, Neues Bauerntum, altes Bauernwissen. Ein Buch über naturgesetzlichen Landbau. Von Mina Hofstetter, in: Schweizer Frauenblatt, 24, 1942, Heft 7, S. 2–3.

15 Mina Hofstetter, 1942_Neues Bauerntum, altes Bauernwissen, S. 289 & Mina Hofstetter, 1948_Naturgesetzlicher Gartenbau, S. 329.

16 Zu Augusta Gillabert-Randin und Elizabeth Bobbett vgl. Moser Peter: Partizipation ohne Integration? Das gesellschaftspolitische Engagement der Bäuerinnen Elizabeth Bobbett und Augusta Gillabert-Randin in der Schweiz und in der Republik Irland, in: Norbert Franz et. al (Hrsg.), Identitätsbildung und Partizipation im 19. und 20. Jahrhundert. Luxemburg im europäischen Kontext (Études Luxembourgeoises, Bd. 12), Frankfurt am Main 2016, S. 101–130; Moser Peter, Gosteli Marthe: Une paysanne entre ferme, marché et associations. Textes d'Augusta Gillabert-Randin 1918–1940 (Etudes et sources de l'histoire rurale/Studien und Quellen zur Agrargeschichte, Bd. 1), Baden 2005.

17 Mühlethaler Jacques : »La paysanne au travail« ou l'art des relations publiques, in : Moser Peter, Gosteli Marthe : Une paysanne entre ferme, marché et associations. Textes d'Augusta Gillabert-Randin 1918–1940 (Etudes et sources de l'histoire rurale/Studien und Quellen zur Agrargeschichte, Bd. 1), Baden 2005, S. 311–317.

18 Mina Hofstetter, 1928_Brot. Die monopolfreie Lösung der Getreidefrage durch die Frau, S. 199.

19 Baumann Werner, Moser Peter: Bauern im Industriestaat. Agrarpolitische Konzeptionen und bäuerliche Bewegungen in der Schweiz 1918–1968, Zürich 1999, S. 279–285; Morgenthaler Catherine: »Was wir wollen ist keine Emanzipation; es ist Selbsthilfe und Selbstbildung«. Die Anfänge der Landfrauenbewegung in der Schweiz, Masterarbeit Universität Basel 2023.

20 Schweizer Hotel-Revue, Heft 37, 1931.

21 Mina Hofstetter, 1938_Wie ich zum biologischen Landbau kam, S. 190.

22 Mina Hofstetter, 1931_Viehlose Landwirtschaft, S. 143.

23 Der Film entstand 1928, nachdem Mina Hofstetter Konrad von Meyenburg gebeten hatte, ihr eine Bodenfräse zur Verfügung zu stellen. Er ist im AfA-ERHFA Online Portal »Filme« zugänglich: https://ruralfilms.eu/filmdatabaseOnline/index.php?tablename=films&function=details&where_field=ID_films&where_value=725 [02.04.2024].

24 Moser Peter, Wigger Andreas: Das muss ein Leben werden, Video Essays in Rural History, No. 5, 2024: https://ruralfilms.eu/ruralfilms/video-essays.

25 So bspw. am Frauen-Weltkongress für den Frieden 1947 in Paris, vgl. Luzerner Neueste Nachrichten, 20.10.1947; Schweizer Illustrierte Zeitung, 8.10.1947. Emma Tappolet verlas die von ihr verfassten Geschäftsberichte des Bäuerinnenverbandes Schaffhausen, die sich wie Berichterstattungen in der Wirtschaftspresse lesen, jeweils in der Tracht. Vgl. Peter Moser, Bäuerin-

nen – einst Dreh- und Angelpunkt der Arbeiten auf den Bauernhöfen. Veränderungen in den Geschlechterverhältnissen auf den bäuerlichen Familienbetrieben im 19./20. Jahrhundert, AfA-Working Paper Nr. 09, Archiv für Agrargeschichte, Bern 2023, S. 10.

26 Mina Hofstetter, 1928_Mein Garten, S. 125.

27 Surya [Georgievitz-Weitzer, Demeter]: Moderne Rosenkreuzer oder Die Renaissance der Geheimwissenschaften, Berlin 1907; Zimmermann Werner: Lichtwärts. Ein Buch erlösender Erziehung, Bern 1922; ders.: Weltvagant. Erlebnisse und Gedanken, Bern 1921.

28 Ewald Könemann, Fiehloser Ackerbau – natürliche Bodenbearbeitung, in: TAO, 11, 1925, S. 1–20.

29 Mina Hofstetter, 1928_Brot. Die monopolfreie Lösung der Getreidefrage durch die Frau, S. 208.

30 Ebd., S. 222.

31 Mina Hofstetter, 1932_Einführungsschriften in den biologischen Gartenbau, S. 155.

32 Gespräch mit Rosmarie Kappenthuler, Ursi Piantone, Elisabeth Schaer-Hofstetter und Elisabeth Meier am 27. September 2016 in Zürich. Der Name »Askanasy« wird in den Quellen immer wieder unterschiedlich geschrieben. In dieser Edition wird die Version Anna Helene Askanasy-Mahler verwendet – außer wenn Quellen und Literatur zitiert werden, die eine andere Version verwenden.

33 Zu Emil Oprecht und Anna Helene Askanasy-Mahler vgl.: Anna Helen Mahler-Aszkanazy: Wir tanzten auf dem Vulkan. Mein Leben in Wien 1893–1938, Wien 2022, S. 469ff.

34 Mina Hofstetter, 1932_Einführungsschriften in den biologischen Gartenbau, S. 155.

35 Zur WOWO vgl. Moser Peter: Women's Organisation for World Order (WOWO), AfA2593, AfA-Portal Personen und Institutionen, Version vom Februar 2024, https://www.histoirerurale.ch/pers/personnes/Women%27s_Organisation_for_World_Order_(WOWO),_AfA2593.html [31.03.2024].

36 Mina Hofstetter, 1938_Brief an Anna Helene Askanasy-Mahler, S. 93.

37 Baumann Max: Biologische Landwirtschaft vor hundert Jahren: die Pionierin Mina Hofstetter-Lehner, in: Brugger Neujahrsblätter 130, 2020, S. 76–81.

38 Mina Hofstetter, 1931_Viehlose Landwirtschaft, S. 131.

39 Mina Hofstetter, 1942_Neues Bauerntum, S. 225.

40 Mina Hofstetter, 1931_Viehlose Landwirtschaft, S. 131.

41 Ebd., S. 132.

42 Ebd., S. 130.

43 Ebd., S. 131.

44 Ebd., S. 132.

45 Mina Hofstetter, 1924_Liebe ohne Kinderzeugung? I, S. 119.

46 Inhetveen Heide, Schmitt Mathilde, Spieker Ira: Passion und Profession. Pionierinnen des ökologischen Landbaus, München 2021, S. 167.

47 Vgl. dazu auch den Lebenslauf von Ernst Hofstetter, in: Archivbestand Mina Hofstetter-Lehner, AGoF 626: 1:131, Archiv zur Geschichte der Schweizerischen Frauenbewegung (Gosteli-Stiftung), Worblaufen.

48 Mina Hofstetter, 1931_Viehlose Landwirtschaft, S. 130.

49 Ebd., S. 130.

50 Ebd., S. 133.

51 Ebd., S. 133.

52 Zimmermann Werner, Vorwort des Herausgebers, in: Mina Hofstetter: Biologischer Landbau, herausgegeben von Werner Zimmermann, Lauf bei Nürnberg/Bern, 1931, S. 2.

53 Mina Hofstetter, 1931_Viehlose Landwirtschaft, S. 130.

54 Mina Hofstetter, 1931_Viehlose Landwirtschaft, S. 134.

55 Mina Hofstetter, 1928_Brief an Regierungsrat Rudolf Streuli I, S. 87.

56 Anna Helen Mahler-Aszkanazy: Wir tanzten auf dem Vulkan. Mein Leben in Wien 1893–1938, Wien 2022, S. 555.

57 Vgl. Flugblatt »Warum biologisches Gemüse? in: AfA Personendossier Nr. 5039, Archiv für Agrargeschichte.

58 Mina Hofstetter, 1928_Brot. Die monopolfreie Lösung der Getreidefrage durch die Frau, S. 199.

59 Blum Iris: Monte Verità am Säntis. Lebensreform in der Ostschweiz 1900–1950, St. Gallen 2022, S. 97.

60 Die Textpassage stammt aus: Wägner Elin: Bondkvinnan som födde en lära [Die Bauersfrau, die eine Lehre gebar]. In: Idun 1/1941; Neudruck in: Helena Forsäs-Scott (Hrsg.): Vad tänker du mänsklighet? [Was denkst Du, Menschheit?]; übersetzt wurde sie von Elisabeth Auer. Vgl. dazu: Auer Elisabeth: Mütter, Väter und Amazonen. Elin Wägners Weg zu Väckarklocka über Österreich und die Schweiz. Roskilde 2009 (Kleine Schriften von Zönk, 23), S. 36.

61 Vgl. dazu den Brief von Anna Helene Askanasy-Mahler an Mina Hofstetter vom 6.12.1938, in: Elin Wägner Papers, A 48a Ela:8: Correspondence Anna Helene Askanasy with Mina Hofstetter, 1938, KvinnSam, Gothenburg University Library.

62 Mina Hofstetter, 1938_Brief an Flory Gate, S. 96.

63 Mitteilung Werner Hofstetter an Ira Spieker, 2.7.2003, in: Inhetveen, Heide, Schmitt, Mathilde, Spieker, Ira: Passion und Profession. Pionierinnen des ökologischen Landbaus. München 2021, S. 170.

64 Lebenslauf von Ernst Hofstetter, in: Archivbestand Mina Hofstetter-Lehner, AGoF 626: 1:131, Archiv zur Geschichte der Schweizerischen Frauenbewegung (Gosteli-Stiftung), Worblaufen.

65 Mina Hofstetter, 1938_Brief an Anna Helene Askanasy-Mahler, S. 92.

66 Mina Hofstetter, 1938_Reiseplan nach Skandinavien, S. 114.

67 Mina Hofstetter, 1942_Neues Bauerntum, altes Bauernwissen, S. 225.

68 Mina Hofstetter, 1944_Brief an Elin Wägner, S. 99.

69 Vgl. dazu: Mina Hofstetter, 1949_Mitteilungen an Flory Gate, S. 101.

70 Mina Hofstetter, 1952_Brief an Arnold Heim, S. 104.

71 Gespräch mit Rosmarie Kappenthuler, Ursi Piantone, Elisabeth Schaer-Hofstetter und Elisabeth Meier am 27. September 2016 in Zürich.

72 Mina Hofstetter, 1931_Viehlose Landwirtschaft, S. 133.

73 Steiner Dorothea: Dem fremden kleinen Gast ein Plätzlein decken. Julie Bikle und die Beherbergung deutscher Kinder in der Schweiz, 1919–1924, Zürich 2016; Esseiva Renato: Eine Winterthurer Philantropin: Julie Bikle (1871–1962) und ihre Ermittlungsstelle für Vermisste (1914–1919), in: Erika Hebeisen, Peter Niederhäuser, Regula Schmid (Hrsg.): Kriegs- und Krisenzeit. Zürich während des Ersten Weltkriegs, Zürich 2024, S. 99–109.

74 Mina Hofstetter, 1931_Viehlose Landwirtschaft, S. 134.

75 Könemann Ewald: Fiehloser Ackerbau – natürliche Bodenbearbeitung, in: TAO, 11, 1925, S. 1–20.

76 Mina Hofstetter, 1931_Viehlose Landwirtschaft, S. 134.

77 Mina Hofstetter, 1933_Meine Erfahrungen im biologischen Landbau I, S. 168.

78 Auderset Juri, Schiedt Hans-Ulrich: Arbeitstiere. Aspekte animalischer Tradition in der Moderne, in: Traverse, Zeitschrift für Geschichte, 28, 2021, Heft 2, S. 27–42; Moser Peter, Wigger Andreas: Arbeitende Tiere. Akteure der Modernisierung sichtbar machen, Video Essays in Rural History, No. 1, Bern 2022, https://ruralfilms.eu/ruralfilms/video-essays/working-animals/ [02.04.2024].

79 Mina Hofstetter, 1931_Viehlose Landwirtschaft, S. 134.

80 Mina Hofstetter, 1933_Meine Erfahrungen im biologischen Landbau, S. 168.

81 Könemann Ewald: Eine Frau als Pionier im biologischen Acker- und Pflanzenbau. Eine Feldbesichtigung bei Frau Hofstetter = Ehnert [sic] in Ebmatingen, Kant. Zürich, in: Bebauet die Erde 4, 1928, Heft 10/11, S. 200–202.

82 Mina Hofstetter, 1924_Heilige Mutterpflicht, S. 124.

83 Gespräch mit Rosmarie Kappenthuler, Ursi Piantone, Elisabeth Schaer-Hofstetter und Elisabeth Meier am 27. September 2016 in Zürich.

84 Mina Hofstetter, 1931_Eine schweizerische Landwirtin zur Düngungsfrage, S. 148.

85 Mina Hofstetter, 1928_Brot. Die monopolfreie Lösung der Getreidefrage durch die Frau, S. 199; 1942_Neues Bauerntum, altes Bauernwissen, S. 225. Offenbar wurden auf Stuhlen immer auch Hühner gehalten, die im Alter als Suppenhühner gegessen worden sind. Vermutlich gehörten die Hühner zum Haushalt von Karl Hofstetter, sodass Mina Hofstetter Zugriff auf die Eier hatte, ohne diese kaufen zu müssen. Vgl. Gespräch mit Rosmarie Kappenthuler, Ursi Piantone, Elisabeth Schaer-Hofstetter und Elisabeth Meier am 27. September 2016 in Zürich.

86 Brief Anna Helene Askanasy-Mahler an Elin Wägner vom 15.10.1938, in: Elin Wägner Papers, A 48a Ela:8: Correspondence Anna Helene Askanasy with Elin Wägner, 1935–1947, KvinnSam, Gothenburg University Library.

87 Mina Hofstetter, 1938_Plan für eine WOWO-Siedlung in Kanada, S. 115.

88 Mina Hofstetter, 1931_Viehlose Landwirtschaft, S. 138.

89 Vgl. Gästebuch, in: Archivbestand Mina Hofstetter-Lehner, AGoF 626:1:122, Archiv zur Geschichte der Schweizerischen Frauenbewegung (Gosteli-Stiftung), Worblaufen.

90 Gespräch mit Walter Giannini am 6.11.1997, in: AfA Personendossier Nr. 5039, Archiv für Agrargeschichte.

91 Mina Hofstetter, 1929_Neuer Gartenbau, S. 126.

92 Vgl. bspw. Rudolph Walter: Der natürliche Landbau als Grundlage des natürlichen Lebens. Erfahrungen und Erkenntnisse. Ein grün-goldener Tatweiser für die neue Zeit (Landbauers Sammlung ursprünglicher Natur-Gesetze, Bd. 1), Horben-Freiburg 1925.

93 Vogt Gunter: Entstehung und Entwicklung des ökologischen Landbaus im deutschsprachigen Raum (Ökologische Konzepte, Bd. 99), Bad Dürkheim 2000.

94 Mina Hofstetter, 1931_Viehlose Landwirtschaft, S. 135.

95 Mina Hofstetter, 1948_Naturgesetzlicher Gartenbau, S. 321.

96 Mina Hofstetter, 1933_Was ist Biologischer Landbau? I, S. 164.

97 Mina Hofstetter, 1933_Rundbrief für biologischen Landbau IV, S. 161.

98 Eichenberger Ursina: Ökologie und Selbstbestimmung. Das Forschungsinstitut für ökologischen Landbau (Oberwil, CH) 1970–1984 im Kontext der ökologischen Alternativbewegung, Lizenziatsarbeit Universität Zürich 2012.

99 Vgl. Gästebuch, in: Archivbestand Mina Hofstetter-Lehner, AGoF 626:1:122, Archiv zur Geschichte der Schweizerischen Frauenbewegung (Gosteli-Stiftung), Worblaufen.

100 Bach Diana, Scheidegger Werner: Die weiblichen Wurzeln des Bio-Landbaus. Ein Leben für das Gleichgewicht zwischen Mensch und Natur, Mann und Frau. Maria Müller-Bigler (1894–1969): Pionierin des organisch-biologischen Bio-Landbaus und der ganzheitlichen Frauenbildung, Meilen 2020.

101 Auderset Juri, Moser Peter: Geschichte des Fleisches und des Fleischkonsums in der Schweiz seit dem 19. Jahrhundert. Ein Forschungsbericht, AfA-Working Paper Nr. 08, Archiv für Agrargeschichte, Bern 2023.

102 Dörler Anita: Mina Hofstetter – die vergessene Pionierin, in: Bioterra, Nr. 155, 1994, S. 1–5.

103 Rindlisbacher Stefan: Popularisierung und Etablierung der Freikörperkultur in der Schweiz (1900–1930), in: Schweizerische Zeitschrift für Geschichte, 65, 2015, Heft 3, S. 393–413, hier: S. 395.

104 TAO, 25. Mai 1926, S. 40.

105 Das neue Leben, Band 2, 1930/31, Heft 7/8, S. 150.

106 Vgl. die Berichterstattung dazu in: Oberländer Tagblatt, 15.2.1923; Grütlianer, 23.2.1923; Der Bund, 16.2.1923. Vgl. auch Staatsarchiv Zürich: Bezirksgericht Uster, Z 807.99 sowie Obergericht, YY 10.129.

107 Gästebuch, in: Archivbestand Mina Hofstetter-Lehner, AGoF 626:1:122, Archiv zur Geschichte der Schweizerischen Frauenbewegung (Gosteli-Stiftung), Worblaufen.

108 TAO, Juli 1925, S. 29.

109 Vgl. Gästebuch, in: Archivbestand Mina Hofstetter-Lehner, AGoF 626:1:122, Archiv zur Geschichte der Schweizerischen Frauenbewegung (Gosteli-Stiftung), Worblaufen.

110 TAO, Mai 1926.

111 Das Flugblatt blieb erhalten, weil Mina Hofstetter die Rückseite zum Schreiben von Briefen benutzte, wenn sie kein Briefpapier zur Hand hatte. Vgl. Elin Wägner Papers, A 48a Ela:8: Correspondence Elin Wägner with Mina Hofstetter, 1938–1945, KvinnSam, Gothenburg University Library.

112 TAO, August/September 1926, S. 63.

113 TAO, Januar 1927.

114 TAO, Januar 1928.

115 Weber Beat: Von der ›naturgemässen Lebensweise‹ zum ›lebensgesetzlichen Landbau‹. Lebensformen und biologischer Landbau in der Schweiz in der ersten Hälfte des 20. Jahrhunderts. Lizenziatsarbeit Universität Bern 1999, S. 113; TAU, 36, 1927, S. 24.

116 Ebd., S. 112f; Beiträge, 1/1981, S. 15.

117 Das neue Leben, Band 1, Heft 2, 1929/30, S. 38.

118 Das neue Leben, Band 1, Heft 12, 1929/30, S. 276.

119 Vgl. Das neue Leben, 1930, S. 275; Bebauet die Erde, Nr. 1, 1931, S. 8; TAU, 82, Februar 1931, S. 113; Vegetarische Presse, 17/3, 1934, S. 32.

120 Bebauet die Erde, Nr. 1, 1931, S. 8; TAO, Februar 1931, S. 21.

121 Zimmermann Werner, Hofstetter Mina, Krebs Gadon, Häusle Paul, Bertholet Edouard: Mutter Erde. Weckruf und praktische Anleitung zum biologischen Landbau, Zielbrücke-Thielle 1941, S. 37.

122 Vgl. bspw. Volksgesundheit, April 1940, S. 117.

123 Mina Hofstetter, 1933_Meine Erfahrungen im biologischen Landbau II, S. 170.

124 Bebauet die Erde, Nr. 1, 1931, S. 8; Zimmermann Werner, Hofstetter Mina, Krebs Gadon, Häusle Paul, Bertholet Edouard: Mutter Erde. Weckruf und praktische Anleitung zum biologischen Landbau, Zielbrücke-Thielle, 1941. S. 37, vgl. auch: Abbildung 7.

125 Vegetarische Presse, 18/1, 1935, S. 11.

126 TAU, Januar 1935, S. 31.

127 Vgl. bspw. TAT, 28./29.4.1945, S. 9 und 5./6. Mai 1945, S. 11.

128 NZZ, 5.3.1945.

129 Mina Hofstetter, 1933_Gesunde und vollwertige Nahrung, S. 163.

130 TAU, Oktober 1935, S. 31.

131 TAU, September 1933, S. 31.

132 Flory Gate Papers, A 48b, volym 7: Documents from WOWO in Bratislava 1937, KvinnSam, Gothenburg University Library.

133 Ebd.

134 Flory Gate Papers, A 48b, volym 7: Vienna Call Club, KvinnSam, Gothenburg University Library.

135 Ebd.; Flory Gate Papers, A 48b, volym 7: WOWO Vienna Branch EWP, KvinnSam, Gothenburg University Library. Vgl. auch: Pack Birgit: Vegetarische Sommerfrische, in: Vegetarisch in Wien um 1900, 14.08.2019, https://doi.org/10.58079/v608 [02.04.2024].

136 Anna Helen Mahler-Aszkanazy: Wir tanzten auf dem Vulkan. Mein Leben in Wien 1893–1938, Wien 2022, S. 655.

137 Brief Anna Helene Askanasy-Mahler an Elin Wägner vom 6.12.1938, in: Elin Wägner Papers, A 48a Ela:8: Correspondence Anna Helene Askanasy with Elin Wägner, 1935–1947, KvinnSam, Gothenburg University Library.

138 Mina Hofstetter, 1938_Reiseplan nach Skandinavien, S. 114.

139 Ebd., S. 100.

140 Mina Hofstetter, 1945_Brief an Elin Wägner, S. 100.

141 Mina Hofstetter, 1931_Viehlose Landwirtschaft, S. 130.

142 Mina Hofstetter, 1928_Brot. Die monopolfreie Lösung der Getreidefrage durch die Frau, S. 201.

143 Mina Hofstetter, Ebd., S. 205. Vgl. dazu auch: Demtschinsky Nikolai Alexandrowitsch: Die Ackerbeetkultur. Ihre Grundlagen, Methoden und neuesten praktischen Ergebnisse, Berlin 1911.

144 Mina Hofstetter, 1928_Brot. Die monopolfreie Lösung der Getreidefrage durch die Frau, S. 205.

145 Ebd., S. 205.

146 Auderset Juri, Moser Peter: Krisenerfahrungen, Lernprozesse und Bewältigungsstrategien. Die Ernährungskrise von 1917/18 als agrarpolitische »Lehrmeisterin«, in: David Thomas u. a. (Hrsg.): Krisen. Ursachen, Deutungen und Folgen (Schweizerisches Jahrbuch für Wirtschafts- und Sozialgeschichte, Bd. 27), Zürich 2012, S. 133–149.

147 Moser Peter: Die Agrarproduktion. Ernährungssicherung als Service public, in: Halbeisen Patrick, Müller Margrit, Veyrassat Béatrice (Hrsg.): Wirtschaftsgeschichte der Schweiz im 20. Jahrhundert, Basel 2012, S. 568–630.

148 Könemann Ewald: Eine Frau als Pionier im biologischen Acker- und Pflanzenbau. Eine Feldbesichtigung bei Frau Hofstetter = Ehnert [sic] in Ebmatingen, Kant. Zürich, in: Bebauet die Erde 4, 1928, Heft 10/11, S. 202.

149 Baumann Werner, Moser Peter: Bauern im Industriestaat. Agrarpolitische Konzeptionen und bäuerliche Bewegungen in der Schweiz 1918–1968, Zürich 1999, S. 130 f; zur Alkoholpolitik vgl. Auderset Juri, Moser Peter: Rausch & Ordnung. Eine illustrierte Geschichte der Alkoholfrage, der schweizerischen Alkoholpolitik und der Eidgenössischen Alkoholverwaltung (1887–2015), Bern 2016.

150 Schweizerische Bauernzeitung, Oktober 1928, S. 39.

151 Vgl. dazu den Brief von Konrad von Meyenburg an Mina Hofstetter vom 8.11.1928, in: Staatsarchiv Zürich, Dossier 33.148.

152 Mina Hofstetter, 1928_Brief an Regierungsrat Rudolf Streuli I, S. 87.

153 Mina Hofstetter, 1928_Brief an das Volkswirtschaftsdepartement des Kantons Zürich, S. 88.

154 Brief von Rudolf Streuli an Gustav Angst vom 2.10.1928, in: Staatsarchiv Zürich, Dossier 33.148.

155 Brief von Gustav Angst an Rudolf Streuli vom 24.10.1928, in: Staatsarchiv Zürich, Dossier 33.148.

156 Moser Peter: »Motor-Kultur« statt »Dampf-Unkultur«. Zur Entstehungs- und Rezeptionsgeschichte von Konrad von Meyenburgs Bodenfräse, in: Ferrum. Die Personen der Technik. Technology's Workforce, 91, 2019, S. 66–76.

157 Brief Konrad von Meyenburg an Gustav Angst vom 25.10.1928, in: Staatsarchiv Zürich, Dossier 33.148.

158 Meyenburg Konrad von: Grundsätzliches zur Kritik der Rentabilitätsberechnungen des Schweizer Bauernsekretariats, in: Zeitschrift für schweizerische Statistik und Volkswirtschaft 63, 1927, S. 433–466, hier: S. 447.

159 Brief Konrad von Meyenburg an Gustav Angst vom 9.11.1928, in: Staatsarchiv Zürich, Dossier 33.148.

160 Vgl. Demtschinsky, Nikolai Alexandrowitsch: Die Ackerbeetkultur. Ihre Grundlagen, Methoden und neuesten praktischen Ergebnisse, Berlin 1911.

161 Brief Konrad von Meyenburg an Mina Hofstetter vom 8.11.1928, in: Staatsarchiv Zürich, Dossier 33.148.

162 Vgl. Döblin Hans-Egon: Einführung in die Getreide-Umpflanz-Technik auf Grund eigener Versuche und Beobachtungen, 2. Aufl. Berlin-Wilmersdorf 1928.

163 Brief Gustav Angst an Volkswirtschaftsdirektion Zürich vom 20.12.1928, in: Staatsarchiv Zürich, Dossier 33.148.

164 Notiz Regierungsrat Rudolf Streuli vom 19.12.1929, in: Staatsarchiv Zürich, Dossier 33.148.

165 NZZ, Nr. 516, 30.3.1943; Mina Hofstetter_Brief an Ernst Truninger I, S. 98.

166 Brief von Ernst Truninger an J. Wuhrmann vom 6.4.1943, in: Schweizerisches Bundesarchiv, Dossier E7256-01#2013/219#64*.

167 Mina Hofstetter, 1943_Brief an Ernst Truninger II, S. 98.

168 Flory Gate Papers, A 48b, volym 7: Documents from WOWO meetings in Luzern 1938, KvinnSam, Gothenburg University Library.

169 Mina Hofstetter, 1947_Die Organisation ist wichtiger als die arbeitende Persönlichkeit, S. 196.

170 Schweizerisches Biographisches Archiv, Zürich/Vaduz 1954, S. 67.

171 Vgl. dazu: Das Freigeld, 17.6.1922; TAO, Dezember 1924, September 1925, Mai 1926.

172 Mina Hofstetter, 1924_Liebe ohne Kinderzeugung? I, S. 119.

173 Mina Hofstetter, 1928_Brot. Die monopolfreie Lösung der Getreidefrage durch die Frau, S. 203.

174 Ebd., S. . 212.

175 Ebd., S. 219.

176 Ebd., S. 219.

177 Ebd., S. 221.

178 Anna Helene Askanasy-Mahler: Bericht aus Kanada vom 31.10.1939, in: Elin Wägner Papers, A 48a Ela:8: Correspondence Anna Helene Askanasy with Elin Wägner, 1935–1947, KvinnSam, Gothenburg University Library sowie Brief Anna Helene Askanasy-Mahler an Amelie Posse

vom 19.5.1937, in: Elin Wägner Papers, A 48a Ela:8: Correspondence Anna Helene Askanasy with Ellen Hoerup etc., KvinnSam, Gothenburg University Library.

179 Flory Gate Papers, A 48b, volym 7: Protocols from WOWO congress in Geneva 1935, KvinnSam, Gothenburg University Library.

180 Anna Helen Mahler-Aszkanazy: Wir tanzten auf dem Vulkan. Mein Leben in Wien 1893–1938, Wien 2022, S. 521.

181 Flory Gate Papers, A 48b, volym 7: Vienna Call Club, KvinnSam, Gothenburg University Library.

182 Anna Helen Mahler-Aszkanazy: Wir tanzten auf dem Vulkan. Mein Leben in Wien 1893–1938, Wien 2022, S. 556.

183 Brief Anna Helene Askanasy-Mahler an Elin Wägner vom 4. Februar 1937, in: Elin Wägner Papers, A 48a Ela:8: Correspondence Anna Helene Askanasy with Elin Wägner, 1935–1947, KvinnSam, Gothenburg University Library.

184 Vgl. dazu: Flory Gate Papers, A 48b, volym 7: Protocols from WOWO congress in Geneva 1935, KvinnSam, Gothenburg University Library sowie Flory Gate Papers, A 48b, volym 7: WOWO Congress Salzburg, KvinnSam, Gothenburg University Library.

185 Mina Hofstetter, 1937_Vortrag in Bratislava, S. 113.

186 Gästebuch, in: Archivbestand Mina Hofstetter-Lehner, AGoF 626:1:122, Archiv zur Geschichte der Schweizerischen Frauenbewegung (Gosteli-Stiftung), Worblaufen.

187 Simon und Anna Helene Askanasy-Mahler hatten im Februar 1938 in Luzern ein Gesuch um eine Aufenthalts- beziehungsweise Niederlassungsbewilligung eingereicht. Weil Anna Helene angab, in der Schweiz als Schriftstellerin tätig sein zu wollen, erkundigte sich die Fremdenpolizei am 10. März 1938 beim Schweizerischen Schriftstellerverein, ob er »zur Wahrung der Interessen der einheimischen Schriftsteller ein Verbot der beabsichtigten Betätigung der Frau Aszkanasy für wünschenswert« halte? Dieser antwortete am 13. April: »Frau Helene Askanasy ist uns als Schriftstellerin nicht bekannt. Wir finden ihren Namen auch nicht im Literaturkalender von Kürschner. Das beigelegte Drama ›Spinoza und de Witt‹ haben wir gelesen, es macht den Eindruck einer tüchtigen Leistung.« Vgl. dazu: Schweizerisches Literaturarchiv, Dossier SLA-SSV-2-27-3. Später, als Anna Helene Askanasy-Mahler bereits in Kanada war, erhielt sie von den Behörden dann doch noch eine Aufenthaltsbewilligung.

188 Brief Anna Helene Askanasy-Mahler an Elin Wägner vom 17.4.1938, in: Elin Wägner Papers, A 48a Ela:8: Correspondence Anna Helene Askanasy with Elin Wägner, 1935–1947, KvinnSam, Gothenburg University Library.

189 Brief Anna Helene Askanasy an Elin Wägner vom 15.5.1938, in: Elin Wägner Papers, A 48a Ela:8: Correspondence Anna Helene Askanasy with Elin Wägner, 1935–1947, KvinnSam, Gothenburg University Library.

190 Anna Helen Mahler-Aszkanazy: Wir tanzten auf dem Vulkan. Mein Leben in Wien 1893–1938, Wien 2022, S. 554–455.

191 Flory Gate Papers, A 48b, volym 7: Documents from WOWO meetings in Luzern 1938, KvinnSam, Gothenburg University Library.

192 Anna Helene Askanasy-Mahler: Bericht über die erste Woche in Canada vom 15.10.1938 in: Elin Wägner Papers, A 48a Ela:8: Correspondence Anna Helene Askanasy with Elin Wägner, 1935–1947, KvinnSam, Gothenburg University Library.

193 Brief Anna Helene Askanasy-Mahler an Elin Wägner vom 15.10.1938, in: Elin Wägner Papers, A 48a Ela:8: Correspondence Anna Helene Askanasy with Elin Wägner, 1935–1947, KvinnSam, Gothenburg University Library.

194 Anna Helene Askanasy-Mahler: Bericht über die erste Woche in Canada vom 15.10.1938 in: Elin Wägner Papers, A 48a Ela:8: Correspondence Anna Helene Askanasy with Elin Wägner, 1935–1947, KvinnSam, Gothenburg University Library.

195 Anna Helene Askanasy-Mahler: Bericht über die erste Woche in Canada vom 15.10.1938, in: Elin Wägner Papers, A 48a Ela:8: Correspondence Anna Helene Askanasy with Elin Wägner, 1935–1947, KvinnSam, Gothenburg University Library.

196 »Die Hofstetterin war in Wien und war derart entsetzt und sie wurde bei der Ausreise so niederträchtig behandelt, eine andere Schweizerin, welche in der Cechei wohnhaft war, liessen die Nazis gar nicht ausreisen, dass sie einen Todesschreck bekam und sich nun verfolgt glaubt. Das glaube ich aber nicht und sie wird sich beruhigen. Es geht aus dem Brief nicht deutlich hervor, ob sie nun wirklich auswandern will oder nicht und ich werde mit ihr diese Frage im Januar klären.« Brief Anna Helene Askanasy an Elin Wägner vom 6.12.1938, in: Elin Wägner Papers, A 48a Ela:8: Correspondence Anna Helene Askanasy with Elin Wägner, 1935–1947, KvinnSam, Gothenburg University Library.

197 Mina Hofstetter, 1938_Plan für eine WOWO-Siedlung in Kanada, S. 115.

198 Mina Hofstetter, 1938_Brief an Anna Helene Askanasy-Mahler, S. 93.

199 Mina Hofstetter, 1938_Brief an Elin Wägner I, S. 95.

200 Mina Hofstetter, 1938_Plan für eine WOWO-Siedlung in Kanada, S. 115.

201 Mina Hofstetter, 1938_Plan für eine WOWO-Siedlung in Kanada, S. 116.

202 Brief Anna Helene Askanasy an Elin Wägner vom 4.12.1938, in: Elin Wägner Papers, A 48a Ela:8: Correspondence Anna Helene Askanasy with Elin Wägner, 1935–1947, KvinnSam, Gothenburg University Library.

203 Brief Anna Helene Askanasy-Mahler an Mina Hofstetter vom 6.12.1938, in: Elin Wägner Papers, A 48a Ela:8: Correspondence Anna Helene Askanasy with Mina Hofstetter, 1938, KvinnSam, Gothenburg University Library.

204 Brief Anna Helene Askanasy-Mahler an Elin Wägner vom 14.11.1938 in: Elin Wägner Papers, A 48a Ela:8: Correspondence Anna Helene Askanasy with Elin Wägner, 1935–1947, KvinnSam, Gothenburg University Library.

205 Brief Anna Helene Askanasy-Mahler an Elin Wägner vom 4.12.1938, in: Elin Wägner Papers, A 48a Ela:8: Correspondence Anna Helene Askanasy with Elin Wägner, 1935–1947, KvinnSam, Gothenburg University Library.

206 Undatiertes [Ende November 1938 verfasstes] Schreiben von Elin Wägner und Flory Gate, in: Elin Wägner Papers, A 48a Ela:8: Correspondence Elin Wägner with Anna Helene Askanasy, 1938–1944, KvinnSam, Gothenburg University Library.

207 Anna Helene Askanasy-Mahler: 5. Reisebericht. Über die United States, vom 3.12.1938, in: Elin Wägner Papers, A 48a Ela:8: Correspondence Anna Helene Askanasy with Elin Wägner, 1935–1947, KvinnSam, Gothenburg University Library.

208 Ebd.

209 Brief Anna Helene Askanasy-Mahler an Elin Wägner vom 19.12.1938, in: Elin Wägner Papers, A 48a Ela:8: Correspondence Anna Helene Askanasy with Elin Wägner, 1935–1947, KvinnSam, Gothenburg University Library.

210 Ebd.

211 Mina Hofstetter, 1938_Brief an Elin Wägner II, S. 96.

212 Brief Elin Wägner an Anna Helene Askanasy-Mahler vom 8.10.1944, in: Elin Wägner Papers, A 48a Ela:8: Correspondence Elin Wägner with Anna Helene Askanasy, 1938–1944, KvinnSam, Gothenburg University Library.

213 Mina Hofstetter, 1945_Brief an Elin Wägner, S. 100.

214 Gästebuch, 11.9.1947, in: Archivbestand Mina Hofstetter-Lehner, AGoF 626:1:122, in: Archiv zur Geschichte der Schweizerischen Frauenbewegung (Gosteli-Stiftung), Worblaufen.

215 Mina Hofstetter, 1947_Die Organisation ist wichtiger als die arbeitende Persönlichkeit, S. 197.

216 Brief Anna Helene Askanasy-Mahler an Elin Wägner vom 15.12.1947, in: Elin Wägner Papers, A 48a Ela:8: Correspondence Anna Helene Askanasy with Elin Wägner, 1935–1947, KvinnSam, Gothenburg University Library.

217 Flory Gate Papers, A 48b, volym 7: WOWO Canada Branch, KvinnSam, Gothenburg University Library.

218 Mit dem »Frauenaufbruch« in der Nachkriegszeit beschäftigt sich im Moment insbesondere Anna Leyer in ihrem Forschungsprojekt »Stunde der Frauen, Zeit der Mütter. ›Frauenaufbruch‹ 1945 bis 1949«. Vgl. https://dg.philhist.unibas.ch/de/personen/leyrer-anna-theresa/projekte/.

219 Anna Helene Askanasy-Mahler: Bericht aus Kanada Nr. 22 vom 30. Januar 1948, in: Papers of Teresa Billington-Greig: Women's Organisation for World Order Branch Canada: GB 106 7TBG/2/X/04, London School of Economics and Political Science, Women's Library Archives, London.

220 Vgl. Anhang.

221 Arnold Heim, Korrespondenz, Hs 494a:40.4.12, ETH-Bibliothek, Hochschularchiv, Zürich.

222 Paul Häusle, der langjährige Weggefährte von Mina Hofstetter, der von 1955 bis 1966 als Zentralsekretär des Vereins für Volksgesundheit wirkte, verfasste Anfang 1968 zwar einen »Nachruf für die Volksgesundheit«, der aber nie abgedruckt wurde. Das Manuskript von Häusle, das irrtümlich auf den 2.1.1967 datiert ist, befindet sich im AfA Personendossier Nr. 378.

223 So gibt es beispielsweise trotz des Engagements vieler Schweizerinnen in der Womens' Organisation for World Order (WOWO), deren Hauptsitz sich in Genf befand, keinen Eintrag im Historischen Lexikon der Schweiz. Und auch in der Literatur, in der die »neue« Frauenbewegung der 1960/70er Jahre thematisiert wird, werden die Aktivitäten der WOWO und ihrer Mitglieder kaum erwähnt. Eine Ausnahme bilden die Arbeiten zur schwedischen Schriftstel-

lerin Elin Wägner. Vgl. dazu : Froger-Olsson Lise : Elin Wägner, une pionnière de la prise de conscience écologique, in : Nordiques, 38, 2019, 111–128; Leppänen Katarina : Elin Wägner's Alarm Clock. Ecofeminist Theory in the Interwar Era. Lexington Books 2008; dies.: Rethinking Civilization in a European Feminist Context. History, Nature, Women in Elin Wägner's Väckerklocka, Göteborg 2005 & dies.: At Peace with Earth. Connecting Ecological Destruction and Patriarchal Civilisation. In: Journal of Gender Studies, 13 (1) 2004, S. 37–47; Auer Elisabeth: Mütter, Väter und Amazonen. Elin Wägners Weg zu Väckarklocka über Österreich und die Schweiz. Roskilde 2009 (Kleine Schriften von Zönk, 23).

224 Vgl. bspw. Inhetveen, Heide, Schmitt Mathilde, Spieker Ira: Passion und Profession. Pionierinnen des ökologischen Landbaus. München 2021; für die aktuelle Wahrnehmung Hofstetters in der Öffentlichkeit vgl. bspw. Deragisch, Vera: Mina Hofstetter – eine Schweizer Bio-Pionierin, in: Zeitblende, SRF, 23.3.2024 (https://www.srf.ch/audio/zeitblende/mina-hofstetter-eine-schweizer-bio-pionierin?id=12557987).

225 Bioterra, Januar/Februar 2022, S. 21 f.

226 Vgl. dazu die Unterlagen, die an der Pressekonferenz abgegeben wurden sowie Mitteilung von Werner Hofstetter vom 10.2.1997.

227 Moser Peter: Mina Hofstetter und Ernst Laur: Zwei Repräsentanten unterschiedlicher Vorstellungen von der Funktion der Landwirtschaft in der Industriegesellschaft, (Gutachten zuhanden von Bioterra, Februar 1997). Werner Hofstetters Aussage über das angebliche Verbot des Verkaufs der Broschüre an der SAFFA basiert einerseits auf seiner missverständlichen Interpretation von Laurs Position in der Frage des Getreidemonopols und andererseits auf seinem agrarpolitischen Engagement in den frühen 1990er-Jahren, in denen er den Schweizerischen Bauernverband als Verkörperung der »alten« Agrarpolitik wahrnahm, die dem Biolandbau keine besondere Bedeutung zukommen liess. (Ernst Laur, der sich auch in der Zwischenkriegszeit für eine internationale Arbeitsteilung im Agrarbereich engagierte, erklärte Mina Hofstetter an der SAFF, dass ihre Bestrebungen zur Realisierung einer Autarkie im Getreidebau allenfalls dann gemacht werden könnten, »wenn die Schweiz einmal in Not« sei. Vgl. Häusle Paul: Der Bauernhof am Greifensee, in: Zimmermann Werner, Hofstetter Mina, Krebs Gadon, Häusle Paul, Bertholet Edouard: Mutter Erde. Weckruf und praktische Anleitung zum biologischen Landbau, Zielbrücke-Thielle, 1941, S. 21–26, hier: S. 24.

228 Koselleck Reinhart: Standortbindung und Zeitlichkeit. Ein Beitrag zur historiographischen Erschließung der geschichtlichen Welt, in: ders., Mommsen Wolfgang J. und Rüsen Jörn (Hrsg.): Objektivität und Parteilichkeit (= Theorie der Geschichte. Beiträge zur Historik; Bd. 1), München 1977, S. 45 f.

229 Caroline Arni, »Der historische Sinn. Ein Plädoyer«, *Avenue : das Magazin für Wissenskultur*. http://www.avenue.jetzt/cyborgs/position-der-historische-sinn/. 2015, S. 82–86, hier: S. 83.

230 Koselleck Reinhart: »Drei bürgerliche Welten? Zur vergleichenden Semantik der bürgerlichen Gesellschaft in Deutschland, England und Frankreich«, in ders., Begriffsgeschichten. Studien zur Semantik und Pragmatik der politischen und sozialen Sprache, Frankfurt a. M. 2006, S. 402–464.

231 Moser, Peter: Kein Sonderfall. Entwicklung und Potential der Agrargeschichtsschreibung in der Schweiz im 20. Jahrhundert, in: Bruckmüller Ernst, Langthaler Ernst, Redl Josef (Hrsg.), Agrargeschichte schreiben. Traditionen und Innovationen im internationalen Vergleich

(Jahrbuch für Geschichte des ländlichen Raumes 2004), Innsbruck 2004, S. 132–153, hier: S. 144.

232 Staatsarchiv Zürich: Dossier Z 33.148.

233 Ebd.

234 Ebd.

235 Ebd.

236 Ebd.

237 Ebd., geschrieben hat die Postkarte Ernst Hadorn.

238 Schweizerisches Sozialarchiv: Nachlass Fritz Schwarz, Ar 162.35.3.

239 KvinnSam, Gothenburg University Library: Elin Wägner Papers, A 48a Ela:8: Correspondence Anna Helene Askanasy with Mina Hofstetter, 1938.

240 KvinnSam, Gothenburg University Library: Bericht über die erste Woche in Canada vom 15.10.1938, in: Elin Wägner Papers, A 48a Ela:8: Correspondence Anna Helene Askanasy with Elin Wägner, 1935–1947.

241 Mina Hofstetter, 1938_Plan für eine WOWO-Siedlung in Kanada, S. 115.

242 KvinnSam, Gothenburg University Library: Elin Wägner Papers, A 48a Ela:8: Correspondence Elin Wägner with Mina Hofstetter, 1938–1945.

243 Der Brief ist nicht datiert, geschrieben wurde er zwischen dem 25.10.1938 und dem 08.11.1938.

244 KvinnSam, Gothenburg University Library: Elin Wägner Papers, A 48a Ela:8: Correspondence Elin Wägner with Mina Hofstetter, 1938–1945.

245 Der Rest des Briefes fehlt.

246 KvinnSam, Gothenburg University Library: Flory Gate Papers, A 48b, volym 7: Correspondence Flory Gate with Mina Hofstetter, 1938–1949.

247 KvinnSam, Gothenburg University Library: Elin Wägner Papers, A 48a Ela:8: Correspondence Elin Wägner with Mina Hofstetter, 1938–1945.

248 Schweizerisches Bundesarchiv: Dossier E7256-01#2013/219#64*.

249 Ebd.

250 KvinnSam, Gothenburg University Library: Elin Wägner Papers, A 48a Ela:8: Correspondence Elin Wägner with Mina Hofstetter, 1938–1945.

251 Ebd.

252 KvinnSam, Gothenburg University Library: Flory Gate Papers, A 48b, volym 7: Correspondence Flory Gate with Mina Hofstetter, 1938–1949.

253 Ebd.

254 Ebd.

255 ETH-Bibliothek, Hochschularchiv: Arnold Heim, Korrespondenz, Hs 494a:40.4.12.

256 Archiv zur Geschichte der Schweizerischen Frauenbewegung (Gosteli-Stiftung): Archivbestand Mina Hofstetter-Lehner, AGoF 626:1:111.

257 Ab hier erfolgten die Aufzeichnungen durch Ernst Hadorn.

258 KvinnSam, Gothenburg University Library: Flory Gate Papers, A 48b, volym 7: Correspondence Flory Gate with Mina Hofstetter, 1938–1949.

259 KvinnSam, Gothenburg University Library: Flory Gate Papers, A 48b, volym 7: Correspondence Flory Gate with Mina Hofstetter, 1938–1949.

260 KvinnSam, Gothenburg University Library: Elin Wägner Papers, A 48a Ela:8: Correspondence Elin Wägner with Mina Hofstetter, 1938–1945.

261 ETH-Bibliothek, Hochschularchiv: Arnold Heim, Korrespondenz, Hs 494a:40.4.12.

262 Freiwirtschaftliche Zeitung. Organ des Schweizer Freiland-Freigeld-Bundes, Nr. 32, 1923.

263 TAO, 3, Juli 1924, S. 23–24.

264 Im Original folgt hier eine längere Antwort von Werner Zimmermann.

265 TAO, 3, Juli 1924, S. 26.

266 TAO, 4, August 1924, S. 18–19.

267 TAO, 6, Oktober/November 1924, S. 46--47.

268 TAO, August/September 1926, S. 63.

269 Bebauet die Erde, Nr. 10/11, 1928, S. 207.

270 Das neue Leben - im Lichte neuzeitlicher Erkenntnis: monatliche Zeitschrift und Ratgeber über alle Gebiete der Lebensreform, Heft 2, 1929, S. 36–38.

271 Vegetarische Presse, 13, Heft 10, 1930, S. 112–113.

272 TAU, Juli/August 1931, S. 3–18. (Dieser Text erschien im gleichen Jahr noch einmal unverändert als Broschüre. Vgl.: Mina Hofstetter-Lehner, Biologischer Landbau, herausgegeben von Werner Zimmermann, Lauf bei Nürnberg, Bern, Leipzig 1931, S. 3–18.)

273 TAU, Februar 1931, S. 22–24.

274 Der Wendepunkt, Nr. 9, August 1931, S. 456–459.

275 In: Gesundheit, Frische, Lebensfreude. Ein Wegweiser zur naturgemässen Lebensweise, Zürich 1931, S. 30–31.

276 Der Wendepunkt, Nr. 6, Mai 1932, S. 349–351.

277 Der Wendepunkt, Nr. 8, Juli 1932, S. 459–460.

278 Der Wendepunkt, Nr. 2, Januar 1933, S. 113.

279 Der Wendepunkt, Nr. 3, Februar 1933, S. 164.

280 Der Wendepunkt, Nr. 5, April 1933, S. 277–279.

281 Der Wendepunkt, Nr. 7, Juni 1933, S. 386–388.

282 Vegetarische Presse, 16, Heft 4, 1933, S. 40–41.

283 Vegetarische Presse, 16, Heft 7, 1933, S. 77–78.

284 Volksgesundheit, Nr. 13, Juli 1933, S. 234–235 (enthält eine Abbildung).

285 Volksgesundheit, Nr. 19, Oktober 1933, S. 344–347.

286 Vegetarische Presse, 16, Heft 11, 1933, S. 122–124.

287 Dieser Text ist nicht in die vorliegende Edition aufgenommen worden, weil er identisch ist mit: Mina Hofstetter, 1931_Viehlose Landwirtschaft (vgl. Anmerkung 40).

288 Schweizer Garten, November 1935, S. 355–356 (enthält zwei Abbildungen).

289 Schweizer Garten, Februar 1936, S. 42–43.

290 Schweizer Garten, April 1936, S. 101–102.

291 Schweizer Garten, Januar 1937, S. 10–11 (enthält vier Abbildungen).

292 Volksgesundheit, Nr. 3, Februar 1938, S. 39–40.

293 Schweizer Garten, November 1938, S. 334–335.

294 In: Werner Zimmermann, Mina Hofstetter, Gadon Krebs, Paul Häusle, Edouard Bertholet, Mutter Erde. Weckruf und praktische Anleitung zum biologischen Landbau, Zielbrücke-Thielle 1941, S. 12–17.

295 Schweizer Frauenblatt, 31. Oktober 1947.

296 Gertrud Stauffacher, Brot. Die monopolfreie Lösung der Getreidefrage durch die Schweizerfrau, Bern 1928 (enthält sechs Abbildungen).

297 Mina Hofstetter, Neues Bauerntum. Altes Bauernwissen. Naturgesetzlicher Land- und Gartenbau, Zürich und Leipzig 1942 (enthält zwei Abbildungen).

298 Mina Hofstetter, Naturgesetzlicher Gartenbau, Thal/St. Gallen 1948 (enthält zwei Abbildungen).

299 Im Original folgt: »Einführung in die Bienenzucht von Karl Hofstetter«. Dabei handelt es sich um den fast identischen Text, der schon in: Mina Hofstetter, 1942_Neues Bauerntum, altes Bauernwissen, S. 225 publiziert worden ist – dort allerdings ohne Hinweis, dass er von Karl, nicht von Mina Hofstetter verfasst worden sei.